中国北方砂岩型铀矿床研究系列丛书

国家出版基金项目(2019年度)

二连盆地古河谷型砂岩铀矿床

Paleo-valley Type Sandstone-hosted Uranium Deposit in Erlian Basin

彭云彪 焦养泉 鲁 超 吕永华 秦彦伟
乔 鹏 黄镪俯 苗爱生 李华明 著

Peng Yunbiao, Jiao Yangquan, Lu Chao, et al(Eds.)

内容提要

本书解剖了一种新型的发育于断拗转换背景中的砂岩型铀矿床——古河谷型砂岩铀矿床，它源于侧向多个物源供给，是由多种类型沉积体系沿断陷盆地轴线横向联合形成的带状复合铀储层砂体，在沉积期后的构造反转条件下接受侧方或多方含矿流体的潜水转层间氧化作用驱动而形成的砂岩型铀矿床。此类矿床的独特性和复杂性是对砂岩型铀矿成矿多样性的重要补充。本书适用于从事铀矿地质勘查与科研的地质工作者和高校师生及科研院所研究人员参阅，可作为行业培训、研究生和本科高年级学生的参考书。

图书在版编目(CIP)数据

二连盆地古河谷型砂岩铀矿床/彭云彪等著. —武汉：中国地质大学出版社，2021.12
ISBN 978-7-5625-5135-5
(中国北方砂岩型铀矿床研究系列丛书)

Ⅰ.①二…
Ⅱ.①彭…
Ⅲ.①二连盆地-河谷-砂岩型铀矿床
Ⅳ.①P619.14

中国版本图书馆 CIP 数据核字(2021)第 2[illegible]4957 号

二连盆地古河谷型砂岩铀矿床

彭云彪　焦养泉　鲁　超　吕永华　秦彦伟
乔　鹏　黄镪俯　苗爱生　李华明　著

责任编辑：王凤林　周　旭　　选题策划：王凤林　张晓红　毕克成　　责任校对：王　敏

出版发行：中国地质大学出版社(武汉市洪山区鲁磨路 388 号)　　邮编：430074
电　　话：(027)67883511　　传　　真：(027)67883580　　E-mail：cbb@cug.edu.cn
经　　销：全国新华书店　　http://cugp.cug.edu.cn

开本：880 毫米×1230 毫米　1/16　　字数：499 千字　　印张：15.75
版次：2021 年 12 月第 1 版　　印次：2021 年 12 月第 1 次印刷
印刷：湖北睿智印务有限公司

ISBN 978-7-5625-5135-5　　定价：168.00 元

“中国北方砂岩型铀矿床研究系列丛书”

序

铀矿是国内外重要的能源资源之一。铀矿的矿床类型很多，其中砂岩型铀矿是日益引起重视的矿床类型，具有浅成、易采、开发成本低、规模较大的优势。这类矿床在成因上比较特殊，不是岩浆、变质热液的成因类型，而是表层低温含铀流体交代、堆积的成因类型。

我国从20世纪50年代起就开始对砂岩型铀矿进行勘查，最早在伊犁盆地取得了找矿的突破，并建成了国内第一个地浸开采的砂岩型铀矿矿山。从21世纪开始在北方盆地开展砂岩型铀矿的勘查和科研工作，取得了找矿的重大突破，为国家建立了新的铀矿资源基地及开发基地。在这方面，中国核工业集团下属的核工业二〇八大队，一支国家功勋地质队，做出了突出贡献，先后在鄂尔多斯盆地、二连盆地和巴音戈壁盆地取得了找矿的重大突破，找到一批超大型、特大型、大型、中小型等砂岩型铀矿床及矿产地，并与中国地质大学（武汉）展开合作，在铀矿成矿理论方面亦取得了创新性成果，功不可没。

由彭云彪同志和焦养泉同志组织编撰的包含《内蒙古中西部中生代产铀盆地理论技术创新与重大找矿突破》在内的五部铀矿专著，系统地总结了鄂尔多斯盆地、二连盆地和巴音戈壁盆地砂岩型铀矿床的成矿特征，是我国铀矿找矿及成矿理论创新的重要成果。其主要体现在以下3个方面。

（1）在充分吸取国外“次造山带控矿理论”“层间渗入型成矿理论”和“卷型水成铀矿理论”等成矿理论的基础上，针对内蒙古中生代盆地铀矿成矿条件，提出了“古层间氧化带型”“古河谷型”和“同沉积泥岩型”等铀矿成矿的新认识，创新了铀矿成矿理论。

（2）在上述新认识的指导下，发现和勘查了一批不同规模的砂岩铀矿床，多次实现了新地区、新层位和新类型的重大找矿突破，填补了我国超大型砂岩铀矿床的空白，在鄂尔多斯盆地、二连盆地和巴音戈壁盆地中均落实了万吨级及以上铀矿资源基地，在铀矿领域，找矿成果和勘查效果居国内榜首，为提升我国铀矿资源保障程度做出了贡献。

（3）该系列专著主线清晰、重点突出，既体现了产铀盆地的整体分析思路，也对典型矿床进行了精细解剖，还有面对地浸开采的前瞻性研究，给各地砂岩型铀矿的找矿工作提供了良好的素材和典型案例。

总之，这五部铀矿专著是在多年勘查和研究积累的基础上完成的，自成体系，具有很强的实用性和创新性。因此，该套丛书的出版，对我国铀矿床勘查与成矿理论探索研究具有重要的参考价值，为从事砂岩型铀矿勘查、科研和教学的广大地质工作者提供了十分丰富有用的参考资料。

2019 年 1 月

“中国北方砂岩型铀矿床研究系列丛书”

前　言

铀矿是我国紧缺的战略资源，也是保障国家中长期核电规划的重要非化石能源矿产。自20世纪末以来，我国开展了大规模的砂岩型铀矿勘查和研究，促成了系列大型—超大型铀矿床的重大发现和突破，如今可地浸砂岩型铀矿已成为我国铀矿地质储量持续增长的主要矿床类型，也由此彻底改变了我国铀矿勘查和开发的基本格局，事实证明国家勘查的重点由硬岩型向砂岩型转移是一项重大的英明决策。

在这一系列的重大发现和找矿突破中，位于内蒙古中西部的鄂尔多斯、二连和巴音戈壁三大盆地具有率先垂范和举足轻重的作用。在中国核工业地质局的统一部署下，核工业二〇八大队作为专业的铀矿勘查队伍，自2000年以来先后在三大盆地发现了包括著名的大营铀矿床、努和廷铀矿床在内的2个超大型、3个特大型、4个大型、1个中型和1个小型铀矿床，取得了重大找矿突破。在此期间，与具有传统优势学科的中国地质大学(武汉)开展了无间断的长期合作，其互为补充的友好合作被业界誉为“产、学、研”的典范。

由项目负责人彭云彪总工程师和学科带头人焦养泉教授策划组织编撰的“中国北方砂岩型铀矿床研究系列丛书”(5册)，是对三大盆地铀矿重大勘查发现和深入研究成果的理论性技术的系统总结。组织编撰的五部专著各具特色，既有对以往成果的总结，也有前瞻性的探索，构成了一个严谨的知识体系。其中，第一部专著包含了三大盆地，是对区域成矿规律、成矿模式和勘查理念的系统总结；第二部、第三部和第四部专著分别是对单一盆地、不同成因类型铀矿床的精细解剖；第五部专著通过铀储层地质建模的前瞻性探索研究，深入揭示铀成矿机理和积极应对未来地浸采铀面临的“剩余铀”问题。该丛书被列入2019年度国家出版基金资助项目。

“中国北方砂岩型铀矿床研究系列丛书”的编撰出版，无疑将适时地、及时地反映我国铀矿地质勘查与科学工作者的最新研究成果，所总结的勘查实例、找矿标志、成矿规律和成矿理论认识与实践经验，可供有关部门指导我国陆相盆地不同成因砂岩型铀矿的勘查部署和科研工作。在欧亚成矿带上，其他国家对砂岩型铀矿的勘查与研究基本处于停滞状态，而中国境内却捷报频传，理论知识不断加深，应运而生的这五部专著不仅具有鲜明的地域特色和类型特征，而且必将成为欧亚成矿带东段铀矿地质特征与成矿规律的重要补充，因而具有丰富世界砂岩型铀矿理论，供国内外同行借鉴、对比、交流和参考的重要意义。尤其值得肯定的是，面对陆相盆地不同成因砂岩型铀矿而采取的有效勘查部署和研究思路，以及分别总结的找矿标志、成矿规律和勘查模式具有科学性和先进性。

综上所述，系列专著的编撰出版，丰富了世界砂岩型铀矿理论，对于指导我国不同地区类似铀矿勘查具有重要意义。

《二连盆地古河谷型砂岩铀矿床》

前　言

砂岩型铀矿是重要的找矿类型之一，在我国北方已经被大量发现。自21世纪初，核工业二〇八大队在中国核工业地质局的统一部署下，于二连盆地开展了砂岩型铀矿找矿工作，并取得了铀矿找矿重大突破和理论创新。

长期以来，人们对二连盆地油气成藏和煤富集规律的研究程度较高，但是对铀矿发育的构造-地层学、多幕裂陷作用下沉积充填演化史的研究，尤其是对主要产铀层位赛汉塔拉组（简称赛汉组）沉积体系的研究比较薄弱，而这些因素正是制约砂岩型铀矿形成的主要地质背景和条件。本书对砂岩型铀成矿构造-沉积充填背景、地质特征和成矿规律、典型矿床解剖、铀成矿作用和铀成矿系统等方面展开研究，全面系统地论述了二连盆地古河谷型铀矿床的基本特征。二连盆地古河谷型砂岩铀矿床在成矿作用方面具有很强的独特性和复杂性，是对陆相盆地砂岩型铀矿成矿多样性的重要补充，建立的成矿机理和模式对我国北方中新生代沉积盆地砂岩型铀矿勘查具有重要的借鉴作用。

全书共分7章，第一章介绍了二连盆地砂岩型铀矿及古河谷型砂岩铀矿勘查和研究进展以及铀矿床基本特征；第二章介绍了二连盆地构造背景、古河谷型砂岩铀矿发育与构造发育及演化的关系；第三章介绍了古河谷型砂岩铀矿发育的层序地层学特征；第四章介绍了古河谷型砂岩铀矿的铀储层空间形态及成因解释；第五章介绍了典型古河谷型砂岩铀矿的矿床地质特征；第六章系统分析了古河谷型砂岩铀矿的铀成矿系统；最后对古河谷型砂岩铀矿进行了总结。

本书是对核工业二〇八大队10多年来在二连盆地古河谷型砂岩铀矿工作的总结，是核工业二〇八大队所有从事二连盆地古河谷型砂岩铀矿找矿工作人员智慧和汗水的结晶，参与项目的研究人员还有陈安平、申科峰、杨建新、李洪军、于恒旭、旷文战、李荣林、康世虎、郝进庭、梁齐端、何大兔等，中国地质大学（武汉）吴立群副教授、荣辉博士对本书的出版也提供了大量帮助，在此一并致以衷心的感谢！

彭云彪

2020年12月20日

目 录

第一章 绪 论

砂岩型铀矿是指产于陆相河流和边缘海相沉积环境的中—粗粒砂岩中的铀，在还原条件下被砂岩中的各种还原剂(含碳的物质、硫化物、碳氢化合物和铁镁矿物等)还原而沉淀形成的矿床[国际原子能机构(IAEA)对砂岩铀矿床的定义]。“砂岩型铀矿”一词最早由美国著名学者 Finch(1967)在文献中提出，他认为砂岩型铀矿是指其容矿主岩为砂岩的铀矿床，并具有典型的后生成矿、后生地球化学和容矿主岩特征。

第一节 国外砂岩型铀矿床研究现状

美国和苏联的铀矿地质学家对砂岩型铀矿进行了较早的研究。在 20 世纪六七十年代，美国地质学家对怀俄明盆地、科罗拉多高原和南得克萨斯等砂岩铀矿床进行了深入研究和系统总结，建立了典型的“卷型”铀矿成矿模式和找矿判据。自 20 世纪 70 年代起，苏联铀矿地质学家通过对中亚地区“层间氧化带型”砂岩型铀矿床深入研究和系统总结，提出了“次造山带控矿”“层间渗入”铀成矿理论和找矿标志。美国地质学家建立的“卷型”铀矿成矿模式与苏联地质学家建立的“层间氧化带型”铀矿成矿模式都科学地揭示了砂岩型铀矿的地质特征和形成机理，这两种模式所反映出的观点基本相同，是进行砂岩型铀矿勘查的基本理论准则。

美国和苏联对砂岩型铀矿的研究起步较早，对砂岩型铀矿发展贡献巨大，其发展过程大致分为以下 4 个阶段(王正邦，2002)。

第一个阶段是 20 世纪 40 年代以前，在美国和欧洲发现了一系列小型铀矿床，以及加拿大的达熊胡铀矿床、澳大利亚的镭山铀矿床和纳米比亚的罗辛铀矿床等，苏联那时大力开展铀矿的普查勘探和研究工作。当时地质科研工作者对铀的外生作用和富集规律认识还不足。

第二个阶段是 20 世纪四五十年代，出现了第一次铀矿勘查的高潮，其间相继发现了许多重要的铀矿床。如美国在拉古纳至盖洛普地区发现了格兰茨矿带砂岩型铀矿床，在圣胡安盆地西南缘发现杰克派尔铀矿床；苏联发现了乌奇库杜克第一个砂岩型铀矿床，在中央克兹尔库姆地区发现了一系列砂岩型铀矿床，逐渐形成了中央克兹尔库姆砂岩型铀矿成矿省；此外，非洲一些国家也先后发现了一系列砂岩型铀矿床，引起铀矿地质学家对砂岩型铀矿形成的后生作用的关注，在研究地球化学障成矿作用概念方面取得了卓越成果。

第三个阶段是 20 世纪 60—80 年代，是世界砂岩型铀矿勘查和研究的黄金阶段。此时世界几个重要的铀矿矿集区逐渐成型，如美国科罗拉多高原和怀俄明盆地砂岩型铀矿矿集区、南非石英卵石砾岩型铀矿矿集区、非洲中部砂岩型铀矿矿集区、欧洲砂岩型铀矿矿集区等。砂岩型铀矿成矿理论和地浸技术的成功应用和推广，极大地刺激了砂岩型铀矿的研究与找矿工作，逐渐形成了苏联“层间氧化带型”和美国“卷型”砂岩铀成矿理论两大流派。

美国由于在 20 世纪七八十年代对铀矿勘查工作的大量投入，逐渐形成格兰茨矿带的铀腐殖酸型板状矿床、尤拉凡钒铜铀型板状矿床、怀俄明细菌型卷状铀矿床和得克萨斯与油气有关的非细菌型卷状铀矿床四大砂岩型铀矿资源基地，共有 4400 个砂岩型铀矿床，并在科罗拉多高原及其周边形成了世界上著名的美国中西部砂岩型铀矿矿集区。这些铀矿床在成因类型上分为“整合型”和“卷型”两大类，形成著名的“卷型”砂岩铀成矿理论。学者们在产铀盆地分析、成矿地质、地球化学环境、成矿物质来源、成矿作用机制、找矿判据等研究领域都取得了重要的研究成果，出版和发表了大量的专著及论文。

苏联的砂岩型铀矿主要分布在现在的哈萨克斯坦、乌兹别克斯坦和俄罗斯境内。20 世纪六七十年代运用“层间氧化带型”砂岩铀矿成矿规律，在近天山地区的楚萨雷苏、锡尔达林盆地发现了一系列大型、超大型砂岩型铀矿床，形成了当前世界最大的砂岩型铀矿矿集区，并在布金纳依矿床地浸采铀取得了成功，使砂岩型铀矿进入了一个崭新的大发展时代，成为当前世界铀矿主攻类型之一。苏联铀矿地质学家建立了“层间氧化带型”和“次造山带控矿”铀成矿理论，在“层间氧化带型”砂岩铀矿成矿条件、成矿规律、找矿判据、地球化学分带、勘探技术、地浸工艺等方面进行了深入研究，且卓有成效，成果斐然，先后出版了一系列的专著和文献，包括丹契夫主编的《外生铀矿床》、别列里曼主编的《后生地球化学》和《水成铀矿床》、叶菁谢耶娃等的《表生地球化学》、马克西莫娃等的《层间渗入成矿作用》等。与此同时，美国铀矿地质学家也出版了一批重要文献，著名铀矿地质专家 Finch 在其专著中对砂岩型铀矿的含义和铀矿床形成的地质、构造背景、岩性、岩相、铀矿物、含矿层特征及成矿年龄等进行了系统的阐述和总结。此外，还有不少铀矿地质学家对砂岩型铀矿床的成因，如矿床地球化学（Miller et al.，1980）、成矿规律（Evseeva et al.，1963）、岩性和岩相（Miecsh，1962；Harshman，1974）等进行了探讨和研究。

第四个阶段是 20 世纪 90 年代至今，是上述铀成矿理论的推广应用和完善升华阶段。以上述铀成矿理论为指导，世界各国发现了一大批砂岩型铀矿，如我国新疆伊犁盆地铀矿床。进入 21 世纪以来，随着核工业二〇八大队在鄂尔多斯盆地、二连盆地和巴音戈壁盆地铀矿找矿工作的开展，铀矿地质科技工作者在充分吸收国际上“卷型”“层间氧化带型”和“次造山带控矿”等传统铀成矿理论的基础上，结合上述盆地铀成矿条件的特殊性，建立了多个具有中国特色的砂岩铀成矿理论新认识和新类型，进一步完善和升华了砂岩铀成矿理论，为上述盆地铀矿找矿工作提供了新的理论依据和勘查方向，发现和落实了一批超大型、特大型、大型和中型砂岩铀矿床，取得了我国铀矿找矿工作的重大突破。

第二节 砂岩型铀矿床分类

国际上对砂岩铀矿床的分类有多种方案。国际原子能机构（IAEA）的《世界铀矿床分布图阅读指南（2000）》把砂岩型铀矿床分为卷状、板状、底河道和前寒武纪砂岩 4 个亚类。Franz J. Dalkamp（1993）将砂岩型铀矿床分为 3 类，即板状/准整合型、卷型和构造岩性型。

李胜祥等（2001）根据矿床的含矿沉积建造、主岩沉积环境、矿体形态和矿床成因，提出了砂岩型铀矿床的 4 种分类方案，并且探讨了这 4 种方案在铀矿勘查中的应用。一是按含矿主岩沉积建造，可以划分为 5 种类型：产于陆相红色/杂色碎屑岩建造中的铀矿床、产于海陆交互相/滨海三角洲相杂色碎屑岩建造中的铀矿床、产于陆相灰色/暗色（含煤）碎屑岩建造中的铀矿床、产于海陆交互相灰色/暗色（含煤）碎屑岩建造中的铀矿床和产于陆相火山碎屑岩沉积建造中的铀矿床；二是按含矿主岩的沉积环境，可以划分为 6 种类型：产于冲积扇前缘沼化洼地沉积中的铀矿床、产于辫状河沉积中的铀矿床、产于曲流河沉积中的铀矿床、产于滨湖三角洲相沉积中的铀矿床、产于滨海三角洲或海陆交互相沉积中的铀矿床和产于风成砂岩中的铀矿床；三是按矿体形态产状，可以划分为 5 种类型：板状/似层状型、卷型、透镜状、堆状和脉状；四是按矿床成因，可以划分为 5 种类型：沉积成岩型、潜水氧化型、层间氧化型、古热水改造型和热液脉型。

王正邦（2002）则重点强调矿床成因，并划分了 4 种类型。这种分类在矿床成因及个性特征研究中有深度，根据成因和矿化特征主要分成以下几类：Ⅰ——晚期成岩表生后生渗入叠加型砂岩型铀矿，如美国格兰茨矿带诸铀矿床。Ⅱ——表生后生渗入型砂岩型铀矿。ⅡA——潜水氧化带型砂岩型铀矿、含铀煤型铀矿，其中包括煤系地层中某些砂岩层中的潜水氧化带砂岩型铀矿，如中亚伊犁盆地的戈尔贾特和下伊犁铀矿床。ⅡB——层间氧化带砂岩型铀矿。ⅡB又分为ⅡB_1，区域性层间氧化带砂岩型铀矿，如楚萨雷苏和锡尔达林盆地白垩系和古近系中的铀矿床；ⅡB_2，局部性层间氧化带砂岩型铀矿，如乌兹别克斯坦克孜尔库姆成矿省诸铀矿床、美国怀俄明盆地的铀矿床。ⅡC——潜水层间氧化带砂岩型铀矿，古河谷型砂岩型铀矿，如俄罗斯的维吉姆、马林诺夫、达尔马托夫和蒙古的某些铀矿床；受冲洪积扇前缘沼化洼地相粉砂质泥岩和扇前网状河砂岩控制的铀矿床，如蒙古的哈拉特铀矿床和俄罗斯的伊姆斯铀矿床。Ⅲ——表生后生渗出渗入型砂岩型铀矿，如萨贝尔萨伊铀矿床和美国得克萨斯地区的铀矿床。Ⅳ——后生热水叠造型砂岩型铀矿，如非洲的尼日尔铀矿床、欧洲的拉贝铀矿床和科尼格斯坦铀矿床。

张金带等(2010)总结我国北方中新生代沉积盆地发现的砂岩型铀矿，将其定名为伊犁式、吐哈式、东胜式、乌兰察布式、马尼特式、通辽式铀矿，各种式样的铀矿床产于不同构造背景的沉积盆地中，矿床特征和控矿因素也有明显的差异性。

陈祖伊和陈戴生(2011)将砂岩型铀矿按成因分类分为3个大类、多个亚类，如表1-1所示。

表1-1　砂岩型铀矿成因分类(据陈祖伊和陈戴生,2011)

大类		亚类	矿床实例
沉积成岩			汪家冲、大红山、花台寺
后生氧化	层间	层间氧化	库尔捷太、十红滩
		古层间氧化	皂火壕
	潜水	古河谷(道)	巴彦乌拉、城子山、山市
		含铀煤	达拉地、唐家沟
复成因		地沥青化叠加层间(潜水)氧化	巴什布拉克
		沉积成岩叠加热液改造	大寨
		沉积成岩叠加层间氧化	钱家店
		沉积成岩叠加潜水氧化	萨瓦布齐

但是，上述几种分类中对古河谷型和古河道型砂岩铀矿没有进一步的区分和定义。苏联等国地质学家对古河道(谷)型砂岩铀矿进行了专门的定义：产于侵蚀下切到盆地褶皱基底或结晶基底之上的河道沉积物底部或风化壳中的砂岩铀矿床称为基底古河道型砂岩铀矿床，同时也称为古河谷型砂岩铀矿；产于沉积建造间古河道沉积物中的砂岩铀矿床称为建造间古河道型砂岩铀矿床。所以，古河道型砂岩铀矿包括基底古河道(谷)型和建造间古河道型两类。

基底古河道(谷)型砂岩铀矿之上无隔水层的称之为开放性古河道，有沉积盖层的称之为封闭型古河道，由泥岩组成的盖层叫泥盖式，由玄武岩等岩浆岩组成的盖层叫热盖式。基底古河道(谷)型砂岩铀矿一般分布于地台边缘及具有弱活化穹隆抬升(伴随岩浆喷发)的褶皱区，常位于基底构造的变化部位，常受断裂构造控制。古河道具有缓倾斜的谷底和较陡的侧岸。铀矿化主要受潜水氧化带和潜水层间氧化带的控制，氧化带自河谷上游沿斜坡向下及自岸侧向谷底发育，氧化带一般规模不大，长几千米，宽几百米到几千米。矿化主要产于河道上游、支流及河口。侵蚀切入到富铀地质体的基底古河道(谷)型对铀矿床的形成具有重要意义，富铀地质体主要包括花岗岩、酸性喷出岩等以及它们的风化壳。

建造间古河道型砂岩铀矿位于沉积盖层之间的沉积间断面之上，常见于沉积亚旋回的底部，可见其冲刷切割下伏泥岩，古河道内的沉积物与古河道外的沉积物属于同一地质时期的沉积建造。与基底古河道（谷）型相比，建造间古河道型的发育与基底构造关系不大，在很大程度上，建造间古河道的形态和位置主要受古地形控制，古河道较宽，底板较平缓。建造间古河道型铀矿床的形成与蚀源区地质体的富铀性紧密相关。盆地盖层沉积物也可能成为铀源，其铀的高背景含量是矿床形成的有利因素。

世界上目前已知较大的古河道型砂岩铀矿多为基底古河道（谷）型，如俄罗斯维吉姆地区希阿格达铀矿田。其主要成矿特点是：含矿古河道（谷）基底多为铀含量高的中酸性侵入岩、火山岩等，且大多发育较厚（2～20m）的风化壳；古河道（谷）均为二级、三级的上游支流河道，深切入基底；含矿部位多为古河道（谷）的上游或支流入口处，或古河道（谷）的形态变异部位，一般都上覆玄武岩或红色泥岩。

但是，上述古河道（谷）型与二连盆地"古河谷型"在成矿条件、矿化特征及控矿因素等方面截然不同，应属不同的铀矿类型。

第三节　二连盆地"古河谷型"砂岩铀矿发现和勘查过程

二连盆地"古河谷型"砂岩铀矿发现和勘查过程分为如下几个阶段。

第一阶段为"就点找矿"阶段。20世纪八九十年代，核地质系统主要在二连盆地的乌兰察布坳陷开展了地面和航空放射性测量，核工业二〇八大队对已发现的航放异常点开展了活性炭、^{210}Po等地面放射性方法查证，在浅部地层古近系脑木根组、上白垩统二连组中发现了查干和苏崩两个小型泥岩型铀矿床。

第二阶段为"模式找矿"阶段，进一步划分为"层间氧化带型"和"古河道（谷）型"砂岩铀矿两个模式找矿阶段。1989年中国核工业地质局组织核工业西北地勘局、核工业东北地勘局、核工业北京地质研究院等单位的地质专家，在核工业二〇八大队召开了二连盆地铀矿找矿论证会，这次会议确定了今后在二连盆地以寻找"层间氧化带型"砂岩型铀矿为主，并于次年由核工业二〇八大队主持编制了《内蒙古二连盆地铀矿找矿及原地浸出采铀试验五年规划》。1990年，核工业二〇八大队按照寻找区域"层间氧化带型"砂岩铀矿的找矿思路开展工作，采用大间距、大剖面钻探方法在铀异常晕复合区内发现了努和廷铀矿床，经1991—1996年的进一步勘查，按地浸砂岩型一般工业指标圈定了矿体，但通过地浸采铀实验，认为该矿床难以采用地浸工艺开采。1997—2005年，对该矿床勘查工作中断达10年之久，后期经过进一步研究认为铀矿体的形成受控于湖泊扩展体系域的湖泛事件，属"同沉积泥岩型"，通过进一步勘查，落实为我国第一个超大型铀矿床。为了进一步寻找可地浸砂岩铀矿床，2000—2001年，以"基底古河道型"铀成矿理论为指导，核工业二〇八大队在二连盆地开展了可地浸砂岩型铀矿成矿水文地质条件研究及编图、构造物探研究及编图、地浸砂岩型铀矿专题调研、电法资料整理解译等项目，中俄合作开展了二连盆地砂岩型铀成矿环境预测，系统了解了盆地构造格架、地层结构及目的层的发育特征，并按"基底古河道（谷）型"砂岩铀矿预测准则圈出了一批成矿远景区，开展了相应的铀矿调查工作，仅仅在腾格尔坳陷南缘发现了巴彦塔拉铀矿点。由于上述研究与勘查工作受传统"层间氧化带型"和"古河道型"铀成矿理论的束缚，砂岩型铀矿找矿没有取得突破性进展。

第三阶段为"理论找矿"阶段，即"古河谷型"砂岩铀矿找矿阶段。从2002年开始，为了在二连盆地进一步寻找可地浸砂岩铀矿床，通过对盆地构造背景和沉积特征的进一步研究认为，二连盆地为夹持于隆起间的"碎盆群"，盆地基底凸凹结构对沉积盖层具有十分明显的制约性，不利于区域层间氧化带的发育和"古河道型"砂岩铀矿床的形成。通过对二连盆地地质资料进一步系统整理和铀成矿条件的深入研究认为，盆地早白垩世赛汉期断拗转换的构造背景控制了大规模骨架砂体的发育，坳陷及次级凹陷中心带状洼地控制了砂体的空间展布，砂体不是河道成因的单一砂体，而是河流沉积体系、三角洲沉积体系和冲积扇沉积体系组成的多成因复合砂体，具有多物源特点。盆地构造背景和砂体沉积特征不同于前人定义的基底古河道（谷）型和建造间古河道型，这为"古河谷型"砂岩铀矿的重新定义和二连盆地"古河谷型”砂岩铀矿的发现提供了重要依据。由此，调整了二连盆地找矿思路，跳出了“层间氧化带型”和“古河道型”砂岩铀矿床的找矿模式，找矿思路从“盆地边缘找矿”转变为“坳陷中心部位找矿”，采用大间距、大剖面钻探工作手段，2002年10月在巴彦乌拉地区赛汉组砂体中发现了氧化带和铀矿化，2003年发现工业铀矿孔，二连盆地砂岩型铀矿找矿工作取得了历史性突破。至今，沿坳陷中心圈定了长达300多千米的复合型砂带，落实了巴彦乌拉-巴润-芒来-赛汉高毕-哈达图特大型铀矿带，其中巴彦乌拉铀矿床已进入工业化生产试运行阶段。

该类型铀矿化特征具有明显的独特性：

(1)盆地在断拗转换构造背景下形成了沿坳陷及次级凹陷中心发育的带状洼地，发育由河流沉积体系、三角洲沉积体系和冲积扇沉积体系组成的大规模骨架砂体，铀矿化主要受侧向充填河流砂体和三角洲砂体的控制，砂体成因并不是普遍认为的单一的河流体系；由于不同区段带状洼地深浅不同，形成的砂体埋深和厚度差异性也较大，再加上后期构造对建造的改造作用，使得铀矿体在空间展布上变化多端。

(2)沉积的侧向补给为多物源性，砂体呈南西-北东向发育，物源补给主要来自坳陷北西部及南东部，并不断叠加，充填到坳陷中心时具有沿坳陷中心纵向发育的趋势，如马尼特坳陷西部的芒来、巴润、巴彦乌拉、白音塔拉和那仁宝力格等地段具有多个物源区。多物源性和后期构造背景的继承性，导致含铀含氧水的补给也具多向性，铀矿化整体上呈现沿坳陷中心纵向串珠状分布，矿体在次级凹陷的产出位置与氧化带的空间展布密切相关。

(3)赛汉组沉积后受盆地构造反转和长期隆升构造背景的影响，导致赛汉组在坳陷边缘不同程度地被剥蚀，为后期含氧含铀水的渗入及氧化带的发育创造了极为有利的构造条件。

(4)氧化带由坳陷边缘向坳陷中心多向发育，以侧向或纵向的潜水转层间氧化作用为主，在古河谷中心或侧邦富集形成铀矿体。氧化带和还原带在空间上呈上下叠置关系，铀矿化位于氧化-还原叠置带内的黄色与灰色岩石的突变部位，并不存在真正意义上的“灰色岩石背景上发育褐铁矿化”过渡带岩石地球化学环境。

传统的基底古河道(谷)型砂岩铀矿是指产于侵蚀下切到盆地褶皱基底或结晶基底之上的河道沉积物底部或风化壳中的铀矿床，如俄罗斯的维吉姆、马林诺夫、达尔马托夫、伊姆斯铀矿床等。该类型铀矿床强调古河道砂体下切于基底之上，一般古河道规模小，流程短，发育几千米到十几千米，所以笔者认为传统的基底古河道(谷)型砂岩铀矿只称为基底古河道型，不应包括古河谷型。

传统的建造间古河道型砂岩铀矿是指位于沉积盖层之间的沉积间断面之上，由于河流下切作用沉积充填的河道砂体内部的砂岩型铀矿床，如蒙古的哈拉特铀矿床。该类型铀矿床的分类依赖于沉积环境，强调了河流相砂岩为主要成矿空间。

由此确定二连盆地赛汉组砂岩铀矿应是砂岩型铀矿新类型，有必要进行进一步定义和类型划分。

第四节　古河谷型砂岩铀矿定义

根据上述二连盆地铀成矿地质特征，提出“古河谷型砂岩铀矿”。它是指沉积盆地中由于构造作用形成的带状谷(洼)地，后期又被多相带、多物源沉积物充填，产于其砂岩中的铀矿床。该矿床类型的主要特点如下。

(1)古河谷走向平行于盆缘断裂发育，形成顺盆地走向发育的沉积和沉降中心。

(2)物源体系以侧向多物源供给为主。

(3)古河谷沉积物主要由冲积扇、扇三角洲、辫状河、辫状河三角洲和湖泊沉积体系构成。

(4)沉积砂体主要由河流沉积体系、三角洲沉积体系和冲积扇沉积体系组成，铀储层主要是由多个侧向辫状河三角洲或辫状河沉积体系的砂岩联合构成顺古河谷走向的“带状”复合砂带，该类型砂带一般发育几十千米到几百千米。

(5)铀成矿作用以侧向的潜水转层间氧化作用为主。

笔者所强调的古河谷型砂岩铀矿是涵盖了河谷的构造成因、多物源供给体系和复合铀储层类型的一种侧向的潜水转层间的成矿作用。

二连盆地砂岩铀矿床是我国发现的第一个古河谷型砂岩铀矿床。

第二章　地质背景及构造演化

二连盆地位于内蒙古自治区中部，东侧为大兴安岭隆起，西侧为索伦山隆起，南侧为温都尔庙隆起，北侧为巴音宝力格隆起，东西长约1000km，南北宽20～40km，总面积约$11\times10^4km^2$。铀矿床主要赋存于早白垩世形成的赛汉组古河谷砂岩体中。

第一节　区域地质背景

一、大地构造背景

二连盆地位于西伯利亚板块与华北板块缝合线的构造部位，是在天山-兴蒙造山带的基础上，经燕山期拉张翘断构造应力场作用而发育起来的中-新生代陆相沉积裂陷盆地(图2-1)。按板块构造学说，二连盆地为我国东部诸多裂谷盆地之一。中-新生代以来，太平洋板块向欧亚大陆俯冲，使中国陆壳沿北东向产生地壳破裂带，即上层地壳处于张应力作用下，使原来古生界基底块断破裂，形成一系列箕状或地堑状断陷盆地，进而演化成大型坳陷盆地(田在艺，1996；张功成，1996)。

早白垩世盆地的形成与深部作用密切相关，库拉-太平洋板块俯冲至地幔670km处形成的滞留体可能打破了上地幔内部物理化学平衡(任建业等，1998)，产生次级的上升热幔软流，次生地幔物质呈向西偏的不对称蘑菇云形，二连盆地位于次生热幔柱向西偏转的尾缘，热活动作用不强，盆地裂后热沉降、沉积很薄。深部因素为裂陷作用提供了内在动力和直接的驱动机制，由于库拉-太平洋板块在晚中生代期间向北北西方向的俯冲作用只能造成左旋走滑(任建业等，1998)，但包括二连盆地在内的东北亚断陷盆地均显示出受控于右旋张扭构造应力场北西-南东向的斜向拉伸作用(Ren，1997；赵志刚等，2005)，因此右旋张扭构造应力场的形成与特提斯板块和太平洋板块对中国大陆的不均衡挤压作用关系密切。肖安成(2001)认为早白垩世库拉-太平洋板块向欧亚板块的俯冲作用改变了上地幔物质平衡，并且库拉-太平洋板块与欧亚板块东缘产生的相对左旋拉张走滑断裂，为黏度降低了的地幔物质上涌提供了通道；由于二连盆地位于隆升中心偏西位置，所以与处于上升中心的松辽盆地相比表现为窄裂陷特征(图2-2)。早白垩世，二连盆地处于穹隆背景下，在引张应力条件下沿袭海西断褶带地壳不稳定带的格局，发育北东、北北东向断裂，或呈雁列状。北东、北北东向断裂被后者截切或以隆起间列，发育了一系列地堑、半地堑或箕状盆地，总体呈雁列状北东向展布(王同和，1986)。这就是二连盆地及各个次级凹陷发育的动力学背景，其中沿乌兰察布坳陷—马尼特坳陷中心部位带状展布的一系列次级凹陷形成了北东向展布的300多千米的古河谷。

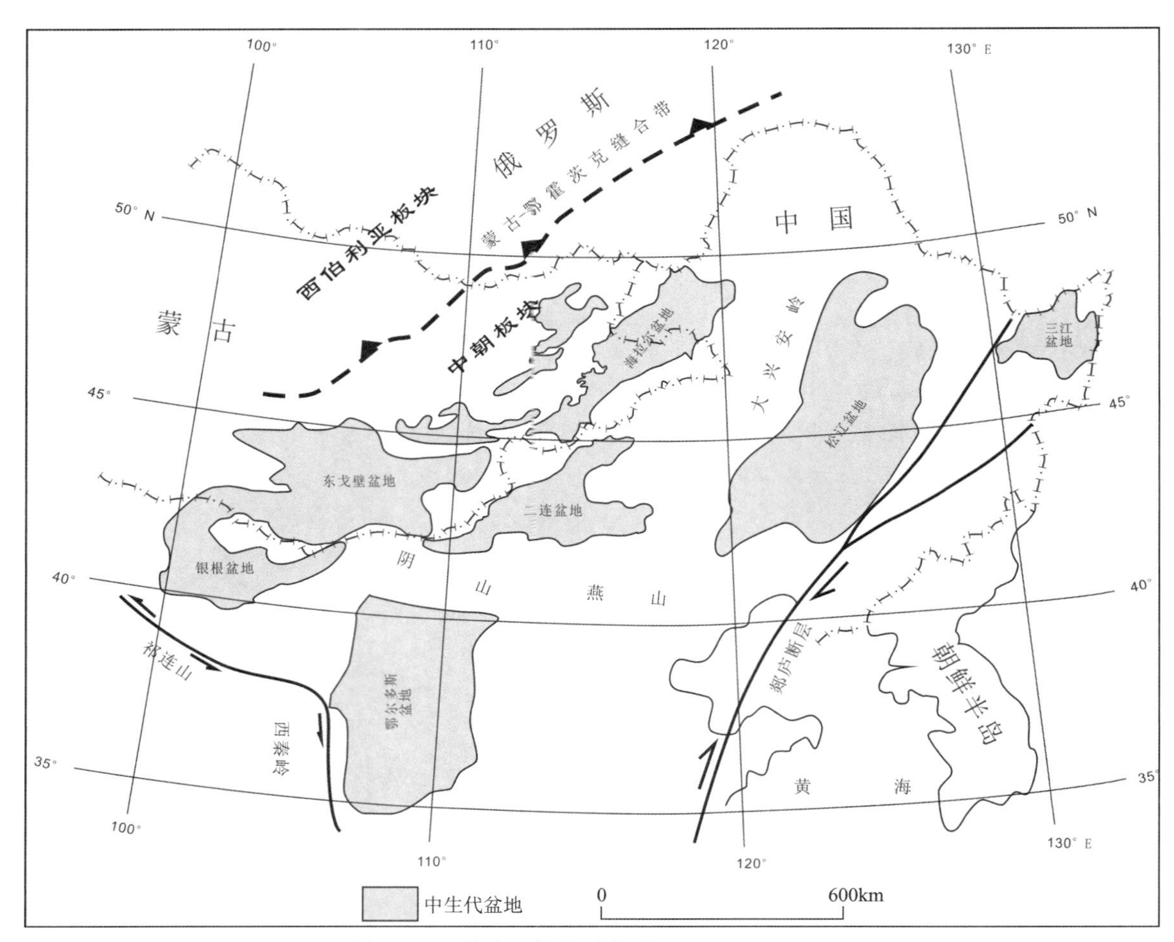

图 2-1 二连盆地构造示意图(据孟庆任等,2002)

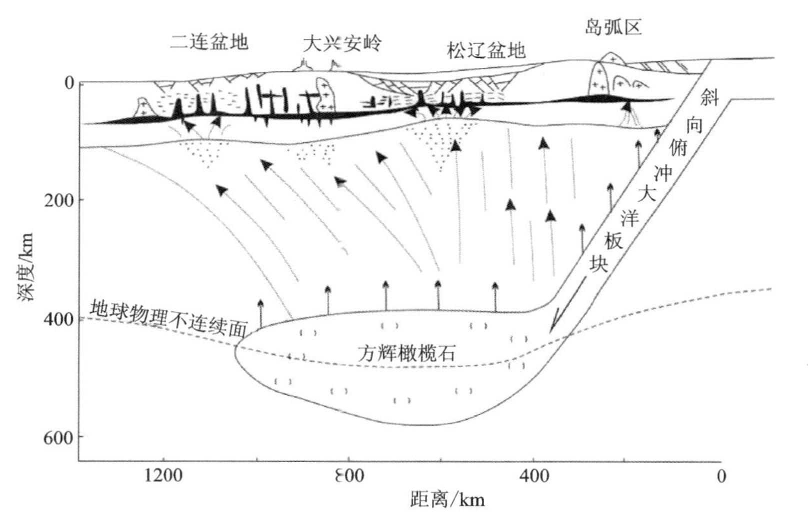

图 2-2 二连盆地形成深部背景图(据任建业等,1998 修改)

二、区域地层

（一）基底地层

二连盆地基底地层包括古元古界、新元古界、下古生界及上古生界（表2-1）。古元古界主要在东部的锡林浩特一带出露，岩性为石英岩、板岩、大理岩，铀含量3.4×10^{-6}；新元古界仅在西部的额仁淖尔一带出露，岩性为大理岩、石英片岩、板岩等，铀含量5.8×10^{-6}；下古生界包括寒武系、奥陶系、志留系，主要为一套受到中等—浅变质作用的海相碎屑岩、碳酸盐岩夹中基性火山岩建造，岩性为变质砂岩、片岩、石英岩、拉斑玄武岩、灰岩等，铀含量$(3.8\sim3.9)\times10^{-6}$；上古生界包括泥盆系、石炭系、二叠系，主要为一套受到浅变质作用的浅海相、海陆交互相的碎屑岩、碳酸盐岩及海相火山岩，局部为陆相火山岩组成，岩性主要为变质石英砂岩、硬砂岩、灰岩、板岩和中性火山岩等，铀含量$(2.5\sim5.4)\times10^{-6}$。

表2-1　二连盆地中部主要基底地层及放射性特征简表

界	系	统	群(组)	代号	厚度/m	岩性简述	K/%	U/10^{-6}	Th/10^{-6}	Th/U	主要出露范围
上古生界	二叠系	上统	林西组	P_2l	>1400	砂砾岩、凝灰质粉细砂岩、长石砂岩、板岩夹灰岩	3.37	2.5	8.8	3.2	西乌珠穆沁旗
		下统	哲斯组	P_1z	>1500	长石砂岩、砂板岩、砂岩、板岩夹灰岩	3.47	5.4	17.2	3.2	苏尼特左旗
			宝力格庙组	P_1b	>4219	火山角砾凝灰岩、晶屑凝灰岩、凝灰角砾岩					红格尔—达来
			西乌珠穆沁旗组	P_1x	>2237	砂岩、粉砂岩、砾岩、灰岩、硅质岩					西乌珠穆沁旗
	石炭系	上统	阿木山组	C_3a	>4000	灰岩、砂岩夹板岩	2.50	3.6	8.9	2.5	苏尼特左旗—阿巴嘎旗
		中统	宝力格庙组	C_2bl	>7574	火山熔岩、火山角砾岩等					苏尼特左旗—阿巴嘎旗
			本巴图组	C_2b	>720	砂岩、粉砂岩夹灰岩、安山岩	2.43	3.8	9.6	2.5	苏尼特左旗
	泥盆系	上统	色日巴彦敖包组	D_3s	>800	砾岩、砂岩夹凝灰岩、灰岩					苏尼特左旗—阿巴嘎旗
			安格尔音乌拉组	D_3a	2289	板岩、泥质粉砂岩等					东乌珠穆沁旗
			才伦郭少组	D_3c	>564	长石砂岩、长英砂岩、泥质粉砂岩等					东乌珠穆沁旗

续表 2-1

界	系	统	群(组)	代号	厚度/m	岩性简述	K/%	U/10^{-6}	Th/10^{-6}	Th/U	主要出露范围
上古生界	泥盆系	中统	塔尔巴格特组	D_2t	1501	硅质粉砂岩、粉砂质变泥岩夹板岩					东乌珠穆沁旗
			温多尔敖包特组	D_2w	1228	泥质、硅质、凝灰质粉砂岩,凝灰岩					东乌珠穆沁旗
		下统	敖包亭浑迪组	D_1ob	＞1450	粉砂岩、砾岩、安山岩					巴音宝力格东北部
			巴润特花组	D_1b	＞1119	凝灰质砂岩、粉砂岩、泥岩和砂岩					东乌珠穆沁旗
下古生界	志留系	上统	巴特敖包组	S_3bt	440	砂岩、结晶灰岩、板岩等					苏尼特左旗东南部
	奥陶系	中下统	包尔汉图群	$O_{1\text{-}2}B$	1131	凝灰岩、安山岩、火山碎屑岩夹泥岩等		3.8	11.9	2.9	巴音宝力格隆起北部
	寒武系		温都尔庙群	$∈_1W$	＞1000	片岩、石英岩、拉斑玄武岩等	3.03	3.9	10.3	2.6	苏尼特左旗南部
新元古界			艾勒格庙组	Pt_3a	＞2000	大理岩、石英片岩、板岩等	2.92	5.8	17.0	2.9	额仁淖尔地区
古元古界			宝音图群	Pt_1B	＞7000	石英岩、板岩、大理岩等		3.4	11.0	3.2	锡林浩特

(二)沉积盖层

沉积盖层由侏罗系、白垩系、古近系、新近系和第四系构成(表 2-2)。中、下侏罗统主要为固结较好的湖沼相含煤地层,上侏罗统主要为陆相火山岩系,基本上不具备可地浸砂岩型铀矿的成矿条件。下白垩统自下而上分为 3 个组,沉积范围广、厚度大,为一套巨厚的山麓相、三角洲相、河流相和湖相沉积,是二连盆地沉积主体。其中,阿尔善组(K_1a)为杂色重力流粗碎屑岩建造,厚度小于 1700m;腾格尔组(K_1t)为含油碎屑岩建造,厚度为 500～2000m;赛汉组(K_1s)可分为上段(K_1s^2)和下段(K_1s^1),下段(K_1s^1)主要为三角洲相含煤碎屑岩建造,上段(K_1s^2)主要为河流相粗碎屑岩建造,总厚度一般小于 600m,其中在乌兰察布坳陷—马尼特坳陷古河谷中主要为辫状河相、辫状河三角洲相粗碎屑岩建造。下白垩统铀含量总体较高,达 6.7×10^{-6}。上白垩统二连组(K_2e)为杂色碎屑岩建造,其厚度小于 150m,分布局限,铀含量为 4.4×10^{-6}。古近系主要为红色碎屑岩建造,为一套内陆河湖相沉积,铀含量约 5.4×10^{-6}。新近系为红色含碳酸盐碎屑岩建造,零星分布。第四系由冲积、洪积和风积层构成。

表 2-2　二连盆地沉积盖层简表

界	系	统(群)	组	代号	厚度/m	岩性简述	K/%	U/10^{-6}	Th/10^{-6}	Th/U
新生界	第四系			Q	＜30	风成沙、湖积层以及玄武岩	2.8	3.6	13.7	3.9
	新近系	上新统	宝格达乌拉组	N_2b	＞41	棕红色泥岩夹砂质砾岩，含钙质结核，含三趾马化石	3.4	3.9	11.2	2.9
		中新统	通古尔组	N_1t	＞42	黄色、灰白色含砾粗砂岩、砂岩及砖红色、紫色泥岩，夹泥灰岩，含丰富的哺乳动物化石				
	古近系	渐新统	呼尔井组	E_3h	＞10	灰白色、橘黄色砂质砾岩、粗砂岩夹猪肝色、棕红色、灰绿色薄层泥岩，含哺乳动物化石	2.9	5.4	14.2	2.6
		始新统	伊尔丁曼哈组	E_2y	＜60	灰白色砂岩、粉砂岩、灰绿色泥岩，含丰富的哺乳动物化石				
		古新统	脑木根组	E_1n	＜100	棕红色、灰绿色泥岩、粉砂岩和薄层泥灰岩，产天青石矿和石膏矿				
中生界	白垩系	上统	二连组	K_2e	＜150	下部为杂色泥质砂岩、含砾砂岩及砂质砾岩，中部为灰色泥岩、石膏层，上部为杂色泥岩、砂岩	3.1	4.4	15.8	3.6
		下统	赛汉组	K_1s	＜600	可分为上段和下段。 下段：下部为红色、灰色砂质砾岩夹泥岩，上部主要灰色泥岩，含褐煤层；上段：下部为杂色砂质砾岩、砂岩，上部为红色泥岩	3.1	6.7	16.2	2.4
			腾格尔组	K_1t	500～2000	灰色—深灰色泥岩、粉砂岩，其下部夹油页岩、泥灰岩、泥质白云岩和钙质砂岩				
			阿尔善组	K_1a	＜1700	杂色砂质砾岩夹灰绿色、棕红色、深灰色泥岩，常含凝灰质并夹多层玄武岩、安山岩				

续表 2-2

<table>
<tr><th>界</th><th>系</th><th>统(群)</th><th>组</th><th>代号</th><th>厚度/m</th><th>岩性简述</th><th>K/%</th><th>U/10^{-6}</th><th>Th/10^{-6}</th><th>Th/U</th></tr>
<tr><td rowspan="5">中生界</td><td rowspan="4">侏罗系</td><td rowspan="3">兴安岭群</td><td>布拉根哈达组</td><td>J_3bl</td><td>不详</td><td>下部为岩屑晶屑凝灰岩及珍珠岩、松脂岩、黑曜岩，上部为流纹岩、流纹斑岩</td><td rowspan="3">3.9</td><td rowspan="3">6.1</td><td rowspan="3">24.8</td><td rowspan="3">4.1</td></tr>
<tr><td>道特诺尔组</td><td>J_3dt</td><td>不详</td><td>安山质和玄武质火山熔岩夹火山碎屑岩</td></tr>
<tr><td>查干诺尔组</td><td>J_3c</td><td>不详</td><td>流纹质及安山质火山碎屑岩、熔岩及沉积火山碎屑岩，含叶肢介和植物化石</td></tr>
<tr><td colspan="2">阿拉坦合力群</td><td>$J_{1-2}Al$</td><td>不详</td><td>以含煤沉积岩为主，夹凝灰岩或凝灰质砂岩，含丰富的植物化石</td><td></td><td></td><td></td><td></td></tr>
<tr><td colspan="3">三叠系</td><td>T</td><td colspan="6">缺失</td></tr>
</table>

三、区域构造

(一)构造分区

根据重力、磁法、电法、地震和有关地质资料的综合分析，二连盆地划分为三级正负向构造区：一级为断陷带和隆起带，二级为隆起与坳陷，三级为凹陷与凸起。一级构造可划分为北部断陷带、中央隆起带和南部断陷带；二级构造划分为 5 个坳陷和 1 个隆起(图 2-3)，即马尼特坳陷、乌兰察布坳陷、川井坳陷、腾格尔坳陷、乌尼特坳陷以及苏尼特隆起。三级构造划分为 53 个凹陷和 22 个凸起(表 2-4)。二连盆地总体为呈北东向展布的断陷型"碎"盆群，古河谷展布于乌兰察布坳陷—马尼特坳陷中心地带。

1. 一级构造分区

北部断陷带包括马尼特坳陷、乌兰察布坳陷和川井坳陷，宽 35～75km，长 850km，面积约 39 285km²。

中央隆起带以苏尼特隆起为主，宽 30～80km，长 500km，总面积约 30 000km²，凹陷累计面积约 8800km²。

南部断陷带包括腾格尔坳陷和乌尼特坳陷，宽 60～100km，长 650km，面积约 31 590km²。

区域重力场总体特征表现为：异常面积狭小，数量繁多，扭曲明显，轴向以北东为主，异常多以密集带为界(图 2-4)。全区异常值变化的最大幅值达 100mgal(1gal＝1cm/s²)，最高－54mgal，位于东北部的巴其地区；最低值为－154mgal，位于西南部的新尼乌苏地区。以西拉木伦河断裂为界分南、北两个异常区。北部区异常走向北东 40°～50°，正负异常相间排列，形态狭长，个别长达 100km 以上，宽只有 20～30km，面积以 40～150km² 居多。异常幅度 6～8mgal。异常变化值在－154～－54mgal 之间。南部区异常的轴向多变，主要有两组，即近东西向和北东向。异常形态不规则，多呈扭曲状，面积大小不一，一般在 40～140km² 间，异常幅度多在 6mgal。异常值的变化范围在－154～－78mgal 之间。南北区

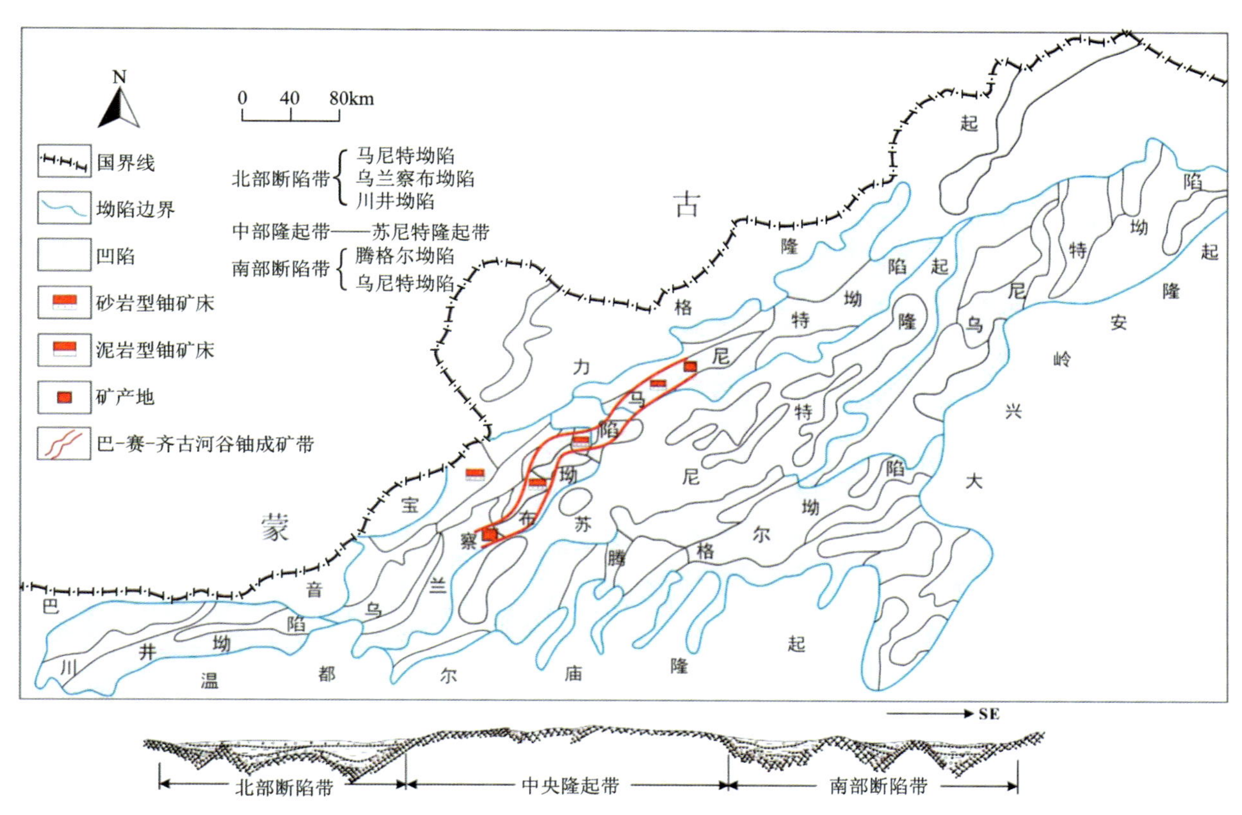

图 2-3　二连盆地构造分区示意图(据石油资料综合,2002)

表 2-3　二连盆地构造分区特征简表

盆地	一级	二级	三级		面积/km²	基底深度/m	走向	宽∶长	矿产资源简况
			序号	凹陷、凸起名称					
盆地内部	北部断陷带	马尼特坳陷(13 525km²)	1	巴音都兰凹陷	1200	2700～3500	北东	1∶5	油苗、褐煤
			2	阿北凹陷	850	350	北东	1∶4	油田
			3	阿拉坦合力凹陷	850	>3000	北东	1∶4	烟煤
			4	沙那凹陷	800	3250	北东	1∶3	铀矿点
			5	哈邦凹陷	1000	3050～3400	北东	1∶5	/
				布林凸起	500	500	北东		/
				白音希勒凸起	1150	500～1000	北东		/
			6	塔北凹陷	1850	2700～3000	北东	1∶3	铀矿、褐煤
				塔中凸起	180	700	北东		/
			7	塔南凹陷	1000	3000	北东	1∶5	/
				额尔登高毕凸起	570	600～1000	北东		/
			8	宝格达凹陷	825	380～4300	北东	1∶5	油迹显示
			9	阿南凹陷	2750	4500	北东	1∶4	油田

续表 2-3

盆地	一级	二级	三级		面积/km^2	基底深度/m	走向	宽：长	矿产资源简况
			序号	凹陷、凸起名称					
盆地内部	北部断陷带	乌兰察布坳陷（16 360km^2）	10	准棚凹陷	600	2900	北东	1：2	油迹显示
			11	古托勒凹陷	350	1570	北东	1：3	/
			12	准宝力格凹陷	560	1510	北东	1：2	铀矿
				敖里克凸起	750	200	北东		/
			13	额仁淖尔凹陷	1800	4500	北东	1：3	铀矿、油田
				赛乌苏凸起	1050	600	北东		/
			14	格日勒敖都凹陷	1500	2550	北东		铀矿、萤光显示
				哈巴尔凸起	180	800	北东		/
			15	呼格吉勒图凹陷	1700	3500	北东	1：6	/
			16	脑木根凹陷	2900	3700	北东	1：12	铀矿、油显示
				江岸凸起	600	700	北东		/
				哈运凸起	520	600	北东		/
		川井坳陷（9400km^2）	17	卫井凹陷	1600	2000～2400	北东	1：4	/
				阿尔善特凸起	2250	200	北东		/
			18	白音查干凹陷	3200	200～4000	北东东	1：5	油田
				赛呼都格凸起	1100	0～2400	北东东	1：15	
			19	桑根达来凹陷	950	200～1200	北东东	1：3	铀矿、褐煤
			20	包龙凹陷	2900	200～2800	北东东	1：4	/
				白彦花凸起	1250	0～400	北东东	1：8	/
	中央隆起带	苏尼特隆起（8800km^2）	21	朝克乌拉凹陷	3800	2100～2200	北东	1：8	萤光显示
			22	赛汉图门凹陷	1350	1600～1900	北东	1：2	/
			23	红格尔凹陷	400	3000	北东	1：3	/
			24	布朗沙尔凹陷	600	3700	北东	1：2	萤光显示
			25	阿其图乌拉凹陷	350	3500～4100	东西	1：2	油显示
			26	查干里门凹陷	250	900	东西	1：2	/
			27	伊和乌苏凹陷	1100	3200	南北	1：5	/
			28	大庙凹陷	950	1200	北北东	1：3	/

续表 2-3

盆地	一级	二级	三级		面积/km²	基底深度/m	走向	宽：长	矿产资源简况
			序号	凹陷、凸起名称					
盆地内部	南部断陷带	乌尼特坳陷(12 390km²)	29	迪彦庙凹陷	650	2100	北北东	1∶2	/
			30	巴彦花凹陷	850	1900	北北东	1∶4	褐煤
			31	高力罕凹陷	3040	3600	南北	1∶3	萤光显示
			32	阿拉达布斯凹陷	1750	2100	南北	1∶4	/
			33	包尔果吉凹陷	1050	2400～4000	南北	1∶7	褐煤
			34	布日敦凹陷	1000	2400	北东	1∶3	/
			35	吉尔嘎朗图凹陷	1000	3500	北东	1∶4	油田、褐煤
				胡热图凸起	150	1000			/
				巴其凸起	900	200			/
				白音胡硕凸起	2000	200			/
		腾格尔坳陷(19 200km²)	36	赛汉塔拉凹陷	2300	5000	南北	1∶3	油田
			37	布图莫吉凹陷	480	>3000	南北	1∶4	/
			38	都日木凹陷	2480	3500	北东	1∶4	油显示
			39	赛汉乌力吉凹陷	1060	3500	南北	1∶6	油显示
			40	额尔登苏木凹陷	2450	3400	北东	1∶10	/
			41	翁贡乌拉凹陷	750	1200	北东	1∶10	/
			42	扎格斯台凹陷	1470	2100	北东	1∶10	/
			43	何日斯太凹陷	1600	2900	北东	1∶9	/
				德尔凸起	980	200			/
				那仁宝力格凸起	500	500			/
				布朗戈壁凸起	1200	200			/
				巴彦凸起	420	200			/
				敖伦诺尔凸起	650	800			/
				善旦凸起	1660	900			/
				那日图凸起	1200	500			/
盆地周缘	巴音宝力格隆起		44	乌里雅斯太凹陷	2500	3500～5000	北东	1∶5	油田
			45	呼仁布其凹陷	1440	3000	北东	1∶4	见油流
			46	呼和乌苏凹陷	550	1000	北东	1∶5	/
			47	咸拉嘎凹陷	250	1500	北东	1∶3	/
	大兴安岭隆起		48	洪浩尔舒特凹陷	1100	3500	北东	1∶4	油田、褐煤
			49	伊和乌拉凹陷	850		北东	1∶6	/

续表 2-3

盆地	一级	二级	三级		面积/km^2	基底深度/m	走向	宽∶长	矿产资源简况
			序号	凹陷、凸起名称					
盆地周缘	温都尔庙隆起		50	宝勒根凹陷	540		北东	1∶4	/
			51	黑垅子凹陷	480		北东	1∶4	煤
			52	巴彦苕拉凹陷	550	3000	北东	1∶3	煤、油显示
			53	阿布其尔庙凹陷	280		北东	1∶7	/

注：据石油部门物探资料和铀矿地质资料综合，2005。

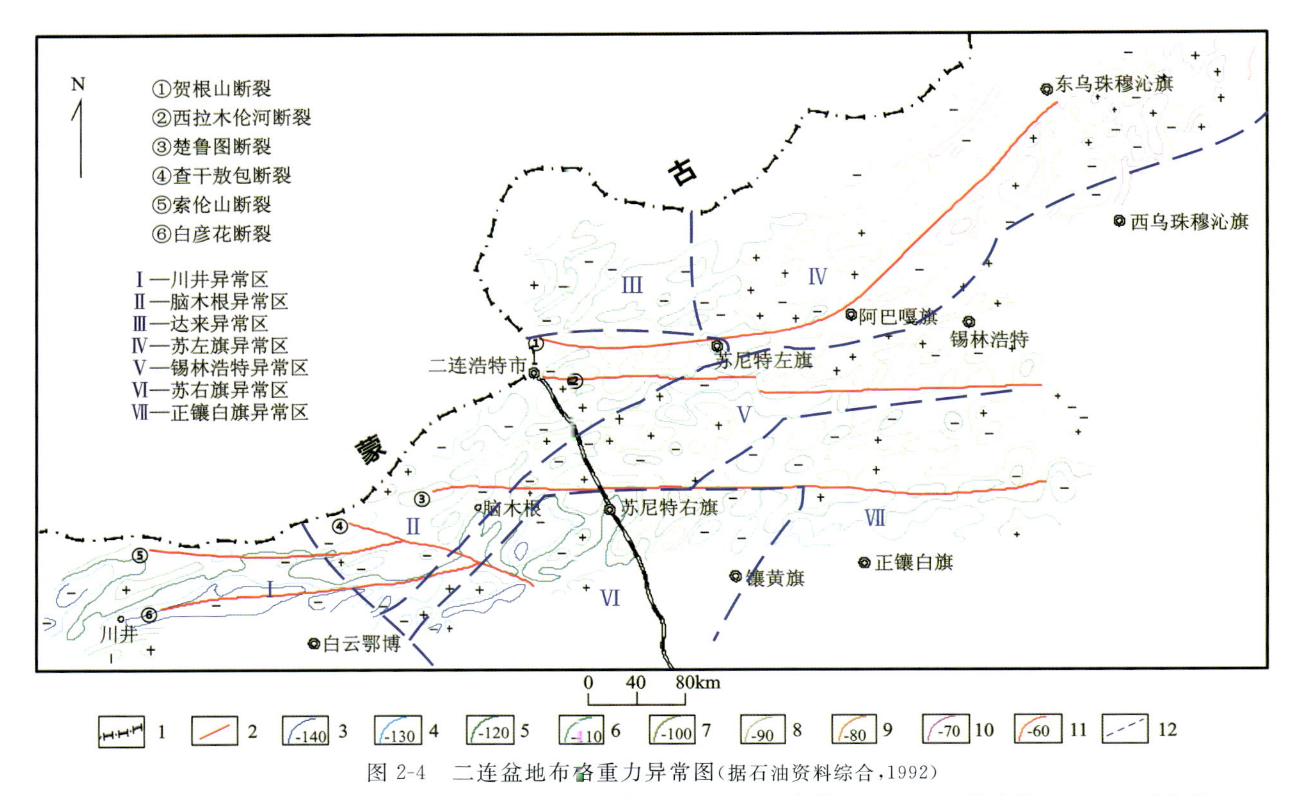

图 2-4　二连盆地布格重力异常图(据石油资料综合，1992)

1. 国界线；2. 异常分区界线；3. 140mgal 等值线；4. 130mgal 等值线；5. 120mgal 等值线；6. 110mgal 等值线；7. 100mgal 等值线；8. 90mgal 等值线；9. 80mgal 等值线；10. 70mgal 等值线；11. 60mgal 等值线；12. 区域性大断裂

异常特征既有相似性，又有差异性。总体上反映二连盆地基底起伏频繁，表现为诸多凸起和凹陷，各构造单元两侧多以断裂接触为主，轴向北东。北部基底起伏较大，埋藏较深，由一系列北东向排列紧密的凸起和凹陷组成，断裂分割明显，构造面积大，延伸长；南部区基底凸凹不平，埋藏相对较浅，构造排列方向多变，连通性差。

按异常的区域变化特点，北部两个异常区对应乌尼特坳陷和马尼特坳陷；南部 3 个异常区对应腾格尔坳陷、乌兰察布坳陷和川井坳陷。

2. 二级与三级构造分区

(1)马尼特坳陷：受贺根山岩石圈断裂控制，呈北东向展布，东西长约 300km，南北宽 20～80km，总面积约 13 525km^2。它夹持于苏尼特隆起与巨音宝力格隆起之间，南东侧为构造活动边缘，基底埋深 3000～4500m；北西侧为稳定边缘，基底埋深小于 1000m。该坳陷内部可进一步划分为 9 个凹陷和 4 个凸起共13个三级构造单元,基底形态较为复杂,分为单断箕状、双断地堑、双断地垒等型式。基底由上元古界、石炭纪—二叠纪花岗岩和上古生界组成,铀源丰富。该坳陷矿产资源主要包括铀矿、煤和油气等。

(2)乌兰察布坳陷:北部受贺根山、西拉木伦河岩石圈断裂控制,中部受楚鲁图、查干敖包岩石圈断裂控制,南部受康保岩石圈断裂控制,坳陷呈北东向展布,东西长约280km,南北宽45～100km,总面积约16 360km^2。它夹持于北部的巴音宝力格隆起和南部的温都尔庙隆起、苏尼特隆起之间。坳陷内部可进一步划分为7个凹陷和5个凸起共12个三级构造单元,构造形态分为单断箕状和双断地堑,呈北东向"多"字形凹凸排列,基底埋深一般1500～4500m,最深部位于额仁淖尔凹陷,为白垩系沉积沉降中心,周边广泛发育海西期—燕山期富铀中酸性岩浆岩。该坳陷矿产资源主要包括铀矿、煤、油气、石膏等。

(3)川井坳陷:位于二连盆地最西部,受索伦山、康保岩石圈断裂控制,坳陷呈近东西向展布,东西长240km,南北宽35～80km,面积约9400km^2。东部与乌兰察布坳陷隘口相接,西邻宝音图隆起,并与巴音戈壁盆地相隔,南部为狼山-白云鄂博隆起,北部为索伦山隆起。坳陷内部可进一步划分为4个凹陷和3个凸起共7个三级构造单元,构造形态分为单断箕状和双断地堑,呈北东东向分布,基底埋深200～4500m,变化范围较大。基底地层主要为元古宇、中下志留统、石炭系、下二叠统变质岩系及海相碎屑岩-碳酸盐岩建造。该坳陷矿产资源主要包括铀矿、煤、油气等。

(4)乌尼特坳陷:位于二连盆地最东部,北部受贺根山岩石圈断裂控制,呈北东向展布,长约430km,宽20～70km,总面积约12 390km^2。东界为大兴安岭隆起区,南为锡林浩特复背斜,北西以苏尼特隆起为界。坳陷内部可进一步划分为7个凹陷和3个凸起共10个三级构造单元,凹陷的构造类型分为单断箕状、复合单断和复合双断型,呈北北东向分布,基底埋深1900～4000m。基底为晚海西期的褶皱基底,由元古宇、古生界变质岩、岩浆岩和侏罗系含煤碎屑岩及中酸性火山岩组成。该坳陷矿产资源主要为煤。

(5)腾格尔坳陷:受康保、楚鲁图岩石圈断裂控制,呈东西向展布,其北部、西部为苏尼特隆起,南部为温都尔庙隆起,东邻大兴安岭隆起,长约320km,宽70～90km,总面积约19 200km^2。根据重、磁、电解释成果,将腾格尔坳陷划分为8个凹陷和7个凸起共15个三级构造单元,具有"小而多,深而窄""多凹多凸相间"的特征,呈北北东向分布,凹陷的构造类型分为单断箕状、双断地堑、双断地垒、复合单断和复合双断型,基底埋深1200～5000m。基底地层主要为太古宇、元古宇中高级变质岩和古生界中低级变质岩等。

(6)苏尼特隆起:位于盆地中央,将马尼特坳陷、乌兰察布坳陷、腾格尔坳陷和乌尼特坳陷进行分割,呈北东向展布,具有西窄东宽的特征,总面积约30 000km^2。该隆起带共有8个凹陷三级构造单元,凹陷区面积约8800km^2,基底埋深900～4100m,各凹陷之间分割性强,较为独立,凹陷面积250～3800km^2,最大为朝克乌拉凹陷,最小为查干里门凹陷。基底地层主要为古生界凝灰岩、变质岩、海相陆源碎屑岩-碳酸盐岩夹中基性火山岩建造。该隆起带矿产资源主要包括铀矿、煤、萤石及金等多金属矿产。

3.磁场特征

磁场特征总体面貌反映了盆地基本构造格架(图2-5)。

马尼特坳陷北以达日汗乌拉-东乌珠穆沁旗(简称东乌旗)断裂(二连盆地北缘深断裂)为界,南部边界推测为贺根山断裂,为正磁场区,磁场变化剧烈,场值普遍较大,以600～1000nT居多,局部异常杂乱,走向不稳定,部分呈近等轴状,但整体仍具良好的连续性和分带性,走向北东或北北东。广泛分布高磁性第四系玄武岩以及侏罗系兴安岭群火山岩,上述两大岩体是引起本区杂乱高磁场的主要因素。

乌兰察布坳陷为正负变化的磁场区,以比较开阔平缓的负磁场为主体,呈现中间高、两侧低的形态,磁场强度一般在100nT左右,局部大于300nT。正磁异常位于坳陷中部,等值线形态较宽缓,呈带状,

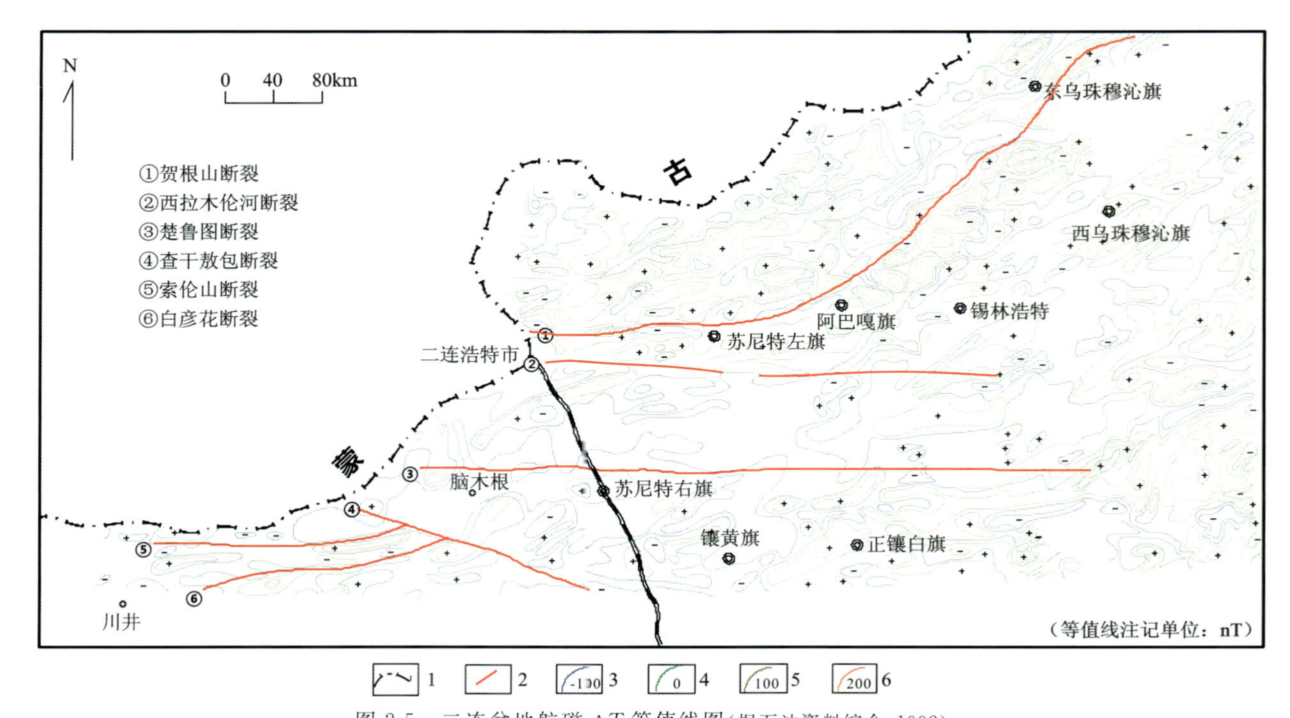

图 2-5　二连盆地航磁 ΔT 等值线图(据石油资料综合,1992)

1.国界线;2.区域性大断裂;3.－100nT 等值线;4.0nT 等值线;6.100nT 等值线;6.200nT 等值线

展布方向为北东—北东东向,方向与坳陷展布方向一致。该区基本被渐新统、始新统等覆盖,由于上部覆盖层厚度的差异,坳陷内磁场强度不同。

川井坳陷航磁场表现为近东西向条带状分布,中间高、南北低,中间磁异常带受索伦山断裂与白彦花断裂控制,为强度 200～300nT 的正磁场区,推断该区正的背景场主要是埋深较浅的前古生代基底,局部叠加隐伏侵入岩体的磁场特征。两侧磁背景场 ΔT 为－50～100nT,地表被中-新生代地层覆盖,推断为隐伏的中基性侵入岩体或坳陷盆地磁性基底局部凸起反映的磁场特征。

腾格尔坳陷磁场区北界为西拉木伦河断裂,以比较开阔平缓的负磁场为主体。西部正磁异常较宽缓,多呈带状,场值在 100nT 左右,展布方向总体为东西向,局部为北东向;东部磁场较高,其区域背景呈东西走向,局部异常分布广,在局部地带呈北东—北东东向。该区对应为华北地台北缘海西早期褶皱带,亦即华北板块向北增生,在海西早期褶皱回返的地带,构造总体为东西向。磁场特征反映该区具有冒地槽性质,古生界岩浆作用特别是火山活动不强烈,海西晚期有酸性—中酸性岩浆侵入。南侧在温都尔庙及白云鄂博一带均见有超基性岩分布。到中-新生代,在镶黄旗—查干诺尔湖一线的东部地区,晚侏罗世和更新世火山活动广泛而强烈。上述侵入岩和喷出岩具有强或较强的磁性,引起了局部异常或区段性磁场增高。

乌尼特坳陷磁异常总体是北东或北东东走向,异常相对较为零乱、跳跃,但在整体上仍具有良好的连续性和分带性,重力、电法反映为一北东向的高值带。区内朝克乌拉、贺根山、松根乌拉一带出露规模可观的海西期超基性岩,磁异常表现零乱,似鸡窝状异常较多,场值一般为±400nT,个别达±1000nT,南北紧靠它们的那些范围大、曲线平滑、开阔,强度为 600nT 的磁异常,其所在部位均为覆盖区,认为其是埋深较大、规模较大的超基性岩所引起的,而且很可能与上述出露的超基性岩为统一整体。由于它埋深大、岩性相对均一,反映磁场开阔、圆滑,而且岩体斜磁化迅速衰减,致使磁场负值大为减弱。贺根山大断裂横贯此区,对应着似鸡窝状的磁异常,且在它的内外侧与此平行地分布着受次一级断裂控制的正负相间的磁异常带。该区北部还广泛分布有上侏罗统兴安岭群火山岩,相对磁场强度一般为 200～400nT。

苏尼特隆起磁场区呈北东向展布，根据磁场强度可分为北部强磁场区、中部相对平静磁场区和南部正负相间磁场区。北部为北东向或北东东向剧烈变化的条带磁场，场值普遍较大，以600～1000nT居多，与高磁性第四系玄武岩以及侏罗系兴安岭群火山岩火成岩体的分布紧密相关。中部以比较开阔平缓的负磁场为主体，零星分布正磁异常。南部正负磁场均呈北东向条带状相间分布，一般为－100～50nT，负异常条带对应沉积覆盖较厚区域，正异常对应出露地表岩体或者隐伏隆起。

各坳陷磁背景场有所差异，以二连浩特—苏尼特左旗—阿巴嘎旗—锡林浩特一线为界，北部的马尼特坳陷与乌尼特坳陷由于基底岩性为超基性岩，磁背景场值相对较高，场值一般为±400nT；南部平静磁场场值较低，一般为－50～100nT。在坳陷内相对高异常对应出露凸起或者隐伏隆起，相对低异常条带对应凹陷。由于中-新生代沉积盖层磁性弱，随着沉积厚度的增加，在相同的磁背景下，磁场强度会相应变小。

（二）基底构造

二连盆地在长期、复杂、不均衡的区域构造应力场作用下，基底构造极其复杂，形成了北东向系列褶皱带和东西向、北西向岩石圈深大断裂（图2-6）。东西向断裂最老，形成于早元古代，具多次活动特征，大多和复背（向）斜平行，延伸长、断距大。其中，贺根山断裂位于二连浩特—贺根山一线，长约600km，走向北东，倾向北西，为超岩石圈断裂。沿断裂带出露海西期和印支期花岗岩及由基性、超基性岩构成的蛇绿岩套。该断裂带是西伯利亚生物群与华夏型生物群的分界线，控制马尼特坳陷的形成和发育。西拉木伦河断裂位于二连浩特—西拉木伦河一带，长约700km，走向近东西，倾向南，属超岩石圈断裂。沿断裂出现成群的残留洋壳和古陆残体。断裂北侧是第四纪玄武岩分布区，该断裂控制腾格尔坳陷的形成和发育。楚鲁图断裂位于苏尼特右旗北—陶高特一线，长约400km，走向东西，倾向北，控制了乌兰察布坳陷和腾格尔坳陷内部基底形态。查干敖包断裂位于盆地西南部，乌拉—阿木古郎牧场一线，长约120km，走向北西西，为超岩石圈断裂。沿断裂出露海西期花岗岩及蛇绿混杂岩体，是西部北东向与近东西向构造线的分界。康保断裂位于盆地南缘，近东西走向，倾向北，延伸1000余千米，为超岩石圈断裂。康保断裂发生于加里东期，后期仍有活动，是盆地西南段边界线。北西向和北东向断裂较新，形成于晚古生代早期，活动频繁，到新生代仍有复活。

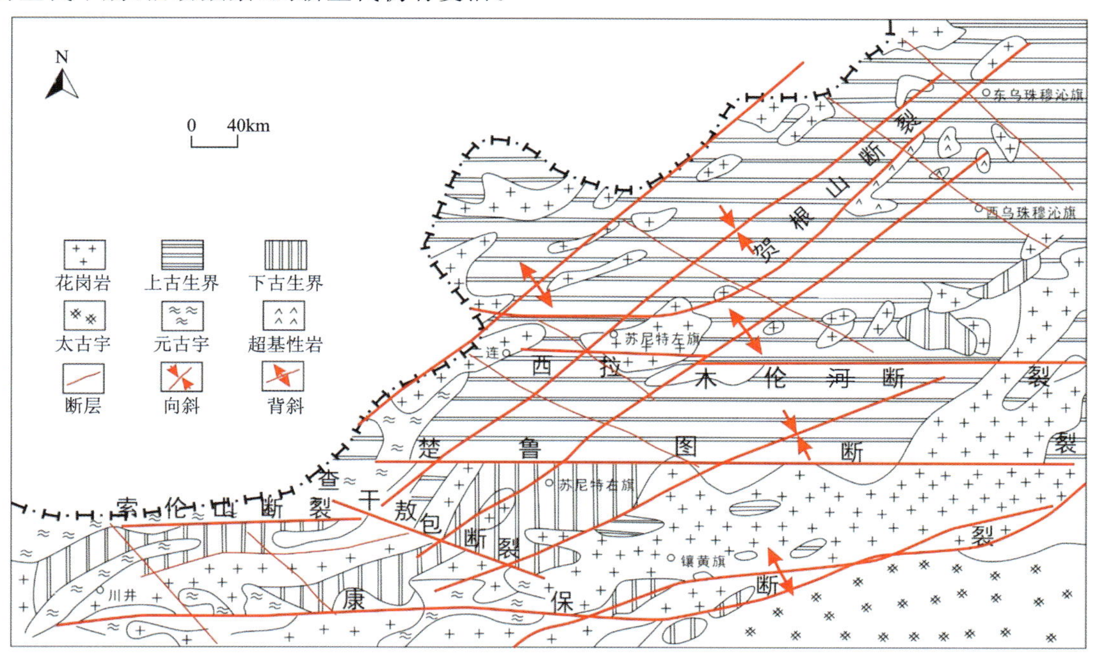

图2-6 二连盆地基底结构图（据焦贵浩等，2003）

基底褶皱构造自北向南由3个复背斜夹2个复向斜组成，即自北向南依次为东乌旗复背斜、贺根山-索伦山复向斜、锡林浩特-二道井复背斜、赛汉塔拉复向斜和温都尔庙-多伦复背斜。应当说，3个复背斜夹2个复向斜及东西向和北东向断裂所组成的基底构造格局奠定了二连盆地的雏形和基本构造格局，对后期形成的中-新生代盆地构造起到重要的制约作用。

（三）盖层构造

二连盆地盖层构造是在基底构造的基础上，通过拉张断陷和挤压升降两大不同应力场环境，迁就、利用和改造基底构造而形成，具体可分为断陷盆地构造和坳陷盆地构造。断陷盆地构造主要发育在下白垩统阿尔善组和腾格尔组中，分布在各凹陷边界或内部，控制了凹陷的展布方向和阿尔善期、腾格尔期的沉积作用，是各凹陷的控盆断裂构造。早白垩世腾格尔期末各凹陷基本填平，下白垩统赛汉组及其上部层位在挤压升降运动的背景上接受沉积，沉积范围基本不受凹陷限制，以坳陷为沉积单元，覆盖了早期凸凹相间的构造格局，发育较弱的后期褶皱和断裂构造（图2-7）。

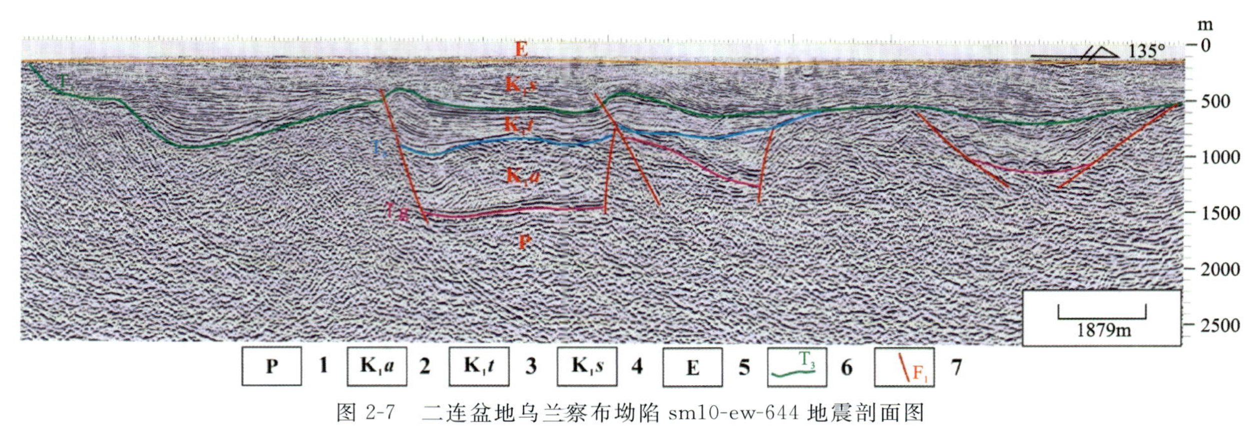

图2-7　二连盆地乌兰察布坳陷sm10-ew-644地震剖面图

1.二叠系；2.阿尔善组；3.腾格尔组；4.赛汉组；5.古近系；6.地层界线及编号；7.断层及编号

1.断陷盆地构造

断陷盆地构造活动伴随早白垩世的整个沉积过程，所以称之为"同沉积构造"，同沉积断裂在空间分布上往往追踪北北东、北东向锯齿状断裂，伴有北西、北西西向断裂，将盆地切割成大小不等、形态各异的菱形断块，各凹陷和南、北断陷带总体均呈北东向规律展布。从其边界断裂力学性质、生成时代、平面展布等反映，彼此间存在密切的内在联系，是在统一力学机制作用下形成的有规律的排列组合。

（1）断陷带特征。以苏尼特隆起为界，将盆地分为南、北两个断陷带，总体呈北北东、北东向或雁列状展布，仅有西部的川井坳陷受阴山东西向老构造的影响而转为北东东向或近东西向。其显著特点是：两带大体斜列平行，以隆相隔，遥相对应。在剖面上，北部断陷带多南断北超，南部断陷带多北断南超，以苏尼特隆起为轴，恰呈对称式。这有利于断块的差异运动，加速对称式掀斜断块的相对滑移，促使中央隆起的抬升和纵张活动，以及沉积中心由隆起向两侧逐步迁移。但由于盆地发育中后期大兴安岭缓慢、间歇性抬升，加速了北部断陷带内的断块掐斜作用，而南部断陷带的断块则受到了掀斜作用，因此，南、北断陷带在地层厚度、沉积相以及地球物理特征等方面既有密切联系，又有显著差异。

（2）凹陷构造型式。凹陷构造型式主要有3种：箕状（半地堑）型、地堑型和地堑—半地堑组合型。其中，地堑型凹陷多沿苏尼特隆起边缘分布，箕状型凹陷多沿盆地周边隆起带边缘分布。

（3）构造对沉积作用的控制。同沉积期的构造活动性对沉积建造、岩相古地理环境和沉积矿产分布影响很大，砂岩型铀矿通常产于箕状断陷的稳定边缘。二连盆地各凹陷无论是箕状断陷、地堑断陷，还是复合型断陷，其两侧多以断裂为界。其中一侧断裂活动性大，为活动边缘，且断裂活动时间长、落差大、断陷深、坡度陡，基本以山麓、冲积扇、扇三角洲组合为主，沉积厚度大，为盆地沉积沉降中心；另一侧断裂活动性小，为稳定边缘，由于坡度缓，沉积环境较为稳定，以辫状河三角洲、河道沉积相组合为主，但沉积厚度薄。

2. 坳陷盆地构造

坳陷盆地构造类型主要有3种：第一种是指发育在赛汉组—第四系等上部层位中的宽缓褶皱和断裂构造，其构造方向和表现型式在盆地东西部具明显差异，盆地西部在局部地区发育宽缓的褶皱构造，近东西向，如川井坳陷白音查干凹陷中发育德日斯背斜，褶皱地层为下白垩统、上白垩统及古近系始新统，核部地层为腾格尔组；第二种是后期的北西向拉张断裂，主要发育在盆地中部和东部，如朱日和—赛汉塔拉—齐哈日格图一带发育的古近纪河道和阿巴嘎第四纪玄武岩等明显受北西向断裂构造控制；第三种是较为普遍的构造反转现象，其表现为主干正断层在后期发生构造反转，表现形式为走滑反转和断弯反转，其中断弯反转更为常见，构造反转与二连盆地古河古型铀矿成矿关系密切。

第二节　元古宙—古生代基底构造演化

二连盆地经历了极其复杂的构造演化过程，本书将其构造演化总体分为两个阶段：第一个阶段是盆地形成雏形前的基底构造演化，时间间隔为元古宙—古生代；第二个阶段是盆地形成的构造-沉积演化，时间间隔为中生代—新生代。古河谷主要位于二连盆地中部乌兰察布坳陷和马尼特坳陷二级构造单元内，铀矿体赋存于中生代裂陷Ⅱ幕赛汉组上段砂体中。

一、元古宙构造演化

古元古代是中国始板块形成的重要时期，在华北等板块都能找到其踪迹（白瑾，1996）。吕梁构造早期，华北古克拉通块发生裂解，形成古陆块型始板块与古裂陷并存的古地理格局，在活动带内沉积了巨厚的火山-沉积岩；吕梁构造晚期的构造事件使火山-沉积岩系变质、变形，以宝音图群云母石英片岩、云母片岩、石英岩为主的一套中、浅变质岩的岩石组合为代表。古陆块相互拼接，形成了华北等板块，二连盆地则位于华北板块与西伯利亚板块缝合部位。进入中元古代，板块再次发生裂解，形成以额尔齐斯-中蒙古-德尔布干深断裂所代表的古中亚-蒙古大洋，从新元古代开始，古华北板块不断运移、增生扩大，几经俯冲、碰撞，形成不同时期的造山带。

二、古生代构造演化

古生代二连盆地为古蒙古洋的一部分，以西拉木伦河蛇绿岩带和贺根山蛇绿岩带为代表的大洋地壳均在古生代末侵位，形成西拉木伦河加里东造山带和贺根山海西造山带。

早古生代时该区属活动带性质，表现为向南向北双向俯冲，形成加里东褶皱带，致使南、北两大板块双向增生，洋壳缩小。晚古生代，在加里东褶皱带内侧继续发育海西期海槽，接受了巨厚的泥盆系—二叠系沉积。古生代末，由于西伯利亚板块强烈向南推挤，华北板块向北推挤，古蒙古洋壳俯冲消减，两大板块最终碰撞，对接缝合于索伦—西拉木伦一带，古蒙古洋逐渐消亡，海水自西向东退出本区，该区抬升为陆，进入陆相演化时期。古蒙古洋的消失使西伯利亚和华北两大陆块拼合为欧亚大陆板块。随着西伯利亚板块连同古蒙古洋的古生代沉积物仰冲到华北板块之上，在西伯利亚板块边缘形成了苏尼特隆起，并在苏尼特隆起的南、北两侧形成两个坳陷带，从而形成了二连盆地的雏形（图2-8）。总体上，由于基底地块经反复拉张、裂解与离散、挤压，使 $11\times10^4 km^2$ 的二连盆地有 53 个次级凹陷和 22 个小凸起（焦贵浩等，2003），此种“隆坳相间、多凸多凹”的基底构造格局经后期填平补齐，形成各自独立又相互关联的凹陷群，在一定程度上影响了铀成矿的规模。

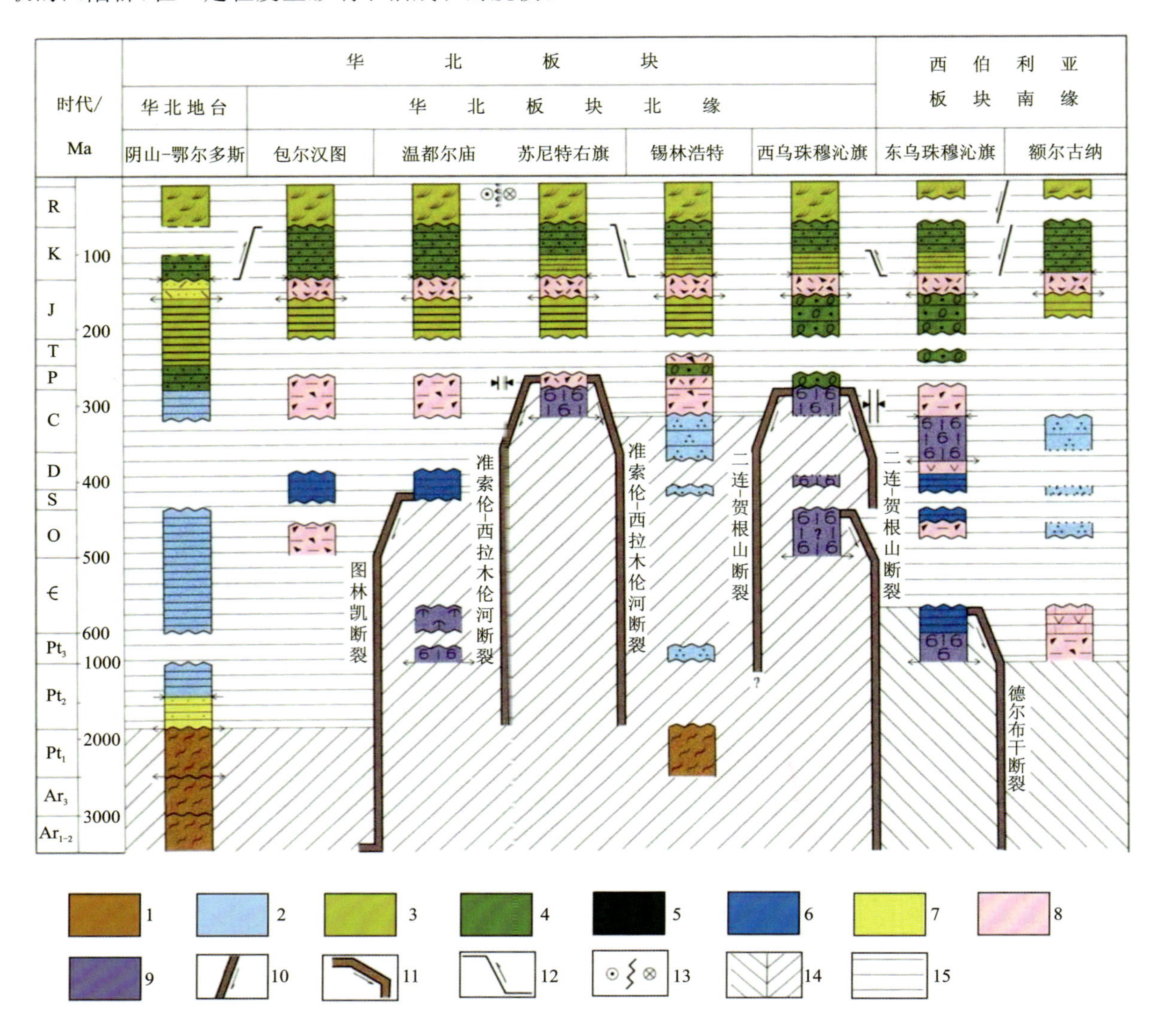

图 2-8　内蒙古沉积-构造演化图（据马丽芳，2002）

1. 变质基底；2. 陆棚沉积组合；3. 河湖盆地沉积组合；4. 山间盆地沉积组合；5. 前陆盆地沉积组合；6. 大陆边缘沉积组合；7. 裂谷沉积组合；8. 弧前、弧后盆地沉积组合；9. 大洋盆地沉积组合；10. 两个大陆壳板块碰撞；11. 主要地壳俯冲带，斜坡所在年代柱的相应位置表示俯冲的时期；12. 主要逆冲断层，斜线位置表示活动时期；13. 左旋走滑断层；14. 不同构造域的范围；15. 拼接后的构造域范围

在此演化期形成的沉积，除出露于盆地中部艾勒格庙—锡林浩特一带的元古宙地层铀丰度略高外，由海西期陆源碎屑-碳酸岩、中基性火山岩组成的下古生界沉积建造和由海陆交互相陆源碎屑-碳酸岩、中酸性火山岩组成的上古生界沉积建造，铀丰度均较低，不具良好的铀源条件。但在洋壳向陆源的多旋回的俯冲消减、陆壳增生和陆块碰撞缝合的过程中，伴随着多旋回的花岗质岩浆活动，有海西期、印支期和燕山期。其中以海西晚期最强，分布最广，由于晚期岩浆较早期岩浆吞蚀同化混染陆源物质多，且以酸性为主，铀丰度也较高，是重要的铀源，它们主要分布在二连盆地南、北外缘和盆中的苏尼特隆起一带。

第三节　中生代—新生代盆地构造-沉积演化

进入中生代后，由于太平洋板块向欧亚板块的强烈俯冲，地壳发生了强烈的北东向断裂活动，该时期大体经历了5个不同的演化阶段，具有挤压与拉张脉动式演化特征(表2-4)。

表2-4　二连盆地中-新生代构造演化表

<table>
<tr><th>地质时代</th><th>构造运动</th><th>受控因素</th><th>区域构造应力场</th><th>岩石建造特征</th><th>构造方向</th><th>演化阶段</th></tr>
<tr><td>Qh</td><td rowspan="7">喜马拉雅运动</td><td rowspan="7">以环太平洋构造域为主</td><td rowspan="6">抬升萎缩</td><td rowspan="7">陆相红色碎屑岩建造，局部夹玄武岩盖层</td><td rowspan="7">主要为北东向、北北东向</td><td rowspan="7">抬升萎缩阶段</td></tr>
<tr><td>Qp</td></tr>
<tr><td>N_2</td></tr>
<tr><td>N_1</td></tr>
<tr><td>E_3</td></tr>
<tr><td>E_2</td></tr>
<tr><td>E_1</td><td>向东南掀斜</td></tr>
<tr><td>K_2</td><td rowspan="5">燕山运动</td><td rowspan="5">环太平洋构造域与特提斯构造域联合控制</td><td>向北掀斜</td><td>杂色碎屑岩建造</td><td>主要为北西西向</td><td>强烈反转阶段</td></tr>
<tr><td>K_1</td><td rowspan="4">拉张断陷沉积</td><td rowspan="4">陆相含煤碎屑岩建造</td><td rowspan="5">主要为北西向、北东向</td><td rowspan="2">拉张裂陷阶段</td></tr>
<tr><td>J_3</td></tr>
<tr><td>J_2</td><td rowspan="2">伸展阶段</td></tr>
<tr><td>J_1</td></tr>
<tr><td>T_3</td><td>印支运动</td><td>以特提斯构造域为主</td><td>挤压隆起剥蚀</td><td></td><td>挤压隆升阶段</td></tr>
</table>

一、三叠纪构造-沉积演化

三叠纪处于印支构造阶段，受早期海西运动高地温场影响，壳下物质因热膨胀，引起密度减小(郭令智等，1983)，中朝板块与西伯利亚板块再次相向强烈挤压，沿着东西向的康保断裂、楚鲁图断裂、西拉木伦河断裂和北东向的贺根山断裂以及北西向的查干敖包断裂或其薄弱带发生冲断、推覆、褶皱，使盆地持续发生均衡上升或区域穹隆作用，以剥蚀作用为主，因而区内普遍缺失三叠纪沉积。

二、早中侏罗世构造-沉积演化

早中侏罗世，亚洲东部向环太平洋构造域转化，对古太平洋板块的作用加强(肖安成等，2001)。由于古太平洋板块向北西方向运动，于是在华北板块的北缘形成一条以拉张为特征的构造变形区域，继承蒙古弧型构造体系拉张断陷，主要发生在复背斜地带，发育了一些彼此孤立的山间盆地。由于持续拉张伸展，在温湿古气候条件下，接受了一套最厚达3000m的中、下侏罗统河湖相含煤粗碎屑岩沉积，形成了二连盆地第一套含油、含煤地层及最早的富铀层位，但沉积局限，且埋深较深，对砂岩型铀矿成矿和开采不利，可不作为找矿目的层。中侏罗世末期，二连盆地受到北西-南东向强烈挤压，致使早中侏罗世断陷盆地发生构造反转，中、下侏罗统遭到剥蚀，与上覆上侏罗统呈明显的不整合接触（焦贵浩等，2003）。

三、晚侏罗世—早白垩世构造-沉积演化

晚侏罗世—早白垩世，由于太平洋板块的持续俯冲作用，二连盆地进入大规模的裂陷期。通过对裂陷的综合分析与研究，将二连盆地的裂陷作用划分为两个裂陷幕，其中裂陷Ⅰ幕控制了上侏罗统（J_3）、阿尔善组（K_1a）的发育，裂陷Ⅱ幕控制了腾格尔组（K_1t）、赛汉组（K_1s）的发育（图 2-9）。

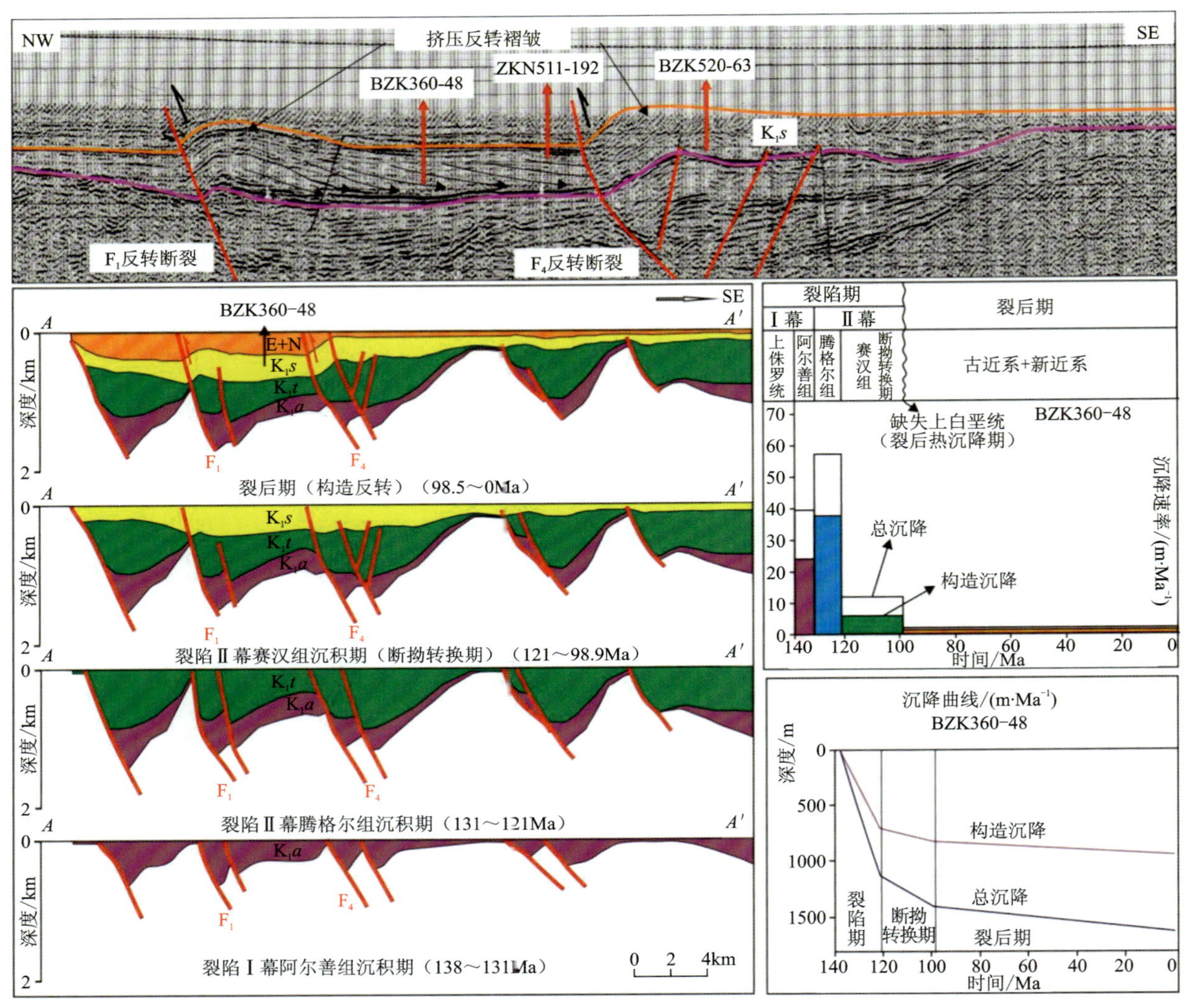

图 2-9　马尼特坳陷西部裂陷幕划分及多幕裂陷演化模拟图（剖面位置见图 3-26 EH80 剖面；据鲁超等，2016）

（一）裂陷Ⅰ幕

从晚侏罗世至早白垩世阿尔善期，二连盆地裂陷活动逐渐加剧，晚侏罗世的裂陷活动导致大量火山喷发，主要形成厚大的火山岩系造山带，最为典型的是二连盆地东部大兴安岭隆起带，在局部裂陷断块中充填了一套杂色粗碎屑岩建造（图 2-10）；进入早白垩世阿尔善期，东西向断层活动频繁，产生了系列北东向同沉积断层，裂陷活动逐步增强，盆地内凹凸分明，基本在各次级凹陷内独立沉积了一套巨厚的湖相碎屑岩建造。

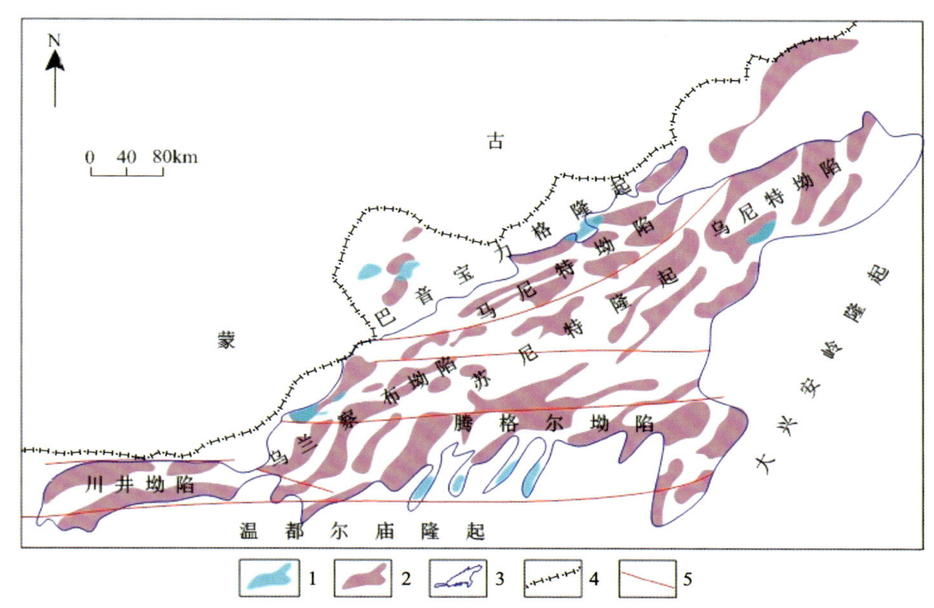

图 2-10　二连盆地晚侏罗世—早白垩世阿尔善期地层沉积范围分布示意图

1.晚侏罗世沉积地层分布范围;2.阿尔善组分布范围;3.二连盆地范围;4.国界线;5.断层

1.晚侏罗世构造-沉积演化

晚侏罗世,由于处于裂陷Ⅰ幕的初始期,裂陷活动强烈。库拉-太平洋板块向中国东部大陆俯冲,产生了北西-南东向挤压力,古亚洲东北部偶然发生了安第斯式碰撞,改变了古亚洲构造域南北向挤压的态势,中国东北大陆处于弧后区,出现抬升、褶皱,中、下侏罗统广遭剥蚀,塑造了陆相火山喷发岩系——大兴安岭褶皱带。随着板块俯冲产生小型热对流,本区地壳逐渐拉伸、变薄,与之大体同步的火山活动仍十分活跃。大规模火山喷发产生的热效应,致使地壳受热松弛,尔后冷却脆化,拉张强度减小。在剥蚀、夷平的背景上,进一步受深层拆沉作用的影响,断块普遍破裂与陷落,其翘起侧形成凸起,倾伏侧沦为断陷。这样相继发育了一系列规模不大的地堑、地垒或阶梯式断块盆地(焦贵浩等,2003)。

该时期的火山活动强度远高于侏罗纪早期(焦贵浩等,2003),沿断裂大规模喷发,堆积了一套巨厚的酸—中—基性陆相火山岩系,尤其在镶黄旗—阿尔嘎旗—巴音都兰一线以东,大兴安岭以西地区发育,火山岩厚达4000~5000m,盆地西部减薄以至消失。此套火山岩和火山碎屑岩称为大兴安岭群。沿着北东、北北东向断裂或在两组断裂交会处,二连盆地岩浆呈裂隙式、裂隙-中心式喷发或漫溢,形成大兴安岭群火山岩,自下而上由酸性、中基性火山熔岩、凝灰岩组成,火山岩同位素年龄167~145Ma(于英太,1988)。此时所形成的坳陷断块盆地分割充填沉积了一套杂色粗碎屑岩夹火山岩建造(图2-11),厚300~500m,且其在坳陷周边也均有分布(焦贵浩等,2003)。

2.阿尔善时期构造-沉积演化

阿尔善组(K_1a)沉积期为裂陷Ⅰ幕中、晚期,形成时间为138~131Ma(图2-9),由于构造作用力减缓,区域应力松弛,产生了北西-南东向拉张应力,海西期线性褶皱基底进一步张裂、翘断,多凸多凹的构造特征开始形成,形态各异的小型断陷应运而生,接受了一套以湖相泥岩为主的巨厚碎屑岩建造,形成主要含油层系。

阿尔善沉积早期,坳陷具有湖侵迹象,但蓄水体深度并不大,主要以滨浅湖为主,沉积的分割性较强,根据不同坳陷不同沉积期沉降速率计算(图2-12),发现个别凹陷存在半深湖—深湖相,如半深湖亚相分布在塔北、塔南等凹陷(祝玉衡等,2000)。沉积物以底部的杂色砂砾岩夹薄层棕红色—紫红色、灰

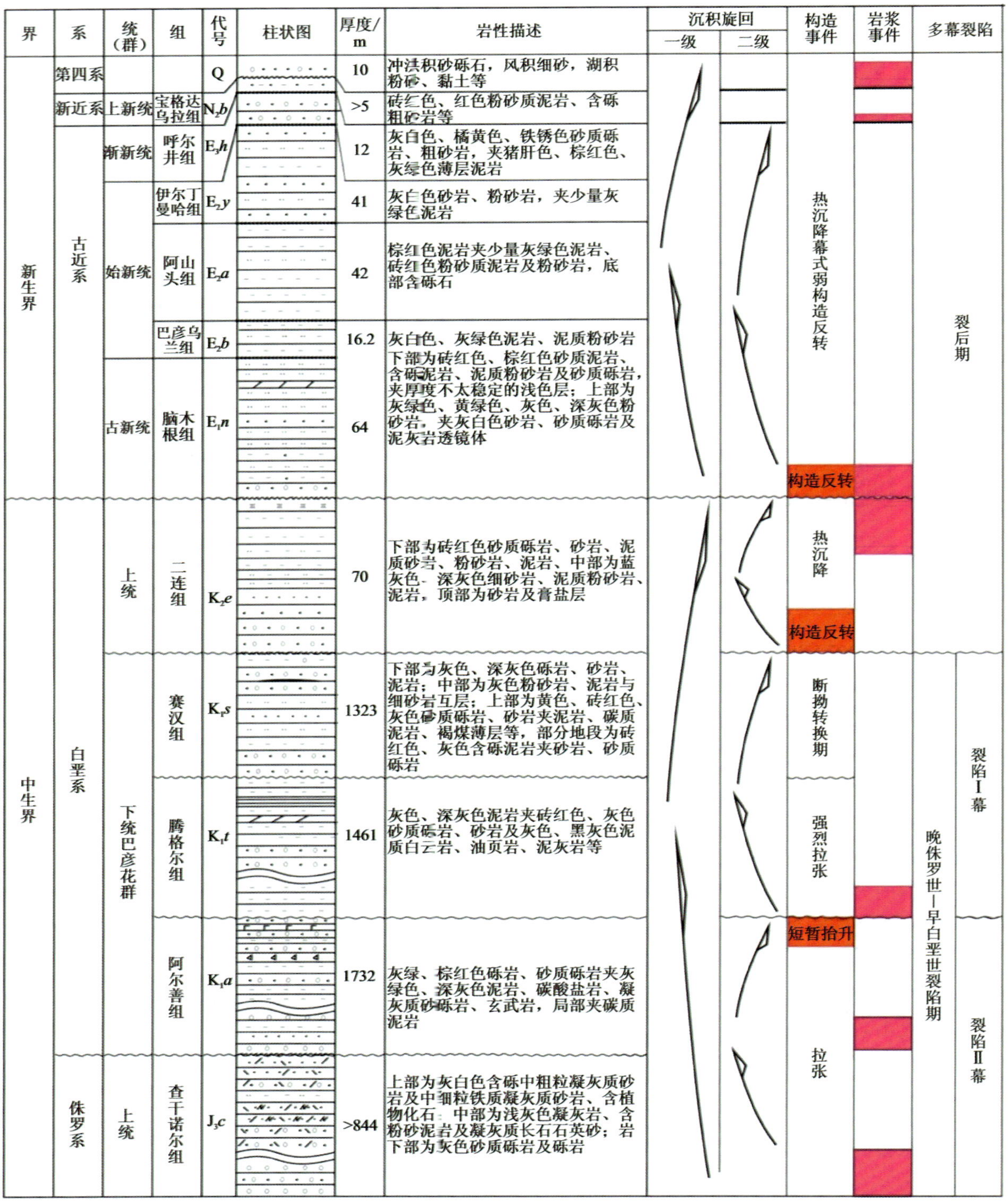

界	系	统（群）	组	代号	柱状图	厚度/m	岩性描述	沉积旋回 一级	沉积旋回 二级	构造事件	岩浆事件	多幕裂陷
新生界	第四系			Q		10	冲洪积砂砾石，风积细砂，湖积粉砂、黏土等			热沉降幕式弱构造反转		裂后期
	新近系	上新统	宝格达乌拉组	N_2b		>5	砖红色、红色粉砂质泥岩、含砾粗砂岩等					
	古近系	渐新统	呼尔井组	E_3h		12	灰白色、橘黄色、铁锈色砂质砾岩、粗砂岩，夹猪肝色、棕红色、灰绿色薄层泥岩					
		始新统	伊尔丁曼哈组	E_2y		41	灰白色砂岩、粉砂岩，夹少量灰绿色泥岩					
			阿山头组	E_2a		42	棕红色泥岩夹少量灰绿色泥岩、砖红色粉砂质泥岩及粉砂岩，底部含砾石					
			巴彦乌兰组	E_2b		16.2	灰白色、灰绿色泥岩、泥质粉砂岩					
		古新统	脑木根组	E_1n		64	下部为砖红色、棕红色砂质泥岩、含砾泥岩、泥质粉砂岩及砂质砾岩，夹厚度不太稳定的浅色层；上部为灰绿色、黄绿色、灰色、深灰色粉砂岩，夹灰白色砂岩、砂质砾岩及泥灰岩透镜体			构造反转		
中生界	白垩系	上统	二连组	K_2e		70	下部为砖红色砂质砾岩、砂岩、泥质砂岩、粉砂岩、泥岩、中部为蓝灰色、深灰色细砂岩、泥质粉砂岩、泥岩，顶部为砂岩及膏盐层			热沉降；构造反转		
		下统巴彦花群	赛汉组	K_1s		1323	下部为灰色、深灰色砾岩、砂岩、泥岩；中部为灰色粉砂岩、泥岩与细砂岩互层；上部为黄色、砖红色、灰色砂质砾岩、砂岩夹泥岩、碳质泥岩、褐煤薄层等，部分地段为砖红色、灰色含砾泥岩夹砂岩、砂质砾岩			断拗转换期		晚侏罗世—早白垩世裂陷期；裂陷Ⅰ幕
			腾格尔组	K_1t		1461	灰色、深灰色泥岩夹砖红色、灰色砂质砾岩、砂岩及灰色、黑灰色泥质白云岩、油页岩、泥灰岩等			强烈拉张		
			阿尔善组	K_1a		1732	灰绿、棕红色砾岩、砂质砾岩夹灰绿色、深灰色泥岩、碳酸盐岩、凝灰质砂砾岩、玄武岩，局部夹碳质泥岩			短暂抬升；拉张		裂陷Ⅱ幕
	侏罗系	上统	查干诺尔组	J_3c		>844	上部为灰白色含砾中粗粒凝灰质砂岩及中细粒铁质凝灰质砂岩、含植物化石；中部为浅灰色凝灰岩、含粉砂泥岩及凝灰质长石石英砂；岩下部为灰色砂质砾岩及砾岩					

图 2-11　二连盆地乌兰察布坳陷地层发育及幕式裂陷构造演化图

绿色泥岩向上迅速演变为绿灰色、深灰色、黑灰色泥岩夹薄层泥灰岩和粉细砂岩。晚期，由于构造抬升，湖盆收缩，水体变浅，岩性为绿灰色、灰绿色砂砾岩与泥岩呈不等厚互层。末期基本结束了本次湖侵期。沉积体系总体表现为早期以发育初期冲洪积-河流体系为主，中期以滨浅湖-半深湖沉积体系为主，晚期以冲洪积-河流体系为主的特征。

阿尔善期沉积是在晚侏罗世火山喷发后，在基底强烈的差异块断运动下开始的。湖盆发育初期，表现出快速充填和超覆式沉积，堆积速度远大于沉降速度，导致沉积中心和沉降中心不吻合，水上沉积分布广，湖域小，水体浅是其显著特点。湖域面积占总面积的 40%～60%，沉积时山高谷深，湖盆狭窄，物源供应充足。陡坡带发育冲积扇、扇三角洲；缓坡带发育冲积扇、扇三角洲和辫状河三角洲，近物源处粒度较粗，湖盆处较细；中央洼陷带为湖泊相。该时期亦见有火山活动，但强度已不能与晚侏罗世时相比。一般而言，最高沉积速率和最深的湖泊与厚层的玄武岩流相伴生，最终的玄武岩喷发之后，堆积的速度和最大湖泊又有规律地减小（焦贵浩等，2003）。这说明晚侏罗世强烈而集中的火山活动是裂陷幕初期的反映。

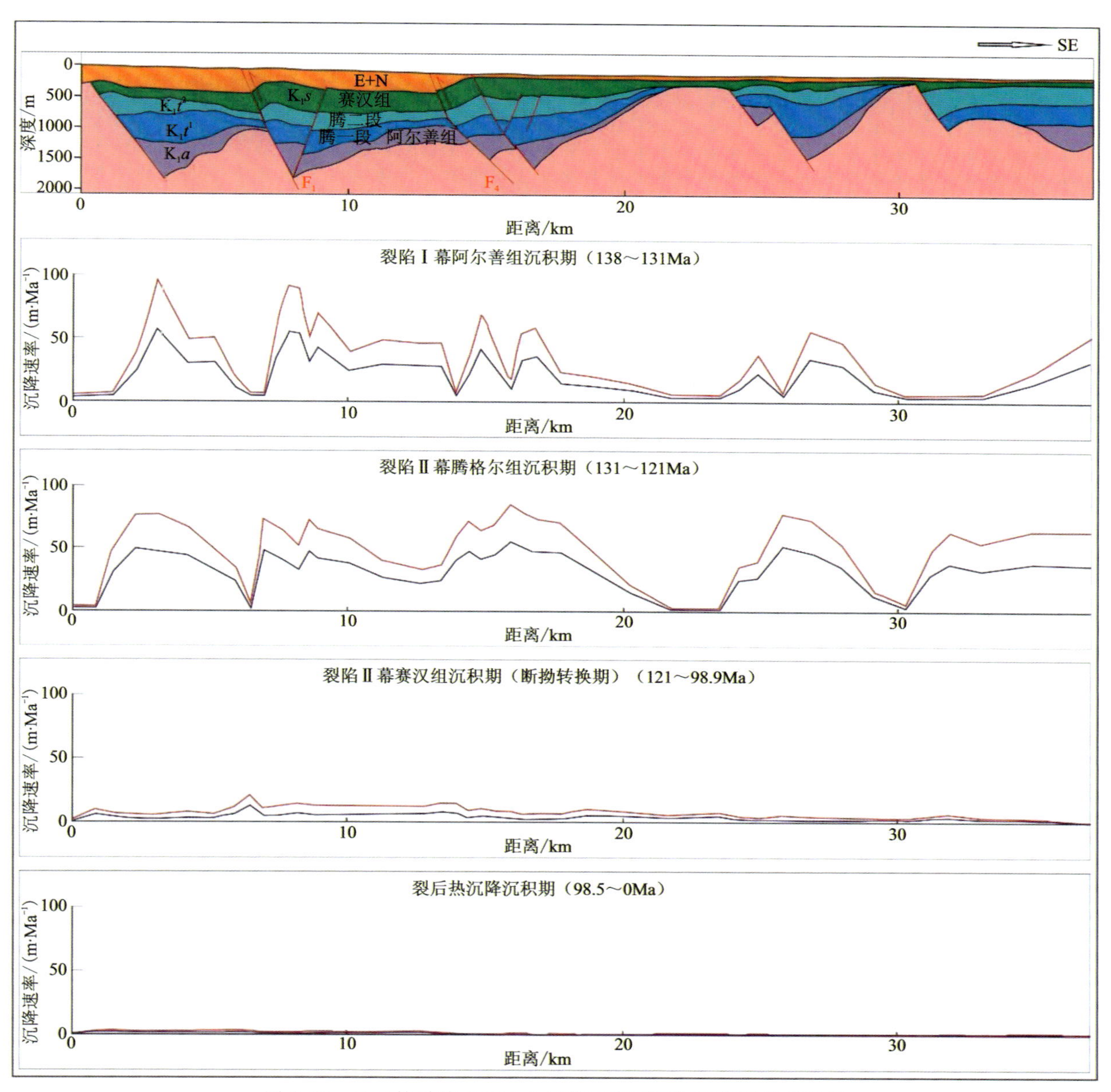

图 2-12 马尼特坳陷 EH80 地震剖面及不同沉积期沉降速率图

（二）裂陷Ⅱ幕

早白垩廿腾格尔期至赛汉期，裂陷活动具有由强到弱的特征，腾格尔期在区域应力场强烈拉张作用下，裂陷活动处于鼎盛时期，沉积范围扩大(图 2-13)，充填了一套厚大的三角洲相-(半)深湖相碎屑岩建造，但受同沉积断层和凸起的影响，沉积的分割性还是比较明显的；赛汉组早期裂陷活动明显减弱，沉积范围较广，局部超覆于凸起之上，并伴随一定构造挤压与反转，在一定程度上决定了后期沉积格局；赛汉组晚期裂陷活动逐渐停止，盆地转入坳陷阶段，由于早期构造反转产生的“跷动”作用，局部下白垩统处于剥蚀间段，赛汉组上段主要沿坳陷中央一带局部发育。

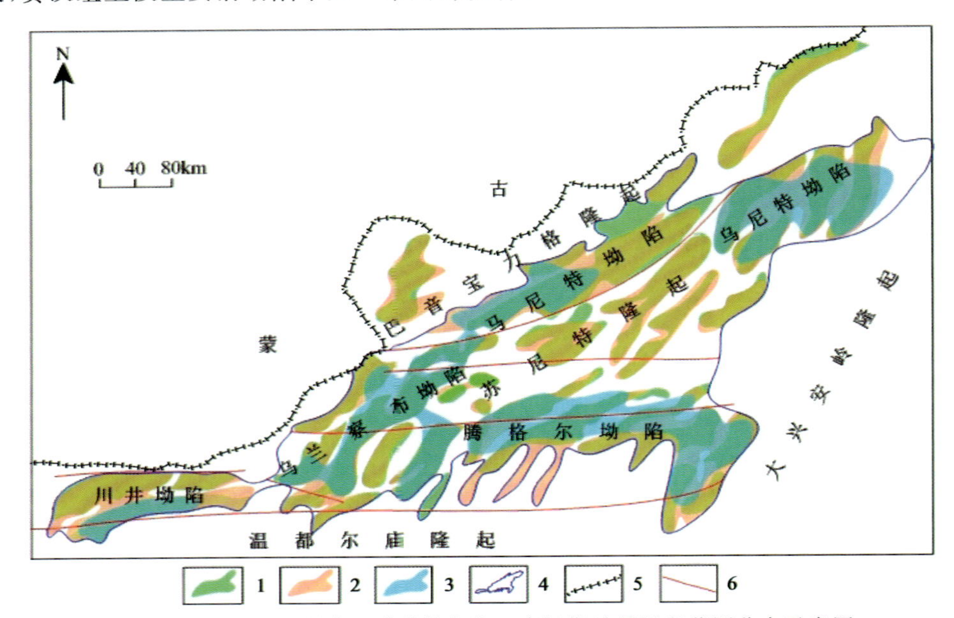

图 2-13　二连盆地早白垩世腾格尔期—赛汉期地层沉积范围分布示意图

1. 腾格尔组分布范围；2. 赛汉组下段分布范围；3. 赛汉组上段分布范围；4. 二连盆地范围；5. 国界线；6. 断层

1. 腾格尔期构造-沉积演化

腾格尔期伴随沉积作用，亦有大量的玄武岩喷发活动，其同位素年龄 100Ma 左右(于英太，1988)，这说明腾格尔期亦处于幕式裂陷的早、中期。由于阿尔善末期盆地短暂的抬升作用，湖盆发生第一次回返抬升，阿尔善组沉积地层遭受剥蚀破坏，随后以水平拉张、垂直深陷为特征，发生了第二次规模巨大的湖侵事件，古斜坡快速被湖水吞没，湖盆稳定下沉，湖盆面积进一步扩大，从而形成广水域、深水体的沉积格局。由于沉降速率大于沉积速率，较长期发育欠饱和深水湖泊(图 2-14)。沉积地层是一套以湖相为主的灰色、深灰色泥岩夹少量砂岩、砂砾岩，是最主要的生油岩系(卫三元等，2006)。沉积体系由最初的扇三角洲、辫状河三角洲-滨浅湖体系演变为半深湖-深湖沉积体系。

2. 赛汉期构造-沉积演化

赛汉期为裂陷Ⅱ幕晚期，由于西太平洋板块向欧亚大陆俯冲作用有所加强，受北北西-南南东向的挤压作用影响，地壳抬升，盆地发生回返、萎缩，沉积速率超过沉降速率，由早期到晚期具有明显的断拗转换性质(图 2-15)。早期断陷强度已大大减弱，凹陷两侧通常出现冲积扇、河流-洪泛平原相和分散的湖泊沼泽相并存现象，并夹有大量的岩屑，总体面貌较粗且成分成熟度和结构成熟度很低，不利于铀成矿。中期断陷活动基本停止，各凹陷已经被填平补齐，分散的水体(浅水湖沼)开始连接成为统一的汇水湖泊，湖面开始扩大，在陡坡侧是冲积扇-扇三角洲组合，在缓坡侧是辫状河及其三角洲相组合，而在凹陷中部主要是滨浅湖-前三角洲相组合，此时的物源主要来自陡坡，沉积物总体面貌变细，碎屑的成分成熟度和结构成熟度增高，煤层、有机质等还原介质含量高，易形成吸附型、潜水-层间氧化带型铀矿床。晚期处于稳定的坳陷盆地发育阶段，沉积可容空间较为局限，凹陷轴向两端部分三角洲向前推移，冲积

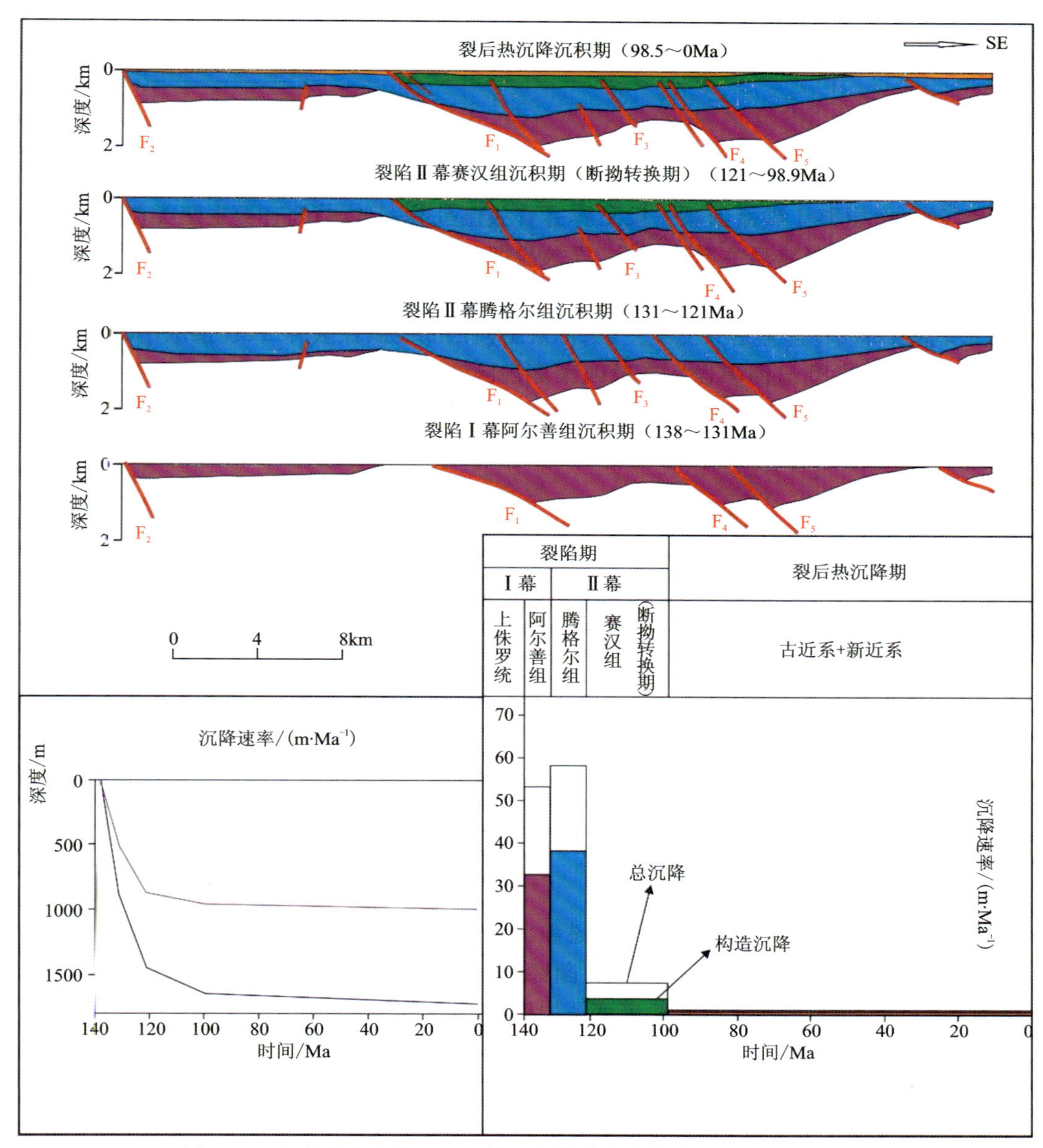

图 2-14 白音塔拉地段 EH60 剖面多幕裂陷演化模拟图(据鲁超,2010)

扇面河道和三角洲分流河道逐步转化成源远流长的古河谷,为铀成矿提供了有利的存储空间。

四、晚白垩世构造-沉积演化

晚白垩世断裂活动已基本停止,在盆地坳陷作用未发育完全便开始衰亡(王冰,1990;孟庆任,2002;任建业,1998),盆地进入了裂后热沉降阶段,沉积了二连组(K_2e)一套干旱气候条件下的河流-三角洲-湖泊体系的杂色碎屑岩建造,有举世罕见的恐龙(鸭嘴龙、似鸟龙、蜥脚龙、甲龙、霸王龙)以及双壳类动物和被子植物等化石。此时,盆地沉降缓慢,湖泊较浅,沉积相带较宽(卫三元等,2006;李月湘,2009),沉积厚度一般 50～150m,下段下部岩性为砖红色、黄色中—粗砂岩、含砾砂岩、粉砂岩、泥岩,上部为灰色、灰绿色中—细砂岩、极细砂岩、粉砂岩、泥岩,本段结构成熟度高;上段下部岩性为灰色、深灰色泥岩,灰色极细砂岩,灰白色泥灰岩及砂泥质膏岩,上部岩性以深灰色、灰黑色为主,顶部普遍夹有薄层砂岩。总体反映为一个完整的粗—细—粗三级沉积旋回,对应一个三级层序。随着太平洋板块俯冲带的向东迁移，二连盆地沉降与发育随之迁移，此时地壳整体隆升，导致二连盆地裂后热沉降阶段发育不完整，二连组的分布范围较局限，在盆地大部分地区缺失。

二、赛汉高毕铀矿床

赛汉高毕矿床赛汉组上段主要发育多个侧向物源补给的辫状河沉积体系，主要由河道充填组合、河道边缘组合和泛滥平原构成（图6-23）。砂质辫状河物源方向上基本继承了早期的砾质辫状河，仍然为多物源的组合特征。古河谷边缘发育的冲积扇沉积体系为辫状河提供物源。

图6-23　赛汉高毕铀矿床赛汉组上段沉积体系图

图2-15　马尼特坳陷西部沉积层序发育及沉积充填与幕式裂陷构造演化关系图

由赛汉组上段沉积体系图与铀矿化的叠置关系可以看出，铀矿化位于河道内部的河道充填组合与河道边缘组合的过渡部位以及主河道边缘部位，与砂岩厚度、砂体厚度以及含砂率的分布具有一致性。

赛汉组上段砂体厚度与砾岩厚度具有一定的相关性，也反映了辫状河沉积特征。铀矿化基本上都分布于砂体厚20～40m的区域，为砂体厚度相对适中，反映20～40m的储层厚度为最佳区域。由砂体厚度的变化趋势与铀矿化的匹配关系来看，最佳铀成矿部位为砂体变细变薄的变异部位（图6-24）。

铀矿化基本上都分布于含砂率为30%～55%的区域，含砂率相对适中，反映砂体相对适中的沉积区域为有利区域。由含砂率的变化趋势与铀矿化的匹配关系来看，最佳铀成矿部位为砂体沉积中心向泥岩沉积中心的变异部位（图6-25）。

赛汉组下段砾岩厚度也反映了辫状河沉积特征。铀矿化都分布于砾岩厚10～30m的区域，砾岩厚度相对适中，反映主砂体及主物源的边缘是有利的成矿区域。由砾岩厚度的变化趋势与铀矿化的匹配关系来看，砾质辫状河向砂质辫状河过渡部位以及砂质辫状河为主要的成矿部位（图6-26）。

三、哈达图铀矿床

张，形成一系列张扭性构造，由于构造反转强烈，早白垩世地层遭受不同程度的剥蚀，特别是下白垩统赛汉组，形成大面积的构造天窗，有利于层间氧化带的发育，形成铀矿化。

五、古近纪至今构造-沉积演化

古近纪初，由于太平洋板块、印度板块与欧亚板块陆壳持续挤压碰撞，古特提斯海消亡，青藏高原崛起。东亚总体处于引张区，在二连盆地，古近纪再次经历了北西-南东向的轻微拉张拗陷，其沉积多为河湖相含膏盐的红色砂泥岩建造。古新世（E_1）全区大部分处于隆起剥蚀状态，只在脑木根等地区接受了红色泥质粗碎屑岩沉积；始新世（E_2）盆地继续下拗，湖水面扩大，向东覆盖到脑木根北部—二连浩特—红格尔—达日汗乌拉等地区，向西到川井局部地区。当时气候炎热，蒸发量大，形成天青石、石膏等大型矿床。渐新世（E_3）湖盆向东部和南部迁移（图2-16）。

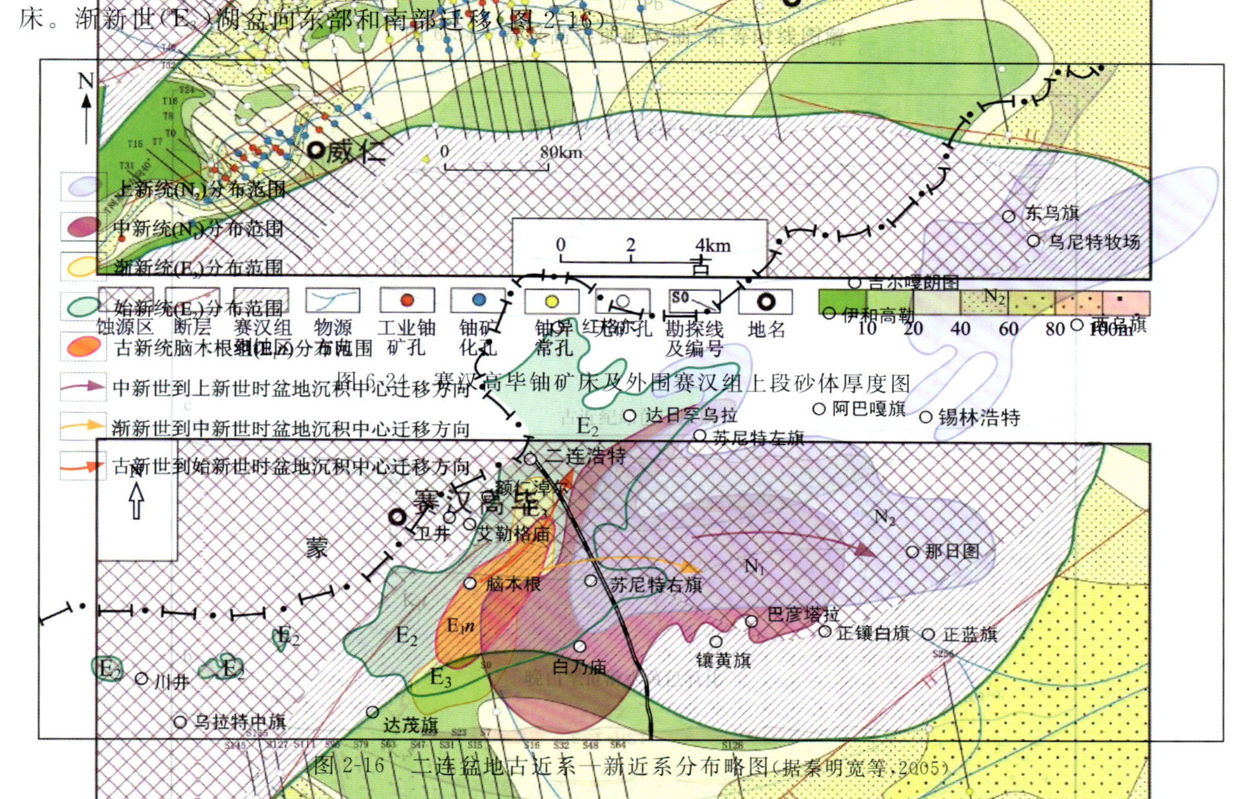

图6-24　赛汉高毕铀矿床及外围赛汉组上段砂体厚度图

图2-16　二连盆地古近系—新近系分布略图（据秦明宽等，2005）

新近纪以来，在印度板块对欧亚板块俯冲碰撞及太平洋板块向洋后退，大陆向东伸展的背景上，二连盆地全区抬升剥蚀，部分地区转入了热沉降收缩阶段，二连盆地表现为游荡式湖泊的沉积和微弱的构造反转。其中，中新世（N_1）的湖泊迁移到白乃庙地区，且沿断裂有玄武岩浆溢出，面积达数千平方千米，形成著名的熔岩台地；上新世（N_2）二连盆地的沉积中心继续向东迁移，沉积面积相对扩大，覆盖到苏尼特隆起之上和乌尼特坳陷大部分地区，东降西隆特征相对明显。

更新世—全新世，二连盆地处于隆升状态，除广泛接受风成砂沉积外，在旱谷等低洼处形成松散的砂、泥沉积，在坳陷及周边沟谷中均有分布，出露厚度一般小于30m；东部阿巴嘎旗地区有玄武岩浆喷发，形成数百座火山锥，溢流岩被面积达万余平方千米。年轻的火山台地和松散沉积掩覆了盆地早期的地堑、地垒、箕状等结构，塑造了现今复杂多姿的大型高原地貌形态，亦结束了盆地的全部演化历史。

图6-25　赛汉高毕铀矿床及外围赛汉组上段含砂率等值线图

第三章　古河谷含铀层系等时地层格架

含铀层系地层时代的判别、对比划分以及构造、层序地层和沉积体系模式的建立对揭示古河谷型砂岩铀矿的成矿空间具有重要意义。赛汉组是二连盆地古河谷型砂岩铀矿主要的发育层位，同时也是重要的含煤岩系。笔者应用岩石地层学、生物地层学、层序地层学的综合研究方法重点对赛汉组古河谷充填序列进行了时代判别和对比，充分运用地震剖面和钻孔测井等资料识别和对比了关键地层界面和标志层，构建了古河谷充填的等时地层格架。研究发现，赛汉组古河谷分布范围、沉积样式受控于断拗转换期的构造背景，具有典型的断坳-超覆特色。

第一节　古河谷沉积充填地质特征

针对二连盆地的沉积充填结构，人们开展了大量的研究工作。笔者通过对地面露头、钻井和地震资料的分析整理发现，二连盆地中-新生代地层存在7个不整合(图3-1)：中生界与下伏地层之间的角度不整合，即地震Tg反射层在地震剖面上，上下反射层呈角度相交；上侏罗统与中下侏罗统之间的不整合，在地震剖面上较少见；侏罗系与白垩系之间的不整合，即地震T_{11}反射层在地震剖面上呈杂乱发射，上下反射层角度相交；腾格尔组与阿尔善组之间的平行不整合，即地震T_7反射层，在凹陷中心部分，地震剖面上为连续反射，上下层平行，在凹陷边缘部分地震剖面上可见上覆层超覆在不同地层之上或上下反射层呈角度相交，形成“超覆不整合”；腾格尔组与赛汉塔拉组之间的角度不整合，即地震T_3反射层，在地震剖面上，上覆反射层呈似水平状与下伏反射层呈明显的角度相交；上下白垩统之间在地面露头上呈明显的角度不整合接触；白垩系与古近系之间的不整合接触；新近系与第四系之间的不整合接触(赵澄林，1996；杜金虎，2003)。

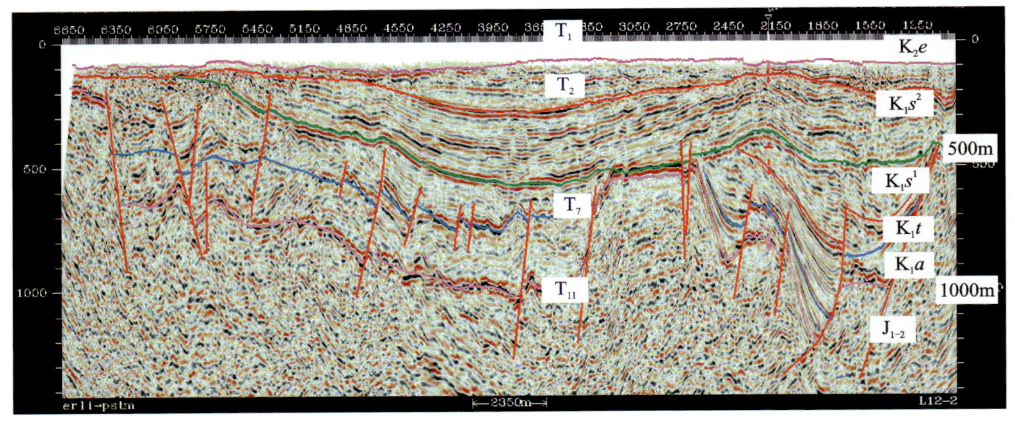

图3-1　乌兰察布坳陷脑木根凹陷L12-2地震剖面图(据核工业地质研究院，2012)

由于关注的研究焦点不同，各地质系统对二连盆地地层的划分详略不一，其中地矿系统对浅部地层划分较系统、详细，对下白垩统划分粗略，统称为巴彦花组；石油系统对浅部地层划分粗略，对下白垩统进行了系统划分。笔者对浅部地层划分沿用地矿系统的划分方案，分为上白垩统二连组，古近系古新统脑木根组、始新统伊尔丁曼哈组和渐新统呼尔井组，新近系中新统通古尔组和上新统宝格达乌拉组；下白垩统采用石油系统的划分方案，从下至上分为阿尔善组、腾格尔组和赛汉组（表 3-1，图 3-2）。

表 3-1　二连盆地主要沉积盖层划分沿革表

<table>
<tr><th colspan="2">地层</th><th colspan="3" rowspan="2">华北油田（1985）</th><th colspan="3" rowspan="2">华北石油勘探开发研究院（1989）</th><th colspan="2" rowspan="2">全国岩石地层单位（1996）</th><th rowspan="2">内蒙古地质志（1986）</th><th colspan="2" rowspan="2">核工业系统（2009）</th><th colspan="2" rowspan="2">本书</th></tr>
<tr><th>系</th><th>统</th></tr>
<tr><td colspan="2">第四系</td><td colspan="3" rowspan="7">第三系</td><td colspan="3" rowspan="7">第三系</td><td colspan="7">第四系</td></tr>
<tr><td rowspan="2">新近系</td><td>上新统</td><td colspan="7">宝格达组</td></tr>
<tr><td>中新统</td><td colspan="7">通古尔组</td></tr>
<tr><td rowspan="4">古近系</td><td>渐新统</td><td colspan="3">脑岗代组</td><td colspan="4">呼尔井组</td></tr>
<tr><td rowspan="2">始新统</td><td colspan="3" rowspan="2">伊尔丁曼哈组</td><td colspan="4">伊尔丁曼哈组</td></tr>
<tr><td colspan="4" rowspan="2">脑木根组</td></tr>
<tr><td>古新统</td><td colspan="3">脑木根组</td></tr>
<tr><td rowspan="9">白垩系</td><td>上白垩统</td><td colspan="9">二连组</td><td colspan="2">二连组</td><td colspan="2">二连组</td></tr>
<tr><td rowspan="8">下白垩统</td><td rowspan="8">巴彦花群</td><td colspan="2" rowspan="2">赛汉组</td><td rowspan="8">巴彦花群</td><td colspan="2" rowspan="2">赛汉组</td><td colspan="2" rowspan="2">伊敏组</td><td rowspan="8">巴彦花组</td><td colspan="2" rowspan="2">赛汉组</td><td rowspan="2">赛汉组</td><td>上段</td></tr>
<tr><td>下段</td></tr>
<tr><td rowspan="2">腾格尔组</td><td>二段</td><td colspan="2">都红木组</td><td rowspan="6">大磨拐河组</td><td>上部</td><td rowspan="2">腾格尔组</td><td>上段</td><td colspan="2" rowspan="2">腾格尔组</td></tr>
<tr><td>一段</td><td rowspan="2">腾格尔组</td><td>上段</td><td rowspan="5">下部</td><td>下段</td></tr>
<tr><td rowspan="4">阿尔善组</td><td>四段</td><td>下段</td><td colspan="2" rowspan="4">阿尔善组</td><td colspan="2" rowspan="4">阿尔善组</td></tr>
<tr><td>三段</td><td rowspan="3">阿尔善组</td><td>上段</td></tr>
<tr><td>二段</td><td>中段</td></tr>
<tr><td>一段</td><td>下段</td></tr>
<tr><td>侏罗系</td><td>上统</td><td colspan="13">查干诺尔组</td></tr>
</table>

· 190 · 二连盆地古河谷型砂岩铀矿床

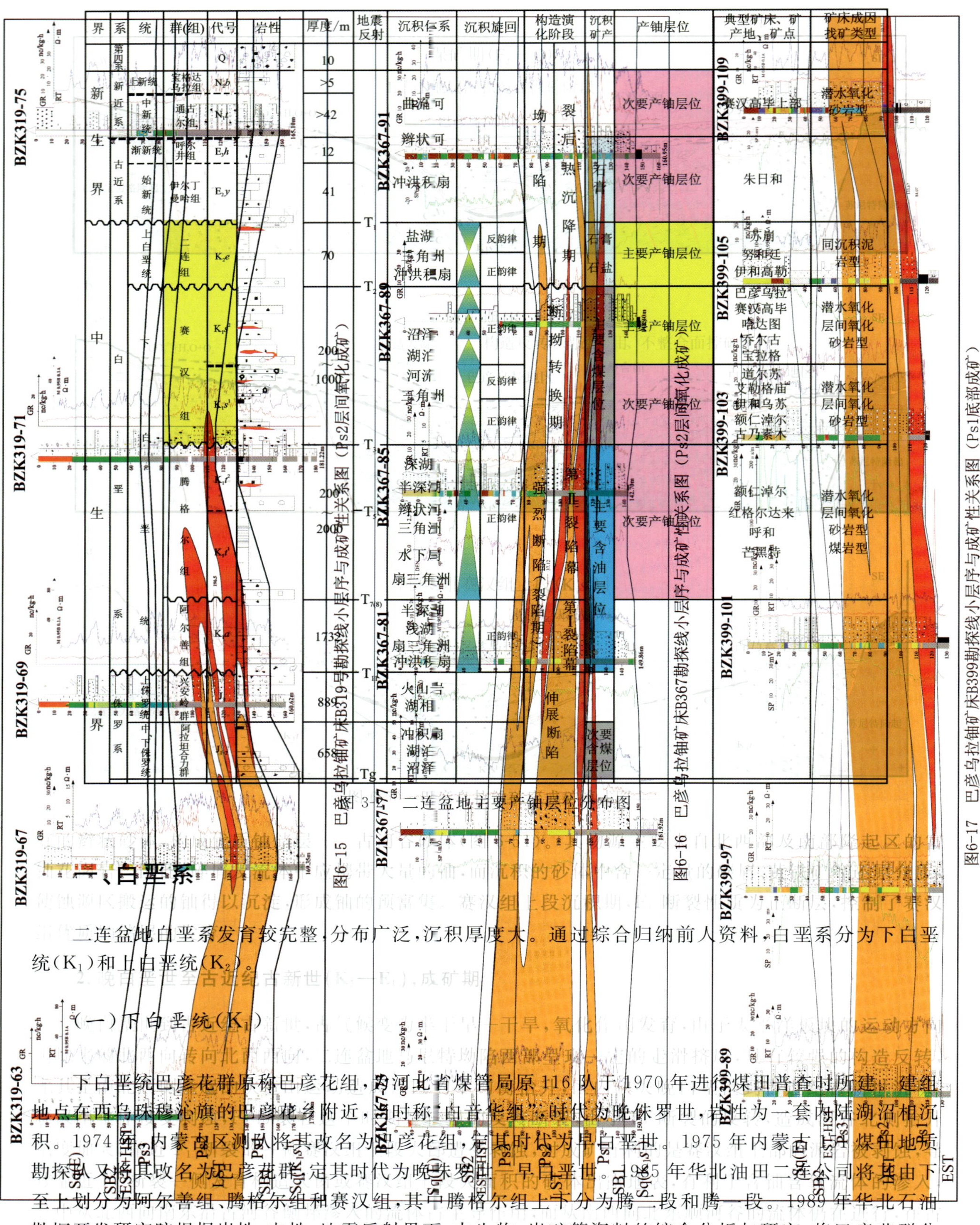

图3-? 二连盆地主要产铀层位分布图

一、白垩系

二连盆地白垩系发育较完整，分布广泛，沉积厚度大。通过综合归纳前人资料，白垩系分为下白垩统（K_1）和上白垩统（K_2）。

（一）下白垩统（K_1）

下白垩统巴彦花群原称巴彦花组，为河北省煤管局原116队于1970年进行煤田普查时所建。建组地点在西乌珠穆沁旗的巴彦花乡附近，当时称"白音华组"，时代为晚侏罗世，岩性为一套内陆湖沼相沉积。1974年，内蒙古区测队将其改名为巴彦花组，定其时代为早白垩世。1975年内蒙古[illegible]煤田地质勘探队又将其改名为巴彦花群，定其时代为晚侏罗世—早白垩世。1985年华北油田二连公司将其由下至上划分为阿尔善组、腾格尔组和赛汉组，其中腾格尔组上下分为腾二段和腾一段。1989年华北石油勘探开发研究院根据岩性、电性、地震反射界面、古生物、岩矿等资料的综合分析与研究，将巴彦花群分为四组七段，其中都红木组相当于腾二段。1996年，内蒙古自治区地质矿产局及相关部门专家建议采用大磨拐河组和伊敏组组名。大磨拐河组总体为一套砂岩泥岩夹砾岩及少量煤层的由粗变细层序；而伊敏组为大磨拐河组之上的一套砂岩泥岩夹多层煤的由细变粗层序；两组建名于海拉尔盆地。从区域上比较，大磨拐河组相当于阿尔善组和腾一段，伊敏组相当于腾二段（都红木组）和赛汉组。但与二连盆地地层做仔细比较，仍有一定的差异。为了资料具可比性，本书仍采用石油部门对巴彦花群的划分方法。巴彦花群自下而上由“粗—细—粗”3套碎屑岩建造组成，分别为阿尔善组（K_1a）、腾格尔组（K_1t）和赛汉组（K_1s）。其中，下白垩统赛汉组属古河谷沉积。

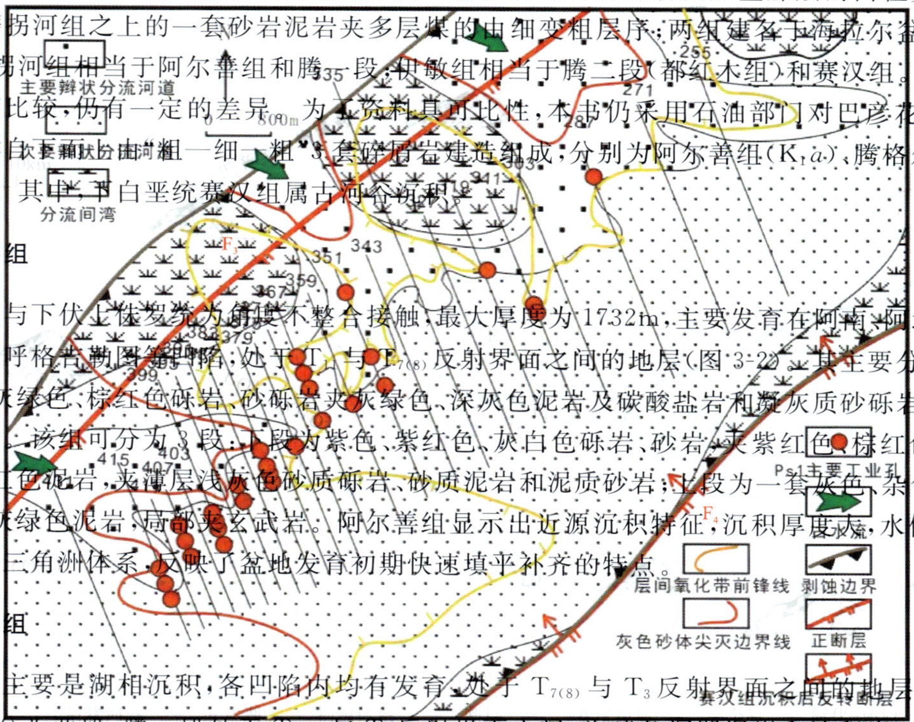

1. 阿尔善组

阿尔善组与下伏上侏罗统为角度不整合接触，最大厚度为1732m，主要发育在阿南、阿北、乌里雅斯太、布图莫吉、呼格吉勒图等凹陷，处于T_{11}与$T_{7(8)}$反射界面之间的地层（图3-2）。其主要分布于凹陷的中心，为一套灰绿色、棕红色砾岩、砂砾岩夹灰绿色、深灰色泥岩及碳酸盐岩和凝灰质砂砾岩、玄武岩，局部夹碳质泥岩。该组可分为3段：下段为紫色、紫红色、灰白色砾岩、砂岩，夹紫红色、棕红色泥岩；中段为绿灰色、紫红色泥岩，夹薄层浅灰色砂质砾岩、砂质泥岩和泥质砂岩；上段为一套灰色、杂色角砾岩、砂质砾岩，夹有灰绿色泥岩，局部夹玄武岩。阿尔善组显示出近源沉积特征，沉积厚度大，水体浅，广泛发育冲积扇和扇三角洲体系，反映了盆地发育初期快速填平补齐的特点。

图6-18　巴彦乌拉铀矿床小层序1(Ps1)沉积体系与铀矿化关系图

2. 腾格尔组

腾格尔组主要是湖相沉积，各凹陷内均有发育，处于$T_{7(8)}$与T_3反射界面之间的地层（图3-2），厚1461m。该组分为两段：腾一段处于$T_{7(8)}$与T_5反射界面之间，为暗色深湖泥岩和浊积岩，上部变粗，为砂岩、砂砾岩和较薄的泥岩，下部为大段较深湖环境下的灰色、深灰色和黑灰色泥岩，泥岩质纯且脆，成岩性好；腾二段处于T_5与T_3反射界面之间，以扇三角洲、辫状河三角洲和湖相泥质沉积为主，主要由砂岩、砂质砾岩、深灰色泥岩所组成，显示下粗上细的正旋回，下部为浅灰色含砾砂岩、粉细砂岩夹浅灰色、绿灰色泥岩；上部为浅灰色、深灰色泥岩，夹泥质白云岩、油页岩、泥灰岩、云质灰岩和钙质砂岩，向上泥岩增厚。

腾格尔组沉积时双断或者单断构造样式及同沉积构造活动背景，以及断拗转换期赛汉组沉积早期河流冲积作用为沿坳陷及多个凹陷串珠展布的古河谷地貌的发育提供了条件。

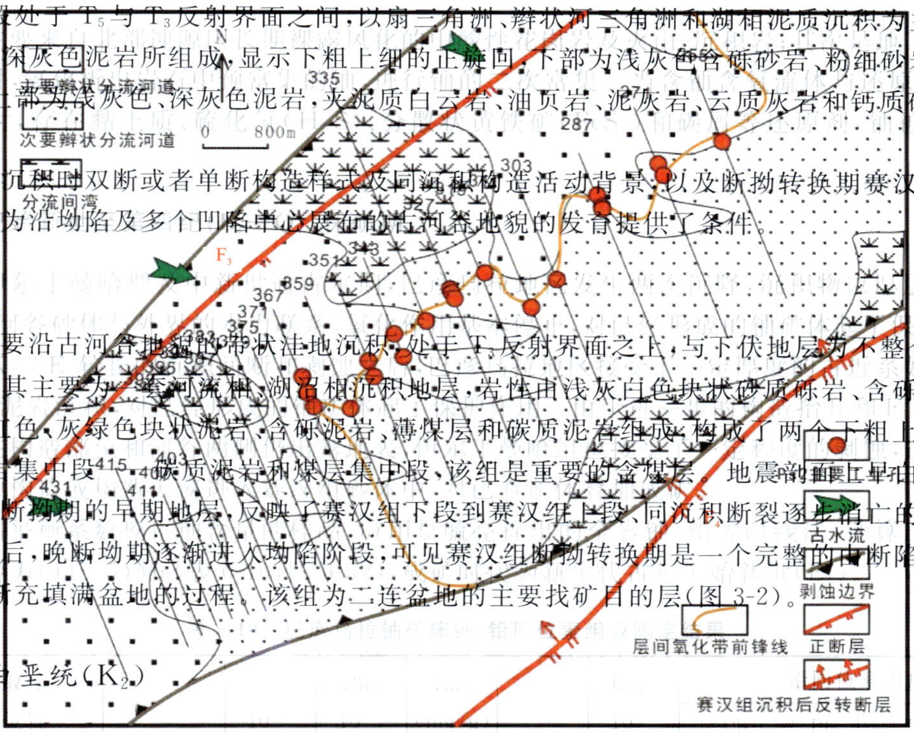

3. 赛汉组

赛汉组主要沿古河谷地貌的带状洼地沉积，处于T_3反射界面之上，与下伏地层为不整合接触，最大厚度1323m。其主要为一套河流相、湖沼相沉积地层，岩性由浅灰白色块状砂质砾岩、含砾砂岩和砂岩与浅灰色、紫红色、灰绿色块状泥岩、含砾泥岩、薄煤层和碳质泥岩组成，构成了两个下粗上细的次级正旋回层，即砂岩集中段、碳质泥岩和煤层集中段，该组是重要的含煤层。地震剖面上早白垩世断裂都普遍切穿了早断坳期的早期地层，反映了赛汉组下段到赛汉组上段、同沉积断裂逐步消亡的过程。由早断坳期沉积以后，晚断坳期逐渐进入坳陷阶段，可见赛汉组断拗转换期是一个完整的由断陷到拗陷转换的过程，是逐渐充填满盆地的过程。该组为二连盆地的主要找矿目的层（图3-2）。

（二）上白垩统（K_2）

图6-19　巴彦乌拉铀矿床小层序2(Ps2)沉积体系与铀矿化关系图

上白垩统仅发育二连组（K_2e），其不受赛汉组古河谷的控制，是沉积盆地进一步的填平补齐过程，仅在盆地北部少数几个凹陷中心发育，至此盆地基本消亡。二连组主分布在二连盐池、川井和马尼特坳陷等地，地层厚度50～150m，最厚达917m，为一套内陆湖相、河流相及陆相火山喷发相地层，有举世罕见的恐龙（鸭嘴龙、似鸟龙、蜥脚龙、甲龙、霸王龙）以及双壳类和被子植物等化石。

从出露和钻孔揭露的情况看，该组可分为两段。下段以浅灰色、灰绿色泥质砂岩、砂岩，含砾砂岩和砂质砾岩为主；上段为绿黄色、灰黄色泥岩，具纹层理，有浅砖红色、褐红色泥岩，含介形类化石。其上被始新统伊尔丁曼哈组不整合覆盖，其下不整合于下白垩统或上石炭统本巴图组之上。

在乌兰察布坳陷二连组是同沉积泥岩型铀矿发育的重要目的层，目前已经发现探明了赋存于泥质岩中的超大型矿床——努和廷铀矿床（图 3-2）。

二、新生界

新生界主要包含古近系、新近系和第四系。

1. 古新统脑木根组（E_1n）

脑木根组主要分布在二连盆地的中西部地区，出露厚度小于 100m。区域上以曲流河相和洪泛相沉积为主，赋存有丰富的哺乳动物化石。从出露和钻孔揭遇的岩性看，可分为两段：下岩段以砖红色、棕红色砂质泥岩，含砾泥岩，泥质粉砂岩及砂质砾岩为主，夹厚度不太稳定的浅色层；上岩段以灰绿色、黄绿色、灰色、深灰色粉砂岩为主，夹灰白色砂岩、砂质砾岩及泥灰岩透镜体。脑木根组在区内为连续沉积，其上被始新统平行不整合覆盖，其下与二连组不整合接触。在该组见有铀矿化，是区域上铀矿找矿的目的层位之一。

2. 始新统伊尔丁曼哈组（E_2y）

伊尔丁曼哈组主要分布在二连盆地的中西部地区，地层厚度约 150m。区域上为一套河流相和洪泛相沉积地层，有古肉食类、戈壁兽、啮齿类等哺乳动物化石。从出露和钻孔揭露的情况看，岩性主要由互层状灰绿色砂岩、砂质砾岩、砂质泥岩、泥岩组成，并夹有砖红色砂质泥岩及灰黄色、灰白色砂岩、砂质砾岩；沉积韵律明显，由下向上为砂质砾岩、砂岩、砂质泥岩、泥岩。其上被渐新统或中新统平行不整合覆盖，其下与海西晚期闪长岩及下白垩统等呈不整合接触。在赛汉高毕地区始新统伊尔丁曼哈组已发现砂岩型铀矿化。在该组河流相沉积发育的地区具有良好的地层结构，是砂岩型铀矿找矿的目的层之一（图 3-2）。

3. 渐新统呼尔井组（E_3h）

渐新统呼尔井组主要分布在二连盆地的中西部地区。上部主要由灰白色、橘黄色、铁锈色砂砾岩、粗砂岩组成，夹猪肝色、棕红色、灰绿色薄层泥岩，厚 12m（未见顶）；中下部以灰白色砂岩及棕红色泥岩为主，夹含锰砂岩，局部含石膏及天青石矿，厚度大于 60m。其由两个沉积亚旋回组成，每个亚旋回都由含砾粗粒长石砂岩开始，向上渐变为中细粒砂岩、砂质泥岩，最后以棕红色泥岩结束。其上被第四系所覆，平行不整合于始新统伊尔丁曼哈组之上（图 3-2）。

4. 中新统通古尔组（N_1t）

通古尔组主要分布在二连盆地的中部地区，出露厚度大于 42m。下部以浅黄色、灰白色、浅灰绿色含砾粗砂岩、砂质砾岩为主，含丰富的腕足类和古脊椎动物化石；上部为灰白色砂岩与杂色泥岩互层，局部夹有泥灰岩，含腹足类化石。在局部地区本组岩性以砖红色泥岩为主。其下与古近系平行不整合接触，其上被上新统平行不整合覆盖（图 3-2）。

该组哺乳动物化石主要有通古尔单沟河狸、通古尔笨河狸、德氏半熊、戈壁锯齿象、谷氏铲齿象、戈壁安琪马、蒙古链齿猪等。

5. 上新统宝格达乌拉组(N_2b)

宝格达乌拉组分布在二连盆地的中部地区，出露厚度 5～60m。它是一套以洪泛为主的沉积，赋存有三趾马动物群。岩性由褐红色、砖红色、浅红色、浅绿色、黄绿色块状泥岩、粉砂岩组成，局部夹薄层砂岩、泥砾岩，通常可见钙质结核、锰质斑点和结核、植物根系等。该层厚度稳定。宝格达乌拉组之上被第四系覆盖，平行不整合于中新统通古尔组之上(图 3-2)。

6. 第四系(Q)

第四系在二连盆地广泛分布，出露厚度一般小于 30m。沉积物主要有风成沙、湖积层以及玄武岩(图 3-2)。风成沙发育在浑善达克沙漠的中部，呈近东西向的半固定沙丘和沙垄状，一般高 10～30m，成分以长石石英为主。低洼汇水淖尔中有 1～20m 厚的湖积淤泥、黏土和粉砂，有的产有碱矿和芒硝矿。在阿巴嘎旗、达来诺尔等地，发育大面积的第四系玄武岩，众多的火山口、火山颈保存完好，构成玄武岩台地所特有的地貌景观。

古近系、新近系和第四系的发育与赛汉组古河谷基本无直接关系，但其发育和分布受赛汉组古河谷构造反转抬升的影响，分布区域基本上处于赛汉组抬升幅度较弱的地区。

第二节 古河谷充填的岩石地层结构

赛汉组下伏腾格尔组顶部灰绿色泥岩、泥质粉砂岩或泥质细砂岩，甚至局部地区发育深湖页岩，泥岩质纯且脆，大部具水平层理、成岩性好。赛汉组底部砾石层，该砾石成分以花岗岩屑为主，部分为碳板岩、变质砂岩等。赛汉组与上覆上白垩统二连组呈平行不整合关系，赛汉组上段以鲜红色、深红色泥岩为特征，泥质常含砂，厚度较大；二连组底部砖红色、黄色块状构造中粗砂岩或含砾砂岩，泥质或钙质胶结，成岩性较好。所以，依据典型地震剖面、钻孔岩芯可以有效识别赛汉组顶部和底部的地层界线(图 3-3)。

一、赛汉组岩石地层主要特征

赛汉组岩石地层主要特征如下：

(1)腾格尔组顶部灰绿色泥岩、泥质粉砂岩或泥质细砂岩，甚至局部地区发育深湖页岩。泥岩质纯且脆，大部具水平层理、成岩性好。

(2)赛汉组底部砾石层。该砾石成分以花岗岩屑为主，部分为碳板岩、变质砂岩等。砾径大都大于 5cm。

(3)赛汉组下段顶部碳质泥岩。该碳质泥岩是盆地处于断陷性质填平补齐环境下沉积的一套湖沼相沉积，往往含有煤线或煤层。垂向上往往具砂—煤(碳质泥)—泥岩岩性结构，在古潜水氧化作用下，可形成含铀煤型铀矿床，是次要目标层。

(4)赛汉组上段底部含砾粗砂岩。这套为盆地处于坳陷环境下沉积的辫状河河道充填沉积，砂体松散，厚度大，达 30～130m，含黄铁矿、有机质等还原介质，氧化色呈黄色、褐黄色，还原色呈灰色。垂向上具“泥—砂—泥”岩性结构，可形成层间氧化带型铀矿化，是本地区的主要目标层。

(5)赛汉组上段顶部血红色泥岩。该段岩性以鲜红色、血红色泥岩为特征，泥岩常含砂，厚度较大。与古近系泥岩区别在于，古近系泥岩常为土黄色、褐色、褐红色、砖红色，岩性含铁锰质，且见水易膨胀。

(6)二连组底部砖红色、黄色块状构造中粗砂岩或含砾砂岩。砂体分选一般—较好、磨圆次棱角状—次圆状，泥质或钙质胶结，成岩性较好。

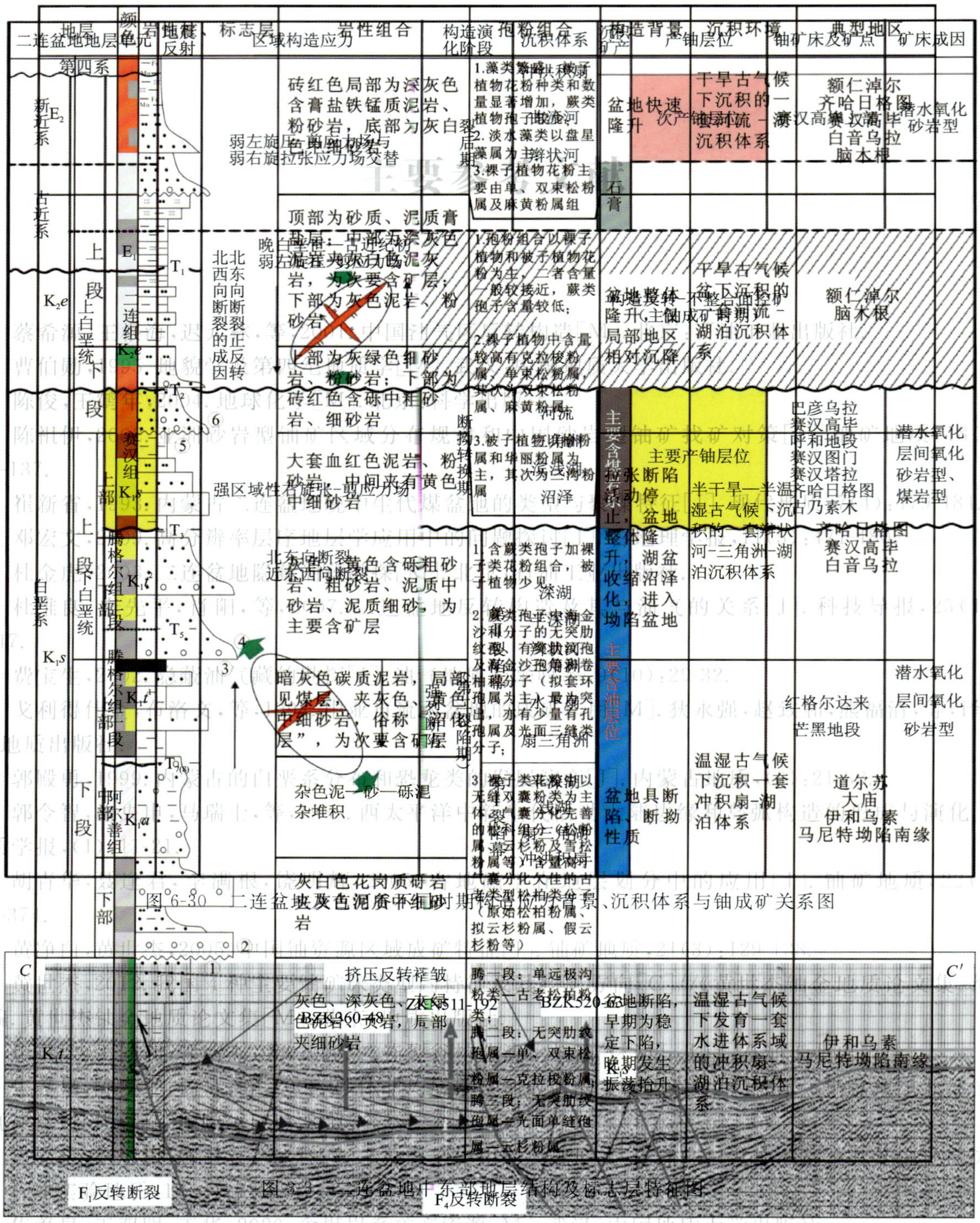

图6-30　二连盆地晚白垩世—古近纪时期构造背景、沉积体系与铀成矿关系图

图3-　二连盆地中东部地层结构及标志层特征图

在二连盆地赛汉组是主要含煤层位，夹于上下两套砂体之间，形成于赛汉组中期的滨浅湖-沼泽相。在煤层上下均有一套砂体，分别为赛汉组下段砂体和赛汉组上段砂体。笔者将赛汉组古河谷充填划分为下粗段、中细段和上粗段：赛汉组下段下部三角洲沉积，为赛汉组下段的下亚段（K_1s^{1-1}，即下粗段）；中部的湖相-沼泽层沉积，为赛汉组下段的上亚段（K_1s^{1-2}，即中细段）；赛汉组上段的大型河流-三角洲和泛滥平原沉积，其中赛汉组上段的下亚段，为大型河流-三角洲沉积（K_1s^{2-1}，即上粗段），赛汉组上段的上亚段为泛滥平原及废弃三角洲平原沉积（K_1s^{2-2}）。

赛汉组下段的下亚段（K_1s^{1-1}）对应于赛汉组下段层序的低位体系域（LST），K_1s^{1-2}对应赛汉组下段

巴彦乌拉地区由于受二连盆地整体抬升和古河谷局部构造反转的影响，存在由古河谷北西向南东的侧向铀成矿作用和沿古河谷由南西向北东的顺向铀成矿作用（图6-33）。赛汉组上覆古近系和新近系厚度高值区位于巴彦乌拉矿床北东部，南西部为低值区（图6-33a），南西部的赛汉组上段底板埋深也浅，说明南西部的挤压抬升和剥蚀强度更大。从赛汉组氧化砂体百分比图来看（图6-33b），南西部的砂体基本上被氧化，说明沿古河谷由南西向北东的顺向铀成矿作用明显。

层序的湖泊扩展体系域和高位体系域(EST—HST)。赛汉组下段的上亚段(K_1s^{2-1})对应于赛汉组上段层序的低位体系域(LST)，K_1s^{2-2}对应赛汉组上段层序的湖泊扩展体系域和高位体系域(EST—HST)(图3-4)。

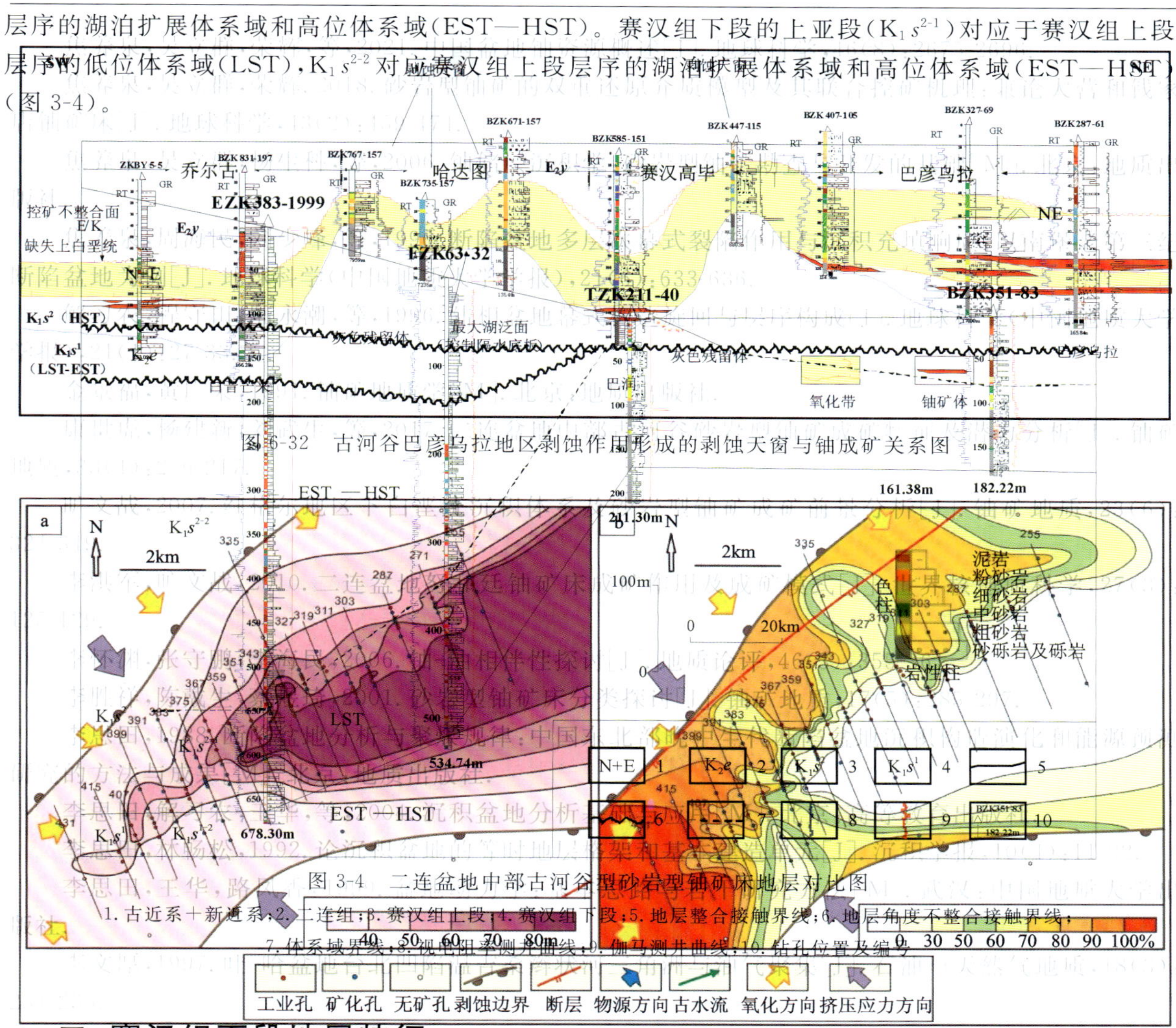

图3-4　二连盆地中部古河谷型砂岩型铀矿床地层对比图

1.古近系+新近系；2.二连组；3.赛汉组上段；4.赛汉组下段；5.地层整合接触界线；6.地层角度不整合接触界线；7.体系域界线；8.视电阻率测井曲线；9.伽马测井曲线；10.钻孔位置及编号

二、赛汉组下段地层特征

1. 赛汉组下段下亚段(K_1s^{1-1})

赛汉组下段下亚段(K_1s^{1-1})发育灰色、灰绿色中粗砂岩、中细砂岩、粉砂岩、灰色—深灰色泥岩或杂色泥岩，见大量碳屑、黄铁矿，偶夹煤线。该段主要为多个倒韵律的叠置，局部为正韵律。此段为赛汉组下段的低位体系域(LST)(图3-5)。

2. 赛汉组下段上亚段(K_1s^{1-2})

赛汉组下段上亚段(K_1s^{1-2})可以划分为湖泊扩展体系域和高位体系域。具体划分如下：赛汉组最大湖泛面之下为赛汉组湖泊扩展体系域含煤泥岩层；赛汉组初始湖泛泥岩之上为赛汉组湖泊扩展体系域厚层泥岩，其下伏赛汉组低位体系域三角洲砂体(图3-5)。

赛汉组下段上亚段(K_1s^{1-2})下部为赛汉组下段的湖泊扩展体系域(EST)，发育稳定湖泊沉积泥岩，局部地区甚至发育半深湖-滨浅湖沉积下的灰色或灰绿色富含淡水动物化石(如昆虫、鱼、叶肢介等化石)的泥岩。由于湖泊扩展具有区域性，可以形成很好的标志层，位于赛汉组的中部，部分泥岩具水平层理构造。该标志层在古河谷范围内广泛展布，在湖盆区该标志层明显，厚度大；在湖盆边缘地区，该标志层厚度减薄，部分相变为粉砂岩、细砂岩。湖泊沉积段位于赛汉组"粗—细—粗"的垂向序列中的"细脖子段”，在勘探过程中较容易识别。

赛汉组下段上亚段（K_1s^{1-2}）上部为高位体系域（HST），位于最大湖泛面以上至赛汉组上下段层序分界之间，主要为绿色、灰色、深灰色、灰黑色泥岩，碳质泥岩、煤层发育，夹少量泥质砾岩、中细砂岩，含少量浅水重力流沉积。该段以最大湖泛时期密集段沉积的煤层（或碳质泥岩层）为标志层（顾家裕，1995；李思田，1992）。煤层在古河谷中的芒来、巴润、巴彦乌拉、白音塔拉、那仁宝力格和古乃素木地区都有分布。该段含大量黄铁矿及细小碳屑，多见介壳类化石及动物潜穴，部分地区发育三角洲沉积（赛汉高毕）。由于高位体系域泥岩及煤层较为稳定，覆盖范围广，可在古河谷范围内进行对比，可作为古河谷赛汉组对比的标志层，实际生产中，也以钻遇赛汉组下段顶部高位体系域稳定泥岩而终孔。值得注意的是，赛汉组下段垂向上的砂—煤（碳质泥）—泥岩性结构，在古潜水氧化作用下，可形成含铀煤型铀矿床。

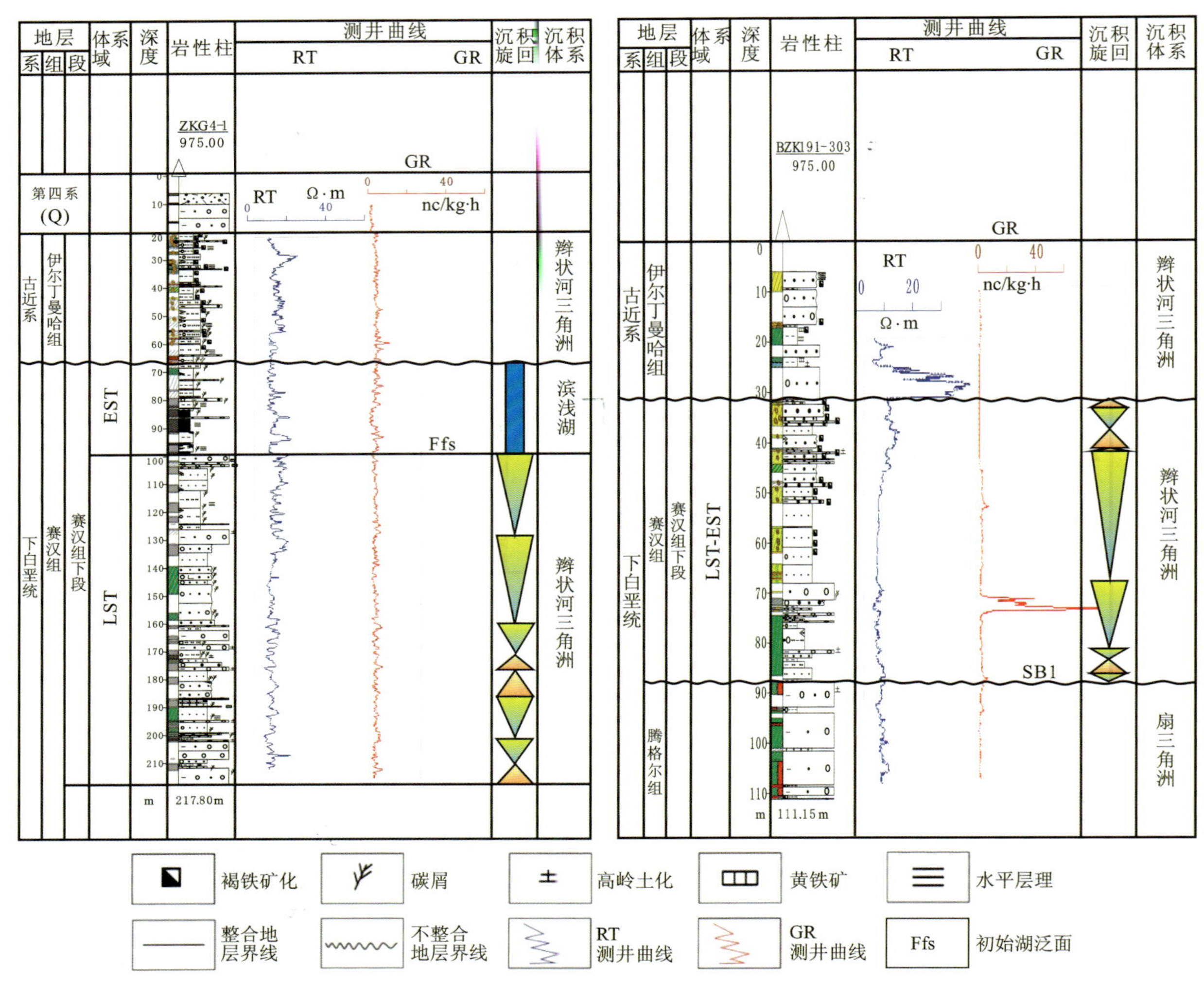

图 3-5　古河谷赛汉组古乃素木地段典型钻孔岩石地层结构图

三、赛汉组上段地层特征

1. 赛汉组上段下亚段（K_1s^{2-1}）

赛汉组上段下亚段（K_1s^{2-1}）相比较下段岩性整体以粗粒沉积为主，发育厚层灰色、灰绿色含砾粗砂岩、砂质砾岩、中粗砂岩、中细砂岩夹灰色、深灰色泥岩，见大量碳屑、黄铁矿，偶见动物潜穴，交错层理发育。主要发育2～5个完整或不完整的韵律组合，此段对应于赛汉组上段低位体系域（LST）（图3-6、

图 3-7)。赛汉组上段层序低位体系域以大型辫状河、辫状河三角洲为特色，其厚大砂体本身也是标志层。该标志层砂体在古河谷范围内展布广泛，是二连盆地古河谷主要的含矿含水层。实际生产中也是

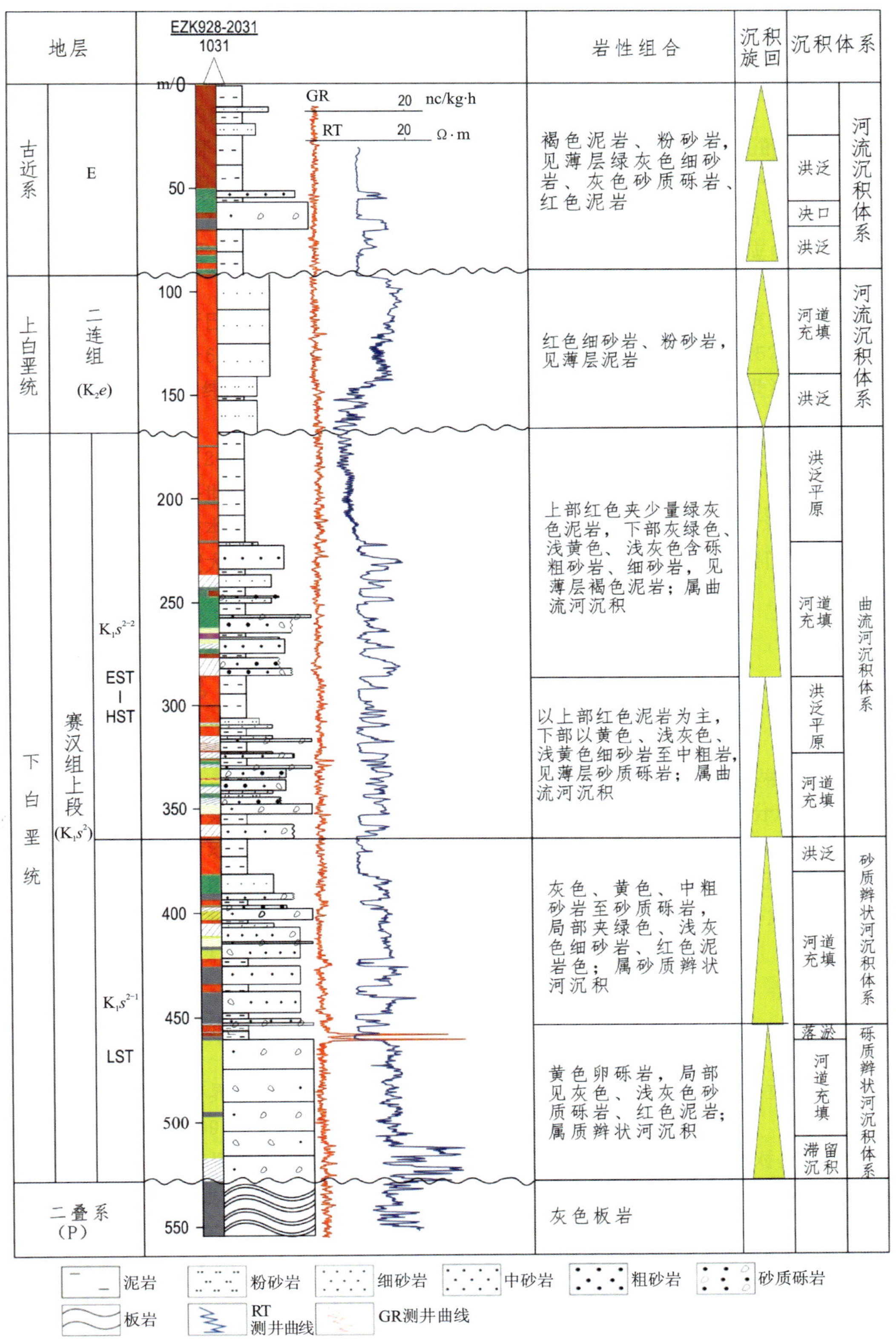

图 3-6　哈达图地区典型钻孔地层结构图

各亚段含砂率与砂体厚度在变化趋势上基本一致，砂体厚度大，含砂率高(图 6-28)。

第一亚段(K_1s^{2-1})：由于第一亚段以粗粒的滞留和充填沉积为主，泥岩夹层较少及顶部泥岩薄，因此，含砂率相对较高，含砂率高值区分布范围较大，沿乔尔古—哈达图一带呈北东到近南北向展布(图 6-28a)，相对稳定，含砂率最大为 95.68%，具有河道中心含砂率值高、河道两侧邦含砂率值低的特征，与砂体厚度等值线图形态保持一致。当含砂率值高于 80% 呈不连续和带状沿河道方向展布，含砂率大于 70% 时连续分布于中央部位，呈北东—南北向带状展布。

第二亚段(K_1s^{2-2})：含砂率高值区与砂体厚度一致向东迁移，宽度较第一亚段有所扩大，高值区主要分布在郭尔奔—巴格图—哈达图一带，呈南北向带状展布，等值线在两侧邦密集，含砂率变化快。含砂率值大于 90% 的高值区范围较第一亚段小，高值区不连续(图 6-28b)。

第三亚段(K_1s^{2-3})：含砂率相对较低，等值线呈近北西—北东向展布。含砂率高值区位于哈达图北西缘，含砂率为 40%～60%，郭尔奔—巴格图一带含砂率较低，为 20%～40%(图 6-28c)。

三期河道含砂率高值区在北部 E1376 线附近叠合，有 3 个主要原因：一是第一亚段与第二亚段河流自身的运载能力较强，河道宽度大；二是北西向的反转走滑断层使第三亚段上部泥岩、砂岩剥蚀严重，在 E1376、E1504 线部分钻孔剥蚀到第一、二亚段；三是南北向和东西向两支谷交汇部位。根据各亚段的沉积学特点及有效砂体厚度，第一、二亚段含砂率在 40% 以上可以确定为主河道沉积的分布范围，第三亚段含砂率在 30% 以上确定为主河道沉积范围。

哈达图铀矿床物源体系具多源特征，既有上游古河谷顺向物源的供给，又有下游河道两岸凸起区的侧向补充。早期物源可能来自于苏尼特隆起区的乌尔塔岩体和乌兰察布西缘的卫境岩体，在上游的乔尔古南部和东方红凸起的东侧分布大面积的冲积扇-河道充填亚相褐色、黄色卵砾岩；在其前端沿古河谷中央发育大面积的河道充填亚相黄色、灰色砂质砾岩，两侧邦发育河道边缘亚相的细砂岩及河堤岸、决口组合及泛滥平原组合。因此，哈达图铀矿床赛汉组上段由河流沉积体系构成，是多物源、多期次河道叠加而成的复合型河道，河道发育具有早期的砾质辫状河—中期的砂质辫状河—晚期曲流河的沉积演化过程。

对哈达图铀矿床赛汉组上段各亚段的沉积体系进行了精细研究，每一亚段发育一期河道。

第一亚段(K_1s^{2-1})：发育第一期河道，位于赛汉组上段底部，向北东发育，受盆缘构造控制，河道形态受苏尼特隆起和东方红、赛乌苏及塔木钦凸起的影响，物源主要来自于苏尼特隆起和赛乌苏凸起，具有多物源的特征。沉积物以粗粒为主，底部见滞留沉积的卵砾岩，其上为充填沉积的含卵石的砂质砾岩，砂体厚度大，连续性好，具有砾质辫状河沉积特征。在古河谷隆起区周边发育冲积扇-河道充填亚相的卵砾岩分布区，中央及东侧发育河道充填亚相砂质砾岩分布区，河道宽 10～20km，规模最大(图 6-29a)。

第二亚段(K_1s^{2-2})：发育第二期河道，位于赛汉组上段中部，河道仍然受古河谷基底隐伏凸起的影响，其物源主要来自于古河谷南部的苏尼特隆起区，主河道明显向东迁移，呈近南北向展布，河道宽10～25km。北部发育近东西向的支谷，在 F171—F0 线一带交会。在古河谷南部蚀源区至 F1063 线发育大面积的冲积扇-河道充填亚相的卵砾岩分布区，其前端为河道充填亚相砂质砾岩、砂岩分布区，从南向北粒度逐渐变细，河道宽度明显变窄，河道两侧边缘相沉积组合发育。总之，河道充填沉积以砂质砾岩、粗砂岩为主，连通性好，具有砂质辫状河沉积特征(图 6-29b)。

第三亚段(K_1s^{2-3})：发育第三期河道，河道沉积时完全超覆了东方红凸起，呈北西向发育，与东西向发育的支谷在 F299 线以北交会，然后呈北东向展布，在 F1376 线以北，存在北西向的返转走滑断层，使第三亚段遭受强烈剥蚀，残留河道的规模明显小于前两期。主干河道宽 5～15km，河道在发育过程中存在明显的多次改道，在 F589 线和 F209 线发育牛轭湖，河道砂体以中粗、细砂岩为主，砂体连通性较差，大部分呈透镜体分布，规模最小，具有典型的曲流河沉积特征(图 6-29c)。

对比赛汉组上段低位体系域砂体进行层位划分并指导找矿的。该层砂体主要为灰色含砾粗砂岩、砂质砾岩、中细砂岩，砂体松散，厚度大，达 30～130m，含大量的黄铁矿、有机质等还原介质。该标志层的中粗砂岩及中细砂岩泥质含量较少，分选一般—较好，磨圆次棱角状—次圆状，石英含量较高。氧化色呈黄色、褐黄色，还原色呈灰色，垂向上具"泥—砂—泥"岩性结构，可形成层间氧化带型铀矿化。

BZK376-85 958.18
BZK40X-105 960.81
地层 系 组 段 区域 深度 岩性柱 测井曲线 RT GR 沉积旋回 沉积体系
第四系(Q)
伊尔丁曼哈组(E_2y)
赛汉组上段 LST
SB2
最大湖泊面 Mfs
136.00m
124.91m
冲积扇 泛滥平原 滨浅湖 辫状河
褐铁矿化 碳屑 高岭土化 黄铁矿 水平层理
整合地界 不整合地界 RT测井曲线 GR测井曲线

图 3-7 [illegible]

2. 赛汉组上段上亚段(K_1s^{2-2})

赛汉组上段上亚段(K_1s^{2-2})在乌尼特坳陷及乌兰察布坳陷东部遭受剥蚀严重，仅在局部残留泛滥平原及废弃三角洲平原沉积。乌兰察布坳陷中部地区(哈达图—齐尔古一线)保存较完整，其厚度可达 200～300m，为一套曲流河-泛滥平原沉积，具典型的曲流河二元结构，其上部的红色泥岩层最厚可达 150m，泥岩质纯，具塑性和黏性(图 3-6)。上覆于该层的伊尔丁曼哈组则发育红色、杂色含砾泥岩，泥岩的主要特征表现为含斑性，夹薄层砂质砾岩，普遍有钙质团块及铁锰质团块。

四、赛汉组区域分布规律与含矿层位

赛汉组层序地层划分的两个三级层序在垂向上主要表现为粗—细—粗的岩石地层结构。古乃素木地区西部剥蚀严重，赛汉组上段层序被剥蚀，导致赛汉组下段高位体系域的煤层出露(此地区已有煤开采)。南缘古乃素木东段的钻孔 ZKG4-1 赛汉组二段层序被剥蚀，残留的赛汉组仍然能识别出赛汉组下段层序的低位三角洲砂体和湖泊扩展体系域的滨浅湖沉积(图 3-5)；古乃素木西段的钻孔 BZK191-303 赛汉组上段层序和赛汉组下段湖扩体系域—高位体系域被剥蚀，仅保留了部分的赛汉组低位体系域三角洲砂体(图 3-5)。

由于主要含矿层是赛汉组上段层序，所以实际的钻孔基本上只钻穿赛汉组上段低位体系域。芒来、巴润、巴彦乌拉、白音塔拉、那仁宝力格赛汉组上段的砂体比较发育，形成一条长达 100km、厚度 100～300m 的"砂带"。关于此"砂带"的成因将在本书第四章详细介绍。赛汉组上段层序的"砂带"比较稳定，从西部的芒来地区到东部的那仁宝力格地区都稳定发育，并可以作为与其他层位区分的标志。

第三节 古河谷充填的年代学特征

生物地层学和古地磁地层学是阐明古河谷充填年代学的主要技术方法。

一、古河谷充填的生物地层学时代判别

在古河谷型赛汉高毕砂岩铀矿床发现初期，为了确定赛汉高毕地区含矿层的地层时代，2003 年核工业二〇八大队与核工业北京地质研究院合作在赛汉高毕铀矿床采取孢粉样品 16 件，送中国地质科学院地质研究所由王大宁先生进行了鉴定(表 3-2)。在矿床钻孔中采集的孢粉样品，其孢粉中出现了无突肋纹孢、刺毛孢、斑点隐孔孢等组合，这种组合都是我国各地早白垩世有代表性的特征分子，确定该矿床含矿层的地质时代应定为早白垩世的阿尔必中晚期(卢远征，2004)。

表 3-2 赛汉高毕—巴彦乌拉地区孢粉取样位置与鉴定结果表

序号	样品号	钻孔编号	取样位置	岩性	孢粉组合时代	相当的地层及代号	
1	BYB-5	BZK256-24	65m±	灰黑色泥岩	桑顿期—坎潘期	二连组(K_2e)	
2	BYS-16	SZK63-32	132m±	黑色碳质泥岩	阿尔必中晚期	赛汉组(K_1s)含矿层	下白垩统
3	BYB-2	BZK319-71	135.5m±	灰色粉砂质泥岩	阿尔必期		
4	BYB-13	BZK319-69	133m±	灰色粉砂质泥岩	阿尔必期		
5	BYB-11	BZK319-63	147m±	灰色含粉砂泥岩	阿尔必期		
6	BYB-9	SZK0-16补	139.4m±	灰黑色粉砂质泥岩	阿尔必期		
7	BYB-8	SZK127-48	144m±	黑灰色粉砂岩，含碳屑	阿普第期—阿尔必期		
8	BYB-12	AZK99-31	99m±	灰黑色粉砂质泥岩，含碳屑	巴列姆期—阿普第期		
9	BYB-7	SZK127-48	127.5m±	黑灰色泥质粉砂岩	巴列姆期—阿普第期	腾格尔组(K_1t)	
10	BYB-4	BZK589-149	148m±	黑色泥岩	巴列姆期—阿普第期		
11	BYS-15	SZK383-0	95m±	黑灰色粉砂质泥岩	欧特里沃晚期—巴列姆期		
12	BYS-14	SZK383-0	86m±	黑灰色粉砂质泥岩	欧特里沃期—巴列姆期		

为了更进一步确定赛汉高毕铀矿床含矿层的时代，2005 年，核工业二〇八大队与东华理工学院合作在赛汉高毕矿床的曼德林地段采取孢粉样，送中国石油勘探开发研究院石油地质实验研究中心由卢远征先生进行了鉴定。各样品所含孢粉化石的种类和数量见表 3-3。同时，东华理工大学运用古地磁学方法对该样品进行了研究，将赛汉高毕地区的砂岩型铀矿含矿层的时代推测为早白垩世赛汉期(聂逢君等，2015)。

表 3-3　赛汉高毕矿床曼德林地段孢粉样品所含孢粉化石类型及其数量(%)

样品编号			BS001	BS002	BS003	BS004
样品位置			SZK3-2 148m±	SZK16-20 144.50m±	SZK16-20 145.60m±	SZK4-26 147.50m±
孢粉含量			较多	较少	较少	一般
蕨类植物孢子	1	*Aequitriradites spinulosu* 具刺膜环弱缝孢	3.4			3.0
	2	*Cicatricosisporites hughesi* 休斯无突肋纹孢				3.0
	3	*C. minutaestriatus* 细肋无突肋纹孢	4.5	13.3		3.0
	4	*Concavissimisporites crassus* 厚壁凹边瘤面孢			50.0	
	5	*Comcavissimisporites* 圆形瘤面孢				12.1
	6	*Converrucosisporites* 瘤面三角孢				3.0
	7	*Cyathidites australis* 南方桫椤孢	12.5	20.0	10.0	18.2
	8	*Cyathidites minor* 小桫椤孢	3.4	20.0	15.0	6.1
	9	*Cyathidites prnctatus* 粒纹桫椤孢		13.3		
	10	*Densoisporites* 拟套环孢	2.3			
	11	*Granulatisporites* 粒面三角孢	6.8		5.0	
	12	*Impardecispora apiverrucata* 角瘤不等孢	1.1			
	13	*Laevigatosporites* 光面单缝孢	3.4		5.0	
	14	*Lycopodiusporites* 石松孢	2.3			9.1
	15	*Pilosisporites verus* 真刺毛孢	9.1			
	16	*Polypodiisporites* 瘤面水龙骨单缝孢				3.0
	17	*Punctatisporites* 圆形光面孢	2.3		5.0	
	18	*Trilobosporites* 三瓣孢	1.1			
	19	*Spores indet* 未鉴定孢子	6.8			
裸子植物花粉	20	*Cedripites* 雪松粉	1.1			
	21	*Paleoconiferus* 古松柏粉	1.1			
	22	*Piceaepollenites exilioides* 微细云杉粉	5.7			
	23	*Piceites* 拟云杉粉				3.0
	24	*Pinuspollenites* 双束松粉	5.7			15.2
	25	*Pristinuspollenites quadriangulus* 方原始双囊粉				3.0
	26	*Protoconiferus* 原始松柏粉	1.1			
	27	*Protopinus* 原始松粉	1.1			
	28	*Pseudopicea* 假云杉粉				6.1
	29	*Disacciatrileti* 未定双囊粉	10.2	6.7	5.0	
	30	*Calliasporites* 冠翼粉			5.0	
	31	*Classopollis*? 克拉梭粉?	3.4	13.3		
	32	*Cycadopites* 苏铁粉		6.7		
	33	*Cycadopites minor* 小苏铁粉	1.1			3.0
	34	*Taxodiaceaepollenites hiatus* 破隙杉粉		6.7		

2012 年在赛汉组古河谷钻孔 ZKG2-2 和钻孔 ZKG2-3 钻遇到了相对完整的赛汉组地层结构(图 3-8)。ZKG2-2 钻孔深度 338.30～339.70m，共分析、鉴定 2 块样品，发现少量化石，主要是一些无缝双囊粉类的云杉粉属 *Piceaepollenites*、单束松粉属 *Abietineaepollenites*、双束松粉属 *Pinuspollenites*、雪松粉属 *Cedripites*、原始松柏粉属 *Protoconiferus*、拟云杉粉属 *Piceites*、假云杉粉属 *Pseudopicea*、原始松粉属 *Protopinus* 和皱球粉属 *Psophosphaera*、罗汉松粉属 *Podocarpidites* 等，为典型下白垩统孢粉组合(图 3-9)，与 2003 年和 2005 年的鉴定结果较为一致。

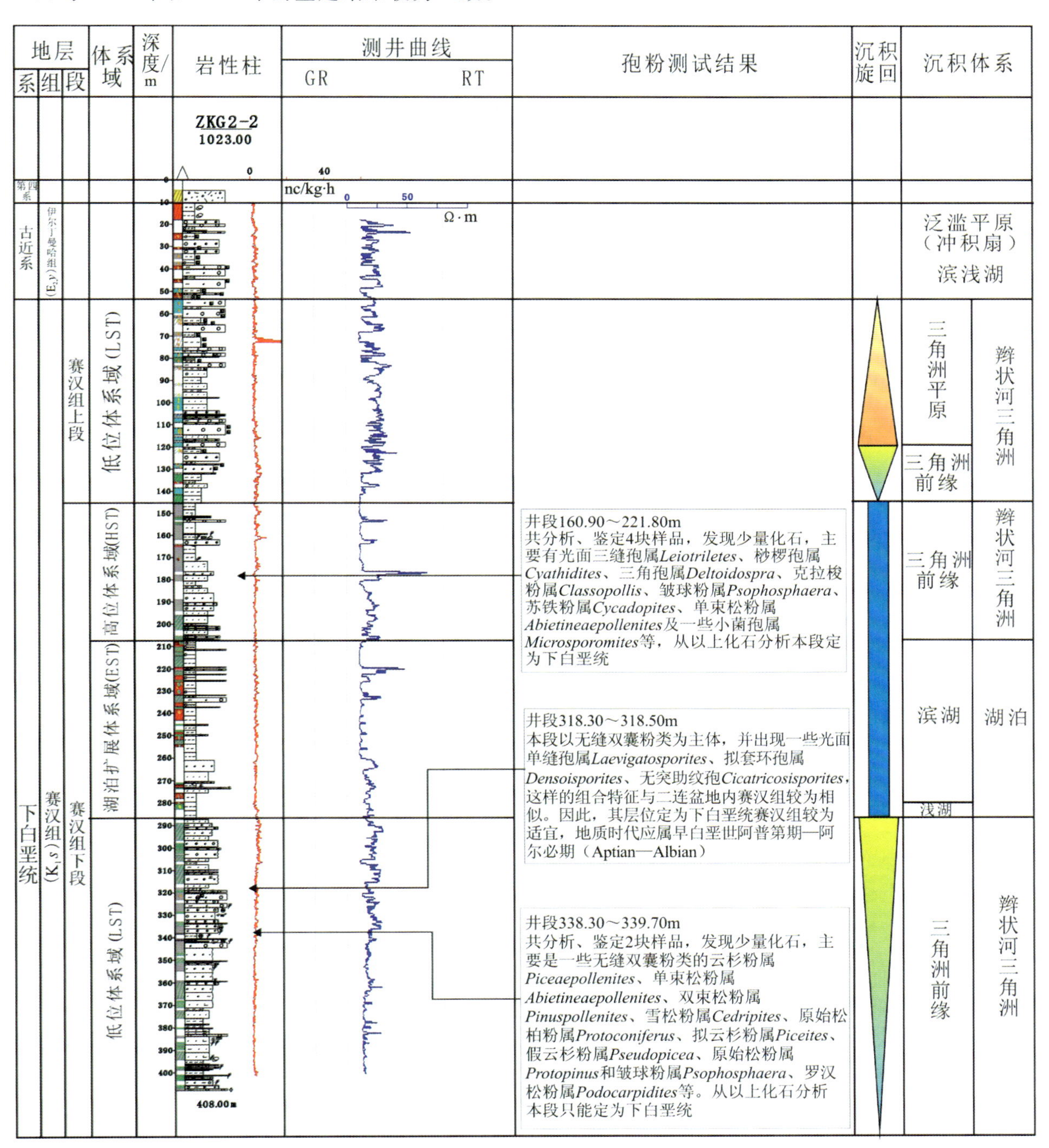

图 3-8　ZKG2-2 典型赛汉组地层结构图

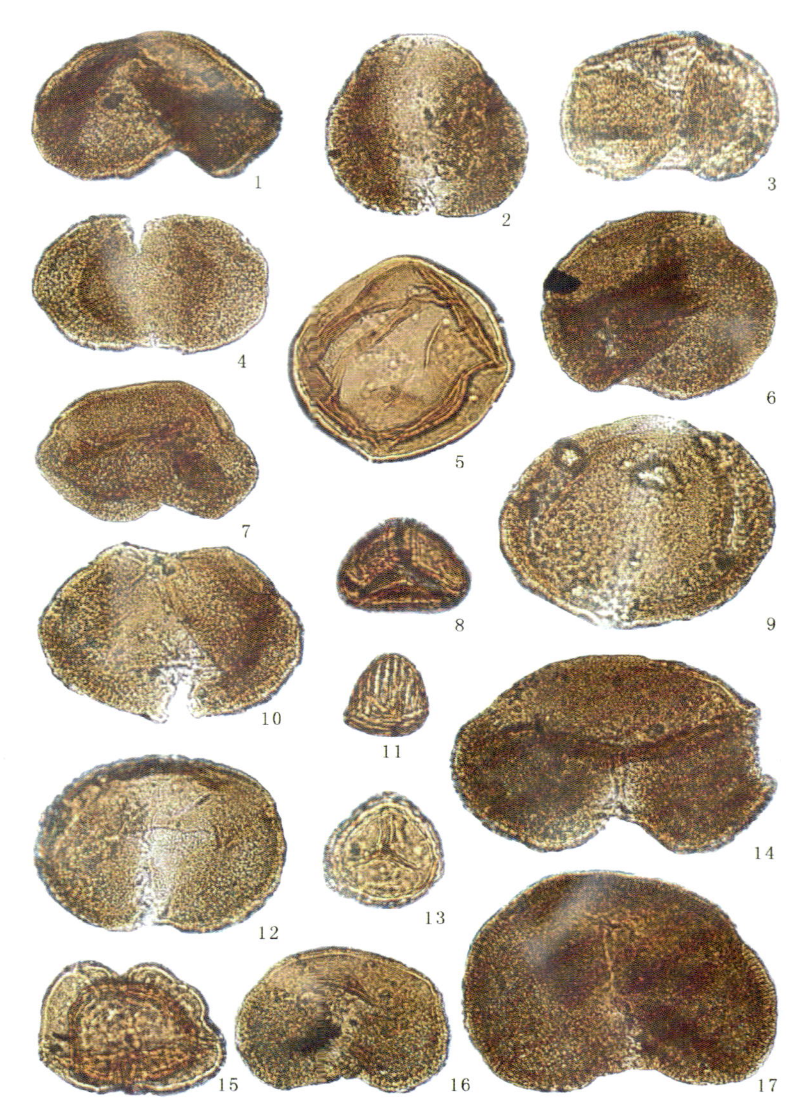

图 3-9　ZKG2-2 孔(井段 318.30～318.50m)赛汉组孢粉化石与组合科图(据刘武生等,2015)

1. 雪松型雪松粉 *Cedripites deodariformis*；2. 圆形假云杉粉 *Pseudopicea rotundiformis*；3. 大型双束松粉 *Pinuspollenites labdacus* f. *maximus*；4、10. 空白假松粉 *Pseudopinus cavernosa*；5. 同生皱球粉 *Psophosphaera cognatus*；6. 微张雪松粉 *Cedripites diversu*；7. 大型小囊单束松粉 *Abietineaepollenites microalatus* f. *major*；8. 细肋无突肋纹孢 *Cicatricosisporites minutaestriatus*；9. 浅黄原始松粉 *Protopinus subluteus*；11. 小无突肋纹孢 *Cicatricosisporites minor*；12、17. 微细云杉粉 *Piceaepollenites exilioides*；13. 膜缘拟套环孢 *Densoisporites velatus*；14、16. 扁平云杉粉 *Piceaepollenites complanatiformis*；15. 三瓣冠翼粉 *Callialasporites trilobatus*

结合钻孔地层结构认为,ZKG2-2 钻孔 52～408m 均为赛汉组,但是赛汉组上段遭受严重剥蚀,仅保留低位体系域,为典型的向上进积的由三角洲前缘向三角洲平原演化的倒粒序。赛汉组下段低位体系域发育辫状河三角洲,湖泊扩展体系域发育浅湖、滨湖、辫状河三角洲体系。钻孔 ZKG2-3 也具有相同的赛汉组典型结构。

二、古河谷充填的古地磁地层学时代判别

聂逢君等(2015)运用古地磁学的方法来确定古河谷含矿层的时代及划分地层,其研究结果进一步证明了古河谷含矿层的时代为早白垩世。

2004—2005年，对赛汉组古河谷的赛汉高毕地区SZK32-24、SZK127-56、SZK3-2、SZK95-28和巴彦乌拉地区BZK319-71共5个钻孔采取古地磁岩芯样品613件，加工成标准样品后，送中国地质科学院地质力学研究所古地磁实验室进行了系统的剩磁测试及退磁处理。样品的剩磁组分均利用国际上通用的Enkin编制的古地磁软件包进行主向量分析。以上分析结果表明，除赛汉高毕地区的SZK127-56孔古地磁样的磁性太弱外，其余4个钻孔的古地磁样均获得了较可靠的数据。

（一）极性柱对比法

磁性地层学作为一种确定地层时代的手段，主要是根据地层沉积物所记录的地磁极性倒转与有放射性年龄控制的国际地磁极性年代表进行对比来确定地层沉积物的地质年代。由于地磁场极性倒转的发生具有全球性，且不受环境和地区位置的影响，这就使磁性地层学成为不同地区、不同沉积相地层进行对比的极好方法。

利用研究地段连续取样所获得的古地磁正反极性与国际标准极性柱进行对比来确定沉积物的年代是当今国际上比较流行的方法。它的方法是：首先以钻孔深度为纵坐标，以样品中分离出的高温特征磁化方向为横坐标，绘制出该钻孔的磁极性序列图；然后与国际标准年表进行对比来确定其时代。用来进行对比的国际标准年表为Palmer和John Geissman 1999年所编制的标准年表。

将SZK3-2钻孔的极性柱与国际标准年表对比，可从极性柱中找出可靠的正极性带16个，反极性带14个，极性不确定带2个。该钻孔在80～103m有一个很长的正极性时期，大致相当于早白垩世的阿普第期—阿尔必期（表3-4，图3-10）。

将SZK95-28钻孔的极性柱与国际标准年表对比，可从极性柱中找出可靠的正极性带6个，反极性带4个，极性不确定带4个。该钻孔在63～106m也有一个很长的正极性时期，与国际年表中的早白垩世时期大致对应（表3-4，图3-10）。

表3-4　钻孔地区附近块体早白垩世—新近纪的古地磁极（据胡青华等，2005）

<table>
<tr><th rowspan="2">地区</th><th rowspan="2">地质年代</th><th colspan="2">极位置</th><th rowspan="2">A95</th><th rowspan="2">参考文献</th><th colspan="2">钻孔位置的期望值</th></tr>
<tr><th>纬度/(°)</th><th>经度/(°)</th><th>磁倾角/(°)</th><th>古纬度/(°)</th></tr>
<tr><td>蒙古</td><td>晚白垩世</td><td>73.9</td><td>244.7</td><td>6.8</td><td>Fatim，2003</td><td>51.2±6.8</td><td>31.9±6.8</td></tr>
<tr><td>山西</td><td>古近纪—新近纪</td><td>85.8</td><td>199.9</td><td>2.0</td><td>程国良，1991</td><td>62.3±2.0</td><td>43.7±2.0</td></tr>
<tr><td>内蒙古</td><td>新近纪</td><td>88.6</td><td>29.2</td><td>8.2</td><td>Zhao，1992</td><td>62.4±8.2</td><td>43.7±8.2</td></tr>
<tr><td>陕西</td><td>早白垩世</td><td>75.8</td><td>208.7</td><td>7.5</td><td>Ma，1993</td><td>59.7±7.5</td><td>40.5±7.5</td></tr>
<tr><td>钻孔</td><td>厚度/m</td><td colspan="4">钻孔位置</td><td colspan="2">钻孔岩芯实测值/m</td></tr>
<tr><td rowspan="2">SZK3-2</td><td>17.6～63.0</td><td colspan="4">不整合面以上</td><td>52.4±7.9</td><td>33.0±7.9</td></tr>
<tr><td>63.0～135.7</td><td colspan="4">不整合面以下</td><td>57.2±3.5</td><td>37.9±3.5</td></tr>
<tr><td rowspan="2">SZK95-28</td><td>15.5～63.0</td><td colspan="4">不整合面以上</td><td>46.1±6.7</td><td>27.5±6.7</td></tr>
<tr><td>63.0～130.2</td><td colspan="4">不整合面以下</td><td>59.5±7.8</td><td>40.3±7.8</td></tr>
<tr><td rowspan="2">SZK32-24</td><td>53.0～104.0</td><td colspan="4">不整合面以上</td><td>44.2±10.3</td><td>25.9±10.2</td></tr>
<tr><td>104.0～175.0</td><td colspan="4">不整合面以下</td><td>41.3±8.8</td><td>23.7±8.4</td></tr>
<tr><td rowspan="2">SZK319-71</td><td>58.3～95.2</td><td colspan="4">不整合面以上</td><td>52.7±4.3</td><td>33.3±4.9</td></tr>
<tr><td>138.3～163.7</td><td colspan="4">不整合面以下</td><td>55.2±6.7</td><td>35.7±8.0</td></tr>
</table>

注：A95为置信圆锥半顶角数据。

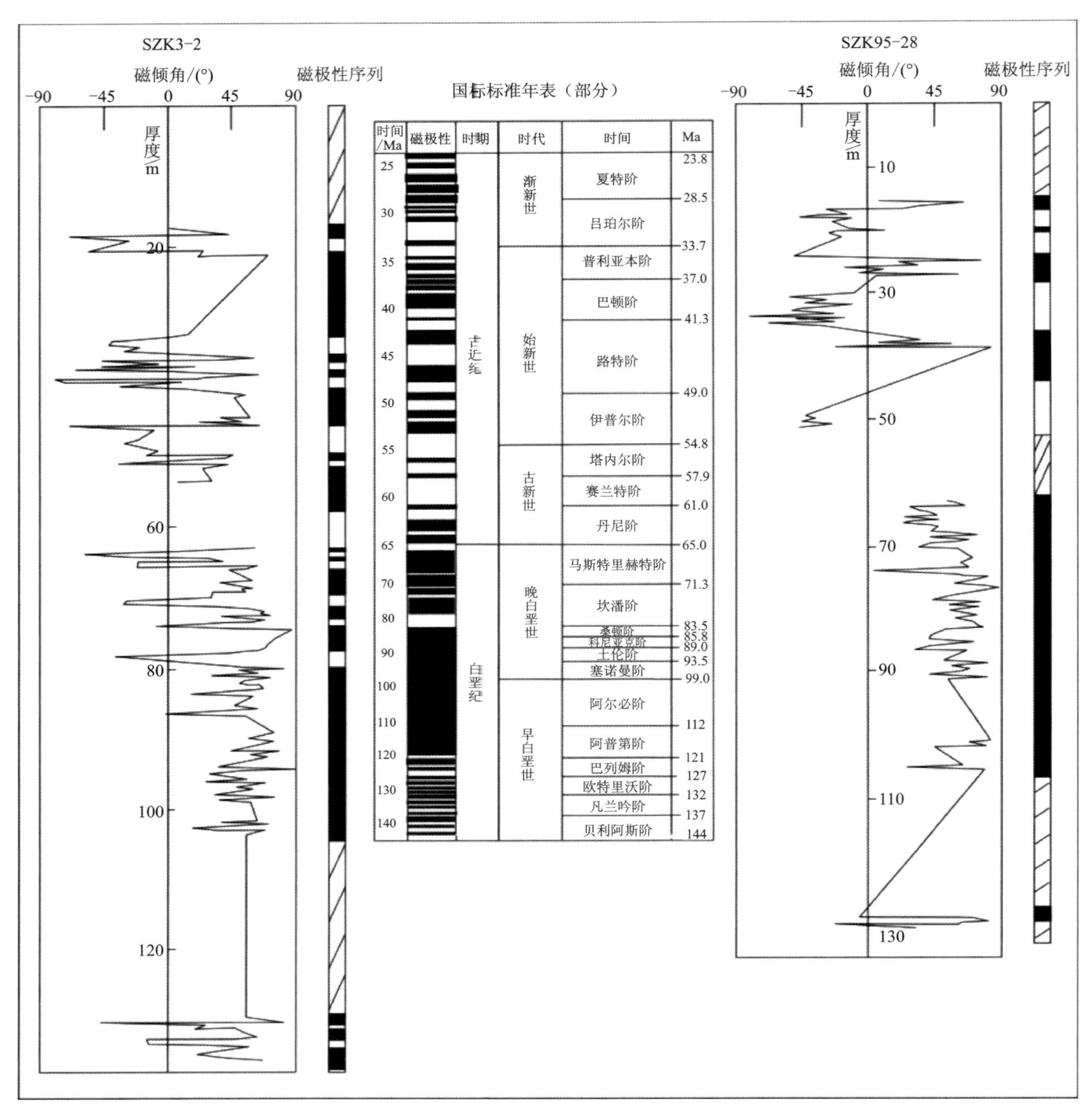

图 3-10　SZK3-2、SZK95-28 极性柱与国际标准年表对比图(据胡青华等,2005)

(二)类比法

类比法通过钻孔岩芯获得的古纬度与相邻地区不同时代地层的古纬度进行类比,来估算样品沉积时所属的年代。

SZK3-2 钻孔位于赛汉高毕地区,孔深 192m。在 63m 处存在明显的不整合面,该不整合面以上的古地磁特征磁倾角的平均值为 52.4°±7.9°,以下的平均值为 57.2°±3.5°。钻孔地区附近块体早白垩世到新近纪的古地磁极换算到钻孔位置参考点(E112.7°,N43.6°),可求得参考点不同地质时代所期望的古纬度和磁倾角值。对比可知,SZK3-2 号孔岩芯样品获得的磁倾角值和古纬度值在不整合面以下(63.0～135.7m)比较接近早白垩世的磁倾角值和古纬度值,在不整合面以上(17.6～63.0m)比较接近晚白垩世(古近纪)的磁倾角值和古纬度值。

SZK95-28钻孔位于赛汉高毕地区,孔深为133m,岩性柱在63m也存在明显的不整合界面。同样,我们将SZK95-28钻孔样品的古地磁特征磁倾角分上、下两部分进行统计,其上部平均值为41.6°±6.7°,下部平均值为59.5°±7.9°。对比可知,SZK95-28钻孔岩芯样品获得的磁倾角值和古纬度值不整合面下部(63.0～130.2m)比较接近所期望的早白垩世磁倾角值和古纬度值,不整合上部(15.5～63.0m)比较接近所期望的晚白垩世(或古近纪)磁倾角值和古纬度值。

SZK32-24钻孔位于赛汉高毕地区,孔深为176m。实验测出SZK32-24钻孔的1～31号样品,平均磁倾角为44.2°±10.3°,相应的古纬度为25.9°±10.2°;该孔的32～48号样品,平均磁倾角为41.3°±8.8°,相应的古纬度为23.7°±8.4°。由于该孔取样没有取得0～50m古地磁样品,结合野外实际钻孔岩芯描述,可以推测1～31号样品所对应的岩芯可能为古近纪,32～48号样品对应的岩芯段可能为早白垩世晚期。

BZK319-71钻孔位于巴彦乌拉地区,孔深180.5m。通过古地磁实验测出该孔下部的1～61号样品,平均磁倾角为55.2°±6.7°,相应的古纬度为25.7°±8.0°;该孔上部的62～157号样品,平均磁倾角为52.7°±4.3°,相应的古纬度为33.7°±4.9°,1～61号样品岩芯可能是早白垩世沉积物,62～157号样品可能是古近纪沉积物。

综上所述,胡青华等(2005)的古地磁学研究认为,赛汉高毕和巴彦乌拉两个地区的砂岩型铀矿含矿层的时代推测均为早白垩世赛汉期,这进一步佐证了古河谷含矿层的时代。

由于其孢粉和古地磁本身带有局限性和多解性,取样的数量不能完全覆盖古河谷赛汉组,并且赛汉组受后期构造影响变化较大,实际生产中并不能完全依靠这两种手段来解决地层问题,需进行综合分析判断。

第四节　古河谷充填的层序地层划分

应用层序地层学的观点,从成因和演化的角度解剖赛汉组,并建立等时地层格架,有助于阐述铀矿的分布规律。等时地层格架是在层序界面的识别,以及系统的层序地层单元划分和对比的基础上建立的。编制可供对比的骨干地层剖面网络,是实现研究区范围内地层对比和界面闭合的有效方法和最重要的工作。地层单元界面的识别是划分地层的关键,所识别的界面能在全区进行追踪对比和闭合。地层界面和标志层主要通过钻孔岩芯、钻孔测井曲线形态和垂向序列结构结合野外露头所蕴藏的岩性、古生物、地层结构等信息加以识别。

一、重要界面识别

层序地层学强调层序界面的识别,并以此为基础进行层序单元划分,进而建立等时地层格架(李思田等,1992;李思田等,1999)。

识别层序边界应该依据以下几条原则:①区域地层主要层序界面的借鉴和对比;②露头剖面、钻孔岩芯、综合录井和测井曲线的截然变化边界;③区域性的沉积事件的识别和追踪;④特殊岩性或地层的识别和追踪;⑤生物种属在界面附近的截然差异;⑥岩石矿物在界面附近的截然差异。

在研究区,识别出两个区域性的不整合面和赛汉组的最大湖泛面、初始湖泛面,并以此将赛汉组与上下层位划分出来,将赛汉组划分至体系域。

(一)区域不整合界面

古河谷赛汉组底界 T_3 界面能反映赛汉组与腾格尔组的明显角度不整合关系(图 3-11),为区域不整合,具有明显的超覆现象。赛汉组顶界为 T_2 区域不整合界面,具有明显的削截反射现象。地震剖面上准确识别这两个区域不整合面,是划分赛汉组的关键。

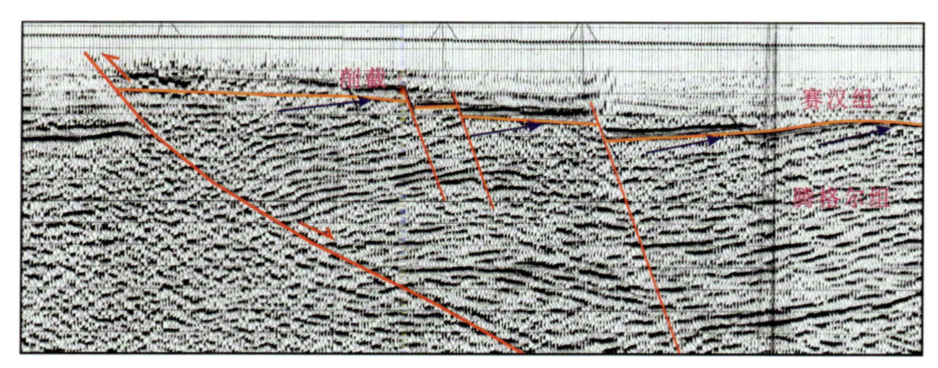

图 3-11　古河谷白音塔拉地区地震剖面图

1. 赛汉组与下伏腾格尔组之间的角度不整合面(SB1)

赛汉组也为主要的含煤岩系,且主要以粗碎屑岩为主。上段相比较下段岩性整体以粗粒沉积为主,发育厚层灰色、灰绿色含砾粗砂岩,砂质砾岩,中粗砂岩,中细砂岩夹灰色、深灰色泥岩,见大量碳屑、黄铁矿。下段上部主要为绿色、灰色、深灰色泥岩,碳质泥岩,煤层发育,夹少量泥质砾岩、中细砂岩,含少量浅水重力流沉积;下段下部发育灰色、灰绿色中粗砂岩,中细砂岩,粉砂岩,灰色、深灰色泥岩或杂色泥岩,见大量碳屑、黄铁矿,发育少量煤线。三侧向电阻率曲线以钟形、漏斗型为主。

腾格尔组主要是湖相沉积。底部不整合面上为砂砾岩段,局部可见杂色砾岩,主体为深灰色、灰色或灰绿色砂砾岩组成。腾一段为暗色深湖泥岩和浊积岩,为全区主要的生油含油层系,其下部为厚层灰、深灰色和黑灰色泥岩,泥岩质纯且脆;上部变粗,为砂岩、砂砾岩夹薄层泥岩。腾二段主要由砂岩、砂砾岩、深灰色泥岩组成,含白云质泥岩,以扇三角洲、辫状河三角洲和湖相沉积为主。

2. 赛汉组与上覆地层之间的角度不整合面(SB2)

古近系和新近系沉积时期为干旱气候,沉积物颜色上普遍偏红,砂体颜色偏白,沉积物钙质含量高。泥岩中含砂、砾和大量的铁锰质团块和钙质团块。另外,高岭土化也较为常见。古河谷区东部地区缺失上白垩统二连组,在西部地区有少量厚度不大的二连组沉积。在马尼特坳陷西部,缺失二连组沉积,根据以上特征容易将古近系的沉积与赛汉组沉积区分开(图 3-12)。齐哈日格图地区二连组普遍发育砖红色细砂岩和灰白色泥岩,与古河谷赛汉组顶部深红色泥岩容易区分开(图 3-13)。

(二)赛汉组上段与下段之间层序界面

古河谷赛汉组下段和赛汉组上段均为一个三级层序,其界面以赛汉组下段湖泊扩展晚期含煤沼泽沉积进入赛汉组上段低位体系域下切河道为特征(图 3-14)。界面之上为赛汉组上段河床滞留沉积,沉积基准面下降引起了河流回春作用和河流形态调整,从而形成了粗的河床底砾岩,其河床底砾岩与老地层呈切割冲刷接触。

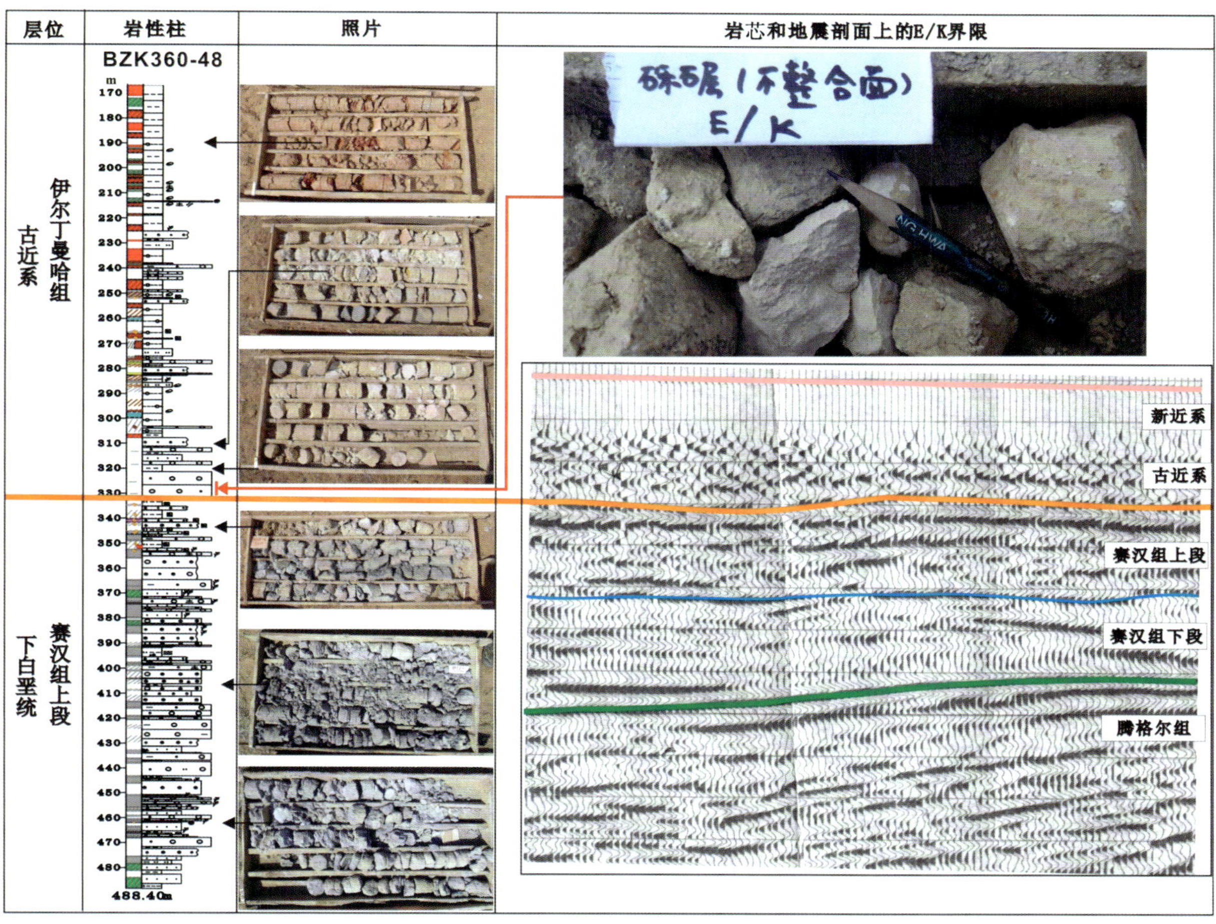

图 3-12 古河谷赛汉组与古近系之间的角度不整合面(SB2)图

图 3-13 齐哈日格图地区古河谷赛汉组顶部泥岩与二连组接触界面岩芯图

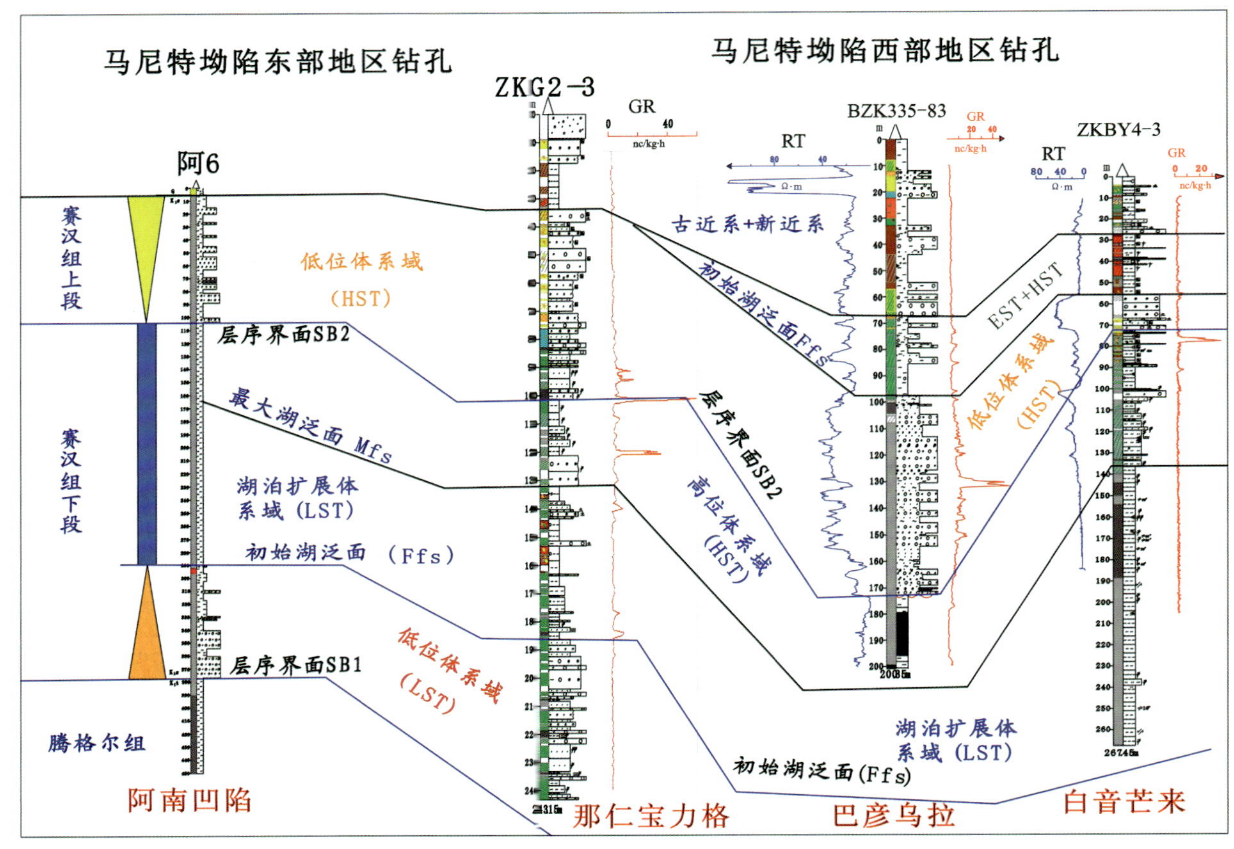

图 3-14　马尼特坳陷古河谷赛汉组湖泛面的识别及层序地层划分图

赛汉组上段和下段是两个层序，形成于不同的环境，在岩性剖面上可以观察到相的突变现象。这种突变表现为浅水相直接覆盖在深水相沉积之上，为典型的岩性转换面，其界面之下为碳质泥岩、煤层或小型浅水三角洲，界面之上为大型下切辫状河-辫状河三角洲沉积充填。

（三）湖泛面

区域性的追溯发现古河谷赛汉组下段存在着稳定湖泊扩张的记录，发育湖相绿色、灰色泥岩，其底部定为初始湖泛面，湖泊扩张的尾期伴随煤层发育的沼泽层沉积（图 3-14），泥岩和发育煤层的沼泽层的厚度为 50～300m 不等，横向上分布稳定。初始湖泛面以下以灰色、灰绿色砂岩为主，测井曲线是以漏斗型、齿化钟形为主的低位三角洲砂体；初始湖泛面以上为湖相泥岩及煤层发育的沼泽层，测井曲线以平直型、齿形为主，为主要的含煤岩段。

（四）密集段

古河谷赛汉组下段上部广泛发育湖泊泥岩和沼泽煤层，煤层的发育对应层序发育的密集段时期，以沉积慢、分布广、富含密集段有机质、煤层、碳质泥岩和湖相泥岩沉积为特征（图 3-14），是湖平面相对上升到最大、最大湖泛时期的沉积物，其分布范围很广，是地层划分对比以及恢复古环境的关键沉积层段。

综上所述，从地震剖面特征及垂向上赛汉组与上下地层之间沉积岩性的组合变化能明显识别出，赛汉组粗碎屑沉积与下伏腾格尔组湖相沉积、赛汉组含煤岩系以及上覆干旱气候下红色沉积的两大区域不整合界面；赛汉组上段低位体系域的河道沉积与下段上部密集的湖泊泥岩和沼泽煤层形成相的突变现象，能明显地识别出赛汉组上段和下段的层序界面。这些界面的识别使古河谷赛汉组能在二连盆地进行系统划分和追溯对比。

二、地层对比标志层

标志层是指具有明显的古生物、岩石或矿物特征，可作为区域性地层对比划分依据的一套地层。根据典型地震剖面、钻孔测井曲线形态和垂向序列结构，以及钻孔岩芯和野外露头信息识别出的关键界面与标志层的识别是划分地层的关键，所识别的界面均需在古河谷赛汉组可以进行追踪对比和闭合。标志层可以根据其在古河谷范围内的稳定程度分为在古河谷范围内可追踪对比的一级标志层和在古河谷小区域范围内追踪对比的二级标志层。赛汉组具有3个一级标志层与4个二级标志层，据此可以将赛汉组划分出来，并可以将赛汉组及赛汉组内部进行划分。

（一）赛汉组一级标志层识别

1. 赛汉组下段的含煤岩系

最大湖泛时期密集段沉积的煤层是重要的标志层（顾家裕，1995；李思田等，1992）。湖进层与煤层紧密相伴，煤层是湖泛最大时期的沉积，可作为密集段标志。古河谷煤层主要产出于赛汉组湖泊扩展体系域厚层泥岩中，其中湖泊扩展体系域晚期的煤层较为发育，密集段中发育大量褐煤层。通过钻孔追踪对比发现赛汉组下段上亚段（K_1s^{1-2}）的煤层具有极好的稳定性，在古河谷中的芒来地区、巴润地区、巴彦乌拉地区、白音塔拉地区、那仁宝力格地区和古乃素木地区都有分布，可作为古河谷赛汉组对比的标志层（图3-15、图3-16），也可进行全盆范围对比。

2. 赛汉组下段湖泊扩展泥岩

古河谷赛汉组下段上亚段（K_1s^{1-2}）的湖相较为发育，局部地区甚至发育半深湖-滨浅湖沉积下含灰色或灰绿色富含淡水动物化石（如昆虫、鱼、叶肢介等化石）的泥岩（图3-17）。赛汉组湖泛形成灰色、深灰色泥岩（图3-18），部分泥岩具水平层理构造，由于湖泊扩展具有区域性，可以形成很好的标志层。该标志层在古河谷范围内广泛展布，在湖盆区该标志层明显，厚度大；在湖盆边缘地区，该标志层厚度减薄，部分相变为粉砂岩，细砂岩；在最大湖泛时期，沼泽发育的地区发育褐煤层（图3-19）。赛汉组最大湖泛面之下为赛汉组湖泊扩展体系域厚层泥岩，之上为赛汉组高位体系域厚大砂体；赛汉组初始湖泛泥岩之上为赛汉组湖泊扩展体系域厚层泥岩，其下伏赛汉组低位体系域三角洲砂体。湖泊沉积段为赛汉组“粗—细—粗”的垂向序列中的“细脖子段”，在勘探过程中较容易识别。

3. 赛汉组上段低位体系域的厚大砂体

古河谷赛汉组上段低位体系域以大型辫状河、辫状河三角洲为特色，其厚大砂体本身也是标志层（图3-16）。该标志层在古河谷范围内展布广泛，是古河谷沉积主体，主要为灰色含砾粗砂岩，砂质砾岩、中细砂岩，含大量的碳屑（图3-20a、c）及黄铁矿（图3-20b、d），也是二连盆地古河谷的重要砂岩型铀矿产铀层位。该标志层的中粗砂岩及中细砂岩泥质含量较少、分选一般—较好、磨圆次棱角状—次圆状，石英含量较高。

（二）二级标志层识别

1. 赛汉组上段上部曲流河及洪泛红色泥岩

地层对比中在赛汉组上段低位体系域之上常见曲流河及洪泛沉积，其为赛汉组上段基准面上升时

图 3-15　赛汉组下段高位体系域的褐煤钻孔岩芯图

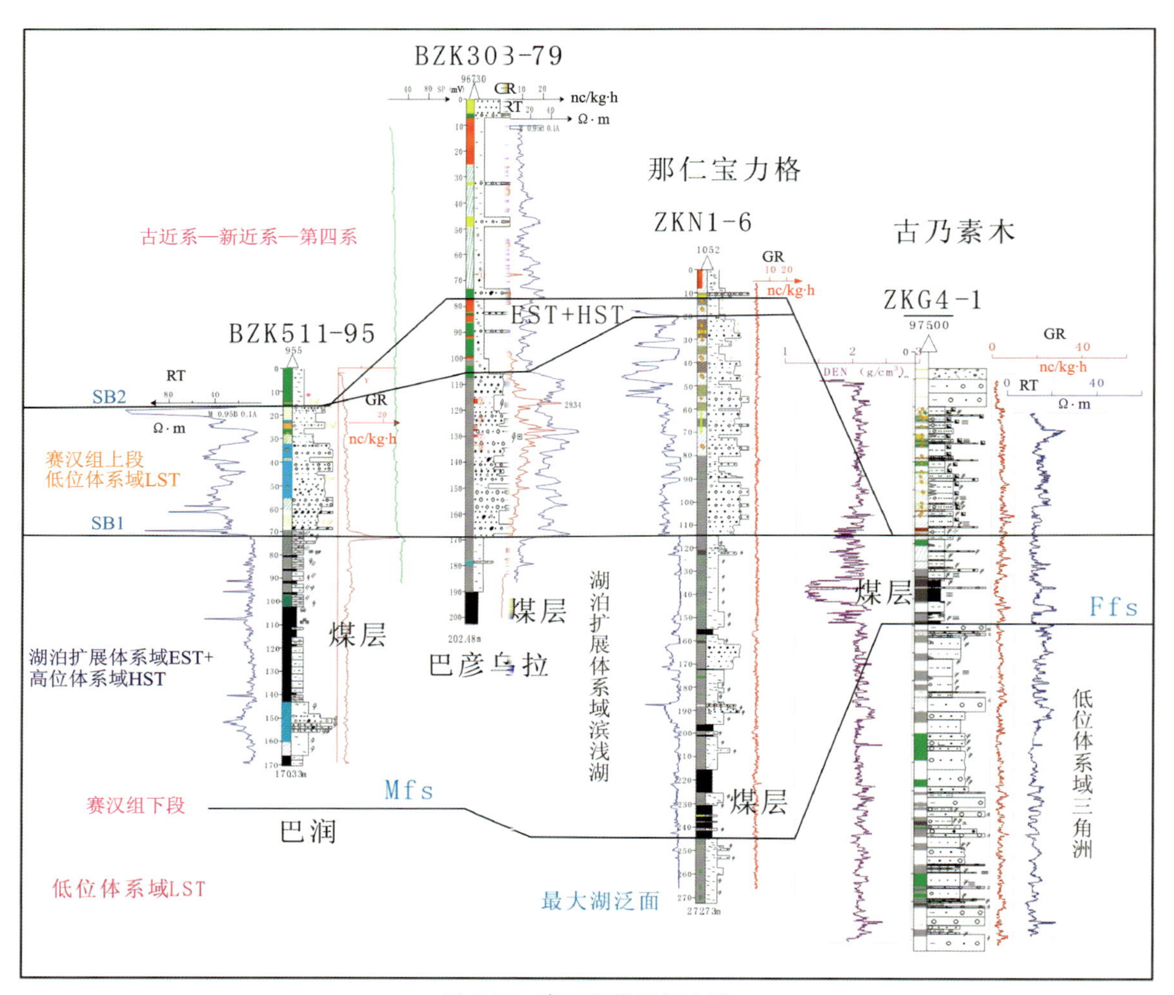

图 3-16　赛汉组煤层标志层

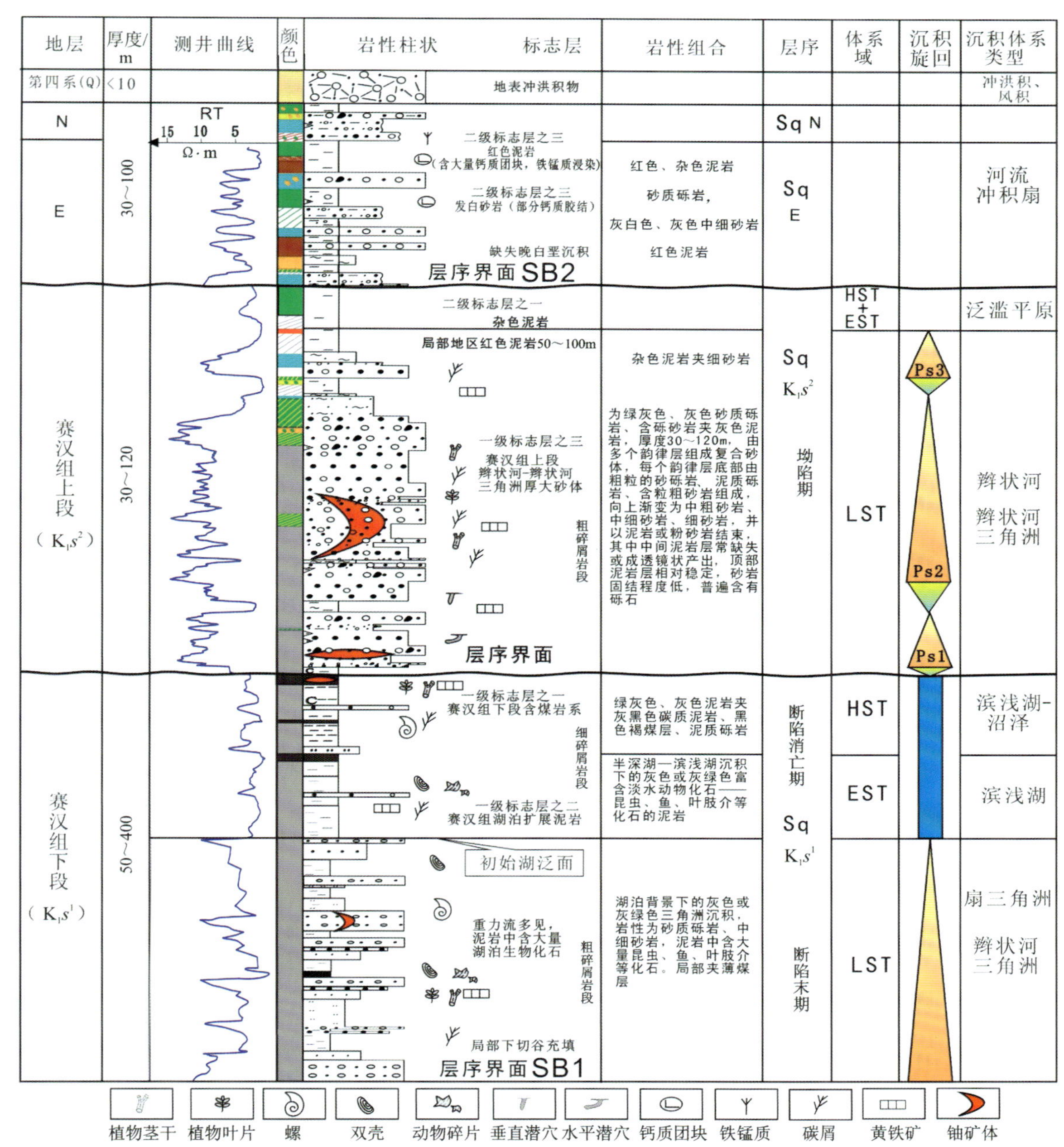

图 3-17　赛汉组地层结构、层序界面及标志层柱状图

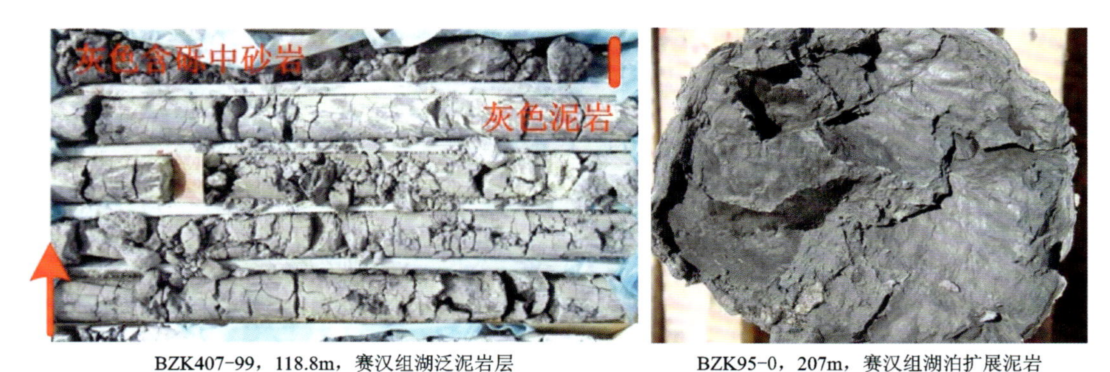

BZK407-99，118.8m，赛汉组湖泛泥岩层　　BZK95-0，207m，赛汉组湖泊扩展泥岩

图 3-18　赛汉组湖泛形成灰色、深灰色泥岩标志层

BZK311-163，156.80m，赛汉组褐煤层

BZK407-109，125.00m，赛汉组褐煤层

图 3-19　赛汉组最大湖泛面褐煤层标志层

a. BZK1073-167，166.80m，中细砂岩含大量碳屑

b. BZK487-121，91.50m，含砾粗砂岩含大量碳屑及黄铁矿

c. BZK64-21，230m，赛汉组上段含大量碳屑砂体

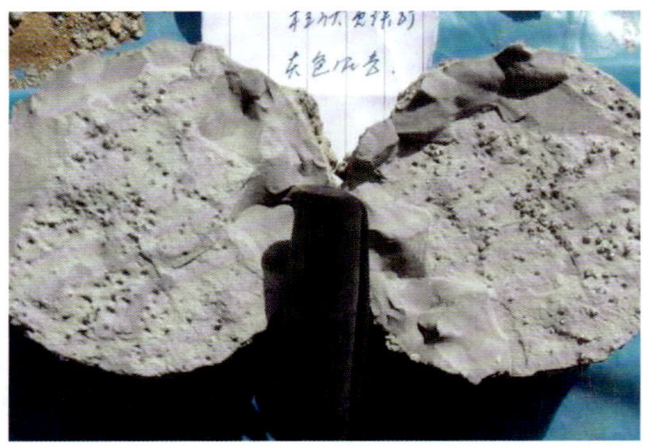

d. BZK128-8，320.7m，赛汉组上段含大量黄铁矿粉砂岩

图 3-20　辫状河砂体中的碳屑及黄铁矿标志

期的沉积，通常具有厚层的红色或杂色泥岩。该段岩性以鲜红色、血红色泥岩为特征，泥质常含砂，厚度较大。与古近系泥岩区别在于，古近系泥岩常为土黄色、褐色、褐红色、砖红色(图 3-21)，岩性含铁锰质，且见水易膨胀。这在古河谷的赛汉高毕地区、哈达图地区和芒来地区较为发育(图 3-22)，可以作为对比标志层。

2. 赛汉组底部砾石层

古河谷赛汉组底部普遍发育砾石层，为侧向多物源由盆缘向盆地中心发育，一般呈朵状分布，砾石一般发育于辫状河三角洲或扇三角洲平原区，砾石成分以花岗岩为主，部分为板岩、变质砂岩等，砾径一般大于 3cm。如哈达图地区赛汉组下段底部为砾岩厚度 10～100m，为砾质辫状河沉积；巴彦乌拉和赛汉高毕地区类似，赛汉组下段底部发育 10～50m 厚的泥质含量较高的砾岩。

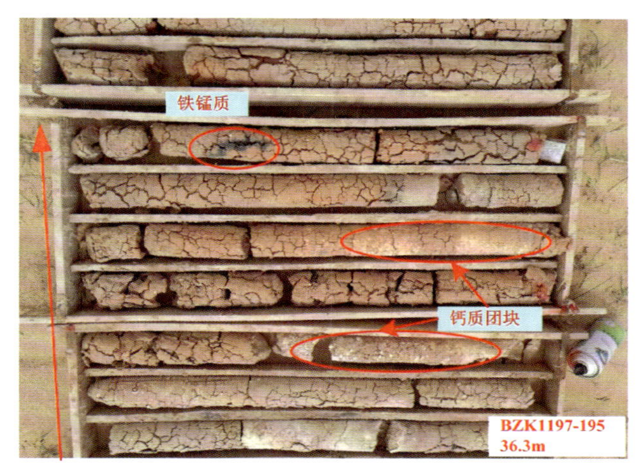

图3-21　BZK1197-195,36.3m,红色泥岩含钙质团块及铁锰质

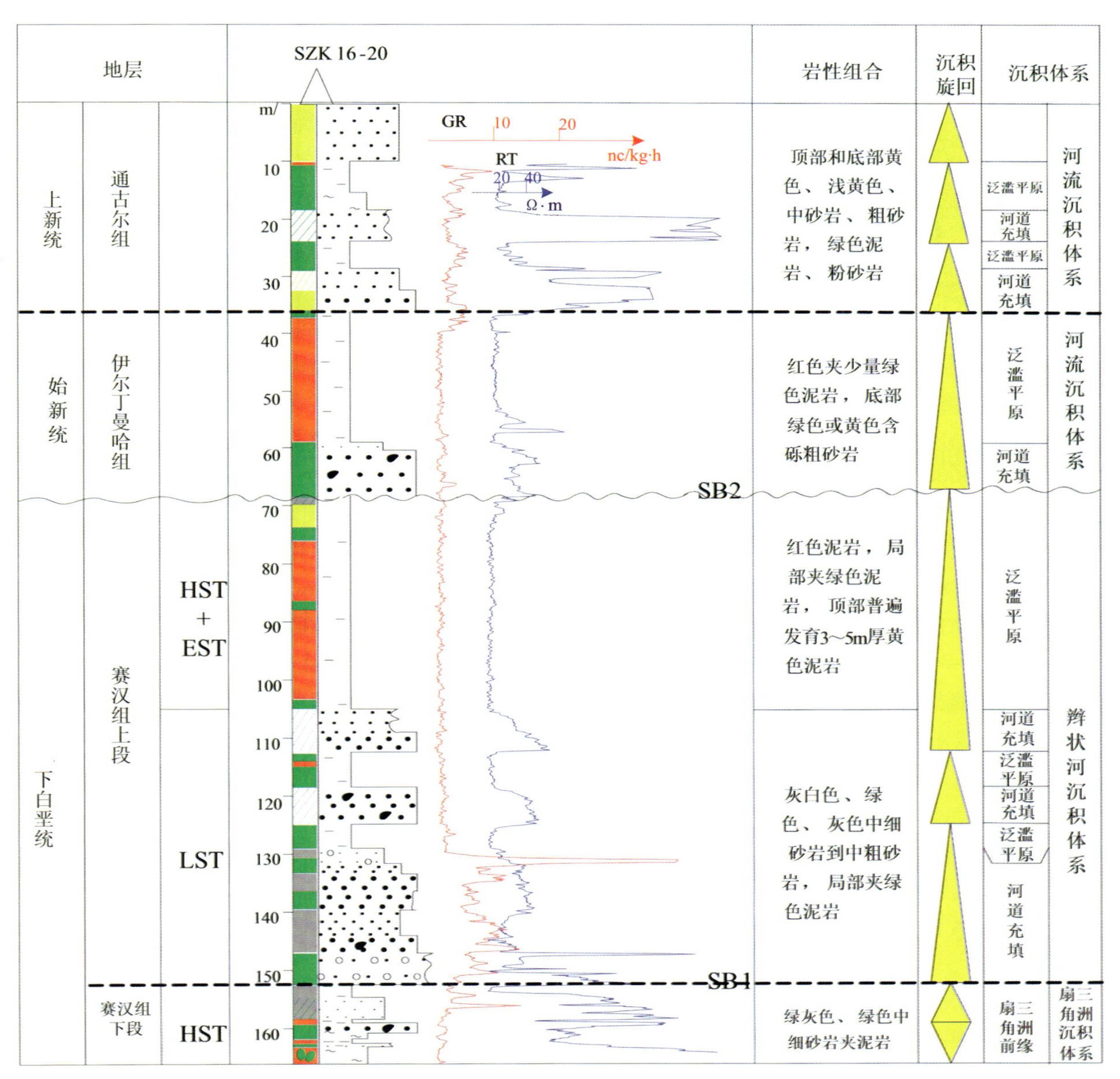

图3-22　赛汉组古河谷赛汉高毕地区典型钻孔层序地层划分图

3. 古近系及新近系含钙质、铁锰质红色泥岩及发白砂岩

古近系具有典型的干旱气候沉积特色，泥岩普遍为红色，含少量砂、砾，含大量钙质（图 3-23a）和铁锰质团块（图 3-23b、c），砂岩普遍缺乏有机质，局部地段呈现枚红色、灰色泥岩。底部一般发育灰白色含细砾中细砂岩（图 3-23d），该段岩性局部地段呈现枚红色、灰色泥岩，与赛汉组上段明显区别（古河谷大部分地区缺失上白垩统二连组）。

a. BZK128-23，80m，钙质团块

b. BZK128-23，105m，铁锰质

c. BZK323-79，68.50m，古近系土黄色泥岩含大量铁锰质

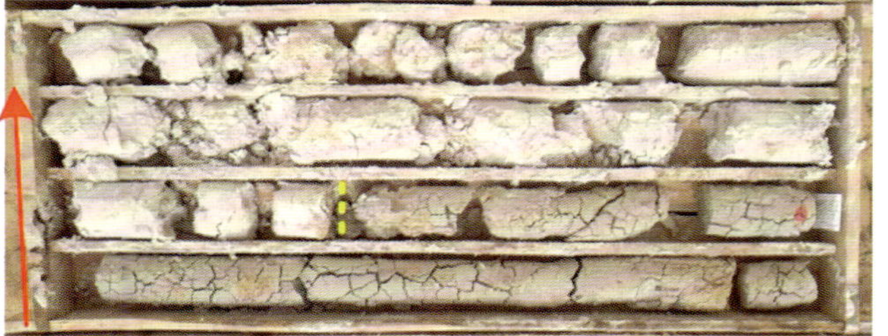

d. BZK1197-195，24.50m，古近系灰白色含细砾中细砂岩

图 3-23　古近系岩性和蚀变标志

4. 腾格尔组深湖泥岩

腾格尔组沉积具有典型断陷背景。腾格尔组沉积的泥岩具有丰富的湖泊生物化石，一般为深湖—半深湖，甚至为灰色页岩（图 3-24a），深湖泥岩中见大量深湖重力流（图 3-24b）。腾格尔组顶部灰绿色泥岩、泥质粉砂岩或泥质细砂岩，泥岩质纯且脆，大部具水平层理、成岩性好（图 3-24c），见大量的构造擦痕、水生动物贝壳类等化石（图 3-24d）。这样的沉积特征容易将腾格尔组与赛汉组区分开来。

通过以上一级标志层和二级标志层的对比，厘定了与二连盆地古河谷赛汉组相关的 7 个标志层，可以实现二连盆地古河谷赛汉组上下界线的准确划分。其中，赛汉组下段最大湖泛时期密集段沉积的煤层、赛汉组下段湖泊扩展厚层泥岩和赛汉组二段低位域的厚大砂体这 3 个一级标志层可使赛汉组在盆地坳陷区古河谷进行追踪对比；赛汉组上段上部曲流河及洪泛红色泥岩、赛汉组底部砾石层、赛汉组上覆地层干旱气候环境下的含钙质与铁锰质红色泥岩及发白砂岩，以及腾格尔组深湖脆性泥岩这 4 个二级标识层可使赛汉组在坳陷古河谷的哈达图地区、赛汉高毕地区或巴彦乌拉地区等局部进行追踪对比。

三、层序地层单元划分与对比

古河谷赛汉组是两个三级层序（Sq），其底界为赛汉组与腾格尔组之间的角度不整合面（SB1），顶界为赛汉组与古近系组之间的角度不整合面（SB2）。确定了这两个界面，就确定了赛汉组的地层单元（图 3-17、图 3-25）。

a. ZKG3-77，380m，腾格尔组页岩　　b. AZK0-303，138.90～142.20m，重力流

c. EZK640-199，446.00～450.00m，具水平层理的深灰色泥岩　　d. EZK64-0，225.00m，灰色泥岩中贝壳化石

图 3-24　腾格尔组的页岩、重力流和生物化石标志

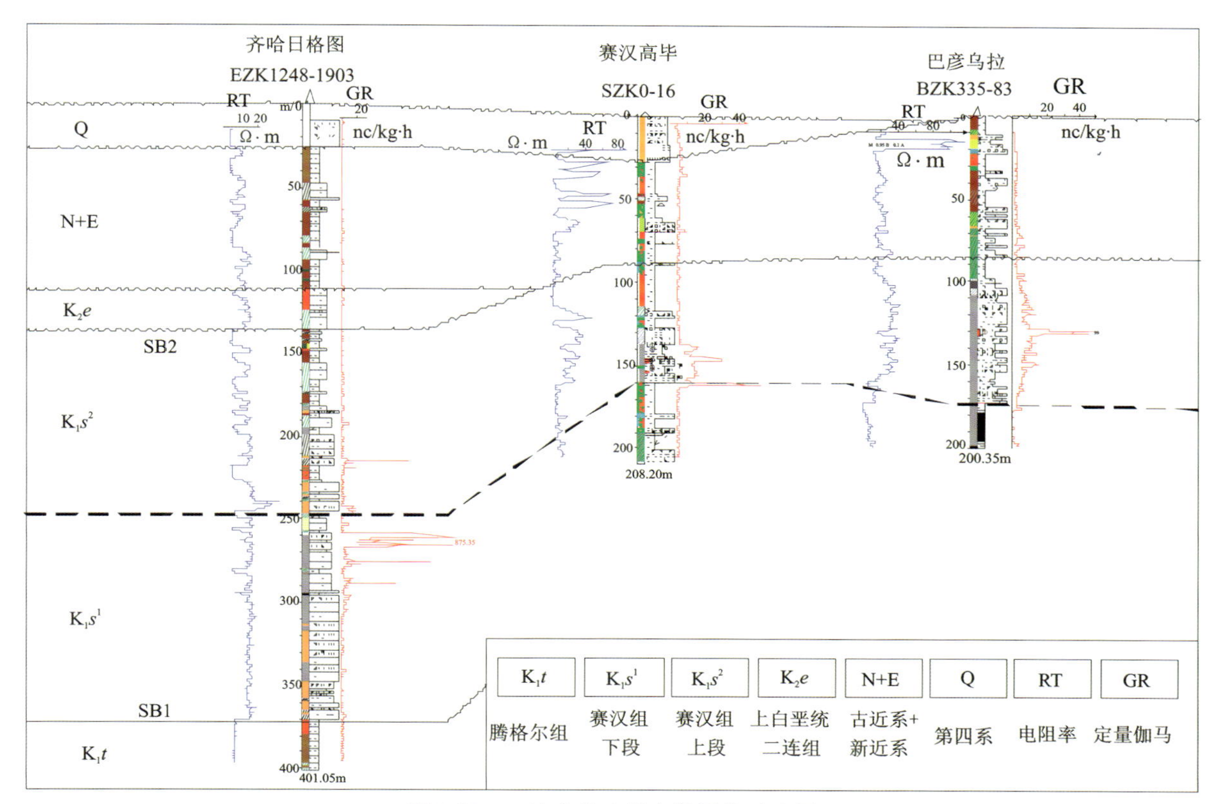

图 3-25　二连盆地中部产铀层位对比图

在古河谷的巴彦乌拉地区根据初始湖泛面(Ffs)和最大湖泛面(Mfs)，可以把赛汉组下段和赛汉组上段都划分为 3 个体系域：低位体系域、湖泊扩展体系域和高位体系域(图 3-14、图 3-16)。低位体系域位于赛汉组的底界(SB1)与初始湖泛面(Ffs)之间，赛汉组上段低位体系域发育二连盆地主要砂岩型铀

矿铀储层，赛汉组下段低位体系域也发育有利的砂岩型铀储层；湖泊扩展体系域位于初始湖泛面与最大湖泛面之间，赛汉组下段湖泊扩展体系域以滨浅湖为主，主要发育灰色、深灰色、绿色的泥岩及煤层，赛汉组上段层序湖泊扩展体系域以泛滥平原和砂质辫状河沉积为主；高位体系域位于最大湖泛面与赛汉组的顶界（SB2）之间，赛汉组下段高位体系域不同地区岩性不同，主要发育泥炭-沼泽沉积，浅水辫状河三角洲沉积以及泛滥平原沉积，赛汉组上段高位体系域遭受剥蚀严重，在残留区以大段红色泥岩沉积为主（图 3-26）。

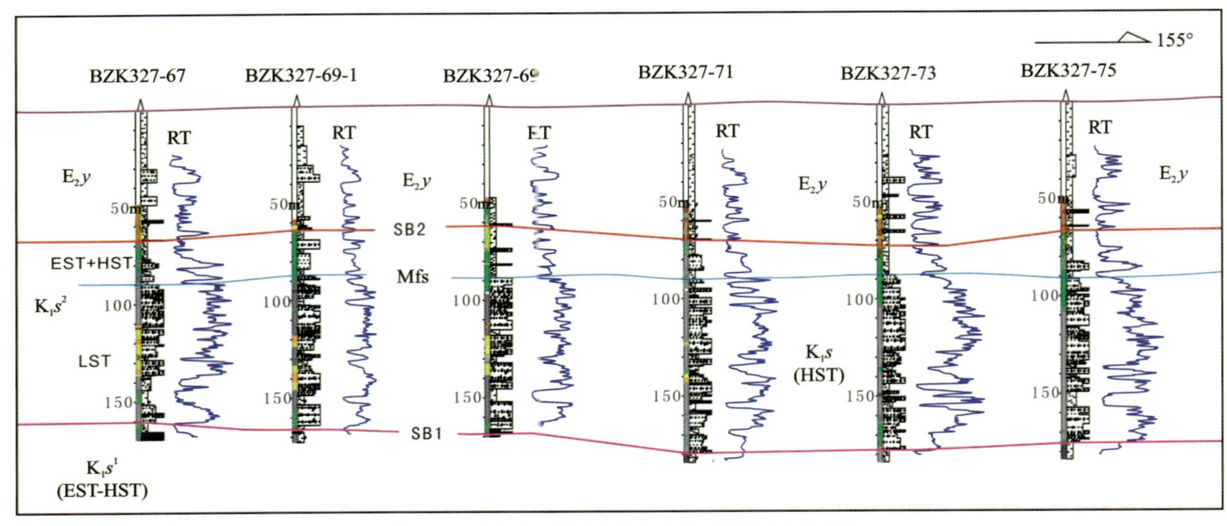

图 3-26　巴彦乌拉矿床 B327 剖面地层对比图

在哈达图和赛汉高毕地区揭遇地层为下白垩统赛汉组、始新统伊尔丁曼哈组、中新统通古尔组。赛汉组的上部发育较厚的洪泛沉积，之后由于长时间的沉积间段，顶部泥岩被风化或氧化成黄色泥岩，在赛汉高毕矿床一带特征最为明显。始新统伊尔丁曼哈组与下伏下白垩统赛汉组之间构成角度不整合接触，是伊尔丁曼哈组和赛汉组之间地层划分的明显标志层。伊尔丁曼哈组的岩性自下而上构成一个完整的沉积旋回，顶部往往发育洪泛平原，而通古尔组底部发育河道充填沉积，伊尔丁曼哈组与通古尔组之间构成假整合接触，这是伊尔丁曼哈组与通古尔组之间识别的最基本标志（图 3-27）。

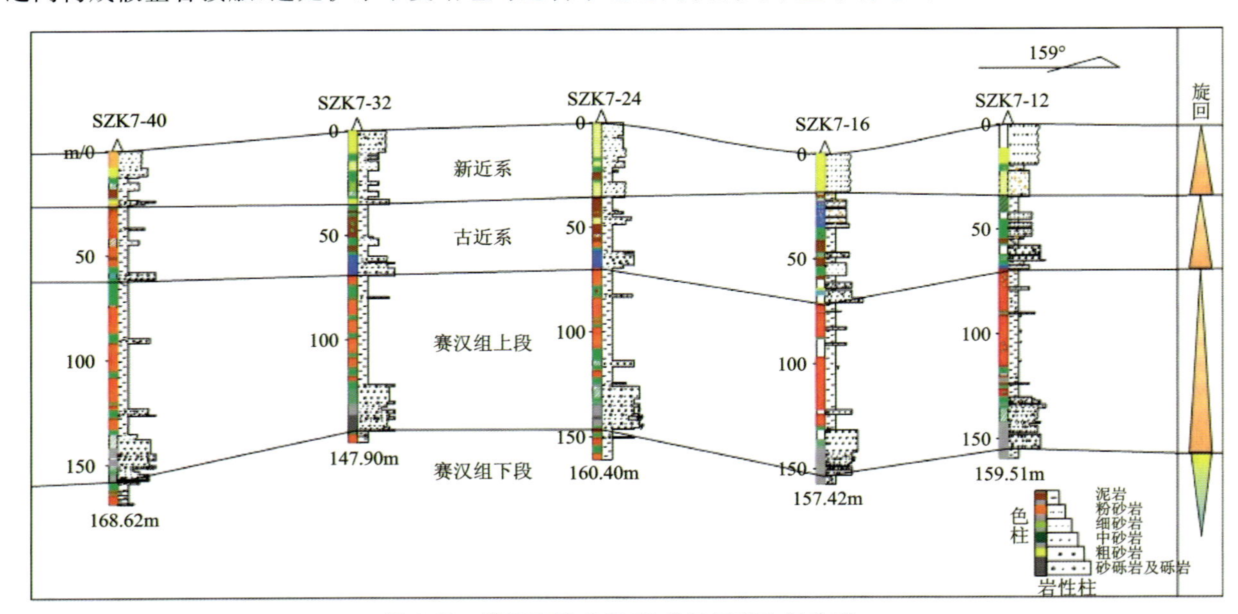

图 3-27　赛汉高毕矿床 S7 线地层对比划分图

在古河谷赛汉组下段下部由于构造作用大量发育扇(辫状河)三角洲,为低位体系域(LST)。随构造沉降、湖水进侵,沉积物粒度变细,发育湖泊沉积段为湖泊扩展体系域(EST),当湖侵达到最大时,由于基准面上升,湖滨及陆上平原区往往会出现煤层,沉积密集段。在赛汉高毕地区,赛汉组下段顶部常见三角洲沉积(含矿)及与之等时的滨岸平原红色泥岩,与上部赛汉组辫状河道砂体呈冲刷接触关系,这套三角洲地层应为赛汉组下段的高位体系域。这样赛汉组下段就可以分为低位体系域(LST)、湖泊扩展体系域(EST)和高位体系域(HST),但局部地区高位体系域不发育甚至缺失。

赛汉组上段时期进入坳陷期,盆地面积大,地势平坦,构造抬升,湖水变浅,湖区萎缩,河流可直入滨浅湖区沉积较粗粒物质。古河谷内充填沉积属低位体系域(LST)。对于河流相沉积而言,由低水位期至高水位期,沉积物将由下部的相互切割、叠置的厚层粗粒砂体向上演变为相对孤立的薄层砂岩。这些薄层砂岩可能被较厚的洪泛泥岩所包围,因此湖泊扩展体系域(EST)的底界放在辫状河沉积的顶部,在平原区更多地表现为曲流河和洪泛沉积。

从生产中的层序地层对比发现,赛汉组上段及下段的低位体系域均发育砂岩型铀矿铀储层,应用层序地层单元对赛汉组进行划分和对比,能较好地追溯古河谷赛汉组的铀储层。古河谷赛汉组砂岩铀矿勘探过程表明,砂岩型铀矿化主要发育于赛汉组上段低位体系域中,少量发育于赛汉组下段低位体系域中。这主要取决于赛汉组上段低位体系域中发育了特大规模的、具有高孔渗性质的辫状河砂体——优质铀储层,以及与之相配套的隔水层。垂向上泥—砂—泥的岩性组合型式使特大型辫状分流河道砂体(多孔介质的主体)能成为相对独立的流体流动单元,有利于层间氧化带及铀矿化的发育,古河谷的哈达图矿床、赛汉高毕矿床、巴彦乌拉矿床的砂岩型工业铀矿化均产于该体系域中。

第五节　二连盆地古河谷区域层序地层格架

建立等时地层格架不仅仅是为了确定基本的编图单位,更为重要的是正确评价资源潜力和阐明沉积盆地演化的规律性。在砂岩型铀矿找矿勘探中,对透水层、隔档层、潜在铀储层品质评价及铀资源(或铀矿床)的评价是以地层单元为基础的,所以正确识别地层界面、判别地层单元显得尤为重要。

一、马尼特坳陷西部古河谷充填地层格架

在马尼特坳陷西部古河谷,通过追踪关键界面和标志层,共编制了23条骨架网络地层对比剖面(图3-28),并在骨架网络地层剖面对比的基础上,将分层结果对比到剖面间钻孔,编制了31条局部小区剖面;同时对22条地震剖面进行了分层解释(图3-29),并将钻孔和地震相结合进行分层,通过这些剖面使各层序地层单元有效地对比到整个研究区,并对研究区铀矿钻孔、煤田收集钻孔、水文孔、油田钻孔共计422个钻孔全部进行了层序地层划分。

图3-30为北西向剖面,位于古河谷巴彦乌拉地区(B335线)。赛汉组剥蚀严重,赛汉组上段为残留地层,残留范围局限(BZK335-35～BZK335-131)。剖面北西部 F_1 断层以北赛汉组完全被剥蚀,古近纪地层与腾格尔组直接接触;南东部 F_4 断层以南赛汉组上段层序被剥蚀,古近纪地层与赛汉组下段层序直接接触。

二、乌兰察布坳陷东部古河谷充填地层格架

对乌兰察布坳陷东部古河谷的哈达图地区纵剖面地层对比,此剖面沿脑木根凹陷北缘至哈达图地区进行地层对比,地层发育齐全,地层划分标志明显(图3-31)。砂体主要分布在脑木根凹陷北缘和齐哈日格图两个凹陷中,主干河道受区域构造控制,总体沿凹陷的长轴方向(北北东向)展布,主河道砂体厚

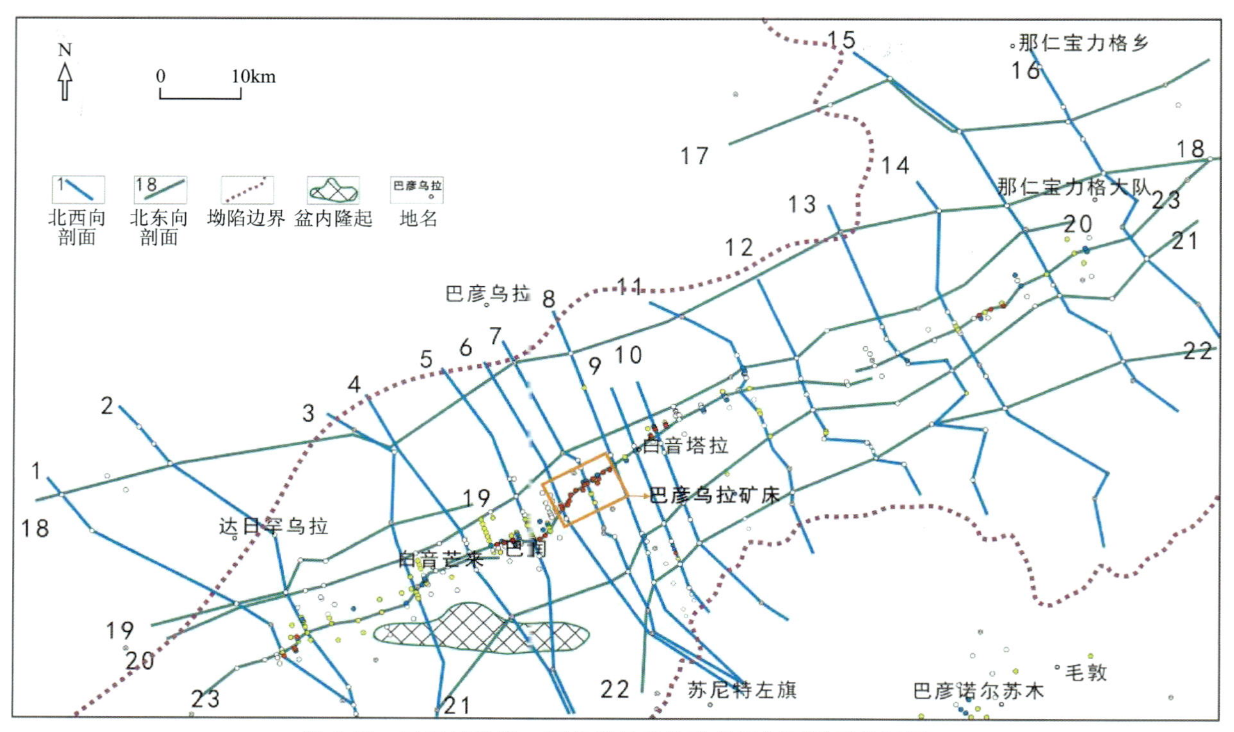

图 3-28　马尼特坳陷古河谷赛汉组钻孔骨架剖面平面位置图

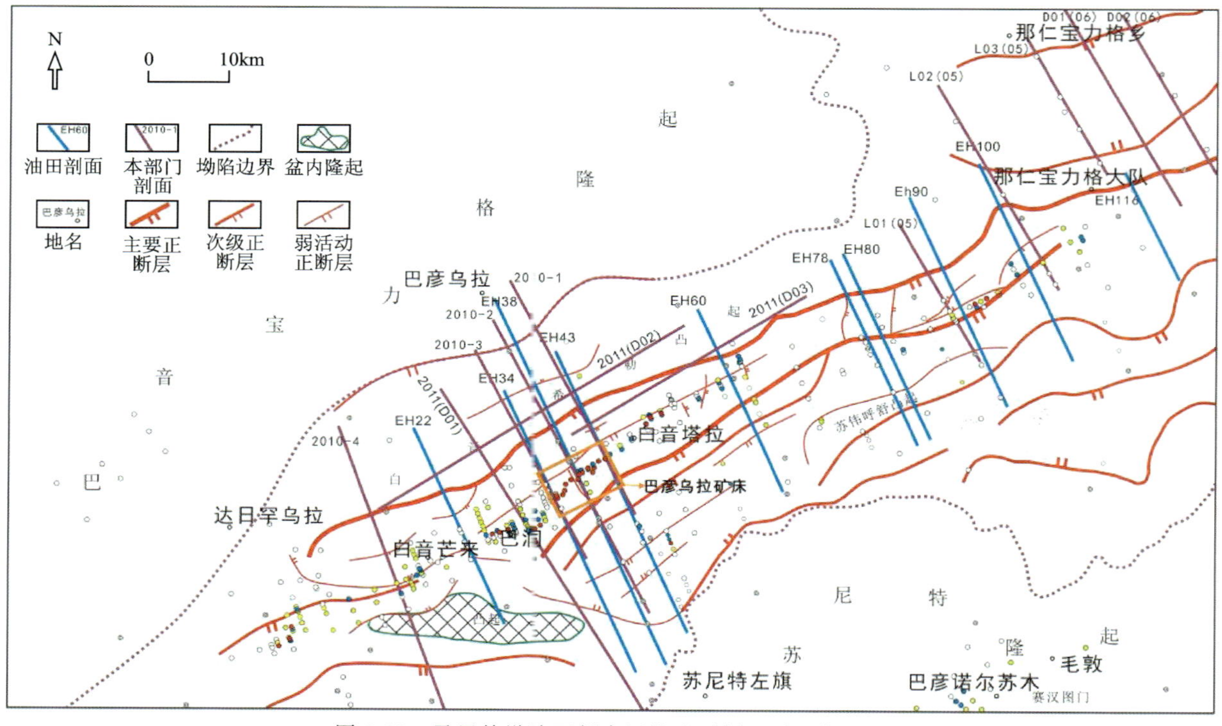

图 3-29　马尼特坳陷西部古河谷地震剖面平面位置图

度基本稳定，但赛汉组上段河道砂体底板形态明显在次级凹陷的中央部位较低，在边部较高，这可能与地层的边沉积、边沉降、边压实有关。

赛汉组是经填平补齐后在坳陷环境下沉积的，沉积范围大，前期自成体系的沉积环境改变，呈现相互连接的辫状河沉积体系，其底部清晰出现反射顶超、底超、削截等现象，说明赛汉组角度不整合于腾格

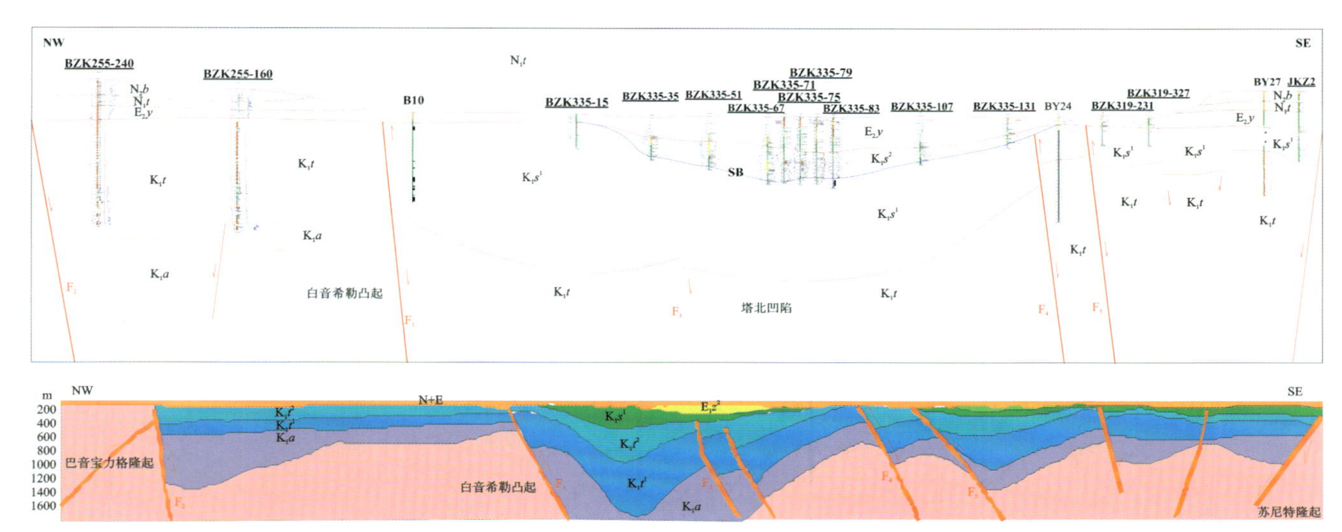

图 3-30　古河谷巴彦乌拉矿床 B335 地质剖面及相应的地震剖面图
（上图对应图 3-28 中的 7 号剖面图；下图对应图 3-29 中的 2010-2 地震剖面图）

尔组或基底之上。赛汉组埋深差别较大，在 L1 地震剖面上顶板埋深一般为 150～170m，底板埋深一般为 400～600m；在 L12-2 地震剖面上顶板埋深仅为 50～100m，底板埋深为 200～400m。

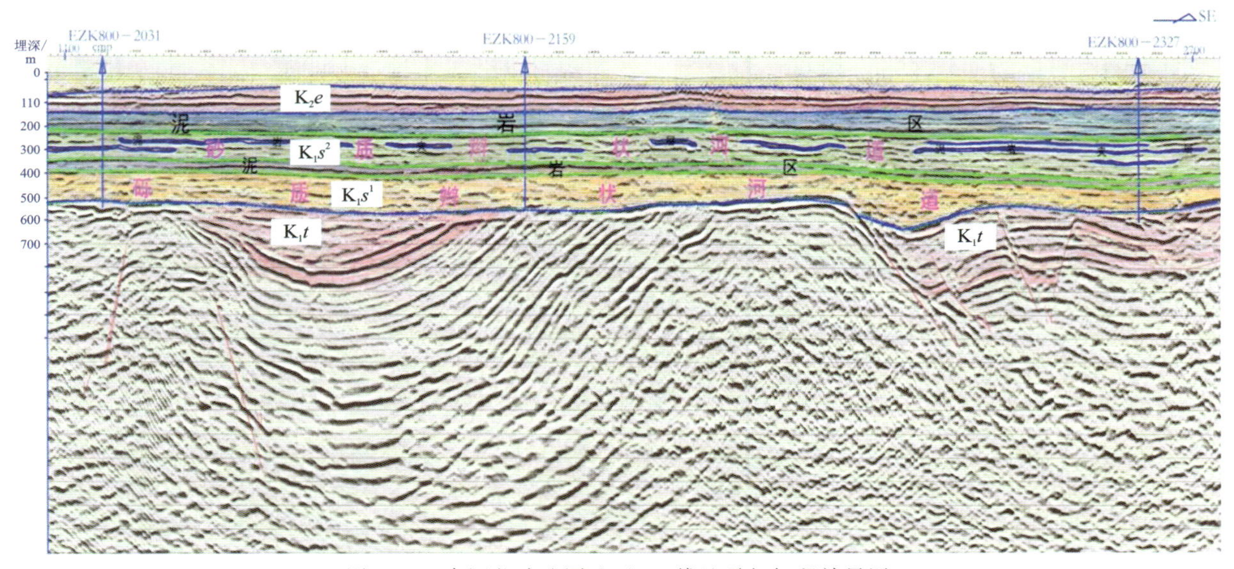

图 3-31　古河谷哈达图地区 L1 线地震相解释效果图

赛汉高毕地区地层发育较全，发育的地层有赛汉组、伊尔丁曼哈组和通古尔组。赛汉组内部根据沉积环境和垂向上沉积韵律的变化规律，划分为上、下两段。其中，赛汉组下段为一套温湿气候条件下的冲积扇-扇三角洲-湖泊沉积体系；赛汉组上段在赛汉高毕地区发育河流充填沉积和洪泛平原，在呼格吉勒图地区主要发育冲积扇和冲积平原。各次级凹陷边缘的同沉积断层对赛汉组的发育起到控制作用。伊尔丁曼哈组超覆赛汉组和塔木钦隆起之上，发育一套河流沉积体系。通古尔组主要分布在地形较高的三级阶梯的平台上，发育河流沉积。

总体来看，马尼特坳陷西部巴彦乌拉地区地层发育不全，赛汉组沉积期其受北东向边界断层控制，地层整体呈北北东向狭长分布，赛汉组受构造反转抬升遭受严重剥蚀，上部缺失上白垩统二连组，赛汉组上段为残留地层，但发育辫状河沉积体系。乌兰察布东部古河谷的哈达图和赛汉高毕地区地层发育齐全，赛汉组经填平补齐后在坳陷环境下沉积，赛汉组上段发育相互连接的辫状河沉积体系。

通过层序界面的识别和地层对比标识层的识别，将赛汉组从二连盆地的沉积地层中划分出来，通过赛汉组的最大湖泛面、初始湖泛面的识别将赛汉组划分至体系域并进行对比追踪，从而建立二连盆地古河谷赛汉组的层序地层格架。赛汉组古河谷发育受控于断拗转换期的构造背景，具有典型的断坳一超覆特色。赛汉组上段低位体系域发育的辫状河道砂体主要顺次级凹陷的中央部位展布。在古河谷赛汉组砂岩型铀矿找矿工作中，含铀层系地层时代的判别、对比划分以及构造、层序地层的划分与层序地层格架的建立，对指导勘探工程部署和成矿规律研究具有重要意义。

第四章　古河谷铀储层空间形态与成因解释

国内外大量的研究发现，制约砂岩型铀矿床形成的条件繁多而复杂(IAEA，1985；Franz，1993；Dahlkamp，1993；CNNC，2002)，但是沉积盆地中的大型骨架砂体是铀矿赖以发育的先决条件。大型骨架砂体通常可以构成大规模的地下水流动系统，它不仅为铀成矿流体提供了运移空间(输导通道)，也为铀的储存提供了空间(Jiao，2005)。

砂岩型铀矿是含 U^{6+} 的地下水在砂岩中运移至层间氧化带边缘，被还原为 U^{4+} 而富集的矿体。砂岩型铀矿储层是指能提供铀成矿流体运移和铀矿储存的空间，简称铀储层。砂岩型铀矿的形成虽然需要具备特殊的、众多的地质条件，但是适当的铀储层是最基本的条件。所以，铀储层的识别、空间定位与形态描述、成因解释、内部结构与品质分析，将是铀储层沉积学研究的核心问题(焦养泉等，2005，2006，2007)。

沉积体系分析是进行铀储层砂体成因解释的最好方法。不仅如此，通过沉积体系分析还可以总结能够发育优质铀储层常见的沉积体系类型。同时，由于每种沉积体系所拥有的砂体规模和砂分散体系的形式不一，所以借以进行铀储层预测的模式也不同。古河谷内部一般发育辫状河道和辫状分流河道砂体，所以应针对辫状河沉积体系和辫状河三角洲沉积体系进行成因标志识别、沉积体系重建和铀储层预测的工作。

古河谷赛汉组上段是主要的铀储层，下面只对赛汉组上段进行分析。

第一节　古河谷赛汉组上段及砂体发育特征

赛汉组上段广泛分布于二连盆地各个坳陷，其中古河谷赛汉组上段跨越乌兰察布坳陷与马尼特坳陷，由南西向北东呈条带状展布。经过多年来的勘查，二连盆地实际控制的古河谷赛汉组上段砂体从西向东分布在乔尔古、哈达图、赛汉高毕、古托勒、准棚、芒来、巴润、巴彦乌拉、白音塔拉、那仁 10 个地段(简称巴-赛-齐古河谷)，长约 360km，宽 3～30km，长宽比均大于 10∶1，具有河谷型沉积盆地特征。其中，在乌兰察布坳陷中东部发育乔尔古-哈达图-赛汉高毕-古托勒-准棚古河谷，长约 200km，宽 3～30km；在马尼特坳陷中西部发育芒来-巴润-巴彦乌拉-白音塔拉-那仁古河谷，长约 160km，宽 3～12km。铀矿床与古河谷的配置关系如图 4-1 所示。

一、古河谷赛汉组上段发育特征

古河谷赛汉组上段厚度整体上段表现为中部薄、东部与西部厚的特点，厚度 0～550m。乌兰察布坳陷古河谷赛汉组上段的平均厚度 360m，由西向东递减，乔尔古地段最厚可达 550m(图 4-2，表 4-1)，马尼特坳陷沿古河谷由西向东逐渐变厚，芒来地段相对较薄(图 4-3)。整体上看，乌兰察布坳陷古河谷赛汉组上段厚度大于马尼特坳陷，并表现为古河谷中间厚、两侧薄的特征(图 4-4、图 4-5)。乌兰察布坳陷乔

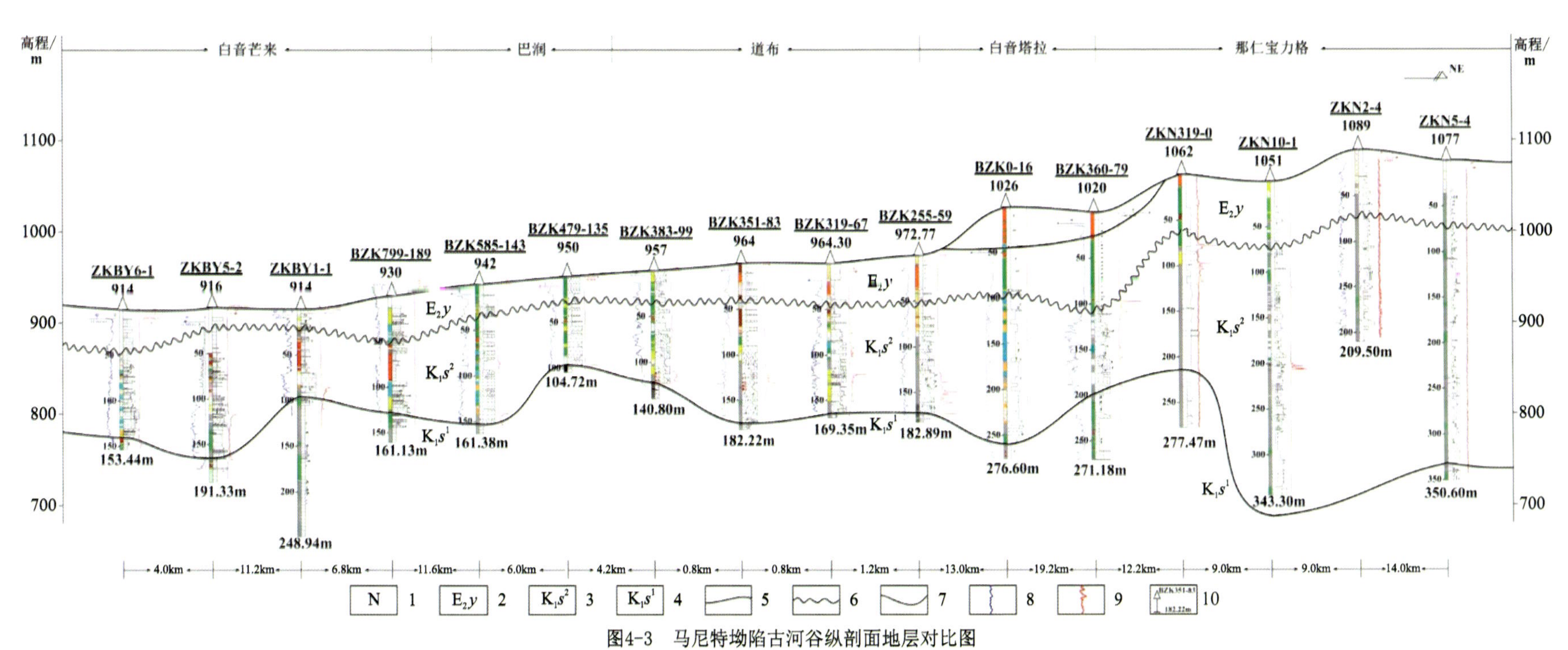

图4-3 马尼特坳陷古河谷纵剖面地层对比图

1. 新近系；2. 古近系伊尔丁曼哈组；3. 赛汉组上段；4. 赛汉组下段；5. 地形线；6. 地层角度不整合接触界线；7. 地层整合接触界线；8. 电阻率测井曲线；9. 伽马测井曲线；10. 钻孔位置及编号

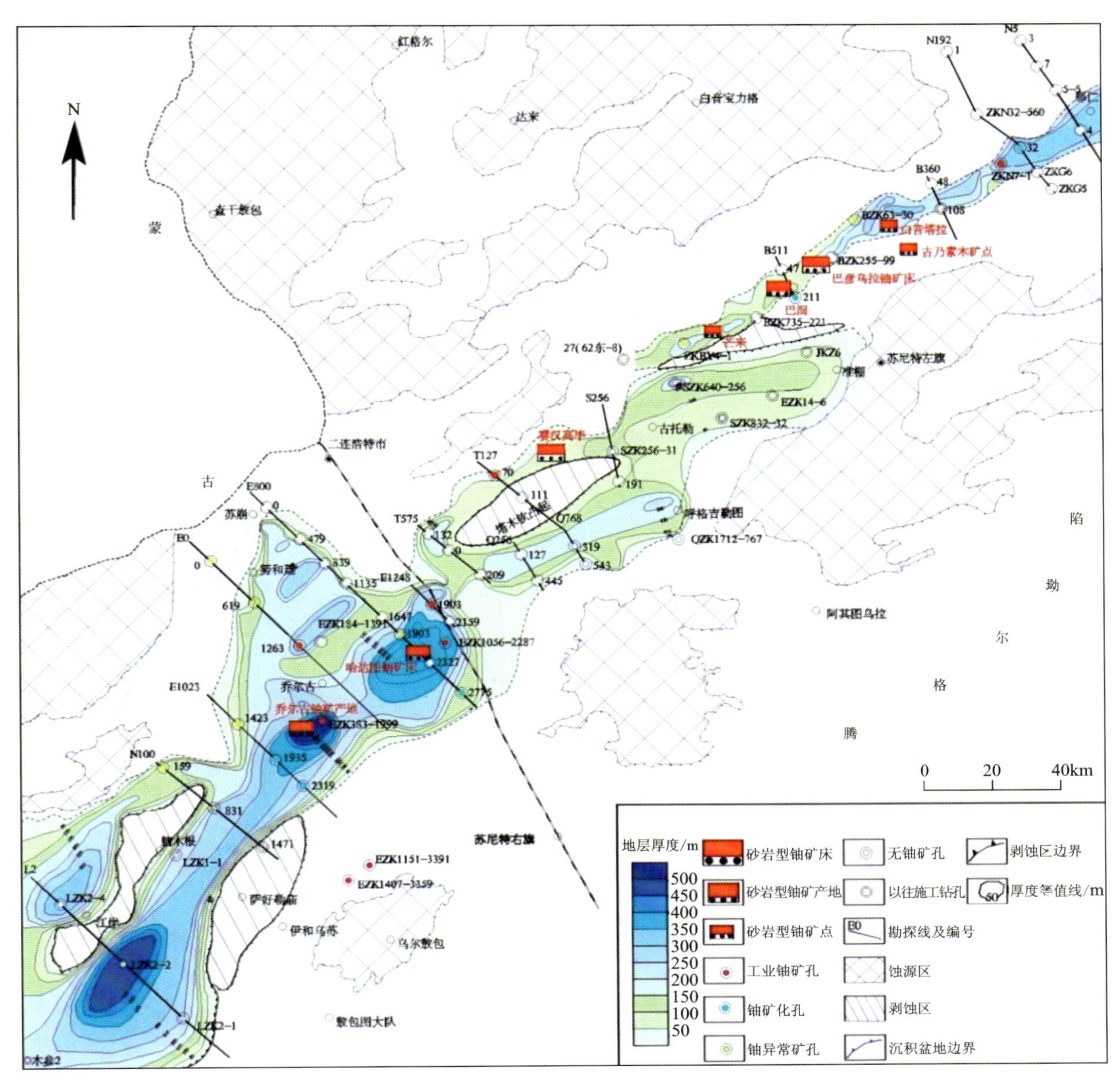

图 4-4 二连盆地古河谷赛汉组上段残留地层厚度图

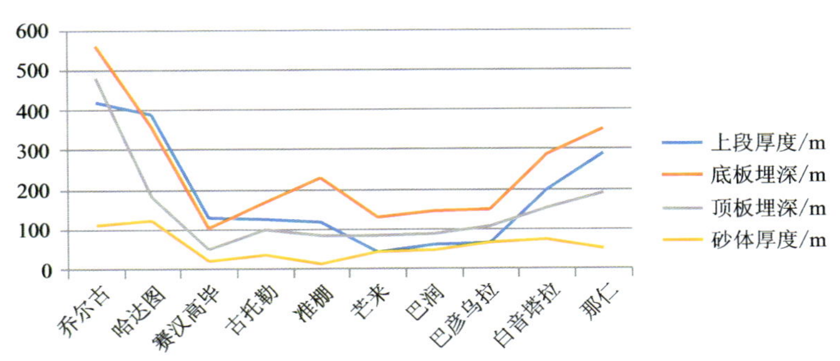

图 4-5 古河谷不同地段赛汉组上段参数变化规律图

表 4-1　古河谷不同地段赛汉组上段参数统计表　　单位：m

地段	乔尔古	哈达图	赛汉高毕	古托勒	准棚	芒来	巴润	巴彦乌拉	白音塔拉	那仁
上段厚度 平均	0～550 420	250～440 390	120～150 130	110～140 125	100～130 120	22～79 41	12～70 60	16～205 66	90～240 200	32～352 290
底板埋深 平均	360～820 560	176～385 360	86～140 104	56～204 168	60～380 310	153～394 130	106.5～180 145	29～172 150	190～315 286	40～702 350
顶板埋深 平均	312～692 480	100～200 182.6	45～70 50	20～124 100	30～160 85	126～296 185	81～110 90	14～172 106	164～212 183	0～340 192
砂体厚度 平均	27～136 110	53～162 120	12～63 20	22～77 28	0～26 12	10～79 41	12～70 45	12～70 66	15～110 72	32～352 50

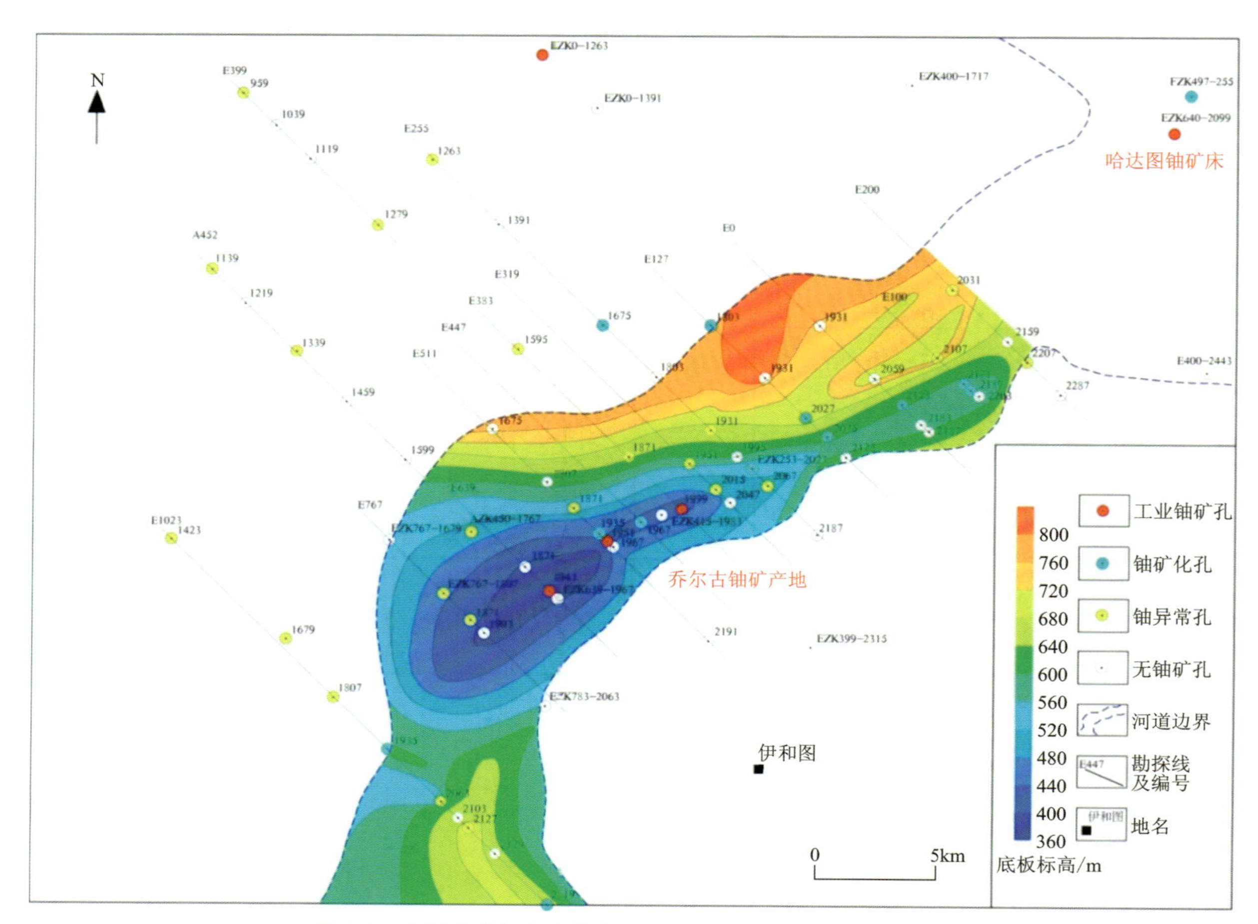

图 4-6　古河谷乔尔古地段赛汉组上段底板顶界标高等值线图

板（改造后）总体坡降较小。从长轴线与南、北两侧标高对比来看，各地段南、北两侧与长轴线之间高差在 80～140m，在两侧沉积宽度小于 12km 的范围内，这样的高差具有一定的坡度，有利于两侧地下水向河谷中心径流。道布地段赛汉组上段底板标高 800～920m，含矿砂体底板 800～870m，另外巴润地段含矿砂体底板标高 780～860m，白音塔拉地段含矿砂体底板 800～820m，说明砂体底板标高 780～870m（近 100m 标高间距）可能对成矿有利。

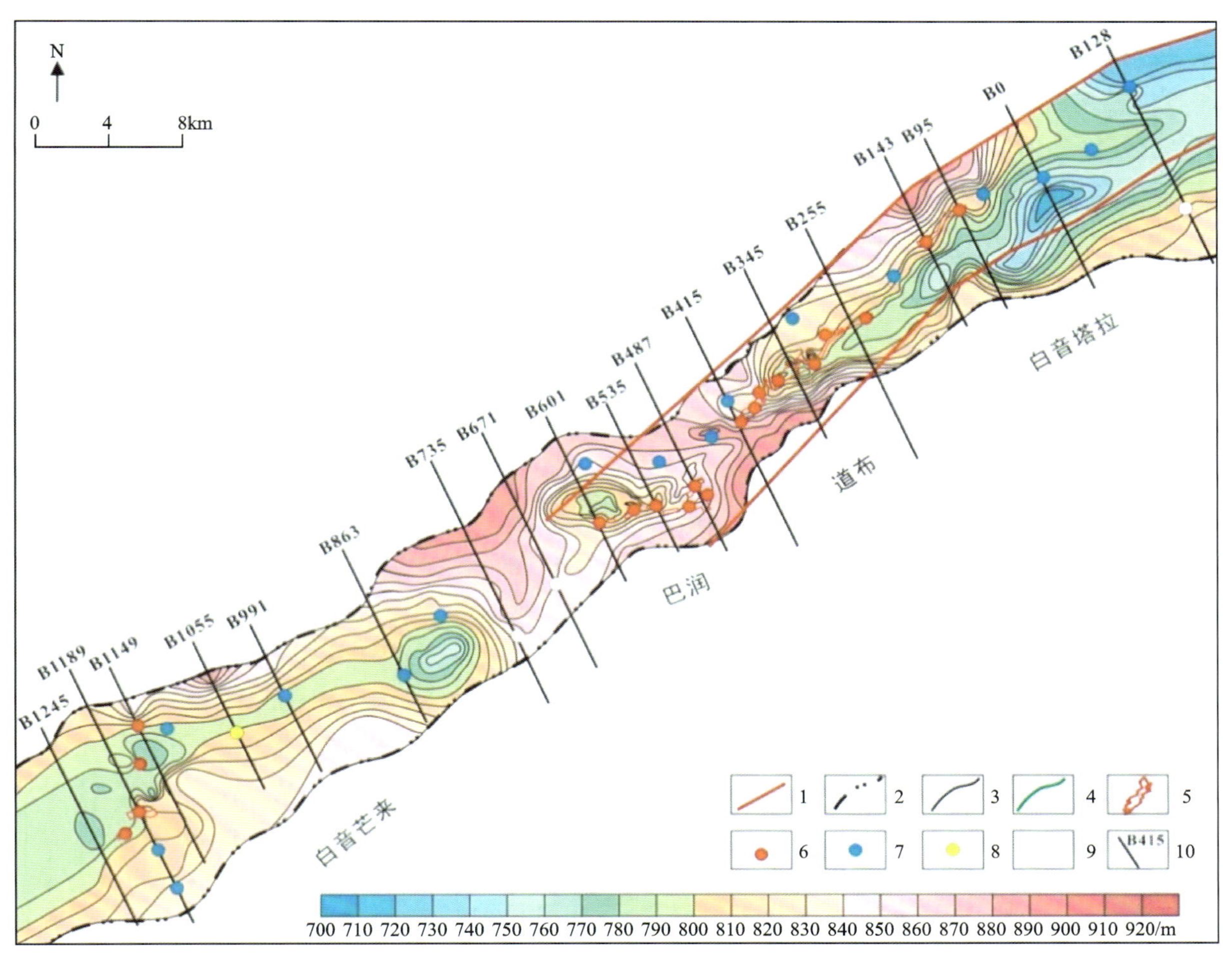

图 4-7　古河谷芒来—那仁地段赛汉组上段底板等值线图

1. 盖层断层；2. 河道边界；3. 底板标高等值线；4. 河道主流线；5. 矿体范围；
6. 工业铀矿孔；7. 铀矿化孔；8. 铀异常孔；9. 无铀矿孔；10. 勘探线及编号

古河谷赛汉组上段底板埋深 29～820m，其中西部乌兰察布坳陷古河谷埋深 56～820m，东部马尼特坳陷古河谷埋深 29～702m。乌兰察布坳陷古河谷乔尔古地段赛汉组上段底板埋深 360～820m，平均埋深 560m；哈达图地段埋深 176～385m，平均埋深 360m；赛汉高毕地段埋深 86～140m，平均埋深 104m；古托勒地段埋深 56～204m，平均埋深 168m；准棚地段埋深 60～380m，平均埋深 310m。马尼特坳陷古河谷芒来地段赛汉组上段底板埋深 153～394m，平均埋深 130m；巴润地段埋深 106.5～180m，平均埋深 145m；巴彦乌拉地段埋深 29～172m，平均埋深 150m；白音塔拉地段埋深 190～315m，平均埋深 286m；那仁地段埋深 40～702m，平均埋深 350m。

古河谷赛汉组上段顶板最大埋深 692m，由于后期受剥蚀作用，局部地段出露地表。其中西部乌兰察布坳陷古河谷埋深 20～692m，东部马尼特坳陷最大埋深 340m。乌兰察布坳陷乔尔古地段顶板埋深 312～692m，平均埋深 480m；哈达图地段顶板埋深 100～200m，平均埋深 182.6m；赛汉高毕地段顶板埋深 45～70m，平均埋深 50m；古托勒地段顶板埋深 20～124m，平均埋深 100m；准棚地段顶板埋深 30～160m，平均埋深 85m。马尼特坳陷古河谷芒来地段赛汉组上段顶板埋深 126～296m，平均埋深 185m；巴润地段顶板埋深 81～110m，平均埋深 90m；巴彦乌拉地段顶板埋深 14～172m，平均埋深 106m；白音塔拉地段顶板埋深 164～212m，平均埋深 183m；那仁地段顶板埋深 0～340m，平均埋深 192m。

赛汉组上段底板埋深变化趋势与赛汉组上段厚度相似，具有南西深北东相对浅、河谷中央埋深大、边缘埋深小的特点，并与河谷的展布相吻合，工业铀矿孔往往位于埋深较大的部位。哈达图—准棚地段赛汉组上段底板埋深 56～3850m，且具有南西部埋深大、北东部埋深浅的特征，河谷中央埋深大、边部埋深小，体现了河谷的展布方向。芒来地段埋深 30～175m，巴润地段埋深 106～180m，巴彦乌拉地段埋深 29～172m，两侧最小埋深 90～220m，埋深较大的部位对成矿有利(图 4-5，表 4-1)。

二、古河谷赛汉组上段砂体发育特征

古河谷赛汉组上段砂体表现为进程型的朵状砂体，岩性主要为含砾中粗砂岩、中粗砂岩和中砂岩，沿古河谷中央呈长带状展布(图 4-8)。不同地段砂体厚度不一，砂体厚度整体上具有两侧厚、中间薄的特点，变化较大。乌兰察布坳陷古河谷表现为南厚北薄、东西厚中部薄的特征，厚度 20～120m，变化较大。马尼特坳陷古河谷表现为西厚东薄、北厚南薄特征，厚度 10～110m。

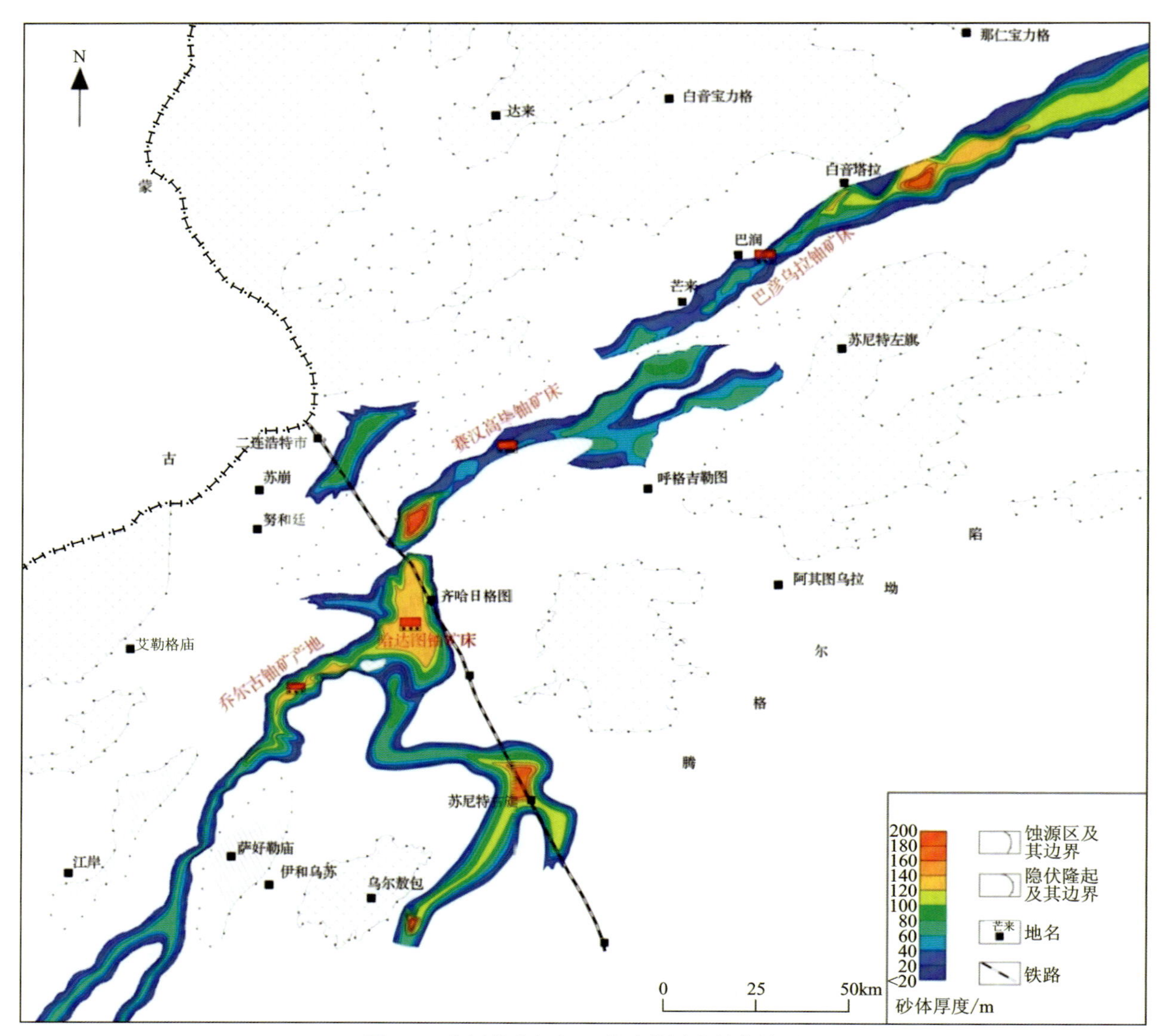

图 4-8　古河谷赛汉组上段砂体厚度等值线图

乌兰察布坳陷古河谷砂体沿乔尔古—哈达图—赛汉高毕—古托勒—准棚一线发育，总体上呈北东向宽带状展布，在不同地段发育特征有所不同。乔尔古地段沿脑木根凹陷古河谷长轴方向呈南西-北东向发育，经脑木根凹陷与格日勒敖都凹陷汇入哈达图古河谷，砂体厚 27～136m，平均 110m，且多被隔开成 1～2 层，宽 3～8km(图 4-8)；哈达图地段古河谷长轴方沿格日勒敖都凹陷呈南西—北北东向发育，砂体厚 53～162m，平均 120m，两侧砂体厚 40～80m，且多被隔开成 2～3 层，宽 10～20km，长约 40km；赛汉高毕地段古河谷沿准宝力格凹陷长轴方向东西向发育，砂体厚 12～63m，平均 20m，砂体长 60km，宽 5～10km；古托勒地段古河谷主要沿古托勒凹陷长轴方向由西向东发育，砂体厚 22～77m，平均 28m，砂体长约 40km，宽 3～6km；准棚地段砂体厚 0～26m，平均 12m。

马尼特坳陷古河谷砂体沿芒来—巴润—巴彦乌拉—白音塔拉—那仁一线发育，沿坳陷呈北东向带状展布，长 120km，宽 20～50km，砂体厚 20～150m，埋深 100～350m，具有东深西浅、东厚西薄的特点，在不同地段发育特征也有所不同(表 4-1)。芒来地段砂体厚 10～79m，平均 41m(图 4-8)；巴润地段古河谷砂体厚 12～70m，平均 45m；巴彦乌拉地段古河谷砂体厚 12～70m，平均 66m；白音塔拉地段古河谷砂体厚 15～110m，平均 72m；那仁地段古河谷砂体厚 32～352m，平均 50m。

古河谷赛汉组上段含砂率等值线图反映(图 4-9)，含砂率等值线展布与砂体等厚线展布基本一致，即古河谷长轴线沿北东向展布，古河谷中心部位含砂率高，向南、北两侧逐渐变低。含砂率值总体在 30%～80%变化，反映以河道充填沉积为主的特征。其古河谷长轴线附近含砂率在 50%～90%变化，以辫状河道沉积为主，边缘含砂率在 20%～40%变化，说明从古河谷中心到边缘，泥岩累计厚度和层数逐渐增加，沉积相也向洪泛或边缘相转变。以上特征说明：靠近河谷中心部位地层含砂率高，河道内泥岩夹层少，或呈透镜状，砂体连通性好，有利于后期含氧水的渗入及铀成矿。

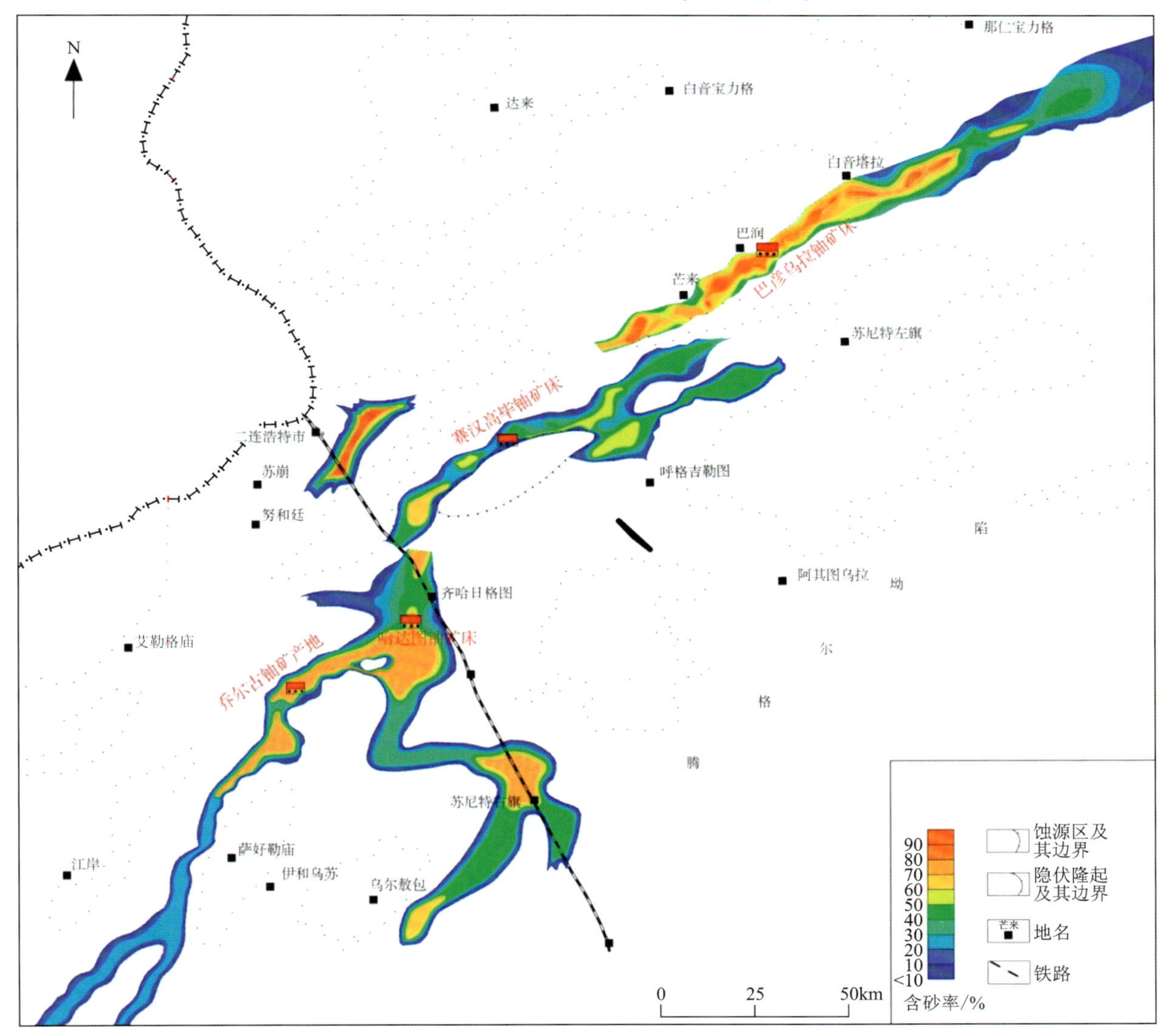

图 4-9　古河谷赛汉组上段含砂率等值线图

第二节　古河谷赛汉组上段沉积体系分析

通过对岩芯、测井、垂向序列、地震剖面等的研究分析发现，在二连盆地赛汉组上段共识别出 4 种主要的沉积体系，分别是辫状河沉积体系、冲积扇沉积体系、辫状河三角洲沉积体系、湖泊沉积体系(表 4-2)。

表 4-2　二连盆地中东部古河谷赛汉组上段发育主要沉积体系类型

沉积体系	成因相组合	成因相
辫状河	河道充填组合、河道边缘、泛滥平原	心滩(纵向沙坝、侧向沙坝)、河堤岸、越岸沉积
冲积扇	扇根、扇中、扇端	
辫状河三角洲	三角洲平原	分流河道、分流间湾、天然堤、决口河道、决口扇、越岸沉积、泥炭沼泽、小型湖
	三角洲前缘	水下分流河道、河口坝、席状砂、水下分流间湾
	前三角洲	
湖泊	滨浅湖	

辫状河沉积体系主要发育于巴-赛-齐古河谷西部乔尔古—赛汉高毕地段，主要沿着乌兰察布坳陷中央轴线发育；辫状河三角洲沉积体系发育在古河谷中部的古托勒地段与马尼特坳陷芒来—那仁宝力格地段；湖泊沉积体系主要发育在古河谷的东部，为辫状河三角洲的远端；冲积扇沉积体系主要发育于古河谷的两侧(图 4-10)。

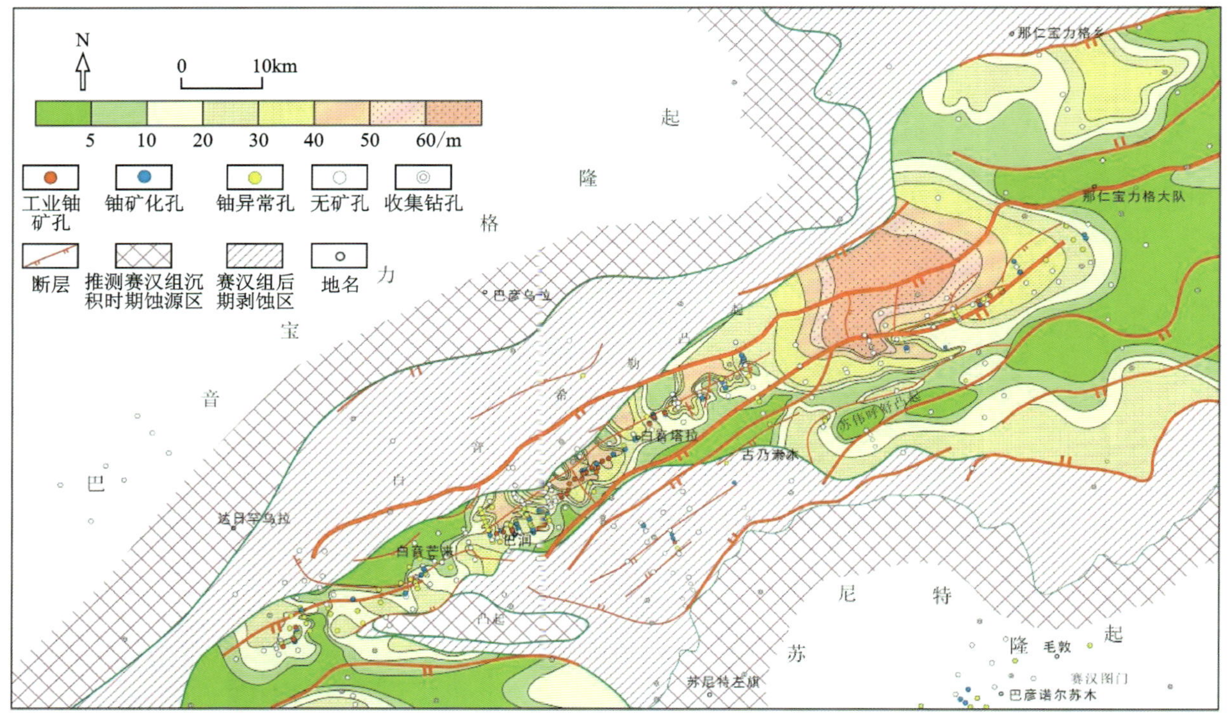

图 4-10　古河谷东部(马尼特坳陷西部)赛汉组上段砾岩厚度图

一、古物源体系分析

古河谷西部砾岩厚度图(图4-11)反映砾岩厚度高值区(砾岩厚度大于30m)为主要河道发育区。区内赛汉组砾岩的平均厚度为31.7m,主要的高值带位于哈达图地区,砾岩厚度最厚的达到127.5m,呈现多个方向展布的朵体形态。砾岩厚度总体分布特征是西厚东薄(图4-10),最大的高值带位于哈达图地区,古托勒地区、呼格吉勒图地区和宝日花大队地区也分布几个小型的砾岩厚度高值区,同时在脑木根凹陷北缘、齐哈日格图凹陷和古托勒凹陷呈现纵向分布特征。它的分布既具有连续性,又具有分段性,在纵向的砾岩厚度高值区,每个分段的高值区代表了一个物源的供给,也反映了乔尔古—哈达图—赛汉高毕地区赛汉组铀储层是由多物源供给的多个冲积扇-辫状河组合叠加而成的。多个不同地段高值区反映了物源口,物源口不仅从砂分散体系和砾岩厚度方面有反映,在剖面对比及粒度的对比上也有直接证据。这一特征基本上与地层厚度高值区分布呈明显的正相关性,反映了物源主要源自苏尼特隆起和巴音宝力格隆起。

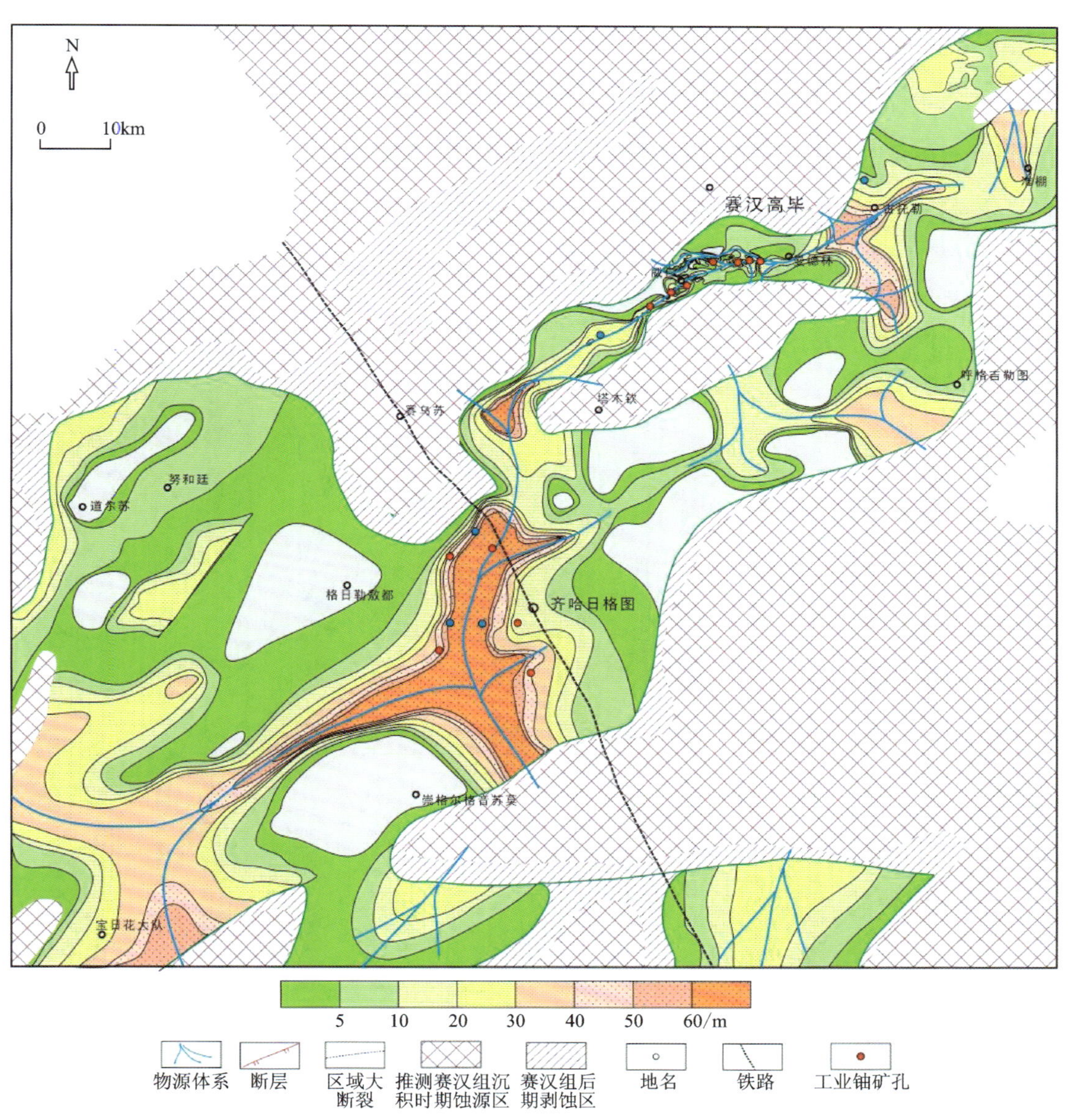

图4-11　古河谷西部(乌兰察布坳陷中东部)赛汉组上段砾岩厚度图

古河谷东部赛汉组上段的砾岩厚度表征主干河道的分布区域，能反映赛汉组上段的物源体系。砾岩厚度分布具有明显的不均一性，呈现多个北西-南东向的高值区。赛汉组上段的砾岩平均厚度为23.1m，发育多个大范围的高值带（砂体厚度大于30m），砾岩厚度最厚达到60m，总体呈北东-南西向带状展布，局部发育多个北西-南东向高值区，反映了主要的物源方向。砾岩厚度总体分布特征是西薄东厚，单个物源的趋势是由北西向南东砾岩厚度值逐渐减小。砾岩厚度高值带是骨架砂体的具体表现（图4-10）。由于剥蚀作用的存在，赛汉组呈现“锅底”状，两侧地层被剥蚀。粒度上，紧靠F_1断裂的赛汉组上段沉积粒度较粗，往南东沉积物粒度变小，几乎所有的剖面都表现为这一规律。这反映了物源方向为从北西向南东发育，物源主要来自巴音宝力格隆起。源于巴音宝力格隆起的物源影响范围巨大，控制了包括马尼特坳陷西部古河谷赛汉组上段大部分区域。

古河谷砂体发育特征主要表现在以下几个方面：①赛汉组上段的“带状”砂体是多个物源体系的组合；②赛汉组上段的“带状”砂体是遭受剥蚀残留下来的砂体；③多个“侧向”物源实际上是“带状”砂体的主要物源方向；④古河谷赛汉组上段多物源和剥蚀残留特点实际上反映了整个二连盆地赛汉组的沉积特点；⑤“侧向”物源与主要的顺坳陷中心的带状砂体重叠的区域是成矿的重要部位。

二、辫状河沉积体系及其典型成因标志

辫状河沉积体系主要发育在古河谷西部乔尔古—哈达图—赛汉高毕地段（图4-12）。

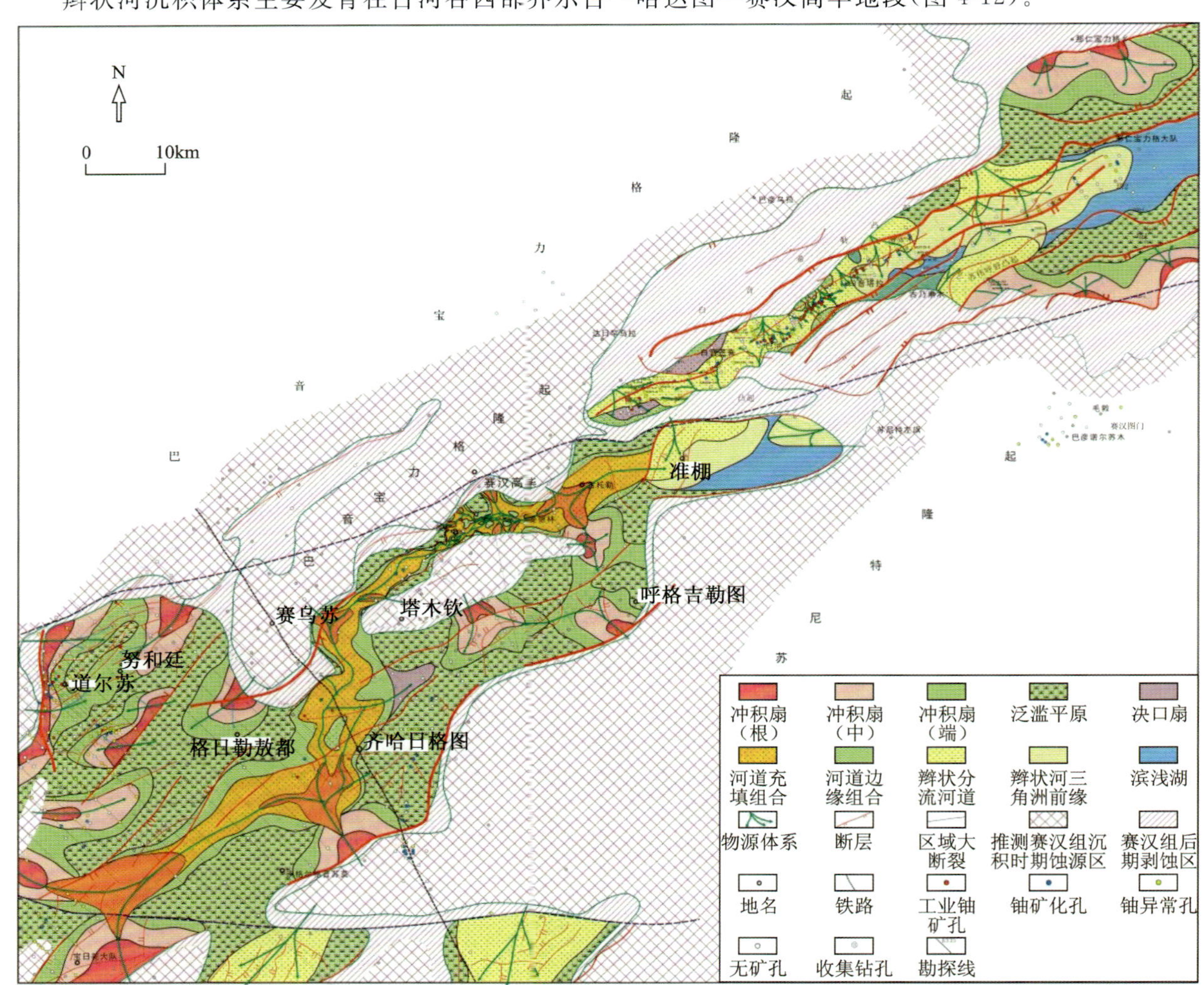

图4-12　二连盆地赛汉组上段古河谷成矿带沉积体系图

1. 河道充填组合

赛汉组上段早期辫状河道沉积时由于古地理坡降大，仍受微弱断陷控制，沉积物以粗碎屑沉积为主，在物源供给充分、可容空间减小的背景下致使河流具较强的下切侵蚀能力，常见粒径大于5cm、厚度大于10m的砾石层(图4-13)。垂向上由多层砂岩叠合而成，单层一般为30～100m，往往在河道最底部或冲蚀坑之上存在滞留沉积，多见泥砾、树干、砾石和粗砂等，主要表现形式为河道底部滞留沉积、点坝或沙坝，岩性为大段浅灰色、蓝灰色及黄色松散中粗砂岩、砂质砾岩夹绿色泥岩、粉砂岩和含砾泥岩，电阻率曲线表现为箱形。赛汉组上段中期，准平原化程度相对较高，河道充填砂体以粗、中砂岩为主，单层砂体厚度比赛汉组下段明显减小，一般为10～60m，沉积构造主要为板状交错层理和槽状交错层理。垂向上由下粗上细的不完整正韵律砂体叠置组成，具有多个正韵律层叠加现象。赛汉组上段晚期准平原化程度进一步提高，河道沉积区出现频繁的泥砂互层，砂体连通性减弱，在电阻率测井曲线形态上表现为齿形，以大面积的泛滥平原红色泥岩沉积为特色(图4-14、图4-15)。

EZK450-1767，485m，赛汉组上段底部砾质辫状河沉积

EZK928-2415，470m，赛汉组上段底部砾质辫状河沉积

图4-13　古河谷西部(哈达图地段)古河谷赛汉组上段砾质辫状河道充填

(1)砾质辫状河。砾质辫状河在乔尔古—赛汉高毕地段赛汉组下段最为特征，最为发育。在E800-2287孔附近厚度大，最厚达到127m。正如图4-13所示的那样，极大的宽厚比(宽/厚)是其最重要的特征之一。第二个特征就是具有丰富的砾石，其组构显示了明显的牵引流作用特征，如大型交错层理发育，叠瓦状构造发育，砾石的磨圆度和分选性一般，可以反映出该区砾质辫状河的物源来自苏尼特隆起源区的冲积扇。

(2)砂质辫状河。古河谷西部乔尔古—赛汉高毕地段赛汉组上段砂质辫状河较为发育。砂质辫状河以正粒序为特征(图4-14)，它除了具有较大的宽厚比(宽/厚)之外，还具有含斑(含砾)性，砂质辫状河道砂体结构成熟度比砾质辫状河相对更高，大型槽状交错层理更发育，也反映了一种高能量牵引流沉积作用。大部分钻孔中记录了砂质辫状河道的泛滥平原沉积，如河道砂体沉积之上发育的、规模有限的红色泥岩及暗色泥岩沉积等。

赛汉组上段辫状河道砂体一般由1～3个正韵律层叠加组成，单韵律层厚5～60m；岩性主要为中细砂岩、含砾中粗砂岩和砂质砾岩(图4-16)，碎屑物成分以石英为主，长石次之，岩屑以变质岩岩屑和花岗岩岩屑为主，少量火山岩，分选性中等—差，颗粒形态以次棱角状为主，胶结方式主要为孔隙式—接触式，反映了该辫状河砂体近源低成熟度沉积特征(图4-17)；砂体底板为赛汉组下段湖相、三角洲相沉积的红色、灰色泥岩，顶板为赛汉组上段和古近系洪泛沉积的红色泥岩，垂向上组成细—粗—细的地层结构，有利于铀成矿。

在测井曲线形态上，古河谷赛汉组上段为一套河流相粗碎屑岩沉积，三侧向视电阻率曲线表现为上、下界面具有突变特征的高阻值箱形—钟形组合形态。赛汉高毕地区赛汉组下段是一套在干旱、半干旱气候下形成的具有断陷控制的辫状河三角洲及滨浅湖沉积，滨岸地区及陆上发育红色泛滥平原沉积，三侧向视电阻率曲线表现为平直低阻-齿状组合特征(图4-15)。

通过对乔尔古—赛汉高毕地区进行测井相分析，可将三侧向视电阻率曲线形态作为成因标志识别

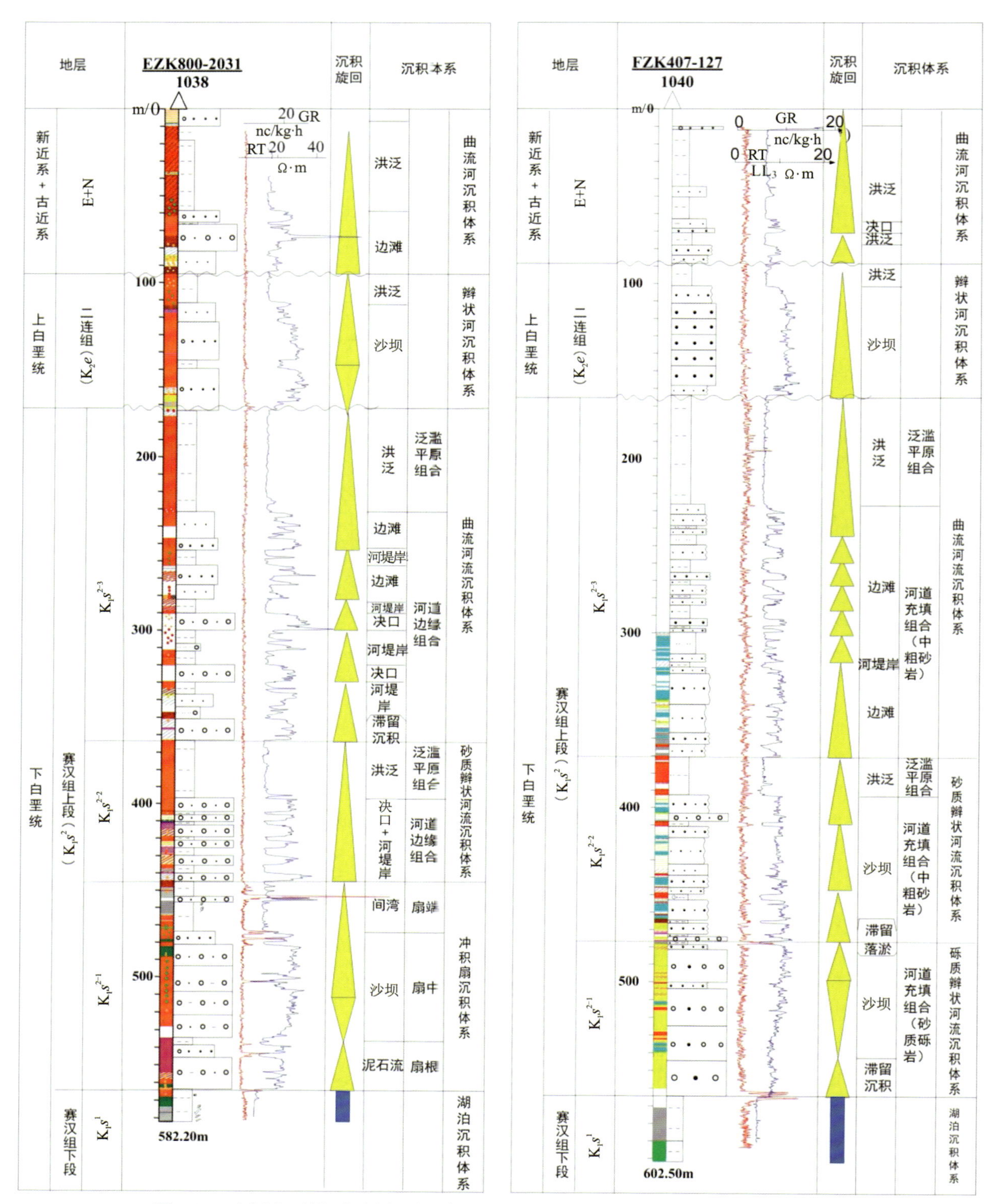

图 4-14　古河谷西部（哈达图地段）赛汉组上段沉积体系特征与钻孔测井曲线对比图

依据之一，并运用于沉积环境解释。在辫状河体系中，箱形主要对应于辫状河道充填组合，其特点是顶、底界面具有清晰的高阻突变特征，反映高能量的大段粗碎屑沉积。钟形主要对应于辫状河河道与河道边缘组合，其特点是底界面呈现高阻突变特征，向上电阻率逐渐变低，反映水动力条件的减弱或河道的侧向迁移。低阻平直状与低阻齿化状复合型主要对应于泛滥平原、小型决口沉积环境。

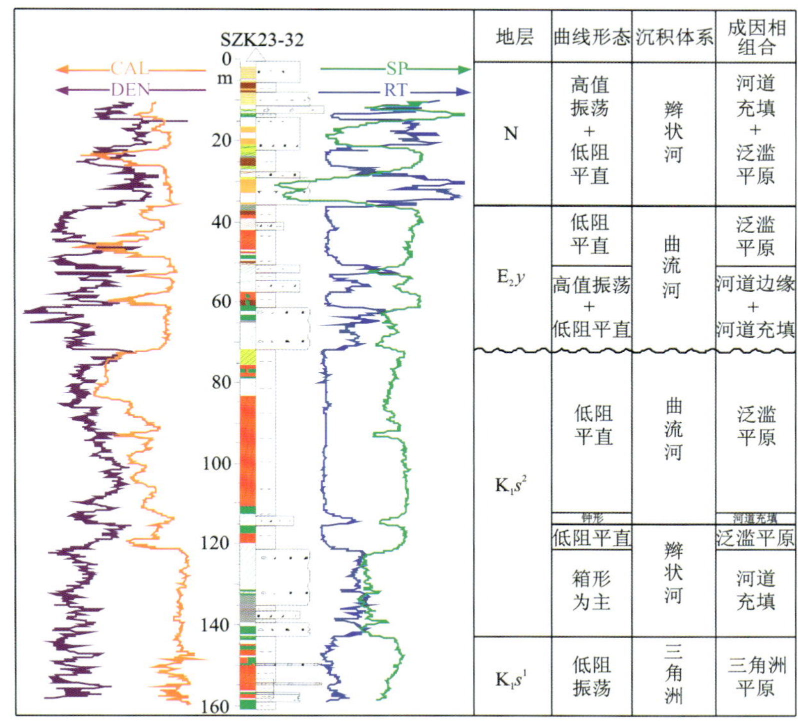

图 4-15　古河谷西部（赛汉高毕地段）古河谷赛汉组上段典型砂质辫状河沉积

EZK447-1967，662.30m，乔尔古地段赛汉组上段底部砂质辫状河沉积（含砾粗砂岩）

EZK1023-2103，343.50m，乔尔古地段赛汉组上段砂质辫状河沉积（岩石被氧化成黄色）

图 4-16　古河谷西部（乔尔古地段）古河谷赛汉组上段砂质辫状河道充填岩芯照片

2. 河道边缘组合

天然堤位于河道两岸，高于河道并分隔泛滥平原，是洪水期由洪水中携带的沉积物在河岸堆积而成，其沉积物总体以细砂、粉砂为主，靠近河道一侧沉积物厚而粗，远离河道一侧沉积物薄而细，以天然堤、决口扇及越岸沉积表现出来。电阻率曲线表现为锥形。

3. 泛滥平原组合

该组合主要分布于古河道充填沉积的上部及远离河道两侧部位，在干旱—半干旱气候条件下形成较厚的红层，岩性主要由细粒的粉砂岩、泥岩夹薄层的细砂岩构成（图 4-18），其沉积物由洪水中的悬浮物质提供。电阻率曲线表现为平直形。

EZK928-2415，252m，哈达图地段赛汉组上段弱氧化砂质辫状河砂体

EZK1248-2159，312m，哈达图地段赛汉组上段灰色砂质辫状河砂体

图 4-17　古河谷西部(哈达图地段)赛汉组上段砂质辫状河道充填岩芯照片

古河谷西部赛汉组上段以河流沉积体系为主，包括多旋回河道充填沉积和河道两侧的洪泛平原沉积。其下部河道充填砂体为灰白色、亮黄色、灰色砂质砾岩、含砾砂岩，砾径较大，多含卵石，砾石含量较高，砂体成分成熟度中等偏低，以岩屑砂岩和岩屑长石砂岩为主。砂体以粒度正韵律沉积为主，具下粗上细的特征，由于河道砂体多期叠加，往往形成多个砂体在剖面上叠加出现，其间夹有泥岩层，河道充填砂体是铀矿化的赋存场所，由下至上发育板状交错层理、小型交错层理、平行层理，局部见块状层理和波状交错层理，反映了河水能量自下而上变小的趋势。中部为灰色、灰白色中细砂岩、细砂岩与红色、褐红色泥岩互层，砂体厚度相对较小，且不连续，砂体成分成熟度中等偏高，以岩屑长石砂岩、长石砂岩和长石石英砂岩为主。上部为洪泛平原沉积，岩性主要为红色、深红色泥岩，发育大量浸染状、结核状铁锰质，局部夹粉砂岩、细砂岩，成岩度低，具可塑性，块状构造，厚 10～150m(图 4-18)。

EZK1248-2159，135.4～194.5m，哈达图地段赛汉组上段上部厚层深红色泛滥平原泥岩

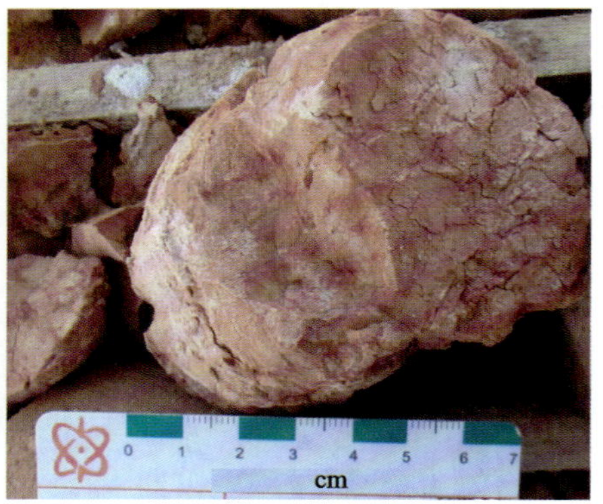

EZK1248-2159，135.4～194.5m，哈达图地段赛汉组上段中部厚层紫红色泛滥平原泥岩

EZK1248-2159，307.8m，哈达图地段赛汉组泛滥平原泥岩（黑色泥炭沼泽沉积）

EZK450-1767，495m，哈达图地段赛汉组含大量碳屑灰色泥岩泛滥平原沉积

图 4-18　古河谷西部(哈达图地段)赛汉组上段泛滥平原组合

在哈达图地区接受沉积的砂体厚度也最大，最大厚度可达 230m，从地震剖面和钻孔资料中可以看出主要发育多期河道组合(图 4-19)，第一期组合河道位于赛汉组下段，内部也发育多期次的河道，早期主要为砾质辫状河沉积，岩性主要为砂砾岩和含砾粗砂岩，河道宽 5～15km，砂体厚 30～120m，呈现出河道中心厚、两侧薄的沉积特征，晚期有向砂质辫状河转变的趋势；第二期组合河道位于赛汉组上段，为砂质辫状河沉积，岩性主要为中细砂岩夹中粗砂岩，河道宽 20～30km，砂体厚 60～100m，砂体内常夹有

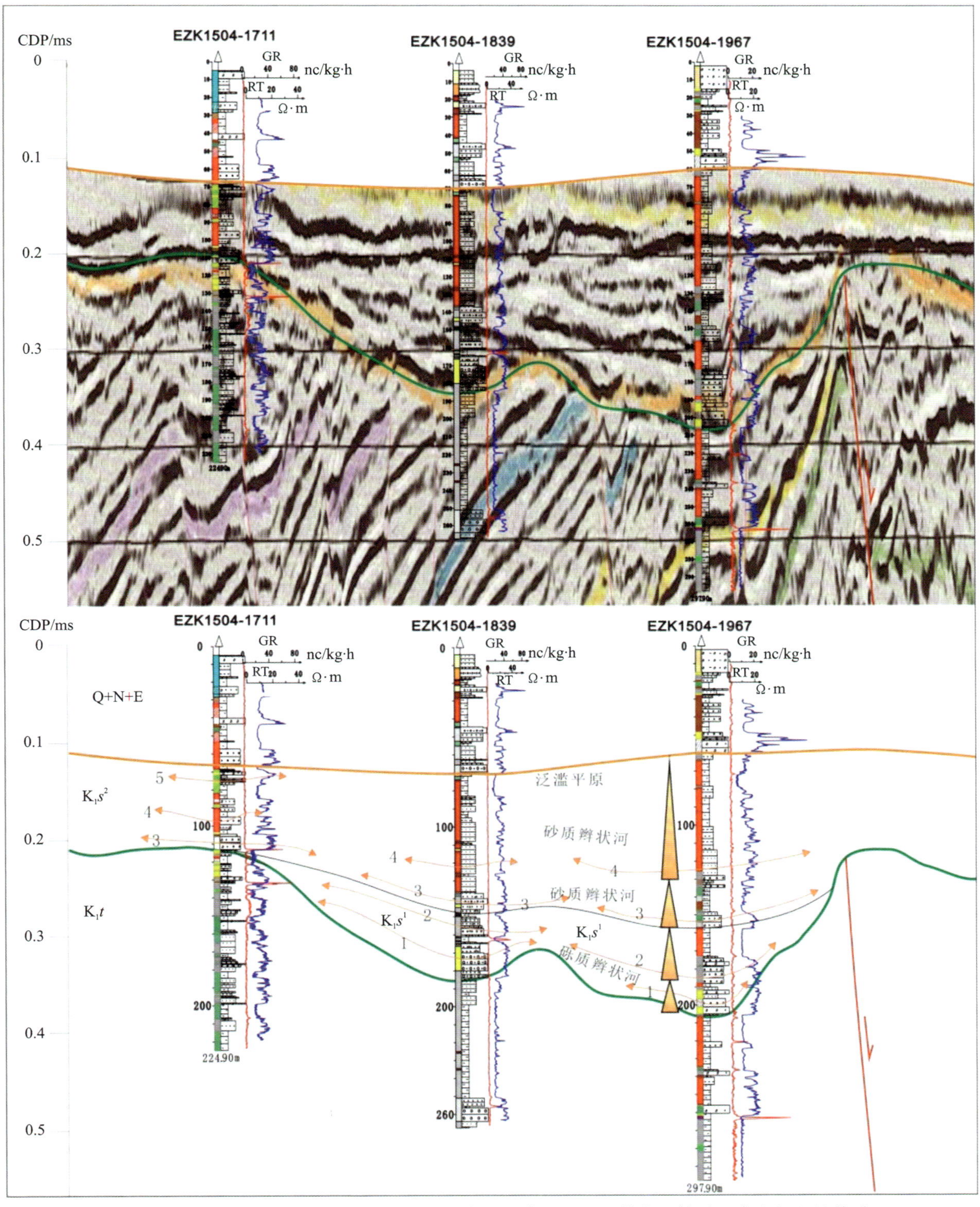

图 4-19　乌兰察布坳陷东部(哈达图地段)古河谷赛汉组上段辫状河体系组合空间配置关系

透镜状泥岩和粉砂岩，晚期河道逐渐萎缩。两期河道组合叠加在一起，形成哈达图赛汉组古河道格局，两期组合河道间主要为河流沼泽相或牛轭湖相泥岩分隔，且早期河道砂体比晚期河道砂体粗、厚，但宽度比晚期小。在赛汉高毕地段，古河道夹持在巴音宝力格隆起和塔木钦凸起之间呈北东—近东西向展布，河道比较狭窄，最窄为5km，接受沉积的砂体厚度也明显变薄，厚40～60m。在齐哈日格图地段河道两侧的格日勒敖都和呼格吉勒图凹陷洪泛平原非常发育，形成厚层的红色、深红色泥岩、粉砂岩。

图4-19反映赛汉组下段与腾格尔组呈明显的角度不整合，赛汉组下段发育深切谷砾质辫状河体系，主要有两期河道；赛汉组上段超覆明显，发育砂质辫状河体系，地震剖面与钻孔对应解释较好。

三、冲积扇沉积体系及其典型成因标志

赛汉组上段冲积扇发育于古河谷西部的南缘和苏尼特隆起的北缘之间，以及东部塔南凹陷和哈帮凹陷，均位于凹陷的边缘(图4-11)。沉积物粒度粗，分选性最差的近源沉积物以砾岩、砂质砾岩为主，夹有粉砂岩和泥岩薄层，冲积扇沉积物垂向上粗细频繁交替，层间界面不明显。冲积扇可划分为扇根、扇中、扇端亚相。扇根主要以泥石流的形式表现，扇中以河道充填沉积为主，扇端在本地区发育规模不大，多出现泥砂互层沉积。电阻率曲线表现为齿形。

四、辫状河三角洲沉积体系及其典型成因标志

辫状河三角洲通常被分为三大成因相组合：三角洲平原、三角洲前缘和前三角洲。由于陆相湖泊水体相对较浅，这给准确区分前三角洲与三角洲前缘带来了困难，因此在实际工作中较重视三角洲平原与三角洲前缘研究，而将前三角洲笼统地归入湖泊沉积体系中。

古河谷赛汉组上段辫状河三角洲沉积主要发育在古河谷的中东部(乌兰察布坳陷东部的古托勒地段与马尼特坳陷芒来—那仁地段)，空间位置上多垂直于主构造线方向发育，即北西-南东向。辫状河三角洲沉积体系可以分为三角洲平原成因相组合、三角洲前缘成因相组合以及前三角洲成因相组合，本次研究主要识别三角洲平原和前缘组合。

1.辫状河三角洲平原组合

辫状河三角洲平原上最主要的成因相是辫状分流河道，其次可见分流间湾，另外还常见决口河道、决口扇等。

(1)辫状分流河道。赛汉组辫状河三角洲平原辫状分流河道极为发育，辫状分流河道是辫状河三角洲的骨架，源于辫状河体系，所以它继承了砂质辫状河的基本特征，如极大的宽厚比和含砾性、大型交错层理发育、分选性较好等。但它又不同于辫状河道，其规模变小，且频繁向下游分岔。分岔现象通常能够通过区域砂分散体系编图而发现。三角洲沉积区域坡降比较大，辫状分流河道容易改道从而导致辫状分流河道突然废弃。突然废弃的辫状分流河道通常具有弧形的、高能量作用下的冲刷面，但是河道部分充填的是低能量的泥。辫状分流河道几乎控制整个辫状河三角洲平原，河道充填物为宽厚比高的、宽平板状的多侧向砂岩带，其岩性组合主要以灰色砂质砾岩、中粗砂岩、细砂岩组成，碳屑常见。岩石构造以槽状交错层理最为常见，测井组合以齿化箱形、钟形为主；总体表现为正粒序(图4-20)。

辫状分流河道以富砂的正粒序为特征，它除了具有较大的宽厚比(宽/厚)之外，含斑(含砾)性也极为突出，河道砂体结构成熟度相对更高，分选性好，大型槽状交错层理更发育，表明这是一种高能量牵引流沉积作用的结果，最终在那仁以东地段入湖(图4-21、图4-22)，通常也见砾质辫状分流河道和砂质辫状分流河道。砂质辫状分流河道砂体疏松，胶结程度低，一般含大量碳化植物茎干、碳屑和黄铁矿结核(图4-22)。通常在一些钻孔中记录了决口沉积(图4-22)。

由于受到湖泊和河流作用的双重影响，辫状河三角洲沉积体系在发育过程中具有两种固有的、不同的垂向序列。在三角洲前缘地区，随着时间推移，其沉积物粒度变粗，砂岩增多且厚度逐渐增大，表现出一种

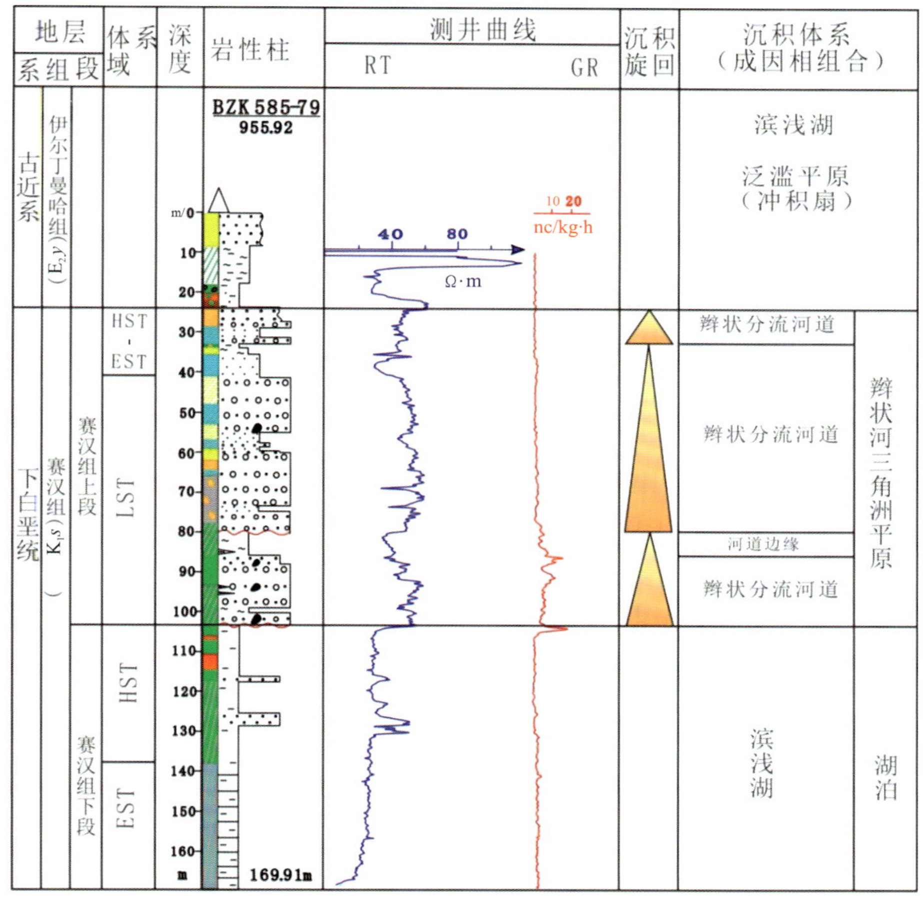

图 4-20　古河谷东部赛汉组上段辫状河三角洲平原典型辫状分流河道沉积

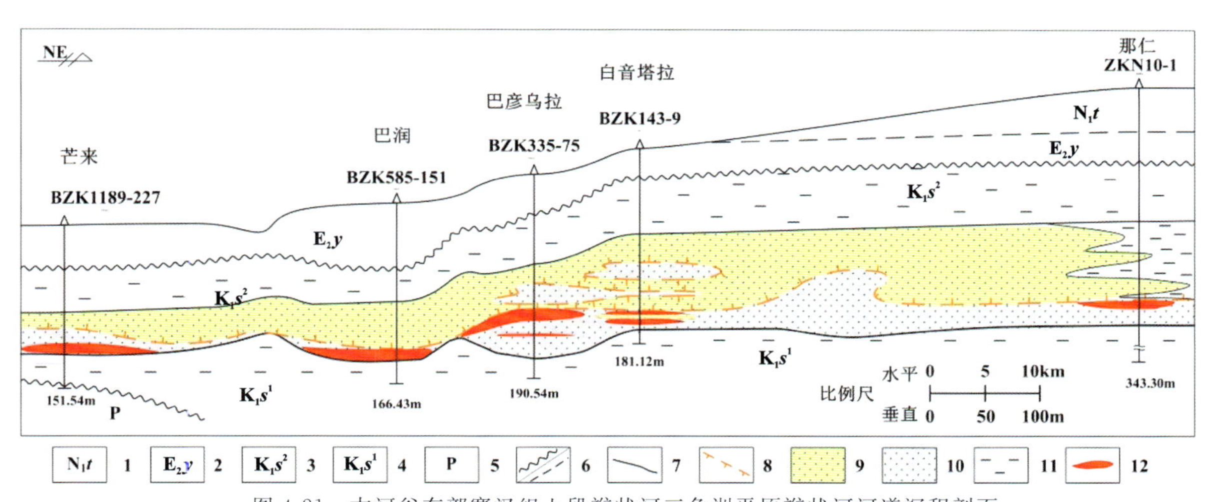

图 4-21　古河谷东部赛汉组上段辫状河三角洲平原辫状河河道沉积剖面

1. 通古尔组；2. 伊尔丁曼哈组；3. 赛汉组上段；4. 赛汉组下段；5. 二叠系；6. 地层角度不整合/平行不整合接触界线；7. 岩性界线；8. 氧化带前锋线；9. 完全氧化带；10. 还原带；11. 泥岩隔层；12. 铀矿体

倒粒序结构，这也是三角洲沉积体系的共有特色。在三角洲平原上，由于河流作用占主导地位，所以其固有的正粒序特征明显。在三角洲平原地区，如果下伏保留了三角洲前缘，那么由下向上先倒粒序再正粒序的垂向序列就会很好地表现出来，这也是我们通常所说的三角洲沉积体系的典型序列（图 4-23）。倒粒序体现了三角洲的进积作用，个别地震剖面上的“S”形终端反射结构可能是其最好的表现（图 4-24、图 4-25）。

ZKBY3-3，86m，灰色砂质辫状分流河道石英砂岩

ZKBY3-5，101m，赛汉组上段砂质辫状分流河道中的粗大碳化植物茎干

ZKBY4-5，117m，赛汉组上段砂质辫状分流河道沉积

BZK617-85，52m，黄色氧化的粗砂质辫状分流河道沉积

图 4-22　赛汉组上段辫状河三角洲平原砂质辫状河河道沉积典型照片

地层（系 组 段）　体系域　深度　岩性柱　测井曲线（RT　GR）　沉积旋回　沉积体系成因相（组合）

BZK335-51

古近系　伊尔丁曼哈组（E_2y）　滨浅湖　泛滥平原（冲积扇）

下白垩统　赛汉组（K_1s）　赛汉组上段　HST+EST　越岸沉积

LST　辫状分流河道　天然堤　辫状分流河道　天然堤　辫状分流河道　决口扇　决口河道　决口扇　辫状河分流河道

赛汉组下段　HST　滨浅湖　湖泊

150.80m

图 4-23　BZK335-51 赛汉组上段辫状河三角洲平原辫状分流河道沉积

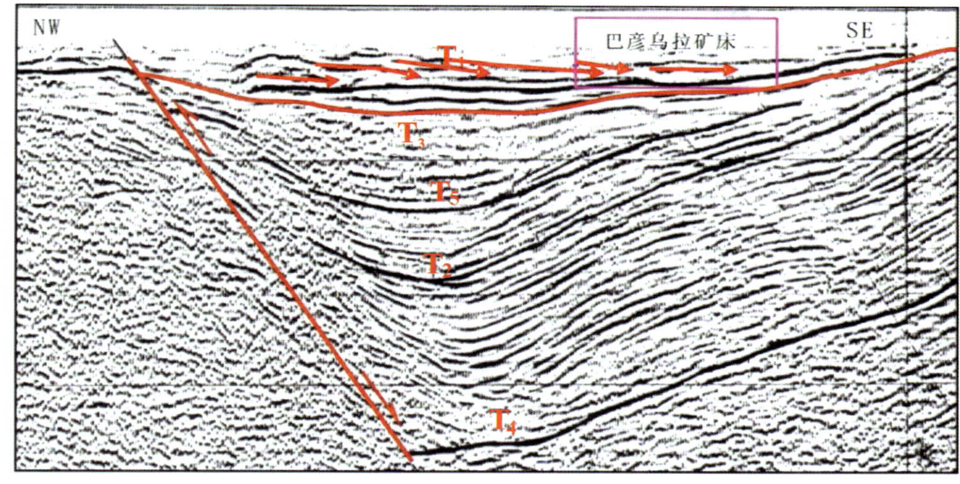

图 4-24　EH38 地震剖面上赛汉组三角洲典型前积结构(T_3 之上为赛汉组)

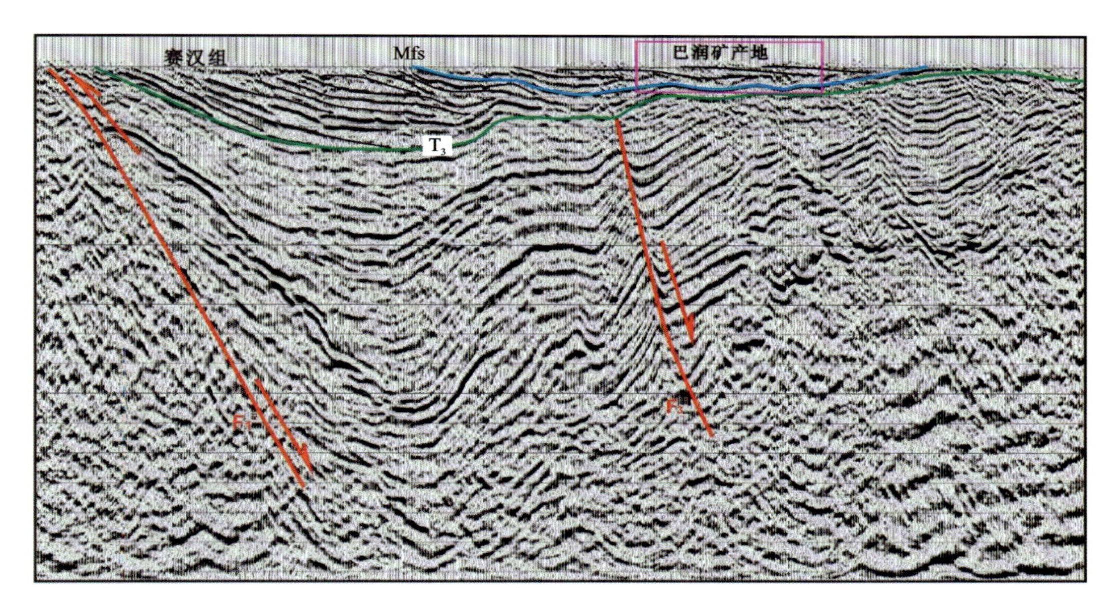

图 4-25　2011-D01 地震剖面上赛汉组三角洲典型前积结构(T_3 之上为赛汉组)

(2)分流间湾。分流间湾是分流河道间的洼地,间洪期主要接受泥质沉积物并接受生物作用的改造。如图 4-26 所示的各种暴露标志主要发育于分流间湾中。在洪泛期,分流间湾可以接受越岸沉积物、决口沉积物等。决口扇通常位于辫状分流河道边缘,呈扇状分布。但局部见到的决口扇往往显示为板状砂体,有时具有平直的底界面,预示着一种面状的突发决口事件。但决口事件持续发育时,就有可能在决口扇的上游形成相对固定的透镜状水道——决口河道,其规模远小于辫状分流河道。

分流间湾岩性组合以灰色粉砂岩、泥岩为主,含薄煤层,但其煤层分布极为有限。泥岩中含大量碳屑(图 4-26),通常含少量砾石。泛滥平原沉积中通常会出现决口河道或决口扇沉积夹层。

2. 辫状河三角洲前缘组合

辫状河三角洲前缘主体位于水下。岩性组合以中细砂岩、粉砂岩以及泥岩为主,发育砂泥互层结构,测井组合以钟形—漏斗型、指型为主,总体表现为倒粒序。在辫状河三角洲前缘组合中,水下分流河道、河口坝沉积和三角洲前缘泥是比较重要的成因相。在实际野外的岩芯编录过程中,泥岩常见灰色、灰绿色、绿灰色,砂岩呈灰色、浅灰色,反映弱还原条件下浅水湖泊环境的沉积特征,而不是河流相的暴

BZK128-55，130m，三角洲平原分流间湾陆生植物化石

BZK128-55，131m，三角洲平原分流间湾水生植物化石

BZK95-0，111m，赛汉组上段煤层，分流间湾

BZK223-49，108m，碳屑，分流间湾泥岩

图 4-26　赛汉组上段辫状河三角洲平原分流间湾沉积

露氧化条件下形成的沉积。

(1)水下分流河道。水下分流河道是平原亚相中辫状分流河道入湖后在水下的延续部分，其沉积特征类似于辫状河道砂体，相对于平原的辫状分流河道的沉积物，该段的砂岩颜色一般呈还原色，沉积物粒度较三角洲平原的辫状分流河道细(图 4-27)，通常以砂为主，局部见砾石。砂岩或是含砾砂岩中泥质杂基含量较少，呈颗粒支撑。砂体总体呈层状，分布稳定，但内部往往由若干个下粗上细的砂岩透镜体相互叠置而成(图 4-27)。三角洲前缘常见前三角洲、远端河口坝、近端河口坝到水下分流河道的倒粒序结构及测井曲线特征，这是典型的三角洲进积的表现(图 4-27)。

(2)河口坝。近端河口坝位于水下分流河道的前缘及侧缘。岩性组合为中、细砂岩，局部为含砾细砂岩(图 4-27～图 4-29)。该段岩石以具有较好的分选磨圆为特征，自下而上多显示由细变粗的反韵律特征(图 4-27)。远端河口坝砂体较薄，为辫状河三角洲前缘末端沉积，由粉砂岩和细砂岩组成，同前三角洲泥质沉积物呈薄互层状频繁交互(图 4-27～图 4-29)。远端河口坝以粉砂岩和泥岩为主，夹砂岩，粒度较细，水平纹理和小型交错层理发育(图 4-28、图 4-29)。近端河口坝沉积以砂岩为主，通常为中砂岩、细砂岩，夹少量粉砂岩和泥岩，小型交错层理发育(图 4-27)。

(3)三角洲前缘泥。三角洲前缘泥是三角洲牵引流作用间歇期的一种背景细粒沉积物，具有湖泊沉积性质。它通常与河口坝砂体或者水下分流河道砂体呈互层结构，但是从远端河口坝向近端河口坝，三角洲前缘泥所占比例逐渐减少(图 4-28、图 4-29)。

由于辫状河三角洲前缘总体位于水下，因此覆水的成因标志较为发育，但由于赛汉组滨浅湖发育，不具备深湖-半深湖的背景，水体较浅，因此也可见到部分极浅水或者暴露标志，如粗大的动物潜穴等(图 4-29a、b)。由于覆水，因此液化变形构造也较为发育。

三角洲前缘小型交错层理极为发育，在细小碳屑含量较多的情况下，碳屑通常顺层分布，呈层理状(图 4-29e)。三角洲前缘河口坝沉积以粉砂岩、泥质粉砂岩和粉砂质泥岩互层为特色，表现为典型的小

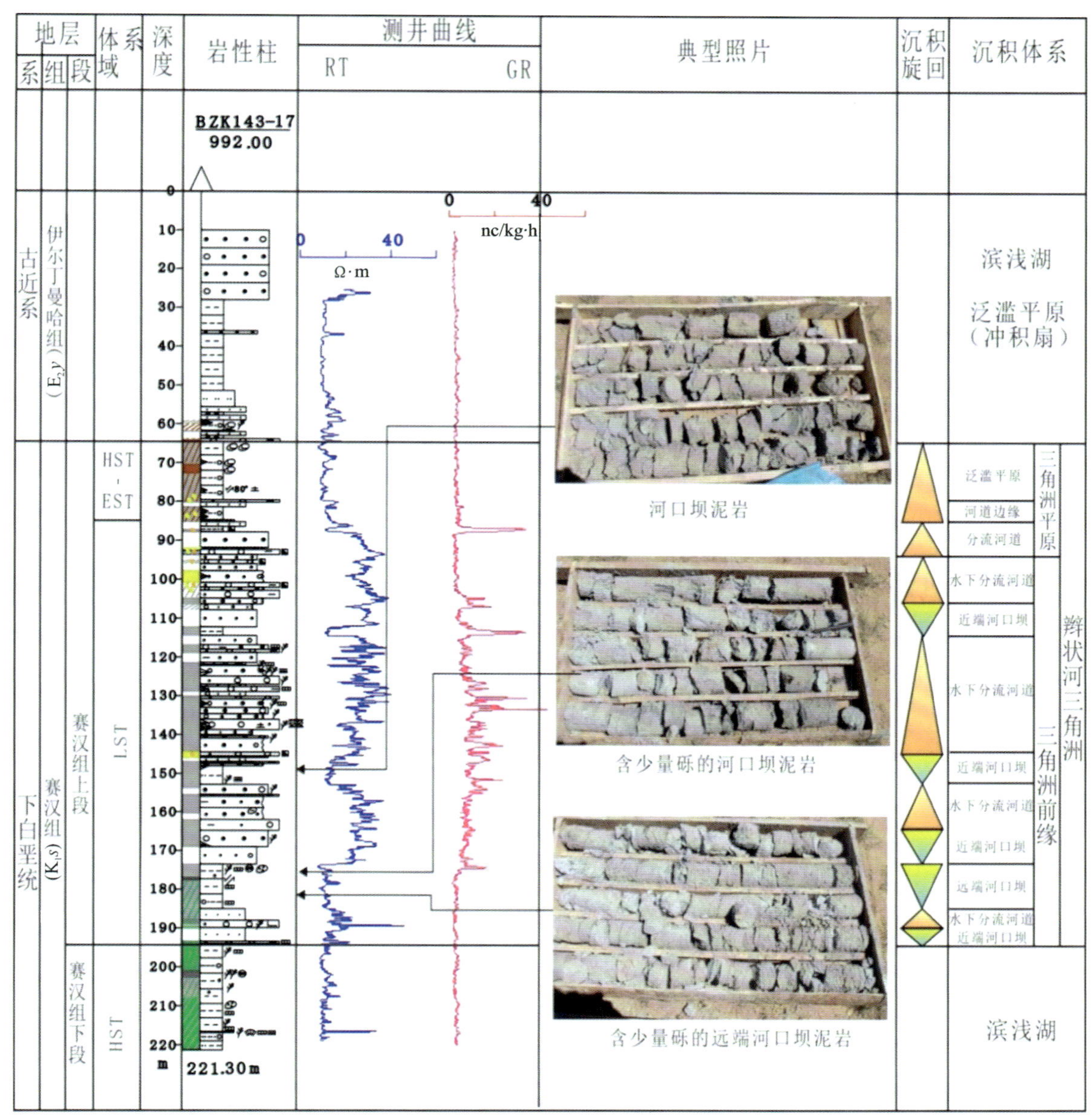

图 4-27　辫状河三角洲前缘倒粒序特征

型交错层理(图 4-29b、d、f)。

五、湖泊沉积体系及其典型成因标志

湖泊沉积体系发育在古河谷的中部准棚地段与东部的那仁—伊和高勒地段，主要为滨浅湖，以暗色泥岩为特征，夹有薄层粉砂岩及细砂岩，见较多的浅水动物化石。岩芯中以水平纹理、块状构造为主，大段厚层湖相泥岩中夹有薄层砂岩(图 4-30)，其底部为突变的接触关系，代表重力流性质的湖相沉积物，可能与河口较大规模的洪水事件有关(图 4-30e、f，图 4-31 右)。代表浅水的典型沉积标志有粗大的动物潜穴和液化变形构造。滨浅湖沉积有时与三角洲前缘沉积难以区分。广义上讲，三角洲前缘沉积实际上相当于三角洲沉积区的滨浅湖。

赛汉组上段处于断拗转换晚期，湖泊体系不发育，湖泊沉积体系主要为滨浅湖沉积，岩性组合以灰色、绿色泥岩为主，发育水平纹理(图 4-30a、b、c)，湖泊泥岩中多见黄铁矿结核(图 4-30d)，测井曲线表现

图 4-28　赛汉组上段具小型交错层理和水平纹理的河口坝粉砂岩

a. BZK128-8；b. BZK128-23；c. BZK128-50；d. BZK64-21

为平直形—微齿形(图 4-31)，显示水动力能量较弱，但偶见浅水重力流(图 4-30e、f)。

在赛汉组上段中，还识别出了滨浅湖沉积体系。湖泊分布范围位于三角洲前缘远端，滨浅湖沉积与三角洲前缘互层。由于赛汉组不具备深湖-半深湖的背景，滨浅湖沉积实际分布范围与辫状河三角洲前缘重叠。相对较深的湖泊分布于准棚、那仁宝力格及其以东区域。

通过分析古河谷赛汉组上段沉积体系，我们对二连盆地赛汉组上段的沉积体系认识主要表现在以下几个方面。

(1)古河谷成因方面。赛汉组上段的"带状"辫状砂体是多个冲积扇-辫状河体系的组合，反映了断拗转换期的末期盆地边缘冲积体系推进到湖盆中心、湖泊极大萎缩或消失、以冲积-辫状沉积为主的特征；"带状"辫状砂体内部由多期次的多个河道充填相互冲刷叠加而成。

(2)古河谷遭受改造方面。赛汉组上段盆地边缘冲积扇往往遭受剥蚀，盆地中部残留"带状"砂体。

(3)沉积控制成矿方面。"侧向"的冲积-辫状体系与轴向砂带重叠的区域是成矿的重要部位。

(4)古河谷规模方面。二连盆地中部圈定了一条南西-北东向赛汉组古河谷，长约 360km，宽 3～30km。其中在乌兰察布坳陷东部的乔尔古—哈达图—赛汉高毕—古托勒—准棚地区，沿脑木根、齐哈日格图、古托勒、准棚等凹陷中央纵向发育，长约 200km，宽 3～30km(图 4-1、图 4-12)。垂向上显示 1～3 个正韵律叠置层，河道充填砂体为亮黄色、褐红色、灰色砂岩、砂质砾岩等，单层砂体厚 7.2～120.0m，由多旋回构成，并且上部砂体具有强烈的后生氧化作用。河道砂体发育垂向或顺向的潜水、潜水-层间的氧化作用，在氧化-还原界面附近的灰色砂体中往往铀富集成矿。

马尼特坳陷西部的白音芒来—巴润—巴彦乌拉—白音塔拉—那仁地区也圈出了赛汉组上段古河谷，主要由辫状河沉积体系及辫状河三角洲沉积体系组成。辫状河分流河道沉积发育于那仁 N63 线以西，主要由辫状分流河道充填组合组成，砂带规模大，长约 140km，宽 3～12km(图 4-25)，砂体厚度 20～200m，由多个正韵律叠置而成，岩性主要为中粗砂岩、砂质砾岩。每个韵律层的顶部泥岩、粉砂岩通常

赛汉组上段三角洲前缘河口坝灰色泥质粉砂岩中的垂直动物潜穴（BZK64-21）

BZK360-48，474m，垂直动物潜穴

赛汉组上段三角洲前缘河口坝灰色泥岩、粉砂岩中的液化变形构造（BZK64-21，260m）

BZK128-55，185m，远端河口坝沉积互层

赛汉组上段三角洲前缘河口坝砂体中大量顺层分布的碳屑（BZK64-21）

ZKG2-3，79m，远端河口坝泥质粉砂岩与粉砂质泥岩互层

图 4-29　辫状河三角洲典型河口坝沉积

缺失或很薄，致使砂体连通性好，构成地下水良好的运移通道和储铀空间。辫状河三角洲前缘主要发育于那仁宝力格 N63 线以东，砂带有一定规模，长约 20km，宽 5～10km，主要由三角洲平原和三角洲前缘组成，该地段泥岩层发育，层数较多，垂向上可见多个泥—砂—泥地层结构的叠合。已发现的铀矿（化）体主要产于水下分流河道砂体中。

ZKN5-4，215m，滨浅湖，水平纹理湖泊泥岩

BZK360-48，398m，浅水湖泊泥岩

BZK128-23，206m，浅水湖泊泥岩

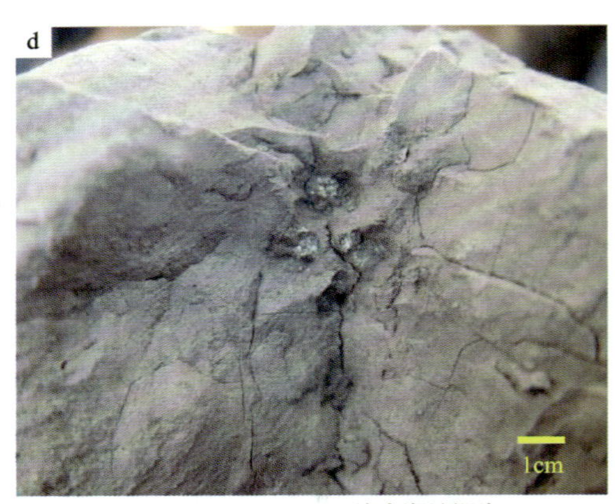

BZK143-35，224m，浅水湖泊泥岩

BZK128-23，262m，含砂砾泥岩，浅水重力流

BZK143-35，220m，泥质砂砾岩，浅水重力流

图 4-30　古河谷东部赛汉组上段滨浅湖沉积典型照片

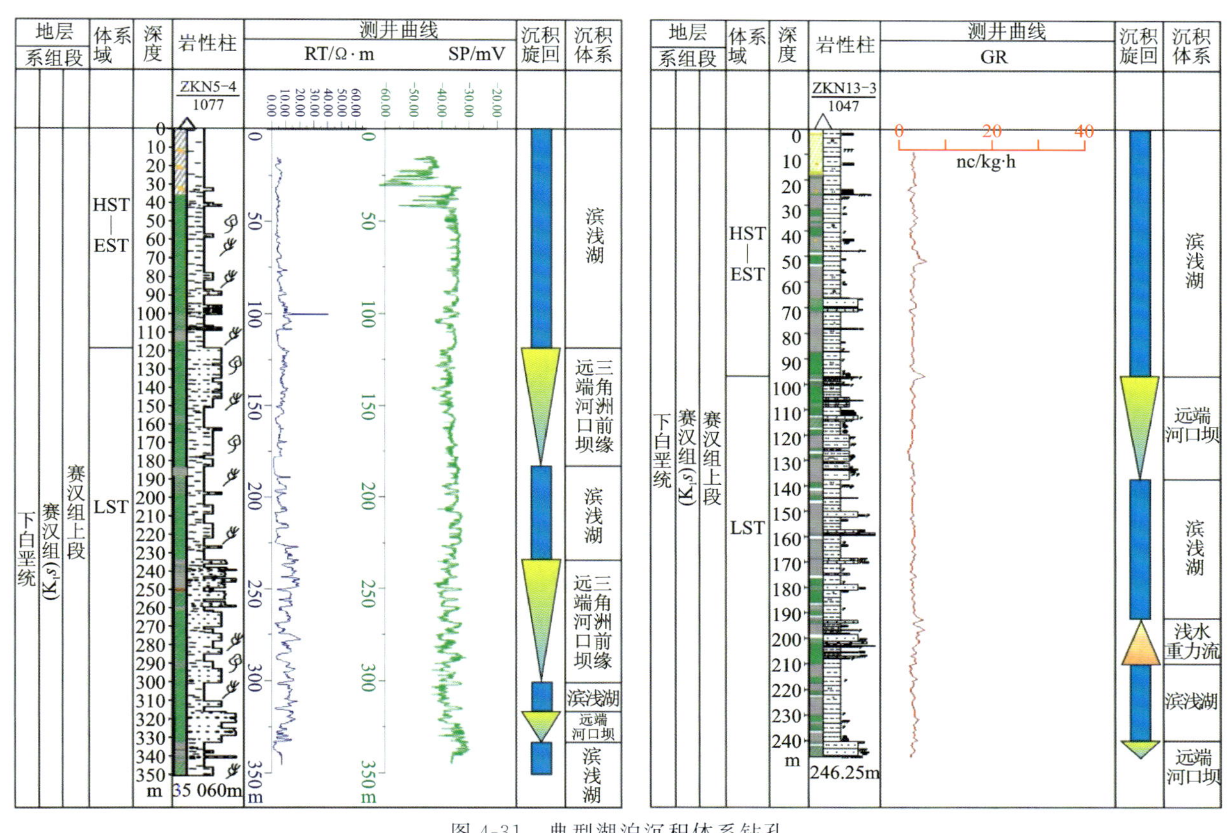

图 4-31　典型湖泊沉积体系钻孔

第五章　典型古河谷型铀矿床特征

在二连盆地古河谷赛汉组上段先后发现了巴彦乌拉、巴润、芒来、赛汉高毕和哈达图等古河谷型砂岩铀矿床及乔尔古、道尔苏、宝拉格、那仁、桑根达莱等铀矿产地(图5-1),显示出了二连盆地古河谷型砂岩铀矿具有较大的成矿潜力。铀矿化受古河谷砂体控制非常明显,各矿床位于古河谷中央地形相对低洼地带内,铀矿体的总体分布与古河谷的空间展布方向一致,均为盲矿体。各矿床成因类型上具有相同的特点,但受古河谷赛汉组上段岩性-岩相条件、还原剂容量、后期构造改造程度、氧化带发育方向及规模等影响,在成矿环境、矿化特征和控矿因素等方面又具有一定的差异性。

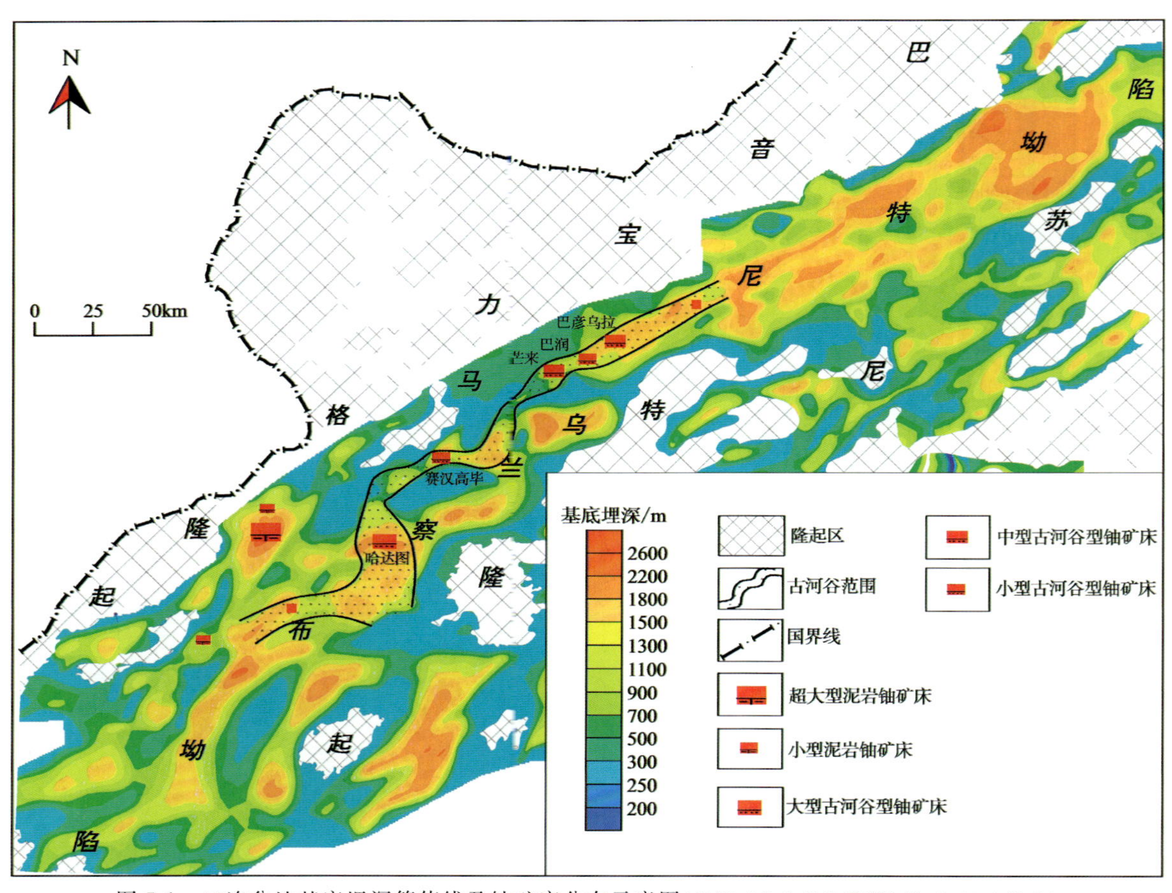

图5-1　二连盆地基底埋深等值线及铀矿床分布示意图(据核工业北京地质研究院,2015有修改)

第一节　巴彦乌拉铀矿床特征

一、铀储层特征

巴彦乌拉铀矿床位于古河谷东部，形成于马尼特坳陷塔北凹陷中央洼地一带，受负地形地貌影响较大，南北两侧底板高（海拔800～880m），向中部变低（760～840m），即古地形从两侧向河谷中心倾斜，且北部底板较南部高，坡降相对较陡（图5-2）；走向上西部高（830～880m）、东部低（760～820m），与古河谷的发育方向一致，但底板地形总体变化较缓（图5-3）。

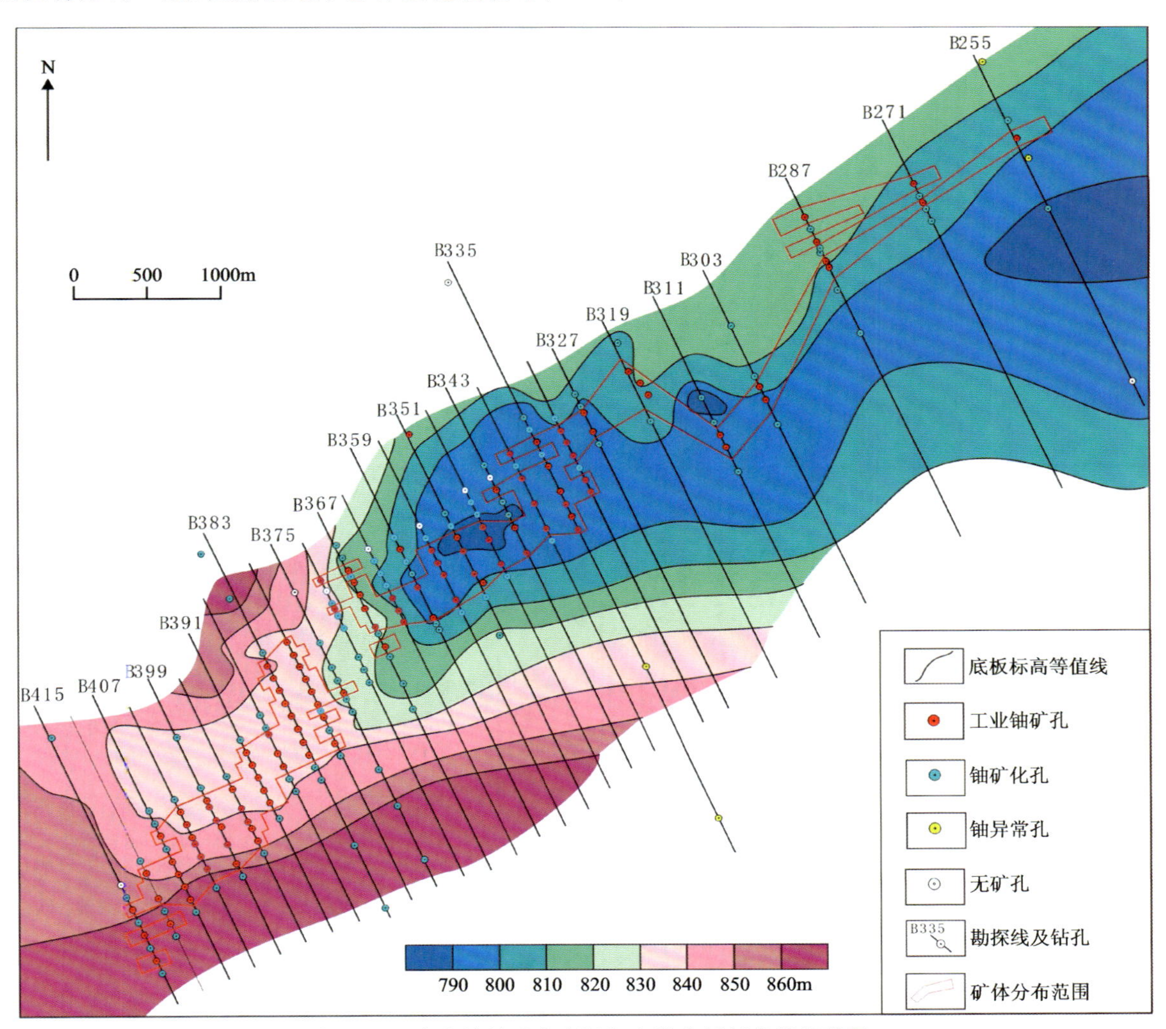

图5-2　巴彦乌拉铀矿床赛汉组上段底板标高等值线图

铀储层为赛汉组上段，上覆地层为古近系或新近系，角度不整合接触，下伏地层为赛汉组下段，赛汉组上段具有典型的泥-砂结构（图5-4），内部夹泥岩透镜体，上部为泛滥平原相泥岩，下部为成矿砂体，粒度偏粗，普遍含有砾石，以次棱角状为主，杂基含量较高，表现为杂基支撑，基底式胶结，反映了碎屑物搬运距离短、不具有沿古河谷单一展布方向的长流程沉积特征。

铀储层埋藏浅（顶板埋深20～100m，底板埋深80～180m），横向上具有古河谷两侧浅厚度薄、中央深厚度大的特征，纵向上自南西向北东具有埋藏不断加深、逐渐变厚的特征。

NW
芒来煤矿
巴彦乌拉铀矿床
SE
m
200
400
600
800
1000
1200
1400
1600
N+E
N+E
K1s2
煤层
K1t2
K1t1
K1a
基底
基底
白音希勒凸起
F1
F4

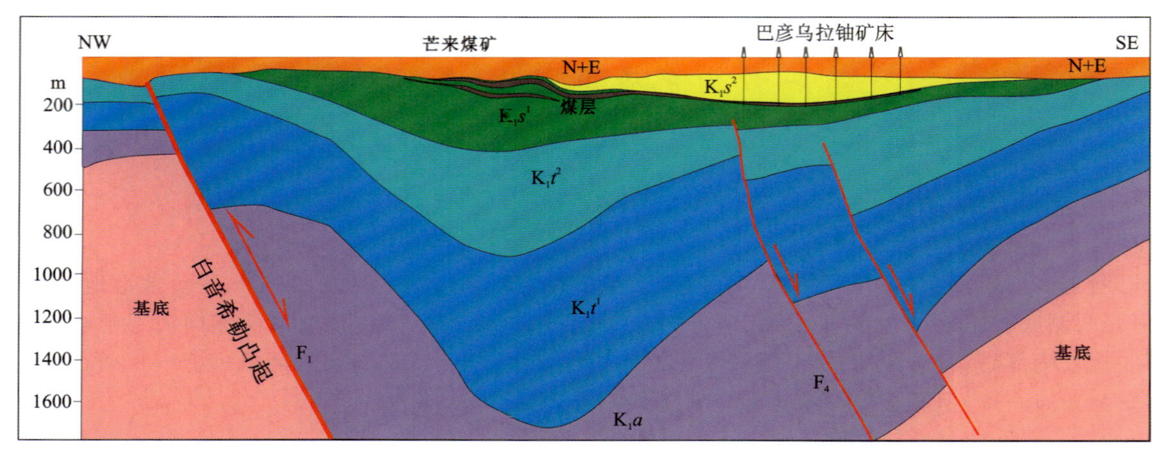

图 5-3　巴彦乌拉铀矿床地震剖面

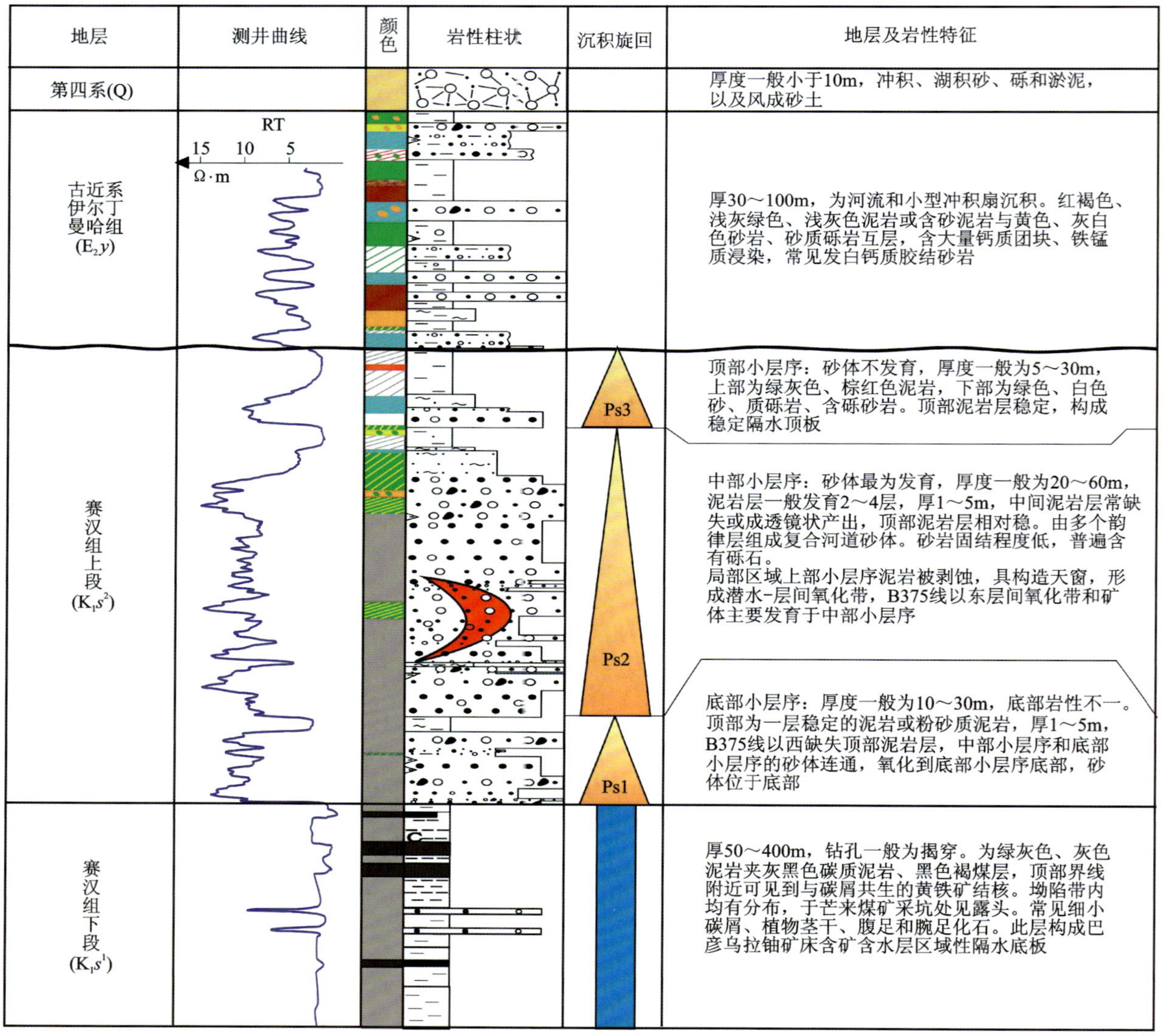

地层
测井曲线
颜色
岩性柱状
沉积旋回
地层及岩性特征
第四系(Q)
厚度一般小于10m，冲积、湖积砂、砾和淤泥，以及风成砂土
古近系伊尔丁曼哈组(E2y)
RT
15 10 5
Ω·m
厚30～100m，为河流和小型冲积扇沉积。红褐色、浅灰绿色、浅灰色泥岩或含砂泥岩与黄色、灰白色砂岩、砂质砾岩互层，含大量钙质团块、铁锰质浸染，常见发白钙质胶结砂岩
赛汉组上段(K1s2)
Ps3
Ps2
Ps1
顶部小层序：砂体不发育，厚度一般为5～30m，上部为绿灰色、棕红色泥岩，下部为绿色、白色砂、质砾岩、含砾砂岩。顶部泥岩层稳定，构成稳定隔水顶板
中部小层序：砂体最为发育，厚度一般为20～60m，泥岩层一般发育2～4层，厚1～5m，中间泥岩层常缺失或成透镜状产出，顶部泥岩层相对稳。由多个韵律层组成复合河道砂体。砂岩固结程度低，普遍含有砾石。
局部区域上部小层序泥岩被剥蚀，具构造天窗，形成潜水-层间氧化带，B375线以东层间氧化带和矿体主要发育于中部小层序
底部小层序：厚度一般为10～30m，底部岩性不一。顶部为一层稳定的泥岩或粉砂质泥岩，厚1～5m，B375线以西缺失顶部泥岩层，中部小层序和底部小层序的砂体连通，氧化到底部小层序底部，砂体位于底部
赛汉组下段(K1s1)
厚50～400m，钻孔一般为揭穿。为绿灰色、灰色泥岩夹灰黑色碳质泥岩、黑色褐煤层，顶部界线附近可见到与碳屑共生的黄铁矿结核。坳陷带内均有分布，于芒来煤矿采坑处见露头。常见细小碳屑、植物茎干、腹足和腕足化石。此层构成巴彦乌拉铀矿床含矿含水层区域性隔水底板

图 5-4　巴彦乌拉铀矿床赛汉组上段垂向序列图

铀储层沉积相具有辫状河、辫状河三角洲、冲积扇等多相带组合的特征，从概率累积曲线可以明显看出，存在一段式、二段式和三段式(图 5-5)，但主要为二段式和三段式，表现为牵引流沉积(图 5-6)。沉积时搬运介质的性质、水动力强弱和沉积坡度存在明显的差异，总体能量偏低，坡度较缓，斜率中等，散发点中线距 $C=M$ 基线较远，碎屑颗粒在搬运过程中进行分异沉积，反映了分选性中等偏差的特征。

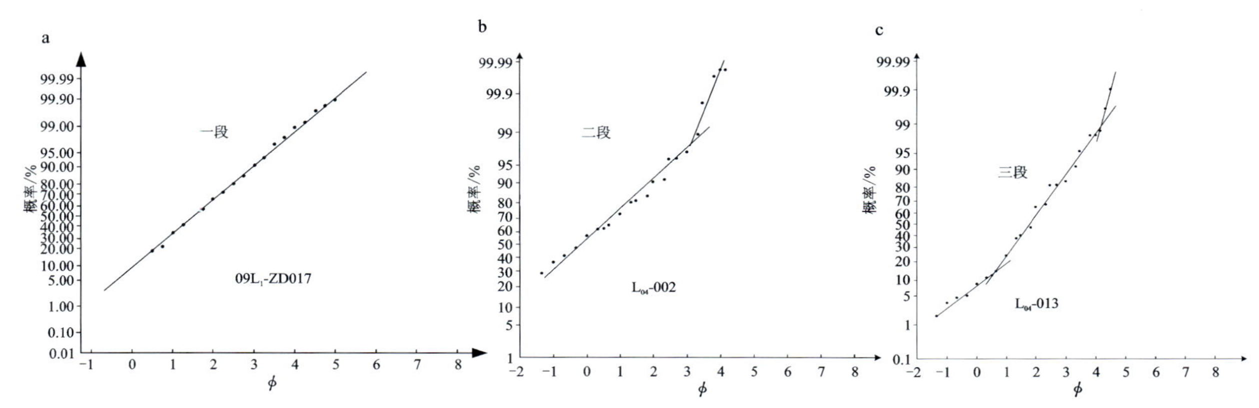

图 5-5　巴彦乌拉铀矿床赛汉组上段碎屑岩粒度概率累计曲线

a. 一段式粒度概率累计曲线；b. 二段式粒度概率累计曲线；c. 三段式粒度概率累计曲线

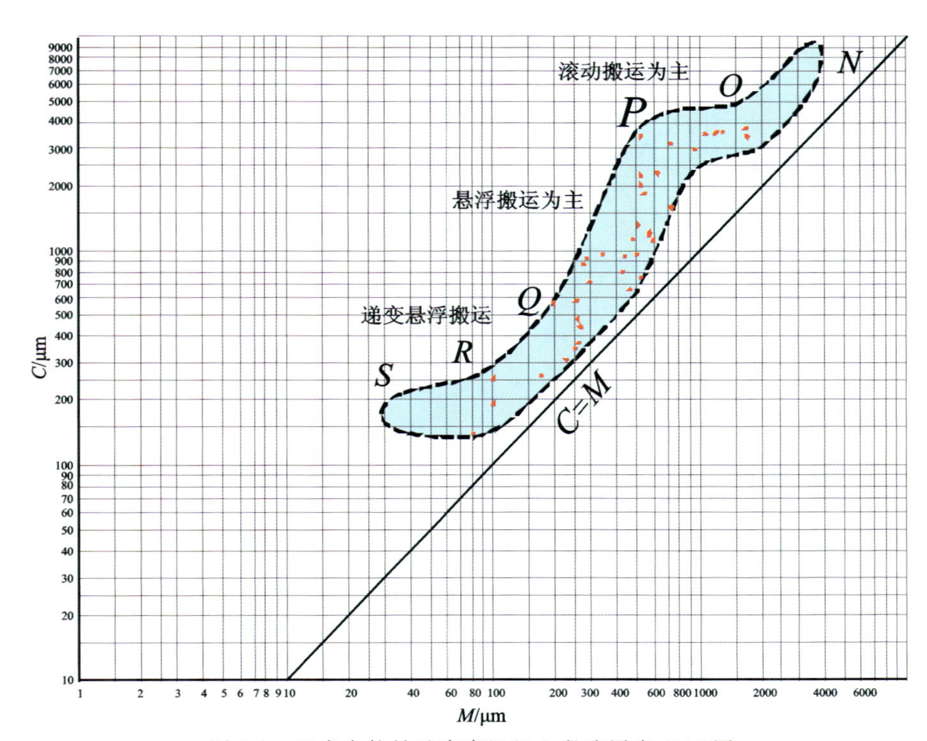

图 5-6　巴彦乌拉铀矿床赛汉组上段碎屑岩 *C-M* 图

RS 段为均匀悬浮沉积；*QR* 段代表递变悬浮沉积；*PQ* 段以悬浮搬用为主；*OP* 段以滚动搬用为主；*NO* 段基本上由滚动颗粒组成。*C* 值是累计曲线上颗粒含量 1% 处对应的粒径，代表水动力搅动开始搬运沉积物的最大能量；*M* 值是累计曲线上颗粒含量 50% 处对应的粒径，代表水动力的平均能量

碎屑岩主要类型为长石砂岩、岩屑长石砂岩及岩屑砂岩(图 5-7)，碎屑岩结构成熟度和成分成熟度在空间上变化无规律，普遍偏低，碎屑物中单晶石英、多晶石英都较为常见。其中一部分石英来自岩浆岩，含大量气液包裹体，呈云雾状消光或含锆石、电气石等岩浆岩副矿物包体；另一部分石英来自变质岩，具有明显的波状消光。值得注意的是，部分石英来自沉积岩，自生边缘加大结构，具有旋回现象。碎屑物中石英的多样性，反映碎屑物母岩来自不同的岩体。岩屑以花岗岩屑最常见，包括花岗岩及来自花

岗岩的多晶石英和条纹长石、文象及显微文象花岗岩等；其次为火山岩、变质岩，偶见泥岩岩屑，岩屑往往颗粒粗大，通常含斑晶和出现脱玻化以后析出大量的铁质于表面，反映矿床碎屑物具有多物源特征，但主要来自花岗岩区。

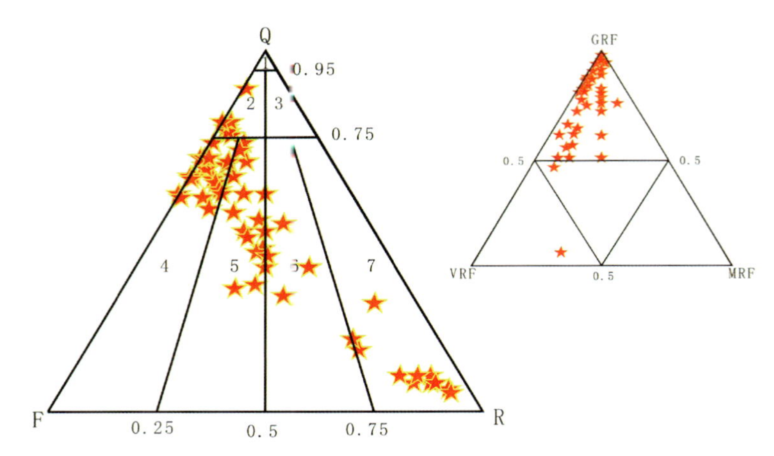

图 5-7 巴彦乌拉铀矿床赛汉组上段碎屑岩福克图

Q. 石英；F. 长石；R. 岩屑；VRF. 火山岩岩屑；MRF. 变质岩岩屑；GRF. 花岗岩岩屑；
1. 石英砂岩；2. 长石石英砂岩；3. 岩屑石英砂岩；4. 长石砂岩；5. 岩屑长石砂岩；
6. 长石岩屑砂岩；7. 岩屑砂岩

矿床砂体平均厚 57.68m，最厚 90.10m，含砂率平均值为 75.9%，最高达 98.64%，由多个小层序叠加而成，形成复合砂带，砂带长约 10km、宽 1.0～1.5km，构成控矿骨架砂体，整体以纵向沙坝为主，呈多个椭球体北东-南西向展布（图 5-8），与地层展布方向基本一致，由河谷中心（厚 50～70m）向边部（厚 30～50m）砂体厚度逐渐变薄。砂体厚度与赛汉组上段埋深、标高和地层厚度具有较强的对应关系，砂体厚度高值带对应于赛汉组上段底板埋深较大处、底板标高最小处和地层厚度最大的区域；局部区段高含砂率高，而砂体厚度薄，可能是剥蚀作用强烈所导致。

二、岩石地球化学特征

铀储层后生蚀变主要为潜水-层间氧化带，成矿结构面主要是潜水-层间氧化还原面，氧化岩石通常为黄色或亮黄色岩石地球化学类型。岩石地球化学特征具有一定的分带性，自北西至南东可以划分为完全氧化亚带、氧化-还原过渡亚带和还原亚带。完全氧化亚带主要发育在巴彦乌拉铀矿床北西部河谷边缘（图 5-9），分布面较小，氧化率 100%，不含铀矿化。氧化带向前推移形成氧化-还原过渡亚带，氧化-还原过渡亚带呈北东向展布，长 10km、宽 1～3.5km，分布范围广，面积大，是铀矿体的富集区。二连盆地古河谷氧化-还原过渡亚带具有其独特性，主要表现为黄色氧化砂体与灰色还原砂体在垂向空间内独立共存（图 5-10）；对于巴彦乌拉矿床而言，表现为上部砂体为黄色、亮黄色，普遍发生铁的迁移和富集（褐铁矿化），可见黄色条带和斑点，向下变为富含有机质、黄铁矿等还原介质的灰色砂体，或者以氧化舌的形式存在于砂体中间，氧化率为 0～100%。还原亚带分布在矿床的南东部，其空间展布发现基本与氧化-还原过渡亚带一致，只是分布范围相对小，岩石全部为灰色、深灰色、灰绿色砂岩、砂质砾岩等，见大量的碳化植物碎屑及细晶状、结核状黄铁矿。岩石地球化学分带性的形成主要受地下水动力条件、发育方向、砂体的连通性、碎屑岩孔隙度、填隙物含量及还原剂容量等因素控制。

三、铀矿体产出特征

铀矿床矿体主要位于 B415—B319 号勘探线之间（图 5-11），据矿体空间产出位置进一步细化为Ⅰ号、Ⅱ号和Ⅲ号矿体，其中Ⅰ号矿体最为典型，规模最大，长约 4800m，宽 75～800m，总面积约 $2.2\times10^6\,m^2$。

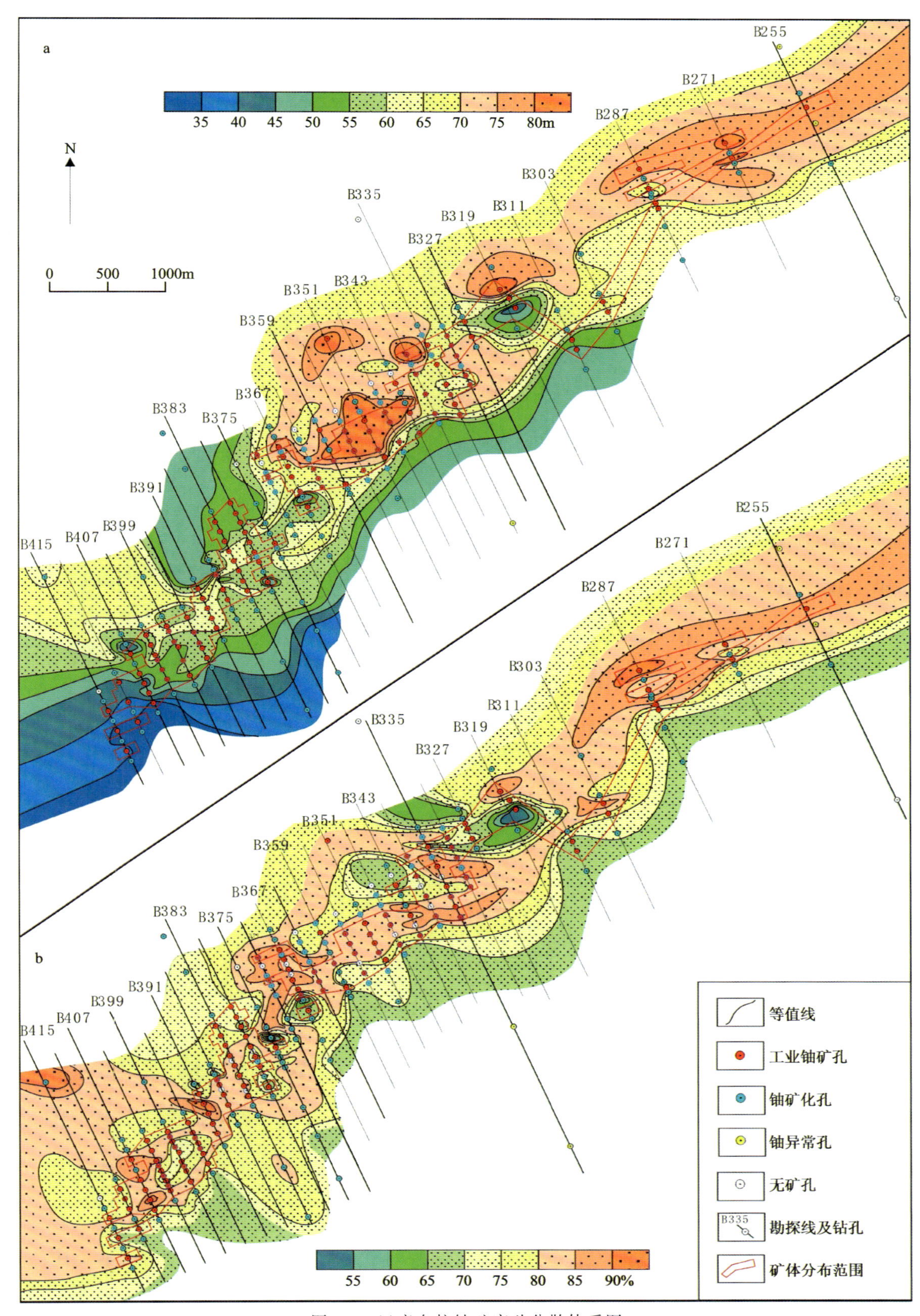

图 5-8 巴彦乌拉铀矿床砂分散体系图

a. 赛汉组上段残留砂体厚度图；b. 赛汉组上段含砂率等值线图

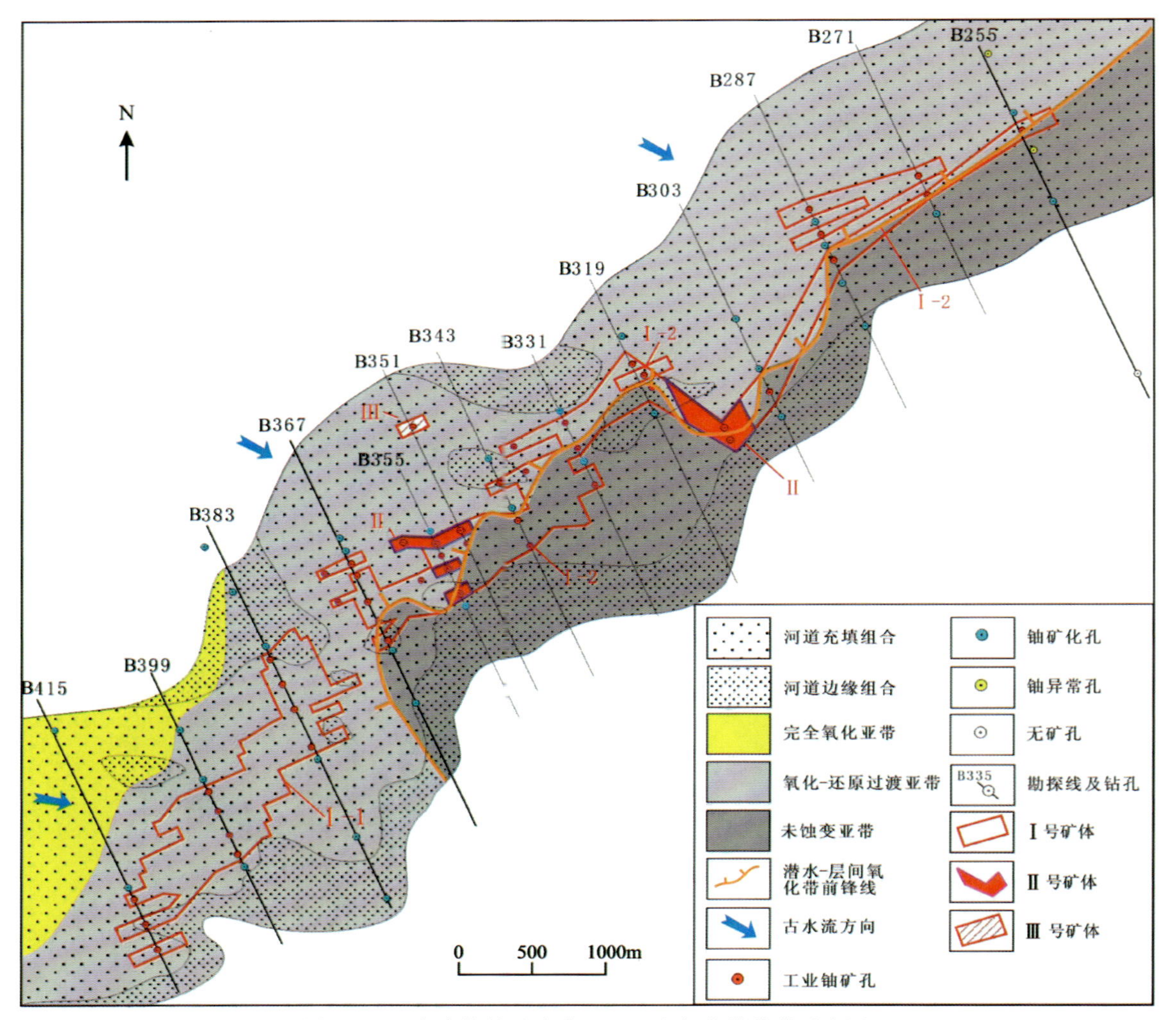

图 5-9　巴彦乌拉铀矿床赛汉组上段氧化带分带示意图

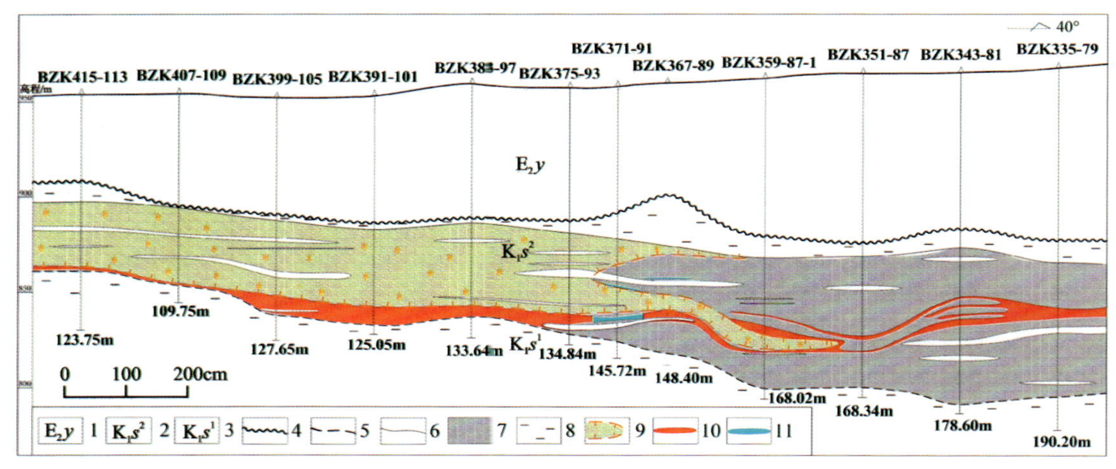

图 5-10　巴彦乌拉铀矿床赛汉组上段沿古河谷走向剖面图

1. 古近系伊尔丁曼哈组；2. 下白垩统赛汉组上段；3. 下白垩统赛汉组下段；4. 角度不整合地层界线；5. 平行不整合地层界线；6. 岩性界线；7. 灰色砂岩；8. 泥岩、粉砂岩；9. 层间氧化带及前锋线；10. 铀矿体；11. 铀矿化体

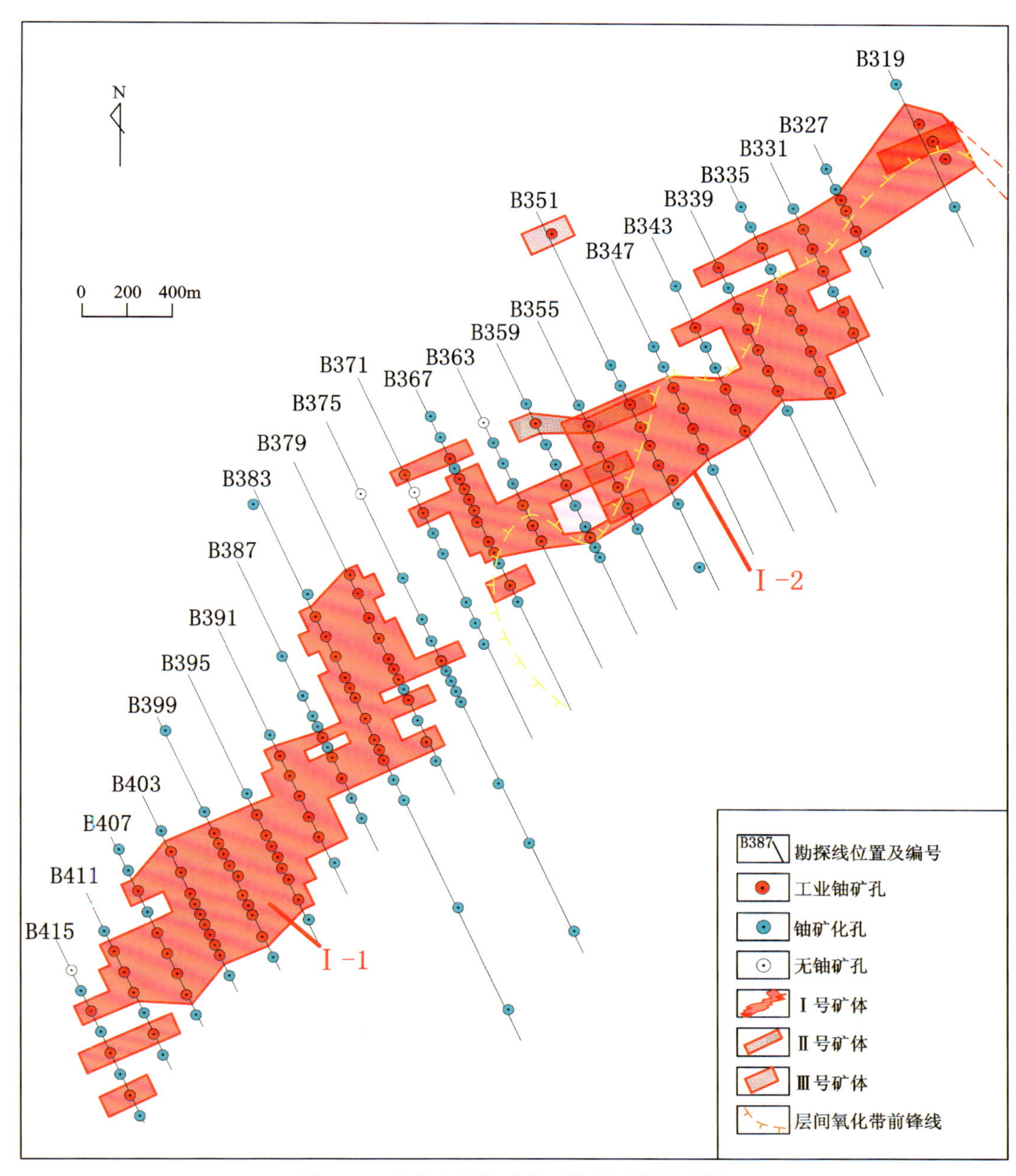

图 5-11　巴彦乌拉铀矿床矿体平面投影略图

受古河谷及氧化带的控制，矿体沿走向上总体呈北东-南西向展布，与古河谷砂带展布方向基本一致，表现为不规则条带状，内部存在“错开不连续、分岔”等特征，沿倾向上具有“宽窄不一、开天窗”等特征。

矿体埋藏浅，与古河谷赋矿砂体的埋深浅密切相关。矿体顶板埋深为 81.64～151.87m，平均 114.33m，变异系数 10.07%，变异程度较小，比较稳定，沿走向上总体变化趋势表现为西浅东深(图 5-12)，受最大氧化深度控制，在最东部再次变浅，东西垂向最大落差 70m 左右。倾向上规律性不明显，存在南浅北深、北浅南深、两侧深中间浅或两侧浅中间深的特征，但总体变化起伏范围不大。矿体底标埋深为 82.14～157.07m，平均 125.62m，变异系数 11.10%，其变化趋势与顶板埋深基本保持一致，从而反映了巴彦乌拉铀矿床矿体在垂向上产出位置较为稳定，矿体厚度变化范围不大。

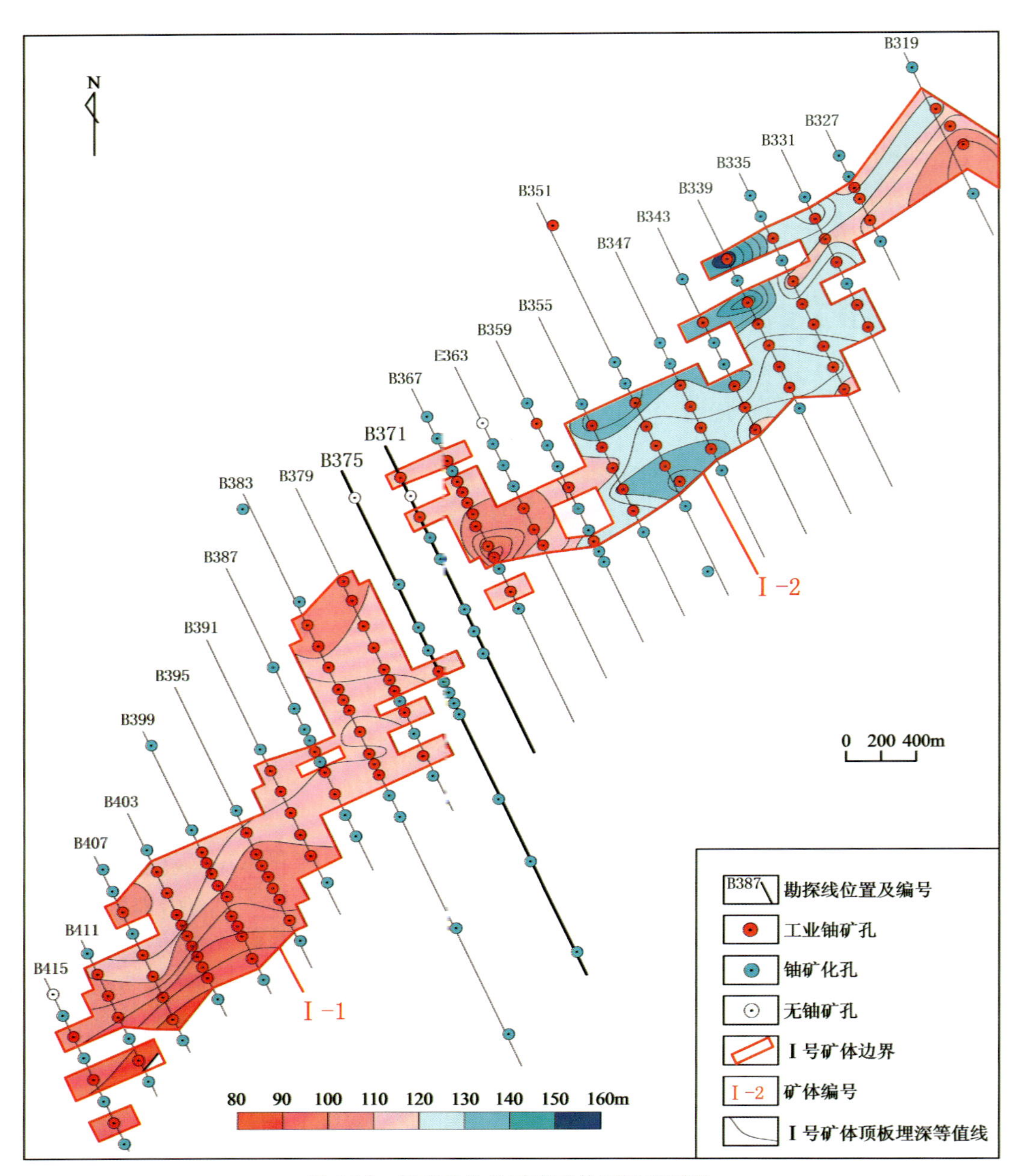

图 5-12　巴彦乌拉铀矿床矿体顶面埋深图

矿体的顶、底板标高可以有效反映矿体的产状和同一水平面上的变化趋势，据大量钻孔数据统计，矿体顶板标高为 816.71～878.02m，平均 848.21m，变异系数 1.17%，矿体底板标高为 811.51～877.52m，平均 836.92m，变异系数 1.44%。由于古河谷形成于凹陷中央洼地，自南西向北东发育，并有侧向三角洲相补给，发育多方向潜水-层间氧化作用，所以沿走向上矿体表现为向北东方向倾斜，沿倾向上西部矿体（Ⅰ-1）向北倾，东部矿体（Ⅰ-2）向南倾或向北倾（图 5-13），但总体上矿体产状相对平缓，倾角均小于 2°。

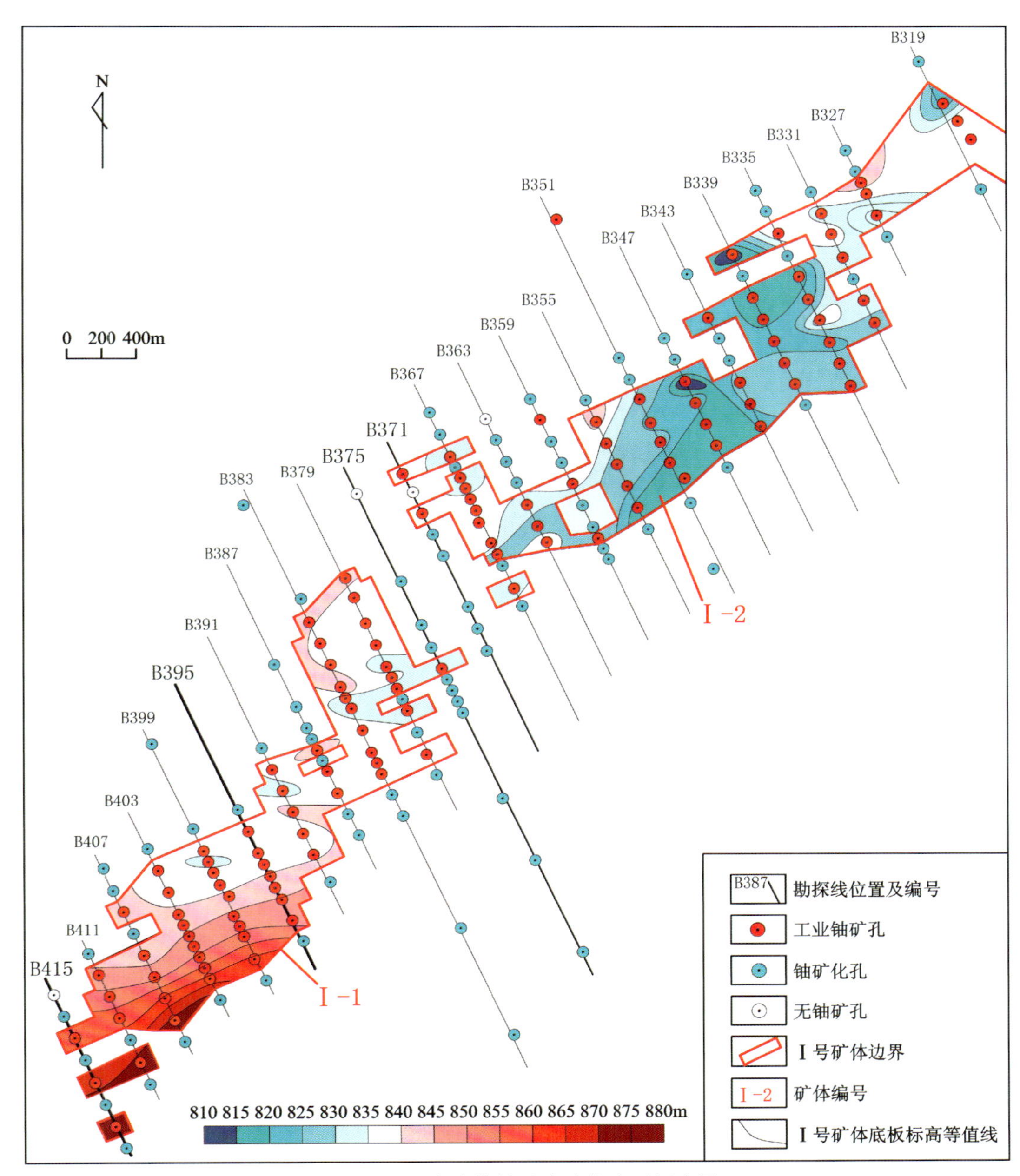

图 5-13 巴彦乌拉铀矿床矿体底面标高图

矿体形态主要为板状，卷状形态不够明显，由于B371号勘探线以西氧化带厚度较大，含矿含水层基本被完全氧化，仅在底部存在薄层灰色砂体，矿体以板状产在紧靠底板灰色泥岩或煤层的灰色砂体中（图5-14），产状与地层产状基本一致（近水平状），为单层矿体，并在倾向上有一定规模的延伸距离；在B371号勘探线以东，由于潜水-层间氧化带发育在含矿含水层中部偏下，导致一部分矿体在氧化舌前端富集（图5-15），上下两翼矿化不明显，矿体呈多层产出，累计厚度大，但向前延伸距离相对较小，而另一部分矿体主要分布在氧化带的上翼和下翼（图5-16），在垂向上形成上下两层明显分割的板状铀矿体，一般上翼矿体规模远大于下翼矿体规模。

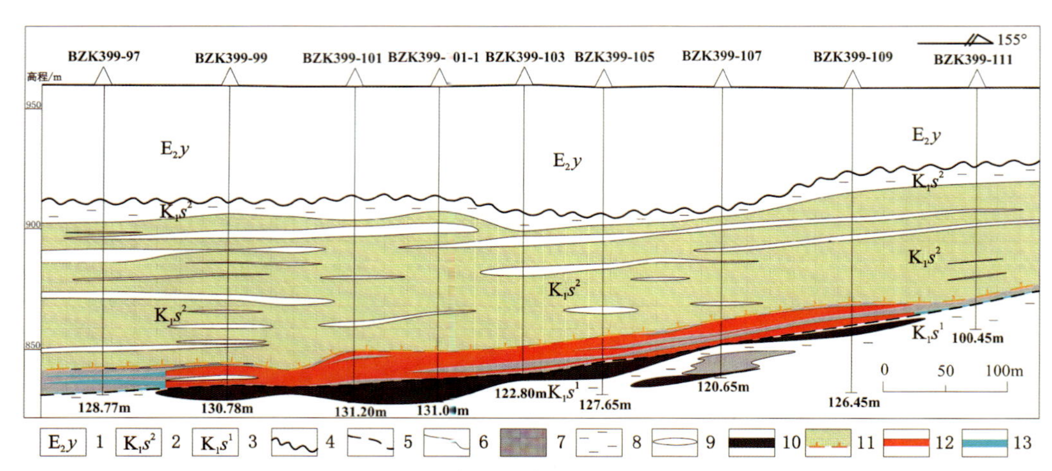

图 5-14　巴彦乌拉铀矿床 B399 号勘探线剖面图

1. 伊尔丁曼哈组；2. 赛汉组上段；3. 赛汉组下段；4. 角度不整合地层界线；5. 平行不整合地层界线；6. 岩性界线；7. 灰色砂岩；8. 区域隔水层；9. 局部隔水层；10. 煤层；11. 氧化带及前锋线；12. Ⅰ号铀矿体；13. 铀矿化体

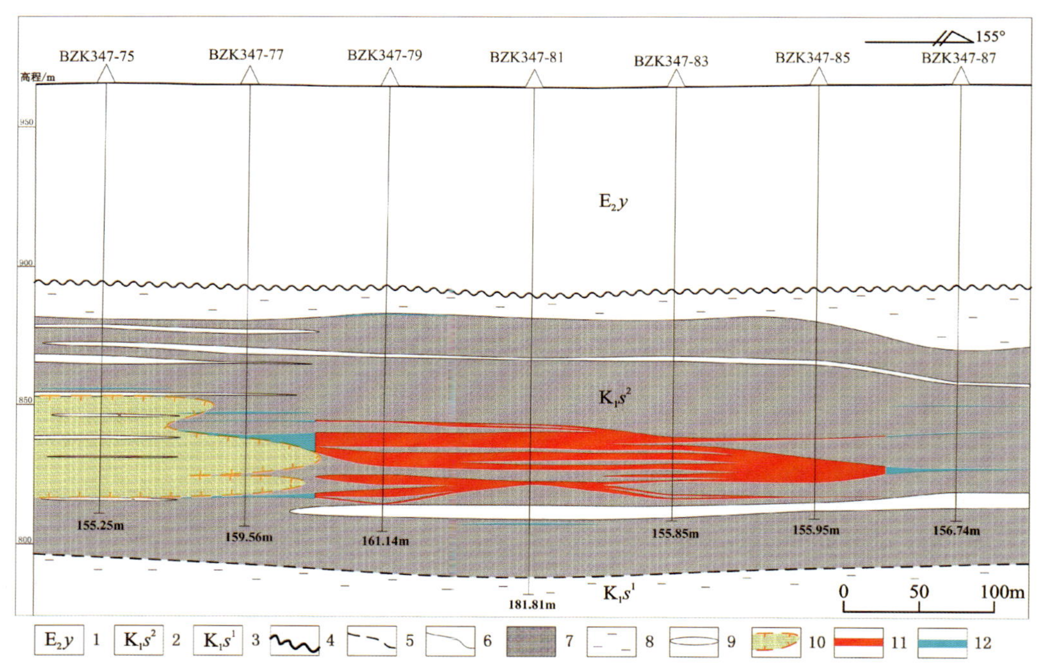

图 5-15　巴彦乌拉铀矿床 B347 号勘探线剖面图

1. 古近系伊尔丁曼哈组；2. 下白垩统赛汉组上段；3. 下白垩统赛汉组下段；4. 角度不整合地层界线；5. 平行不整合地层界线；6. 岩性界线；7. 灰色砂岩；8. 泥岩、粉砂岩；9. 泥岩夹层；10. 层间氧化带及前锋线；11. Ⅰ号铀矿体；12. 铀矿化体

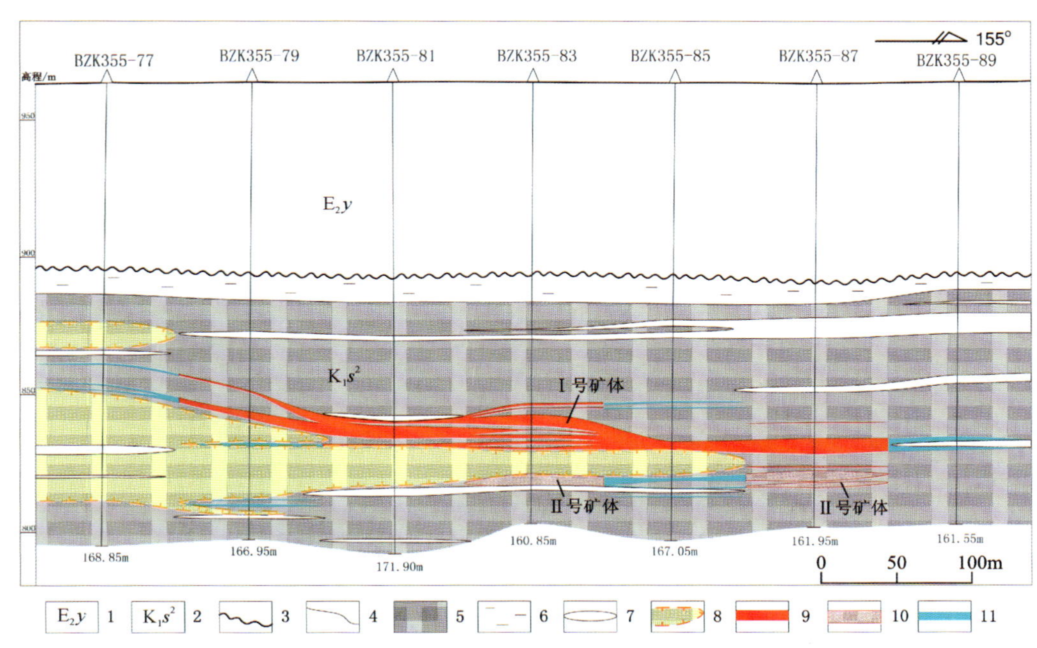

图 5-16　巴彦乌拉铀矿床 B355 号勘探线剖面图

1. 古近系伊尔丁曼哈组；2. 下白垩统赛汉组上段；3. 角度不整合地层界线；4. 岩性界线；5. 灰色砂岩；6. 区域隔水层；7. 局部隔夹层；8. 层间氧化带及前锋线；9. Ⅰ号铀矿体；10. Ⅱ号铀矿体；11. 铀矿化体

四、铀矿化特征

矿体厚度为 0.50～22.05m，平均 6.80m，变异系数 52.70%，矿体厚度变化范围较大，矿体厚度在空间上总体展现为中部厚，向南、北及西 3 个方向变薄(图 5-17)，并被矿化体取代，而向东延伸呈多个同向轴不规则椭球体串珠状分布。其中，西部Ⅰ-1 矿体厚度为 0.50～10.80m，平均 5.70m，变异系数 39.39%，矿体厚度以 2～8m 为主，无突变部位；4m 以上厚度的矿体在东侧分布范围较大，而厚度 10m 以上的矿体只有两块，且面积较小。东部Ⅰ-2 矿体比西部矿体厚度大，但稳定性差，厚度为 2.50～22.05m，平均 8.02m，变异系数 54.16%，矿体厚度以 4～12m 为主；6m 以上厚度的矿体可连接成条带状，厚度 10m 以上的矿体 4 个同向轴椭球体展布，分布面积相对较大。

矿体品位分布范围 0.010 8%～0.247 7%，平均 0.020 1%，变异系数 127.72%，变化程度较大，但主要以 0.010%～0.015%为主(图 5-18)，分布区面积最大(约占 70%以上)，相对高品位区主要分布在 B399 线以西，其他部位也有零星分布，多位于矿体边部，说明巴彦乌拉铀矿床矿体以低品位矿化为主。其中，西部Ⅰ-1 矿体品位为 0.010 8%～0.247 7%，平均 0.023 7%，变异系数 145.00%；东部Ⅰ-2 矿体品位为 0.011 2%～0.058 9%，平均 0.016 1%，变异系数 45.96%，东部矿体比西部平均品位低，但品位变化小。

矿体平米铀量为 1.01～7.36kg/m²，平均 2.27kg/m²，变异系数 57.01%，总体变化较大，平米铀量大于 2～5kg/m²的区域呈带状处于矿体中部(图 5-19)，展布方向与矿体方向基本一致，南北两侧为 1～2kg/m²的区域，而平米铀量大于 5kg/m²的区域分布面积小，且不连续。其中西部Ⅰ-1 矿体平米铀量为 1.01～7.07kg/m²，平均 2.10kg/m²，变异系数 56.51%；东部Ⅰ-2 矿体平米铀量为 1.01～7.36kg/m²，平均 2.46kg/m²，变异系数 56.52%，东西部平米铀量相差不大，但变化均较大。与矿体厚度及品位等值线对比看，平米铀量高值区与厚度高值区基本吻合，而与品位高值区吻合性差，说明矿体平米铀量与厚度呈正相关。

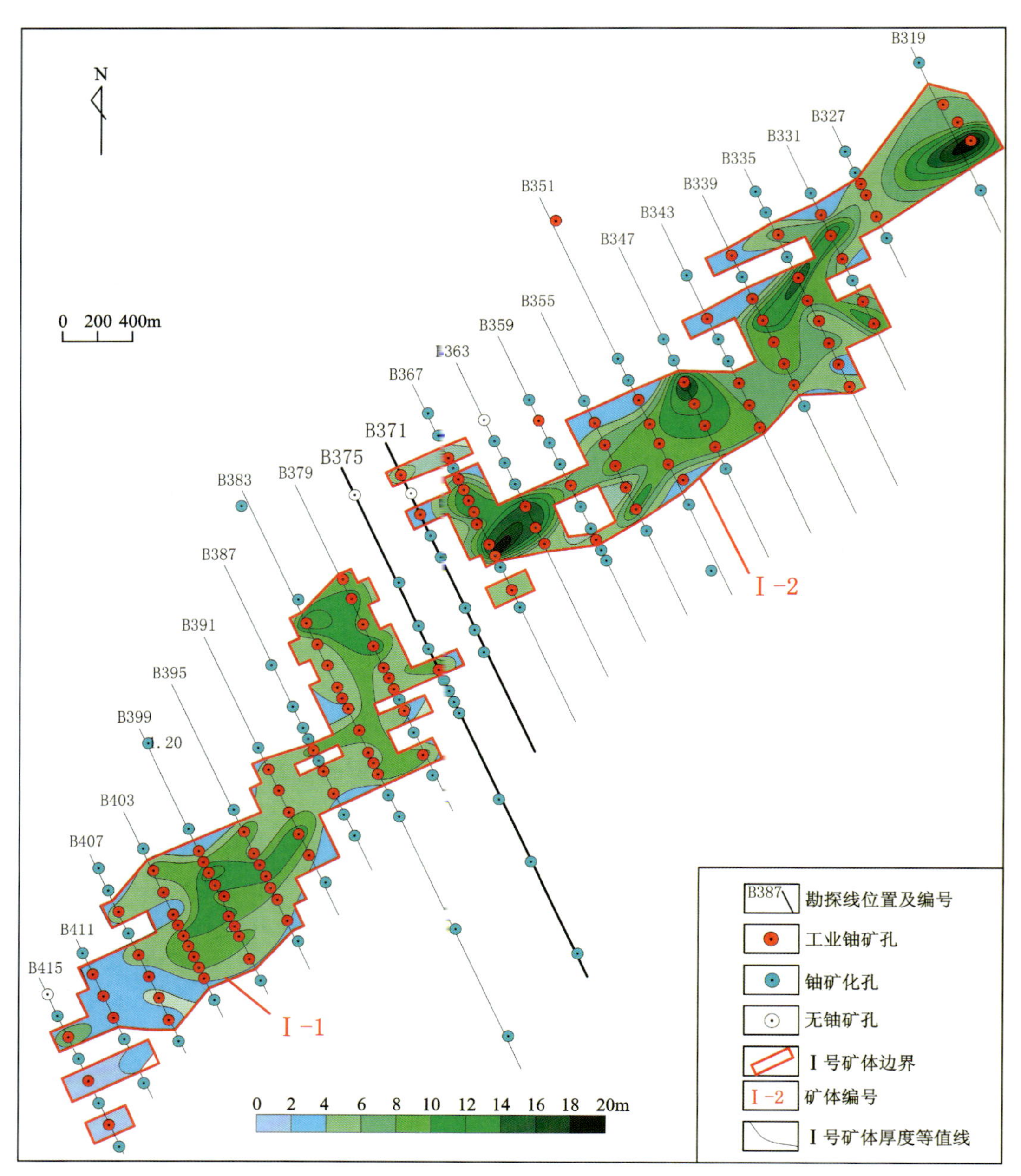

图 5-17 巴彦乌拉铀矿床矿体厚度图

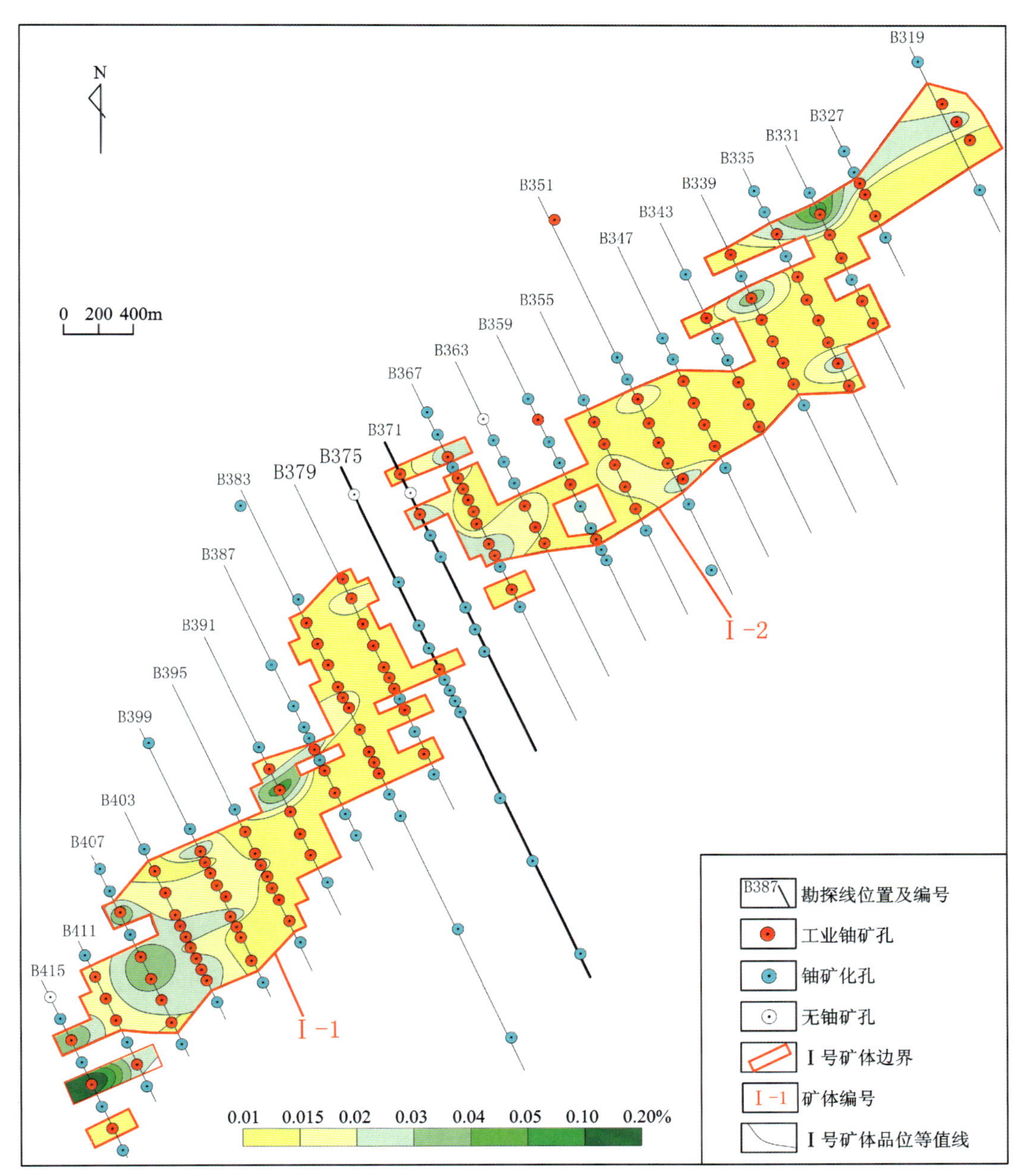

图 5-18　巴彦乌拉铀矿床矿体品位分布图

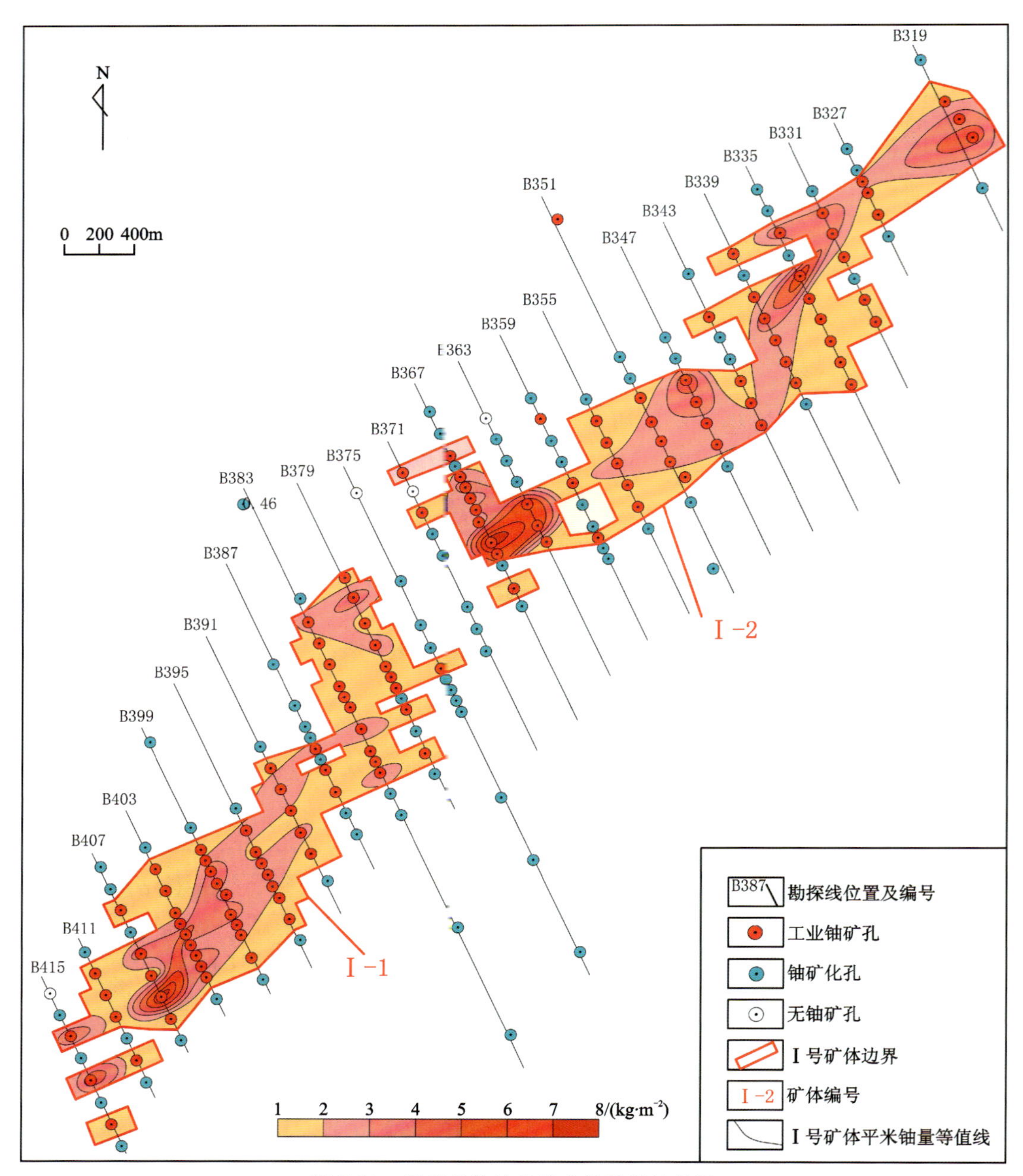

图 5-19　巴彦乌拉铀矿床矿体平米铀量图

矿床赋矿岩性主要为灰色、灰黑色类岩石，岩石中有机质、黄铁矿明显高于围岩，其中有机质主要为碳屑，呈细脉状、根须状，多数植物细胞结构清晰(照片 5-1、照片 5-2)，具有就地掩埋、未经搬运的特征；有机碳与铀矿化有较密切的关系，主要表现在为铀成矿提供还原剂或吸附铀。黄铁矿的含量 1%～5%，高者可达 28%，多以胶结物形式产出，碎屑物中较少，其标型多样，包括成岩期尘埃状(<0.01mm)、显微球粒状(0.01～0.03mm)、草莓状(单个莓体直径 0.02～0.08mm，多为 0.02～0.05mm；莓群大小 0.03～2.8mm)、圆边结核状(0.1～2.8mm)或不规则脉状等黄铁矿；成岩-后生期显微球粒状、草莓状向立方体状或带方边结核状黄铁矿；后生期立方体和带方边结核状体标形特征的黄铁矿。黄铁矿与铀矿化也关系密切，铀矿物往往与黄铁矿密切共生在一起，部分呈胶结物产出的黄铁矿是吸附态铀的重要载体。巴彦乌拉铀矿床碳酸盐总体含量很低，且矿石碳酸盐含量较围岩更低，一般围岩碳酸盐含量平均值 0.67%，而矿石碳酸盐含量平均值 0.28%，十分有利于采用酸法进行地浸开采。

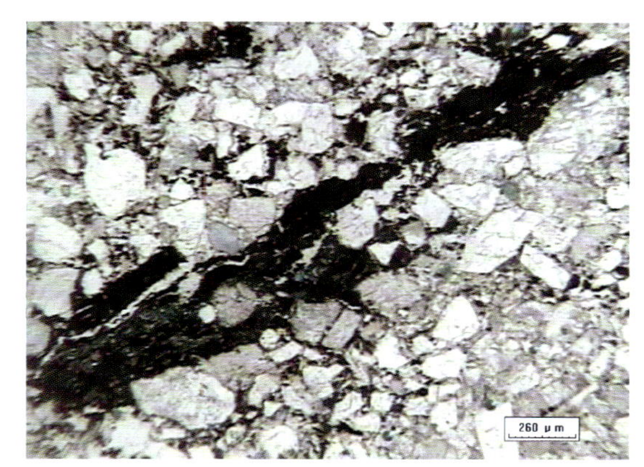

照片 5-1　含细脉状碳屑长石砂岩(透反光)

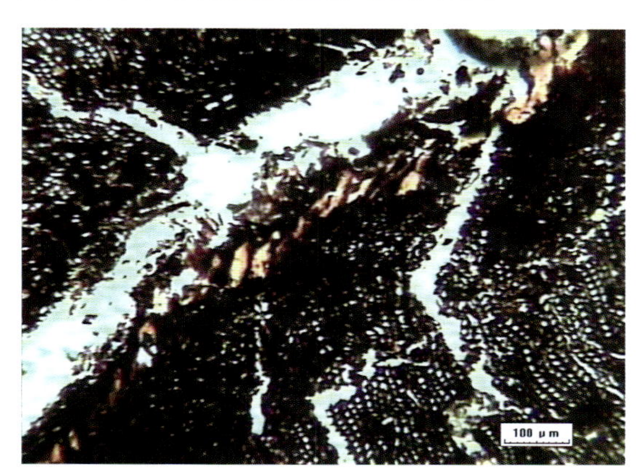

照片 5-2　保留着细胞结构的碳屑

矿石杂基含量明显低于围岩，粒度与围岩近似，但矿石随品位不同粒级分布特征也有所区别(图 5-20)，品位大于 0.03%的矿石与品位为 0.02%～0.03%范围的矿石粒级分布特征相似，都以砂质砾岩、细砂岩为主，砂质砾岩所占比例均为 33.33%，细砂岩分别为 25.00%、29.17%，这与偏度所反映的特征一致；品位为 0.01%～0.02%范围的矿石以砂质砾岩为主，所占比例为 29.25%，其他粒级分布平均，所占比例相差很小；品位为 0.005%～0.01%范围的矿石各粒级所占比例差别较大，其中以砂质砾岩占绝大多数，所占比例达到了 51.50%，其次为中细砂岩、中粗砂岩，所占比例分别为 18.50%、17.50%，细砂岩最少，所占比例为 12.50%。综上所述，该矿床较高品位矿石多为砂质砾岩与细砂岩混杂，较低品位的矿石多为砂质砾岩。

据矿石硅酸盐全分析结果(图 5-21)，砂岩类矿石与砾岩类矿石各主量元素含量基本相同，砂岩类矿石中 Al_2O_3及烧失量稍高于砾岩类矿石，说明砂岩类矿石中长石及有机质含量稍高。与标准砂岩成分对比可以看出，本区矿石具有 SiO_2 含量稍低，FeO、Fe_2O_3、Al_2O_3、K_2O、Na_2O 含量高，CaO、MgO 含量低的特征。SiO_2 含量稍低而 Al_2O_3、K_2O、Na_2O 含量高，说明本区含矿碎屑岩中长石含量较高，成分成熟度低；FeO、Fe_2O_3 含量高，则是碎屑岩中含有一定量的黄铁矿、褐铁矿或铁硅酸盐类矿物所致；CaO、MgO 含量低，反映矿石中碳酸盐的含量很低。另外，矿石中 TiO_2 含量也较高，这与矿石中含有一定量的含铀钛铁矿、含铀锐钛矿有关。

矿石大离子亲石元素(LILE)、Ba 元素含量十分富集，Rb 元素含量 120～164μg/g，Ba 元素含量 493～639μg/g，Sr 元素相对亏损，含量 92.20～152μg/g。矿石中放射性元素富集明显，主要为 U 元素，其含量很高且变化较大，为 43.60～578μg/g，Th 元素含量 3.41～19.30μg/g，含量变化大且稍高于花岗岩母岩含量(8.80～17.20μg/g)。在原始地幔值(Sun and McDonough，1989)标准化的微量元素比值蛛网图上(图 5-22)，可见 Rb、La、Pb、Nd、Ti 正异常，Nb、Ce、P、Eu 负异常，其中 Pb、Ti 正异常较明显，说明其与 U 的富集存在一定的相关性。

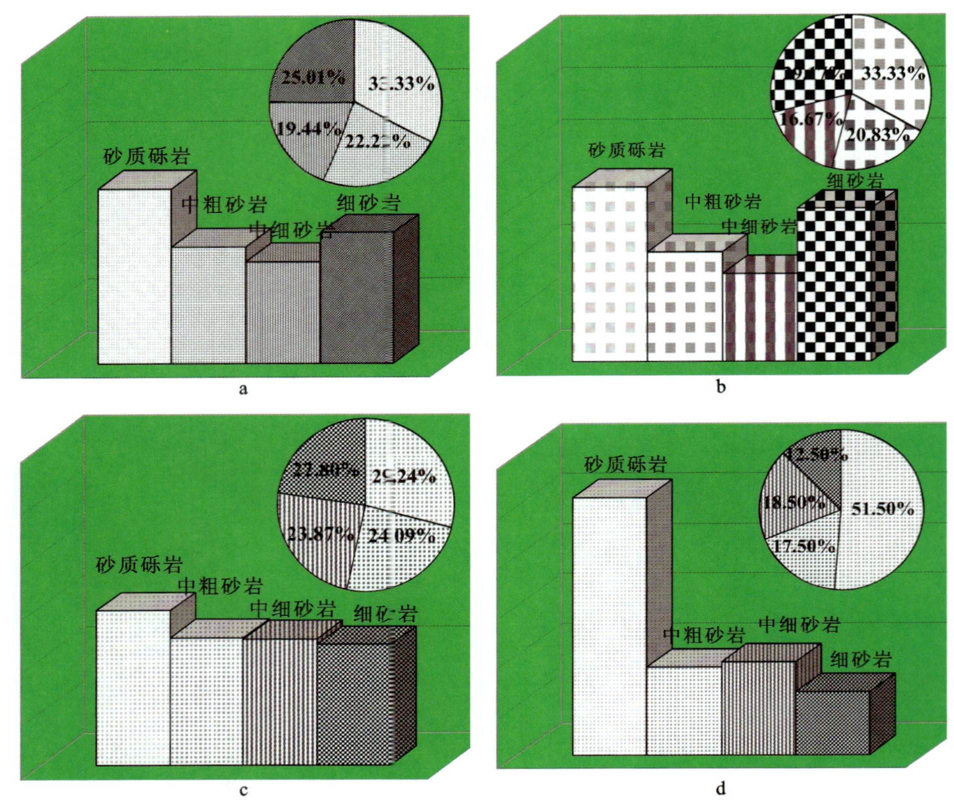

图 5-20　巴彦乌拉铀矿床矿石粒级分布直方图

a. 品位大于 0.03%矿石；b. 品位 0.02%～0.03%矿石；c. 品位 0.01%～0.02%矿石；d. 品位 0.005%～0.01%矿石

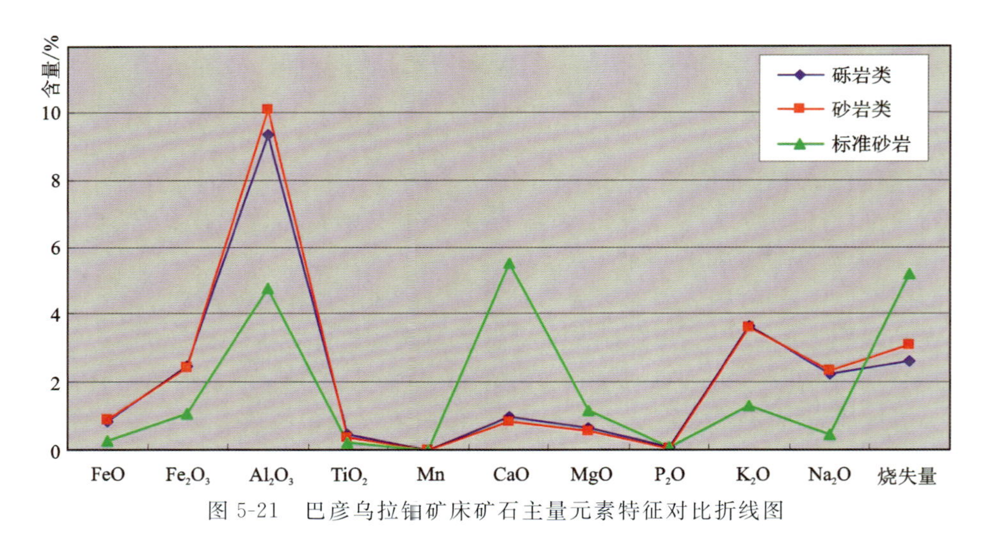

图 5-21　巴彦乌拉铀矿床矿石主量元素特征对比折线图

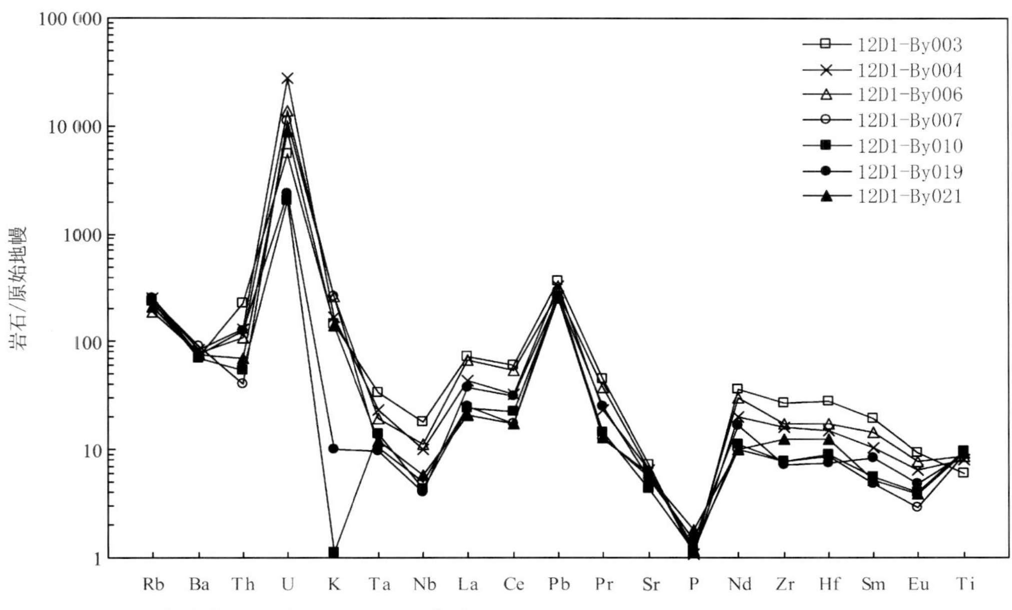

图 5-22　巴彦乌拉铀矿床矿石微量元素蛛网图(原始地幔标准化值据 Sum and McDonough,1989)

矿石稀土总量较高,且变化很大,含量 85.10～282.34μg/g。LREE/HREE 及$(La/Yb)_N$值均较高,其值分别为 3.10～5.13、6.02～14.62,表明轻重稀土分异程度较高。$(La/Sm)_N$值较高,为 3.72～5.18,表明轻稀土元素内部分异程度较高。$(Gd/Yb)_N$值较低,为 0.63～0.74,表明重稀土内部分异不明显且相对亏损。稀土元素配分曲线(图 5-23)为轻稀土富集的右倾型,负铈异常、负铕异常明显,δCe 值为 0.23～0.29,δEu 值为 0.15～0.22。

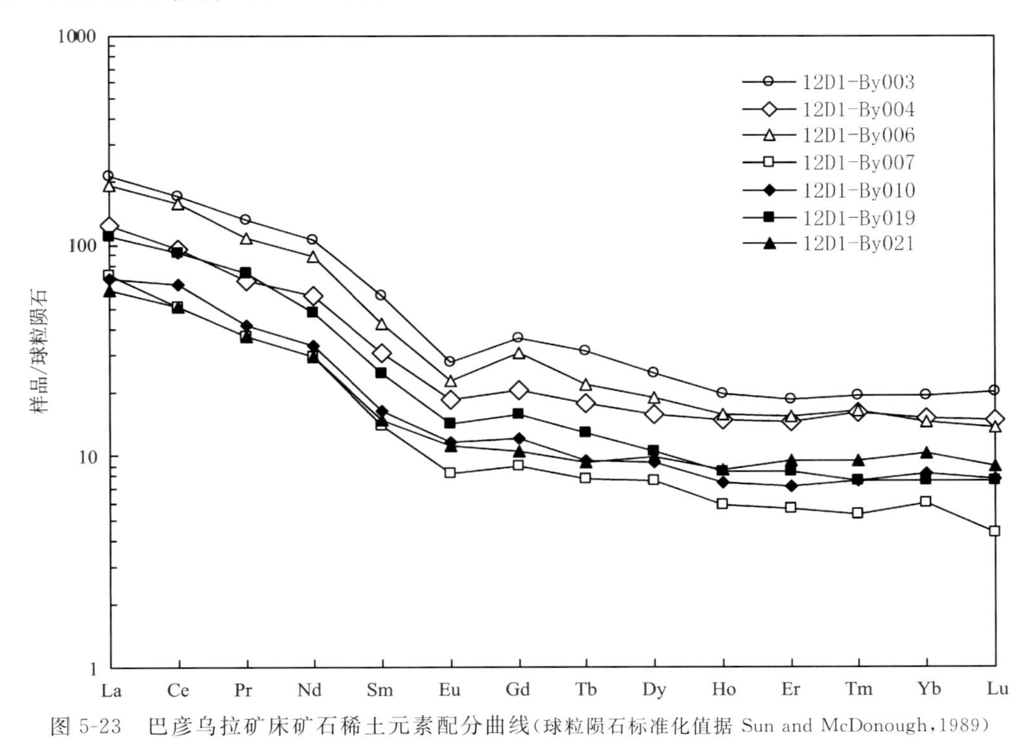

图 5-23　巴彦乌拉矿床矿石稀土元素配分曲线(球粒陨石标准化值据 Sun and McDonough,1989)

应用全岩铀-铅等时线法,对经铀镭平衡系数校正的铀矿样品进行同位素测年,计算出巴彦乌拉铀矿床矿石的成矿年龄为(44±5)Ma(夏毓亮等,2003),成矿时代约为古近纪始新世(E_2)。

铀以吸附态铀、铀矿物和含铀矿物 3 种形式存在，并以铀矿物为主。铀矿物又以沥青铀矿为主，其次为铀黑及铀石、铀钍石。铀矿物通常结晶程度很低，颗粒微小，电子探针下矿石中不易找到独立铀矿物。其存在形式主要是呈被膜状分布在胶结物中，其次是以独立的铀矿物形式存在于碎屑颗粒之间或碎屑物颗粒中。

吸附态铀的吸附剂主要为黏土矿物，其次为碳屑、胶黄铁矿等，以吸附态铀为主的矿石品位通常较低，是本区重要的铀存在形式。钛氧化物也是吸附铀的重要载体，钛矿物中铀含量 0.78%～2.37%，从铀的 X 射线面分布像上看(照片 5-3)，铀基本均匀分布，且与钛的分布范围一致。在钛矿物颗粒上部有两处铀的密集分布区是由铀黑造成的。

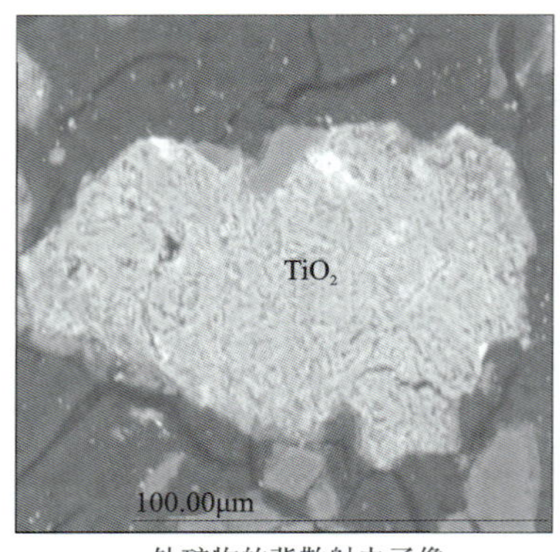

a. 钛矿物的背散射电子像

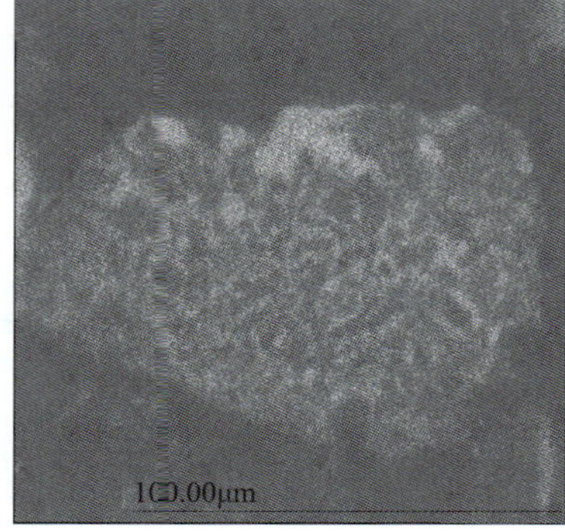

b 铀的X射线面分布像

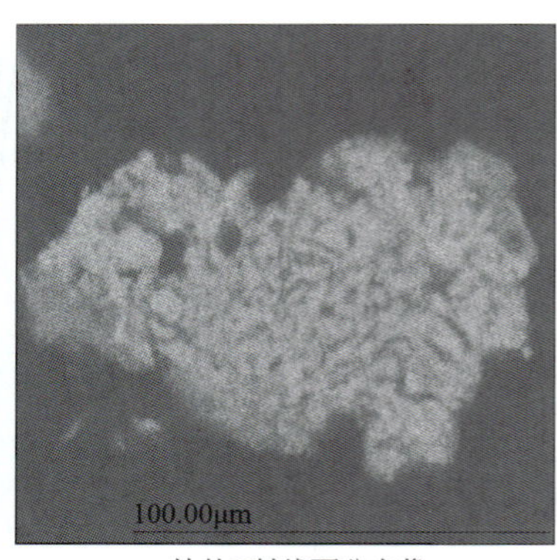

c. 钛的X射线面分布像

照片 5-3　钛矿物的背散射电子像，上部亮白色为铀黑(BZK335-75,133.5m)

铀矿物含沥青铀矿、铀黑、铀石和铀钍石。沥青铀矿为最常见铀矿物，其颗粒微小，结晶程度低，往往与黄铁矿、白铁矿密切共生在一起，围绕在黄铁矿、白铁矿边缘产出或充填在裂隙中(照片 5-4、照片 5-5)。除此之外，也常见呈被膜状分布在胶结物中的沥青铀矿。沥青铀矿具很强的放射性，可能是品位较高矿石中的一种重要铀矿物。沥青铀矿中 CaO、FbO、UO_2 含量较高，推测一部分沥青铀矿可能来自花岗岩母岩，经过后期搬运而富集于矿石中。

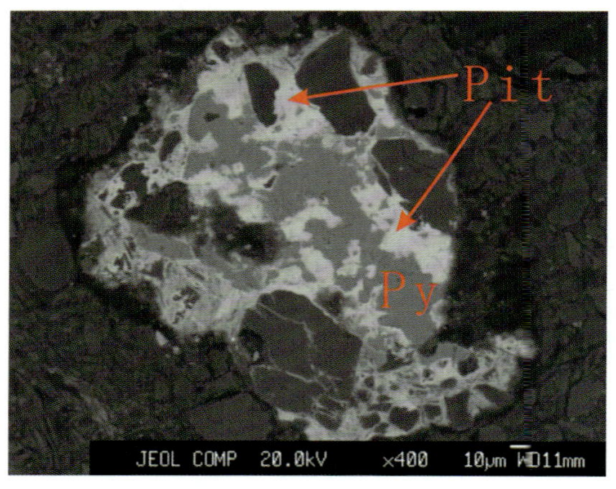

照片 5-4　沥青铀矿沿后生黄铁矿边缘并进入裂隙

Py. 黄铁矿；Pit. 沥青铀矿

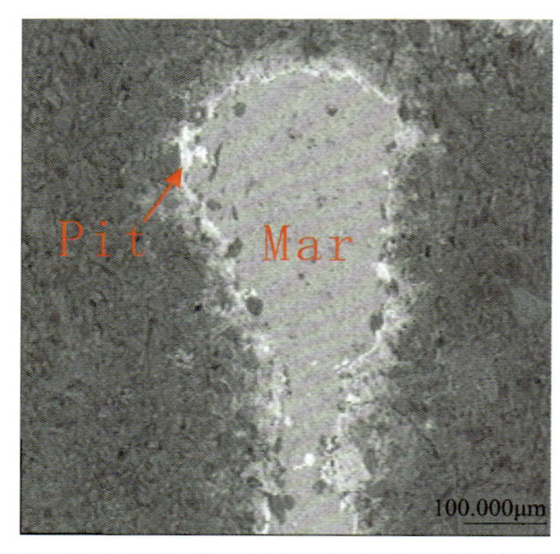

照片 5-5　沥青铀矿围绕白铁矿边缘产出

Mar. 白铁矿

铀黑是又一重要铀矿物，其结晶程度很差，几乎见不到矿物结晶单体，大多呈被膜状与白铁矿共生(照片 5-6)，或充填在砂岩胶结物中和有机质胞腔内部(照片 5-7)。铀黑成分变化很大，UO_2 中铀含量 30.15%～54.15%，杂质成分中有较高的 SiO_2、Al_2O_3、P_2O_5 等。杂质成分也与它周围的矿物影响有关，含有 Fe、S、TiO_2 等在很大程度上是因为铀矿物周围有黄铁矿、白铁矿、锐钛矿，或铀矿物内有以上矿物的超显微颗粒。

照片 5-6　铀黑呈被膜状与白铁矿紧密共生

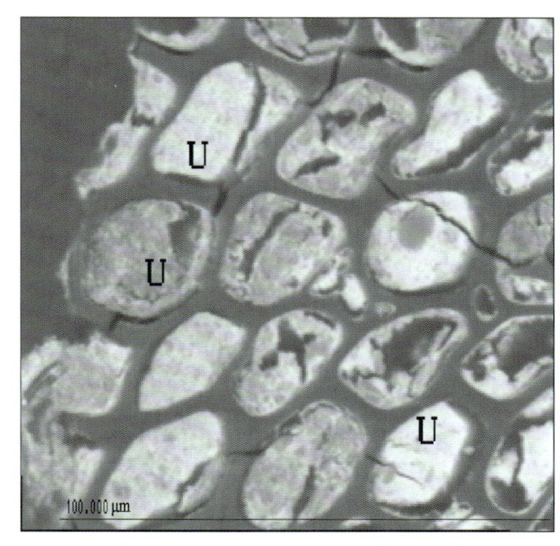

照片 5-7　铀黑充填在有机质胞腔内部

铀石属于铀的硅酸盐矿物，在本区少见，其颗粒略大，最大约 6μm，见于石英的缝隙中（照片 5-8）。铀石中 SiO_2 含量较高，且含量变化很大（7.19%～34.68%），可能是受到围岩石英含量高的影响。同时铀石中还含有一定量的 Th，含量 4.61%～6.42%。

铀钍石颗粒细，大小不一，粒径 1～30μm，多沿着黄铁矿边缘产出（照片 5-9），也产出于石英或长石中，个别有比较明显的放射晕，其包裹的长石因放射作用形成一个明显的晕环。铀钍石中 UO_2 含量较低（0.64%～8.34%），ThO_2 含量较高（10.61%～55.79%），同时含有一定量的 SiO_2（2.06%～12.87%）。

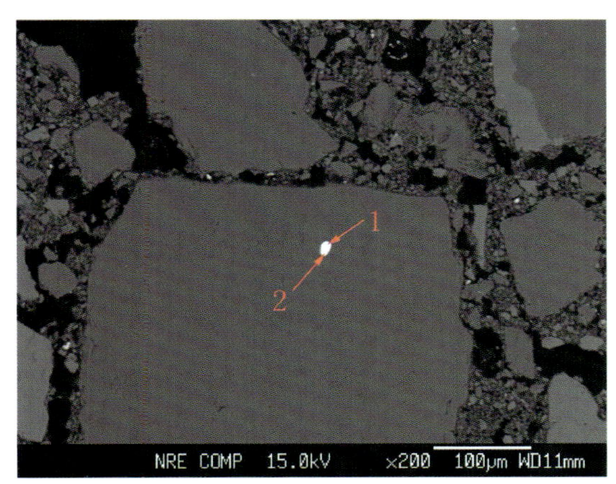

照片 5-8　铀石产于石英中

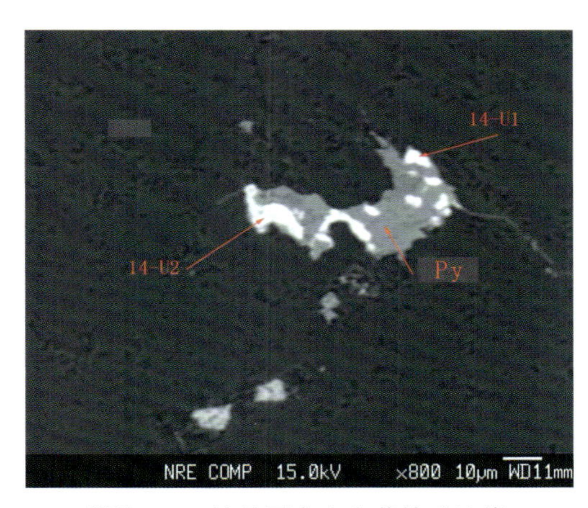

照片 5-9　铀钍石产出在黄铁矿边缘

含铀矿物有含铀钛铁矿、含铀锐钛矿和含铀稀土矿物（照片 5-10）。含铀矿物多以较细小的颗粒零星地分布在石英、长石和杂基中（照片 5-11）。含铀锐钛矿铀含量较低，为 4.22%～6.20%，TiO_2、FeO 含量高，分别为 77.70%～81.20%、1.97%～2.36%。含铀稀土矿物中铀含量稍高，为 14.27%～15.73%，稀土含量较高，同时含有一定量的 Th。本区矿石中稀土元素含量变化较大，一部分矿石样品中稀土元素的富集可能与存在较多含铀稀土矿物有关。

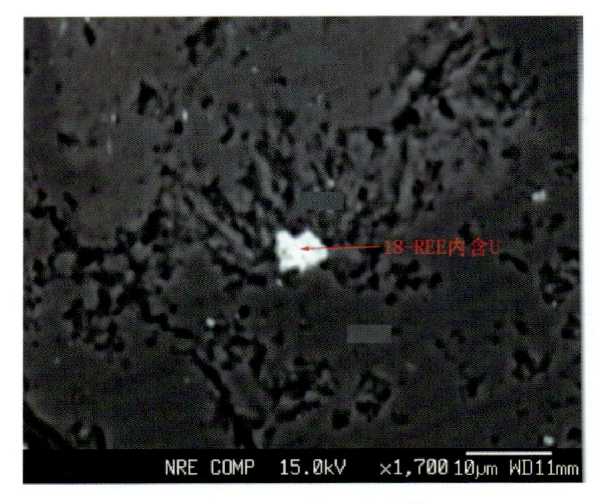

照片 5-10　稀土中的铀

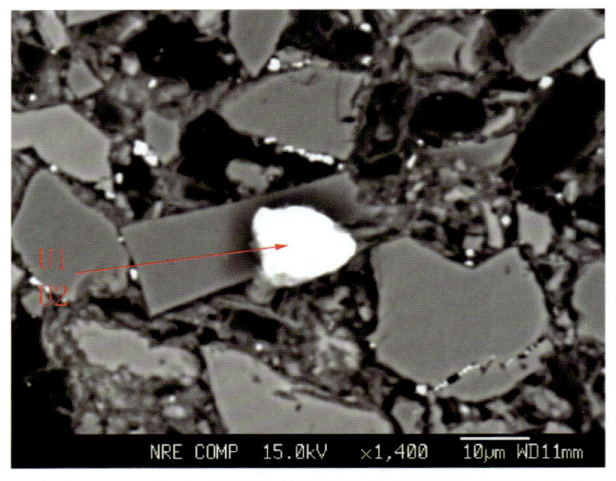

照片 5-11　铀钍石及其放射晕，铀钍石产于钾长石中

第二节　巴润铀矿床特征

一、铀储层特征

巴润铀矿床紧邻巴彦乌拉铀矿床西部，铀储层赛汉组上段底板形态反映了古河谷特征(图 5-24)，倾向上(北西-南东)，南北两侧底板高(海拔 850～890m)，向中部变低(780～850m)，即古地形从两侧向河

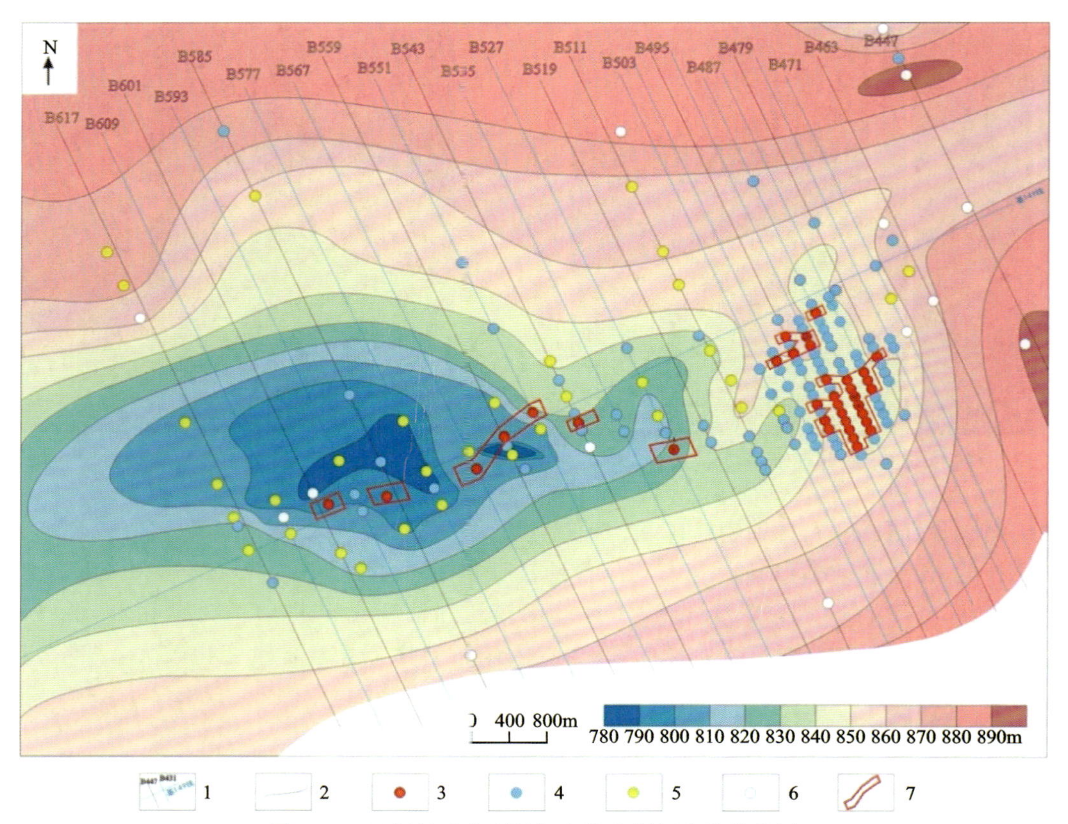

图 5-24　巴润铀矿床赛汉组上段底板标高等值线图

1. 勘探线及编号；2. 底板标高等值线；3～6. 工业铀矿孔、铀矿化孔、铀异常孔、无矿孔；7. 矿体分布范围

谷中心倾斜，且北部底板较南部高，坡降相对较缓；从走向上看，西部低（780～840m）、东部高（840～890m），与古河谷的发育方向相反，这与古河谷在南部隆起抬升有关，但底板地形总体变化较缓。

铀储层与上覆伊尔丁曼哈组呈角度不整合接触（图5-25），与下部的赛汉组下段呈平行不整合接触。含矿层赛汉组上段与下段泥岩构成稳定的“泥—砂—泥”结构。

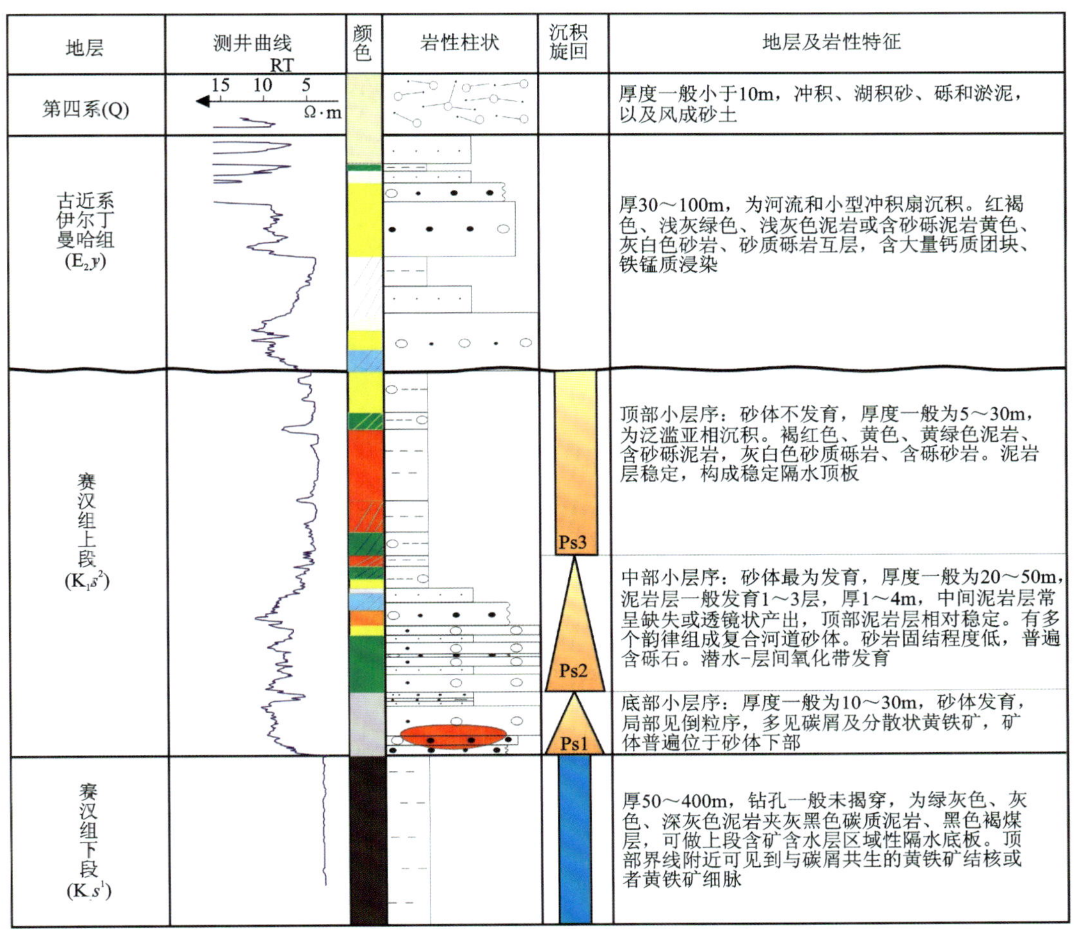

图5-25　巴润铀矿床上部盖层地层结构图

铀储层厚度变化与其底板形态基本一致，整体上呈南西-北东向展布，地层厚度一般为30～100m（图5-26），河谷南西侧边部最小，中部最大。走向上南西部厚度大，向北东部减小；倾向上，中部厚度大，向南北两侧逐渐变小，且南侧变化较快。地层厚度较大处正好与底板相对低凹处相吻合，沿古河谷低凹处发育。

沉积相类型主要为辫状河，由河道充填组合、河道边缘组合和泛滥平原构成（图5-27、图5-28）。河谷砂体宽4～8km，规模很大，呈南西-北东向展布，在北西侧有河谷侧向河道流入，在南东侧发育河谷河道边缘沉积，再往南东方向靠近河谷边部发育泛滥平原沉积。铀矿体主要分布在河谷中辫状河道南侧河道充填沉积的粗碎屑砂岩中，靠近河道边缘的相变区域。

河谷中河道充填组合包括砂-砾质辫状河道充填，视电阻率曲线为箱形，岩性为含砾砂岩、粗砂岩、中粗砂岩，粒度偏粗，以杂基支撑、基底式胶结为主。概率累计曲线存在一段式、两段式和三段式（图5-29），但以两段式和三段式为主，充分反映了辫状河道充填，属于典型的牵引流沉积（图5-30），C值为768.44～2 828.43μm，M值为207.33～2 496.66μm。样品主要集中在OP区段，QR段较少，RS、QR和NO段没有样品，碎屑物以滚动搬运及悬浮搬运两种方式为主，沉积时水流能量高，散发点中线距$C=M$基线较远，反映碎屑物分选性较差。

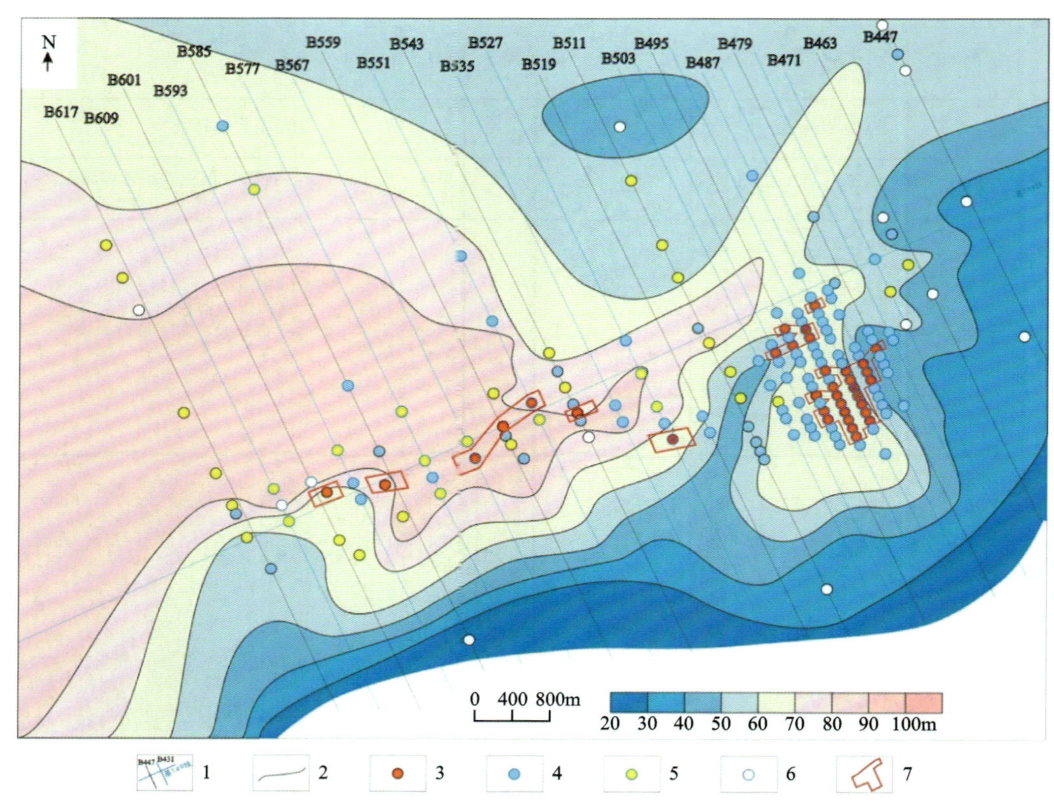

图 5-26　巴润地段赛汉组上段地层厚度等值线图

1.勘探线及编号；2.厚度等值线；3.工业铀矿孔；4.铀矿化孔；5.铀异常孔；6.无铀矿孔；7.矿体范围

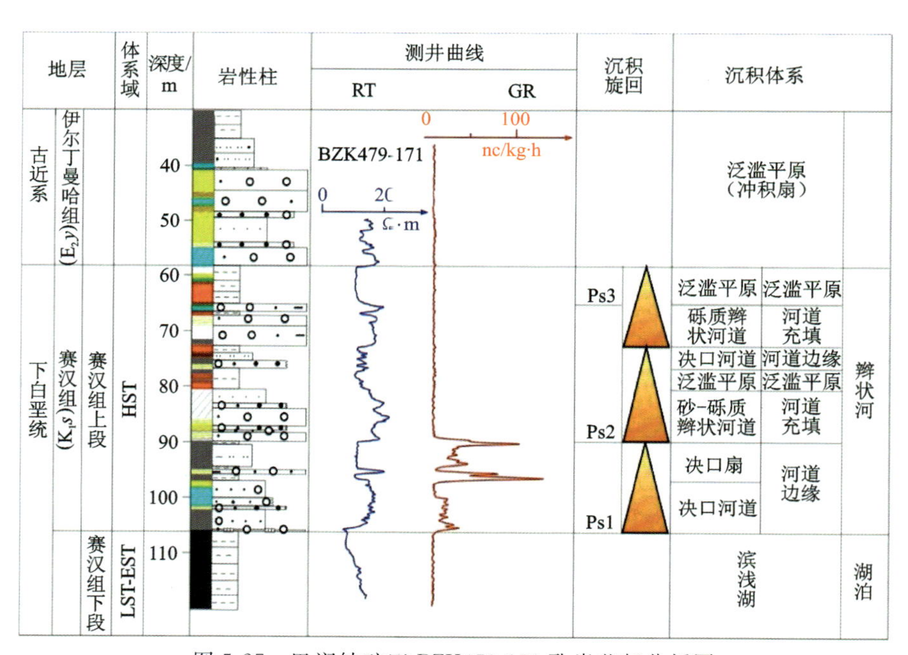

图 5-27　巴润铀矿床 BZK479-171 孔岩芯相分析图

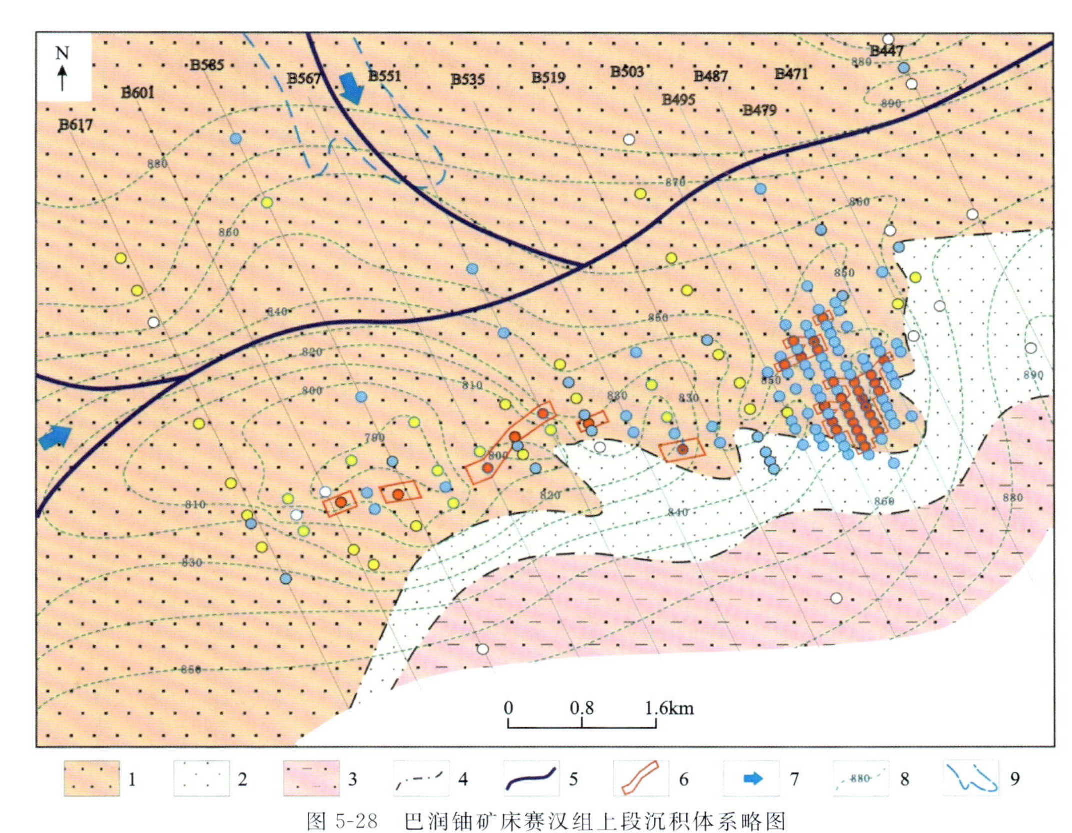

图 5-28　巴润铀矿床赛汉组上段沉积体系略图

1.辫状河道充填沉积;2.辫状河道边缘沉积;3.泛滥平原沉积;4.岩相边界线;5.河道主流线;6.矿体范围;7.物源方向;8.赛汉组上段底板标高等值线与值(m);9.侧向物源

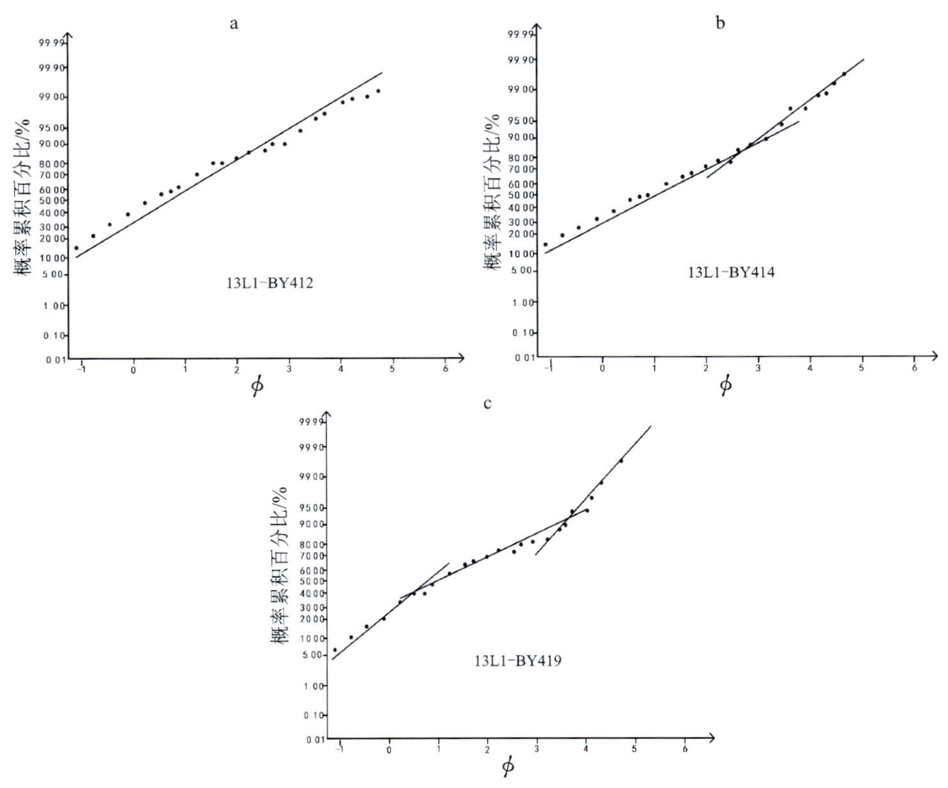

图 5-29　巴润铀矿床赛汉组上段碎屑岩粒度概率累计曲线图

a.一段式粒度概率累计曲线;b.二段式粒度概率累计曲线;c.三段式粒度概率累计曲线

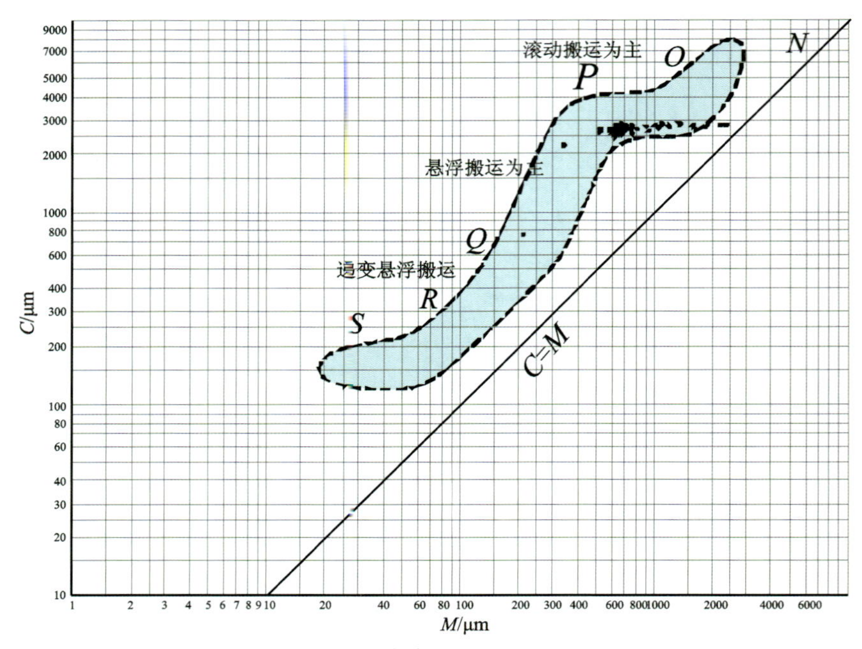

图 5-30　巴润铀矿床赛汉组上段碎屑岩 C-M 图

碎屑岩主要类型为长石砂岩、岩屑砂岩(图 5-31),少量分布在长石岩屑砂岩与岩屑长石砂岩区内,反映本区碎屑岩成分成熟度低的特点。碎屑物中石英的磨圆度较差,以次棱角状为主,这与搬运距离短密切相关。石英种类较多,来自花岗岩的石英含大量气液包体,呈云雾状消光;来自火山岩的石英,它们常保留近六边形外形或具港湾状溶蚀边缘,表面光洁如水;来自变质岩的石英具明显的带状消光或云状的波状消光,反映了母岩的多样性。长石以条纹长石为主,斜长石、微斜长石较少,主要是由于巴润矿床物源主要来自花岗岩区,部分长石水解,形成高岭土化。岩屑往往颗粒粗大,不仅有花岗岩,还有凝灰岩、流纹岩、石英斑岩等,反映矿区碎屑物具有多物源特征。

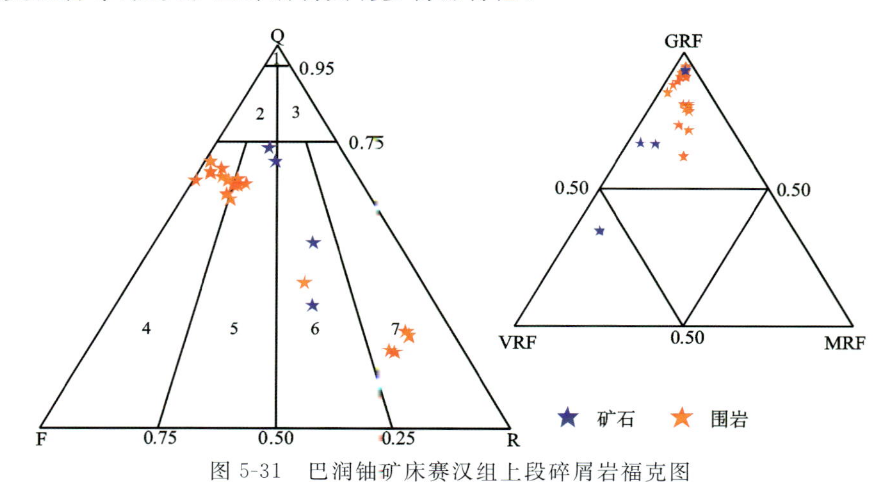

图 5-31　巴润铀矿床赛汉组上段碎屑岩福克图

Q. 石英;F. 长石;R. 岩屑;VRF. 火山岩岩屑;MRF. 变质岩岩屑;GRF. 花岗岩岩屑;
1. 石英砂岩;2. 长石石英砂岩;3. 岩屑石英砂岩;4. 长石砂岩;5. 岩屑长石砂岩;
6. 长石岩屑砂岩;7. 岩屑砂岩

砂体厚度主要分布在 20~60m 范围内,平均含砂率 59.14%,呈南西-北东向展布,与地层展布方向基本一致(图 5-32),砂带长约 10km、宽 2.0~5.5km。倾向上砂体厚度自北向南逐渐变薄,直至尖灭;走向上砂体沿中央洼地一带发育,具有中央厚(厚 50~70m)向边部(10~30m)逐渐变薄的趋势,且南部变化较快，与后期抬升、剥蚀强烈有关。铀矿化主要位于砂体厚度的10～40m内。

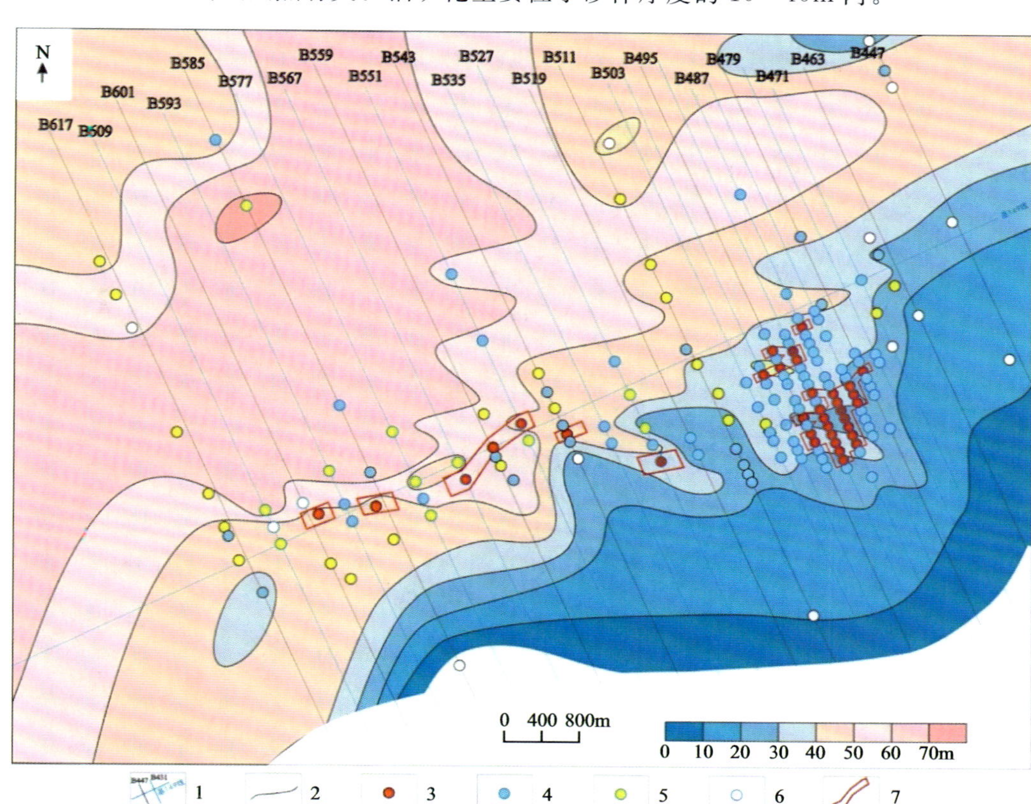

图5-32　巴润铀矿床赛汉组上段砂岩厚度等值线图

1.勘探线及编号；2.砂体厚度等值线；3～6.工业铀矿孔、铀矿化孔、铀异常孔、无矿孔；7.矿体范围

二、岩石地球化学特征

巴润铀矿床发育潜水、潜水-层间氧化带，潜水氧化带由潜水下渗作用形成，形成于地表或近地表，并受浅水面控制；潜水-层间氧化带形成时序为先潜水氧化，遇到隔水层后转为层间氧化，受承压水水动力系统控制。氧化岩石均表现为褐黄色、黄色和浅黄色等，与铀成矿密切相关的为潜水-层间氧化带。氧化带在空间上具有分带现象，表现为完全氧化亚带、氧化-还原过渡亚带和还原亚带（图5-33）。完全氧化亚带在巴润矿床周边均有发育，说明氧化作用来自多个方向，但以北西侧为主，分布面积较小，砂体氧化率100%，未见铀矿化。氧化-还原过渡亚带呈北东向展布，分布面积大，长约12km、宽1.4～5.2km，东西部窄中部宽，在垂向上主要表现为上部为黄色、亮黄色、灰白色、浅灰色砂体，普遍发生铁的迁移和富集（褐铁矿化），可见黄色条带和斑点，下部为灰色、灰绿色砂体（图5-34），具有氧化与还原上下叠置的关系，类似于“垂直分带”的特征；铀矿体主要在氧化砂体百分率为10%～50%的区域内，在紧邻氧化带界线下界面的灰色砂体产出，矿体形态以板状为主，规模大，只有很少部分铀矿体在氧化舌下翼产出，延伸较短。还原亚带分布面积小，主要位于氧化-还原过渡亚带中的南西部及南东部，该带的岩石以多为含泥质的砂质砾岩、含砾粗砂岩、中粗砂岩为主，泥岩、粉砂岩夹层较发育，岩石颜色以灰色、绿灰色为主，局部表现为灰绿色和绿色，含有碳屑及黄铁矿等还原介质。还原亚带分布形态受到地层地形及其自身还原能力影响控制，潜水-层间氧化带前锋线由南、北向中间展布。

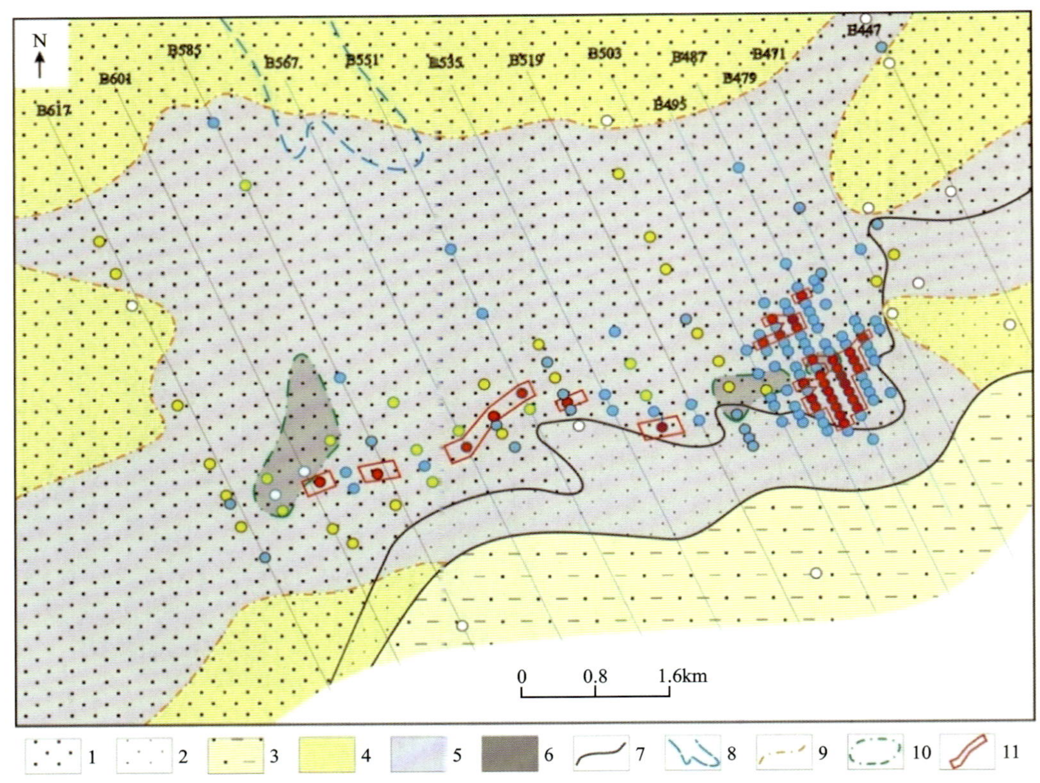

图 5-33　巴润铀矿床 B617-B447 线赛汉组上段氧化带分带示意图

1.河道充填沉积；2.河道边缘沉积；3.泛滥平原沉积；4.完全氧化亚带；5.氧化-还原过渡亚带；6.还原亚带；7.岩相界线；8.侧向物源；9.氧化亚带与过渡亚带界线；10.过渡亚带与还原亚带界线；11.矿体范围

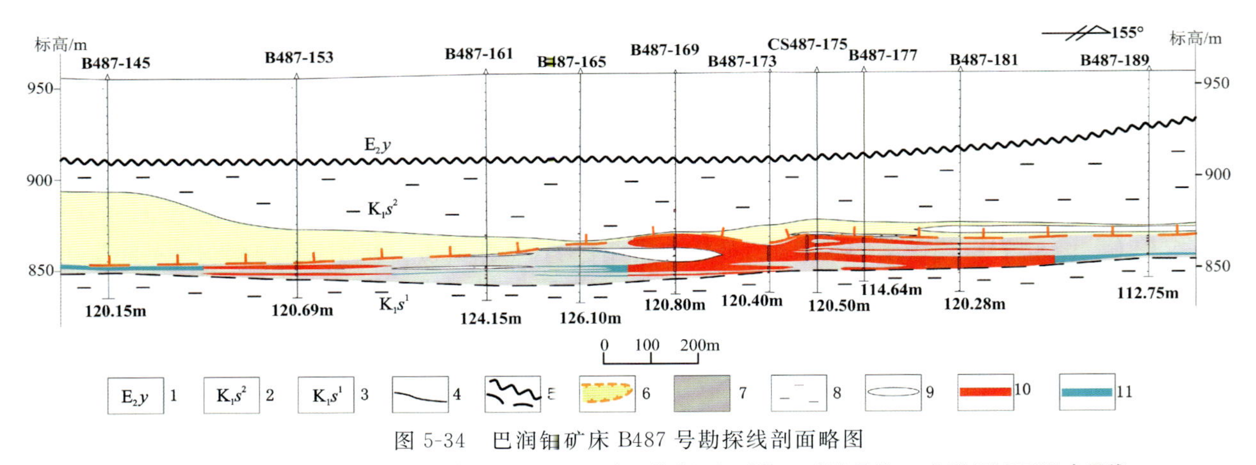

图 5-34　巴润铀矿床 B487 号勘探线剖面略图

1.古近系伊尔丁曼哈组；2.下白垩统赛汉组上段；3.下白垩统赛汉组下段；4.岩性界线；5.角度/平行不整合界线；6.氧化砂体及氧化带前锋线；7.灰色砂体；8.泥岩；9.透镜状泥岩夹层；10.铀矿体；11.矿化体

三、铀矿体产出特征

铀矿体分布不规则，但总体呈北东-南西向展布(图 5-35)，与古河谷展布形态基本一致，矿体长 200～1400m，宽 75～1500m，根据矿体的产出特征，可以细化为 4 个矿体、7 个块段，平面上相对不连续，由北向南矿体规模逐渐增大，其中Ⅰ-17 号主矿体规模最大，长 200～1400m、宽 75～1000m，呈不规则多边形，在边缘上分岔、缩小。

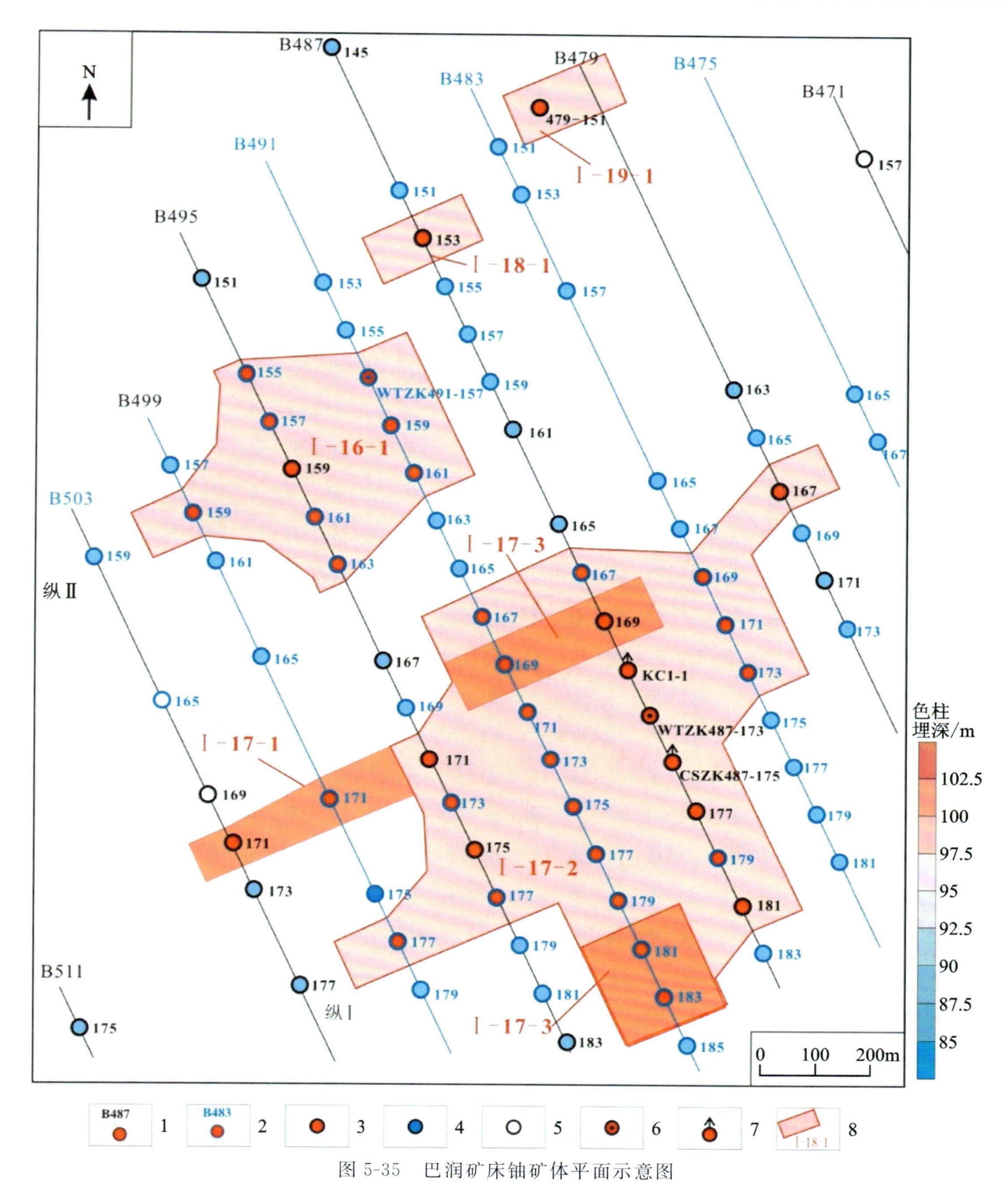

图 5-35　巴润矿床铀矿体平面示意图

1. 以往勘探线、编号及钻孔；2. 新开勘探线、编号及钻孔；3～5. 工业铀矿孔、铀矿化孔、无矿孔；6. 物探参数孔；7. 水文地质孔；8. 矿体及块段编号

矿体顶面埋深 75.86～108.56m(图 5-36)，平均 94.64m，变异系数 7.74%，相对于东部的巴彦乌拉铀矿床矿体埋深更浅，变化程度低，上覆地层较为稳定；矿体沿凹陷北东轴线方向埋深较大，向北西和南东两侧方向矿体顶面埋深变浅。矿体顶板标高为 847.41～879.08m，平均 861.58m，变异系数0.83%，说明矿体顶界面在水平面上发育稳定，产状平缓。

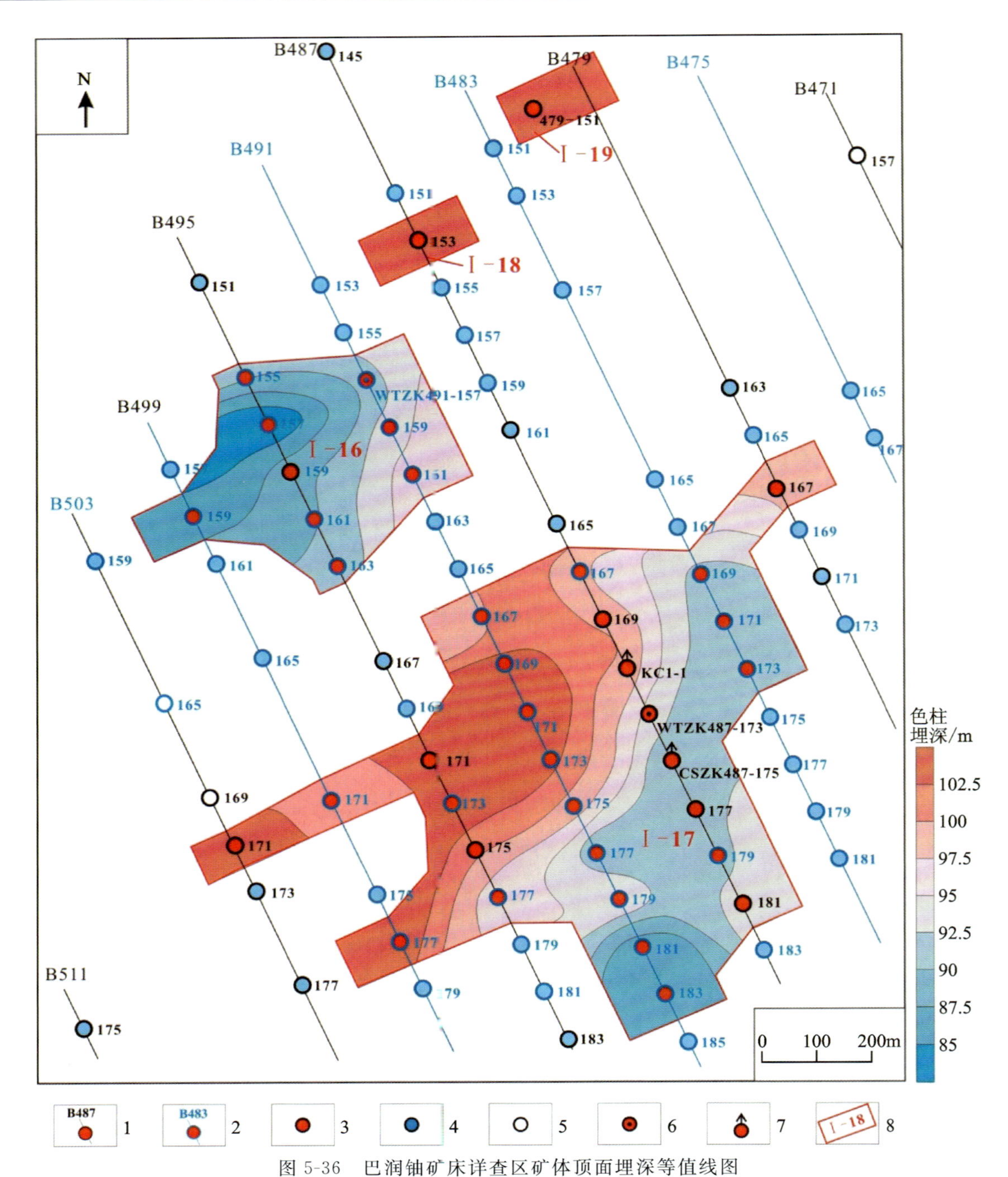

图 5-36　巴润铀矿床详查区矿体顶面埋深等值线图

1. 以往勘探线、编号及钻孔；2. 新开勘探线、编号及钻孔；3～5. 工业铀矿孔、铀矿化孔、无矿孔；6. 物探参数孔；7. 水文地质孔；8. 矿体范围及编号

矿体底面埋深为 90.76～115.66m，平均 104.23m，变异系数 5.72%，矿体底板标高为 840.31～864.18m(图 5-37)，平均 851.99m，变异系数 0.68%，整体反映了矿体在空间分布上较为稳定，具有埋藏浅、产状平缓的特征，矿体在空间分布上的特征主要受古河谷底板形态和氧化带的双重控制，沿中央洼地一带埋藏相对较深，边缘部位相对较浅，充分显示了二连盆地古河谷在巴润矿床内的铀成矿特征。

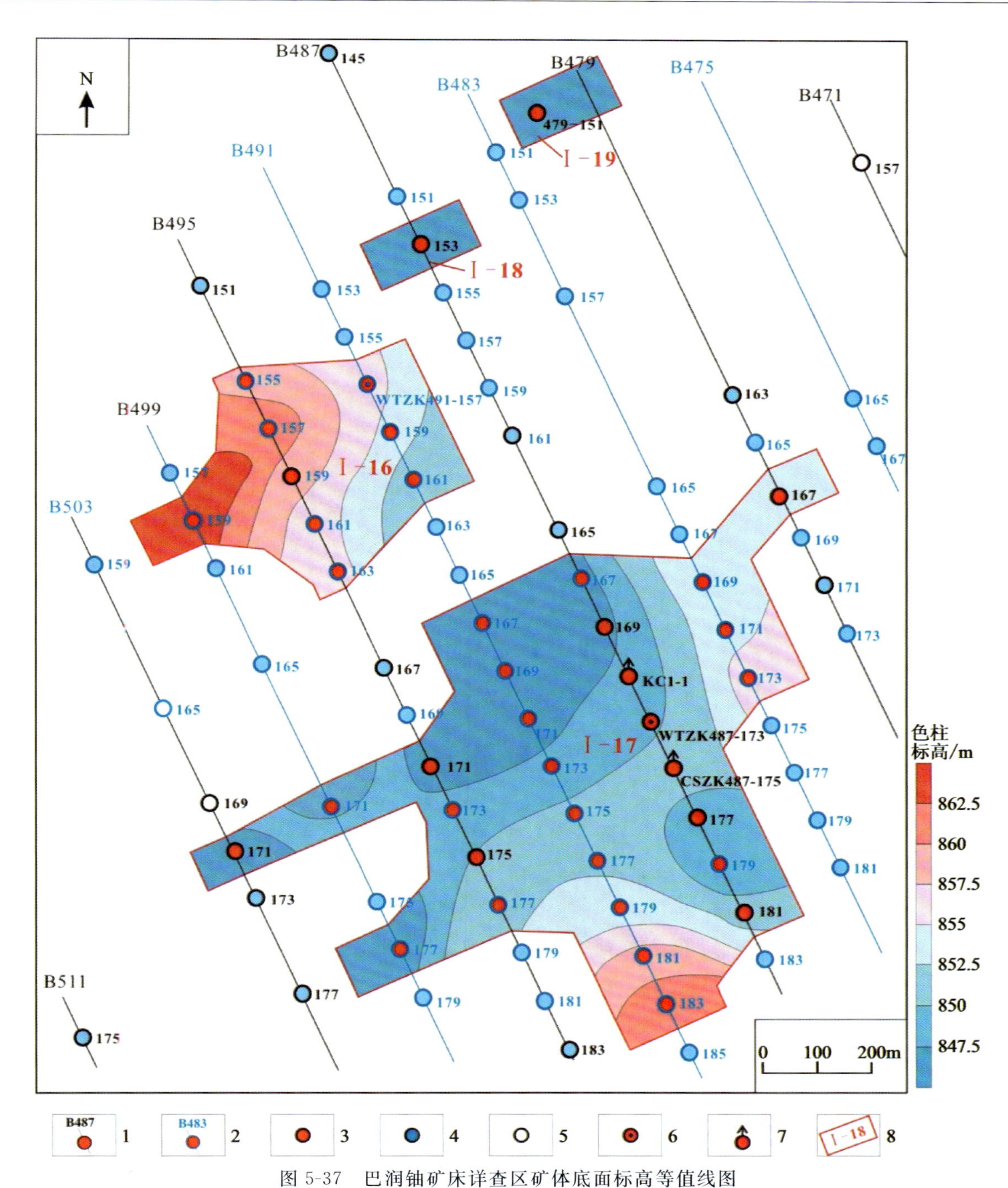

图 5-37　巴润铀矿床详查区矿体底面标高等值线图

1. 以往勘探线、编号及钻孔；2. 新开勘探线、编号及钻孔；3～5. 工业铀矿孔、铀矿化孔、无矿孔；6. 物探参数孔；7. 水文地质孔；8. 矿体范围及编号

矿体形态受层间氧化界面及古河谷底板形态控制，大部分铀矿体位于氧化带下部灰色砂体内，部分紧靠古河谷底板（图 5-38），富含有机质或褐煤层的古河谷底板为铀成矿提供了有利的还原介质。矿体主要呈单层板状产出，矿层连续性较好，总体由南西向北东呈缓倾斜，局部受泥岩透镜体、砂体的非均质性影响，矿体具有多层现象，但相差距离不大，不影响矿体在空间上的整体分布特征。

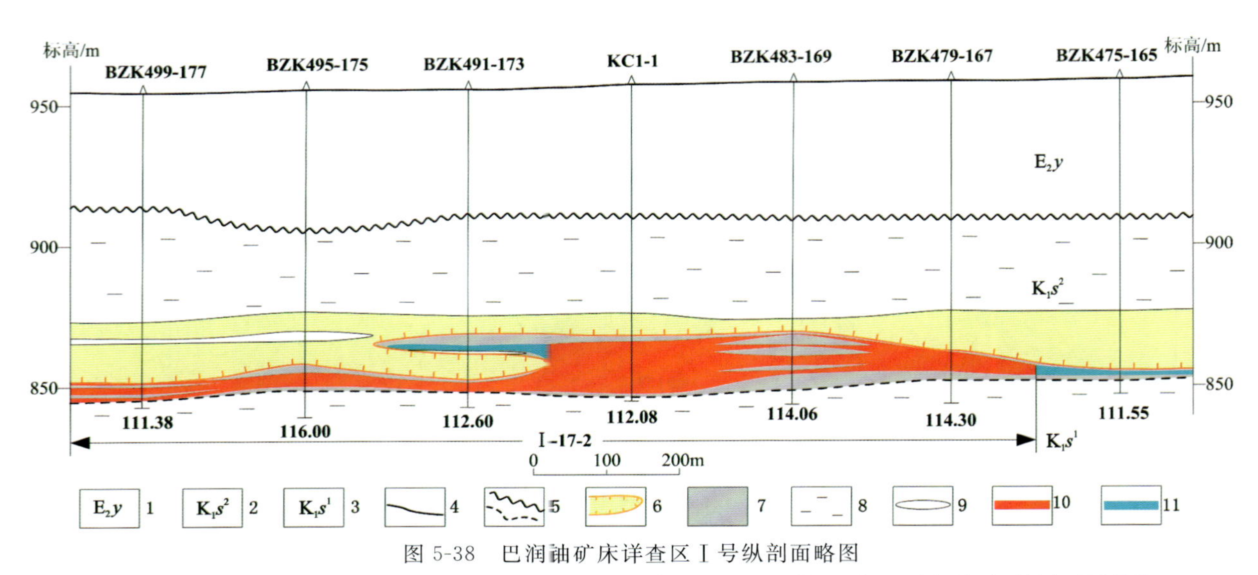

图 5-38　巴润铀矿床详查区Ⅰ号纵剖面略图

1. 古近系伊尔丁曼哈组；2. 下白垩统赛汉组上段；3. 下白垩统赛汉组下段；4. 岩性界线；5. 平行/角度不整合地层界线；6. 氧化带及前锋线；7. 灰色砂岩；8. 区域隔水层；9. 局部隔水层；10. 铀矿体；11. 矿化体

四、铀矿化特征

矿体厚度为 1.50～14.40m（图 5-39），平均 6.46m，变异系数 49.69%，矿体厚度变化程度较大。总体上矿体南东部厚，向北部及西部变薄，并为矿化体取代。其中，南东部矿体厚度以 6～12m 为主，向北部及西部矿体厚度以 2～4m 为主；14m 以上厚度大的矿体分布面积不大，主要以同向轴椭球体独立展布。

主要为低品位矿化，矿体品位变化区间 0.010 2%～0.034 7%（图 5-40），平均 0.014 8%，变异系数 27.85%，品位变化较大，相对于东部巴彦乌拉铀矿床平均品位偏低。总体上，矿体品位以 0.015%～0.020%为主，分布区面积最大（约占 45%）；其次为 0.010%～0.015%，分布区面积略小；品位大于 0.020%的矿体多数在矿体周边零散不规则穿插分布，规律性不明显。

矿体平米铀量变化范围 1.00～4.50kg/m²，平均 1.99kg/m²，变异系数 44.22%，变化较大。矿体平米铀量以 1～3kg/m² 为主，分布面积约占 60%以上（图 5-41）；平米铀量大于 3kg/m² 的区域主要分布北部边缘和南部中心地带。与矿体厚度及品位等值线对比分析，可以明显看出平米铀量高值区与厚度高值区基本耦合，而与品位高值区耦合性差，说明矿体平米铀量与厚度呈正相关。

赋矿岩石地球化学类型主要以灰色、灰黑色类砂岩为主，矿石中含大量有机质（照片 5-12）。据相关统计有机质含量明显高于围岩 2～3 倍，碳屑多为细脉状、根须状，多数碳屑细胞结构清晰，细脉状碳屑在砂屑中近平行条带状顺层理延伸，根须状碳屑分布无定向性，由丝炭化物质和褐色组分组成，具有就地掩埋、未经搬运的特征。此外黄铁矿的含量也较高，最高可达 10%，多以胶结物形式产出，碎屑物中以晶体独立存在较少。其标型多样，单体有尘粪状、显微球粒状、立方体状；集合体有草莓状、结核状、细脉状、树枝状、块状（照片 5-13）等，有机质、黄铁矿与铀矿化呈明显的正相关，主要表现在为铀成矿提供还原剂或吸附铀。矿石碳酸盐含量（0.87%）略高于围岩（0.46%），可能与 U^{6+} 呈 CO_3^{2-}、HCO_3^- 形式搬运沉淀有关。

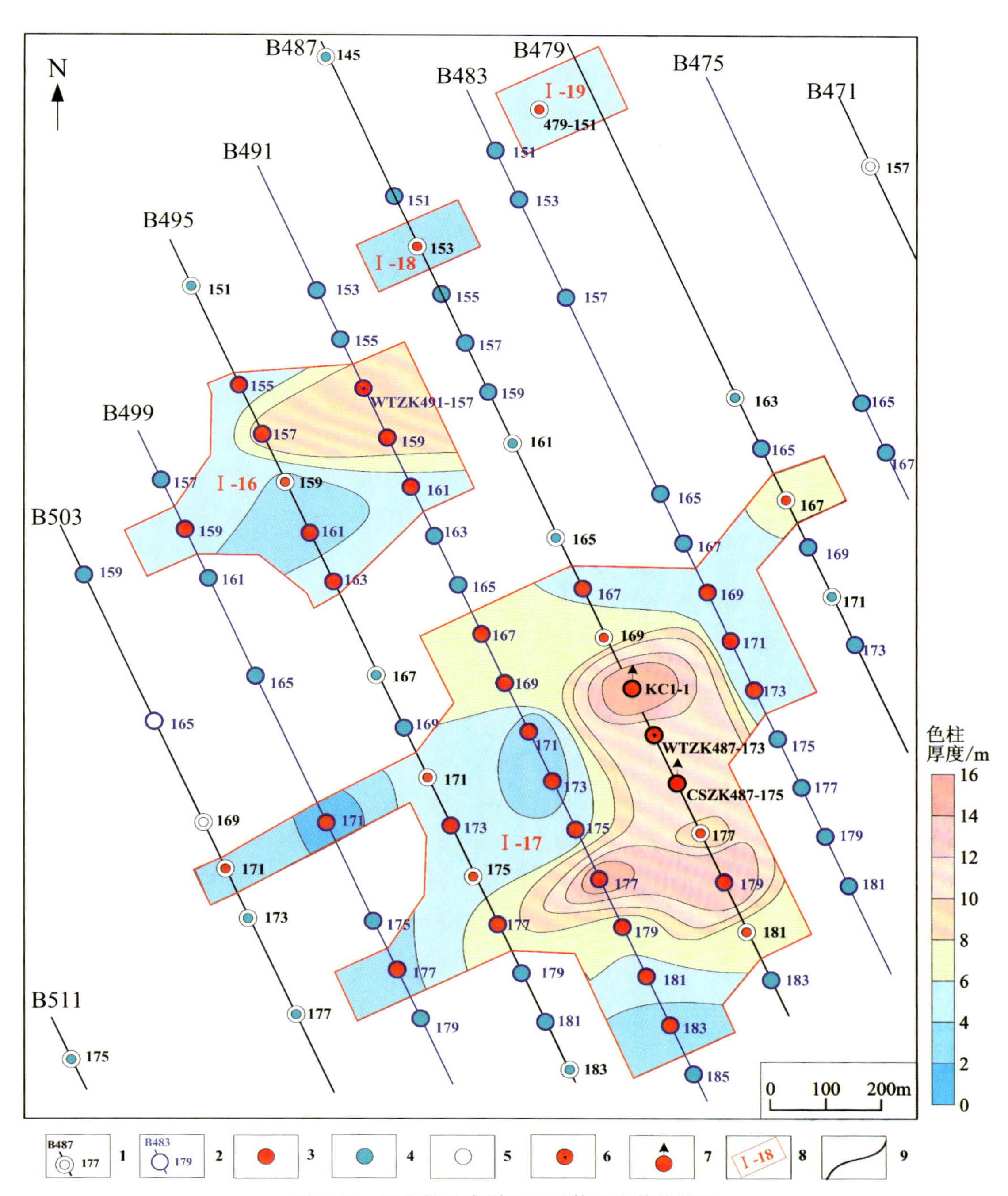

图 5-39　巴润铀矿床详查区矿体厚度等值线图

1. 以往勘探线、钻孔及编号；2. 新开勘探线、钻孔及编号；3. 工业铀矿孔；4. 铀矿化孔；5. 无铀矿孔；6. 物探参数孔；7. 水文地质孔；8. 矿体范围及编号；9. 矿体厚度等值线

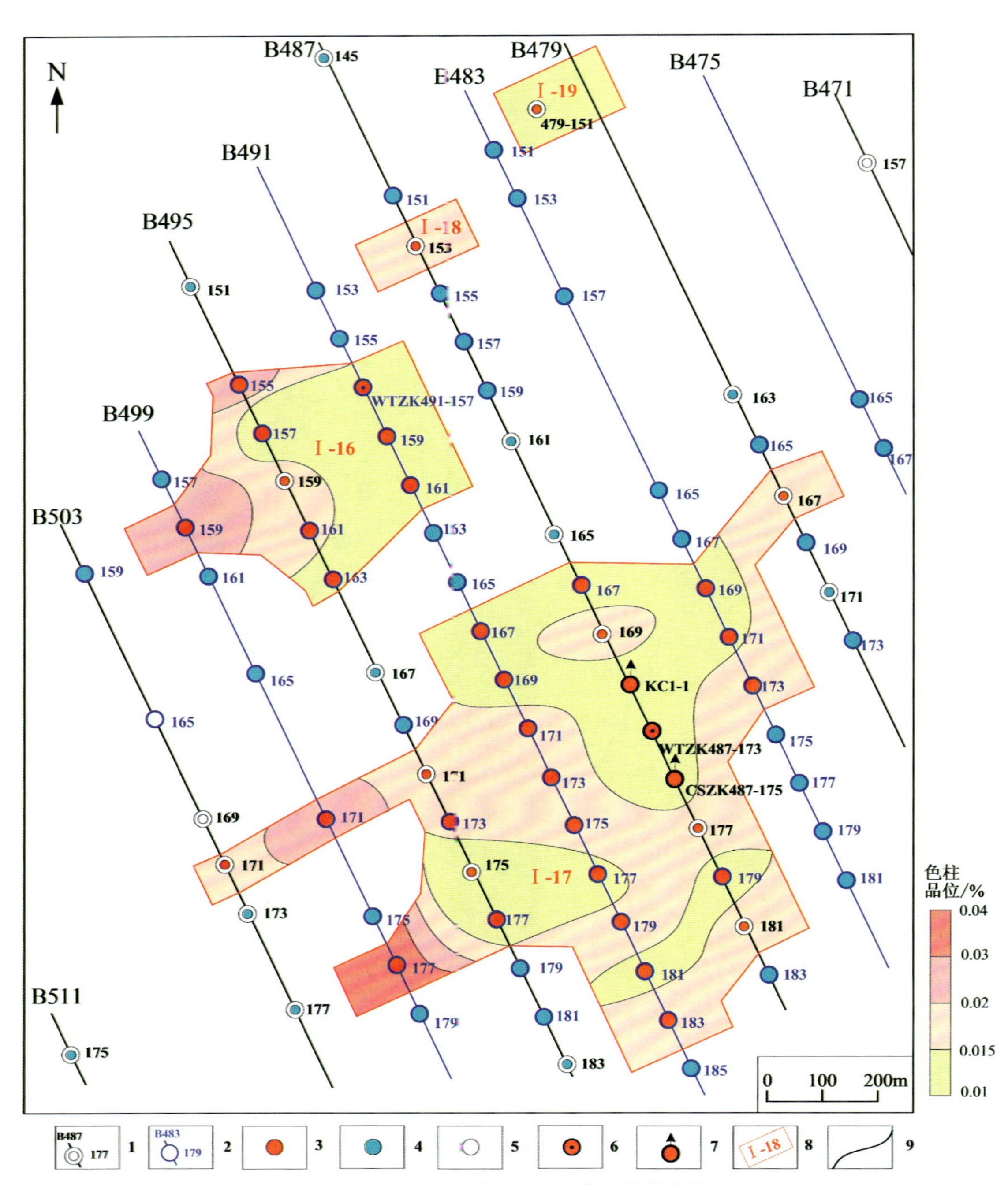

图 5-40　巴润铀矿床详查区矿体品位等值线图

1. 以往勘探线、钻孔及编号；2. 新开勘探线、钻孔及编号；3. 工业铀矿孔；4. 铀矿化孔；5. 无铀矿孔；6. 物探参数孔；7. 水文地质孔；8. 矿体范围及编号；9. 矿体品位等值线

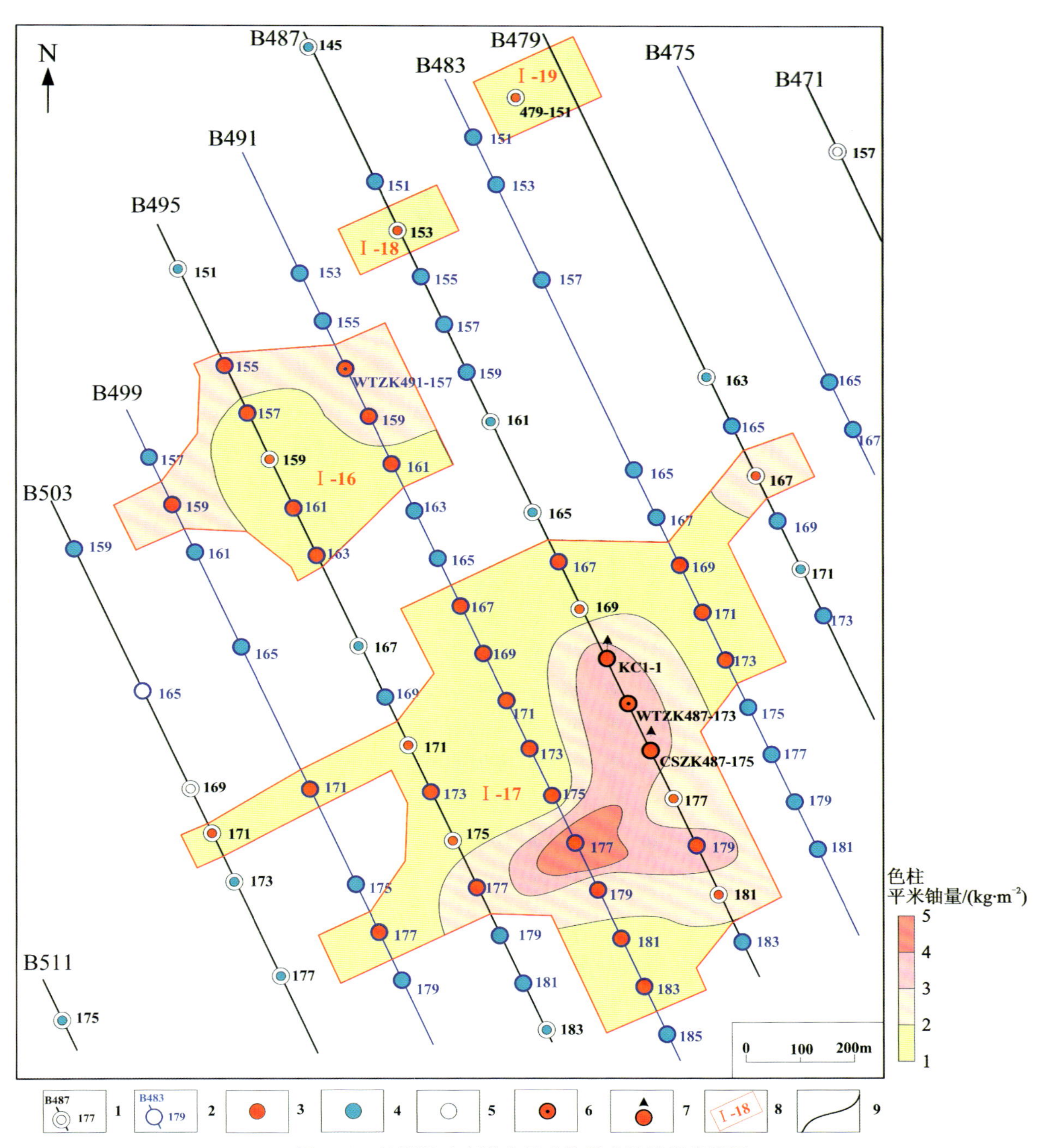

图 5-41　巴润铀矿床详查区矿体平米铀量等值线图

1. 以往勘探线、钻孔及编号；2. 新开勘探线、钻孔及编号；3. 工业铀矿孔；4. 铀矿化孔；5. 无铀矿孔；6. 物探参数孔；7. 水文地质孔；8. 矿体范围及编号；9. 矿体平米铀量等值线

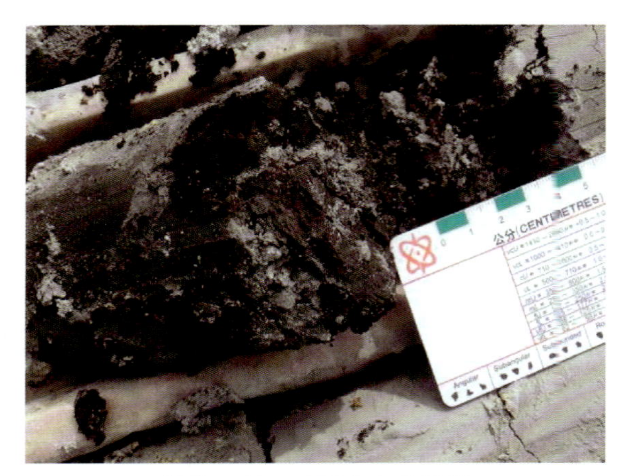
照片 5-12　矿石中大量煤屑

照片 5-13　矿石中块状黄铁矿

矿石粒度特征与围岩近似，以杂基支撑、基底式胶结为主，分选性较差。按照不同品位矿石的粒度进行统计和研究，显示出巴润铀矿床在细砂岩、中砂岩、粗砂岩、砾岩中均含矿，但含矿碎屑岩的粒度以砂质砾与细砂为主(图 5-42)，并且随着品位的增高粒度有逐渐变细的趋势，这与细砂岩杂基含量较高、孔隙度偏细氧化还原反应充分有着密切的关系。

矿石主量元素 FeO、Fe_2O_3、Al_2O_3、K_2O、Na_2O 含量高，CaO、MgO 含量低，SiO_2 含量稍低。SiO_2 含量稍低而 Al_2O_3、K_2O、Na_2O 含量高，说明本区含矿碎屑岩中长石含量较高，成分成熟度低。FeO、Fe_2O_3 含量高，则是碎屑岩中含有一定量的黄铁矿、褐铁矿或铁硅酸盐类矿物所致。CaO、MgO 含量低，反映矿石中碳酸盐的含量低。另外，矿石中 TiO_2 含量也较高，这与矿石中含有一定量的含铀钛铁矿、含铀锐钛矿有关。矿石微量元素 Ba、Rb、Ba 相对富集，而 Sr 相对亏损；稀土总量较高，且变化很大。

对相邻矿床沿氧化方向的残留矿石带、低品位矿石带、矿石带和富矿石带进行系统取样，通过铀镭平衡系数修正，计算得出残留矿石带、低品位矿石带、矿石带和富矿石带成矿年龄分别为(66.1±4.4)Ma、(63.4±5.5)Ma、(51.2±4.3)Ma、(37.1±1.9)Ma，表明沿含氧含铀水渗入方向，成矿年龄越来越小，说明矿床受到不断改造，成矿作用“滚动”向前。

铀存在形式有 3 种，包括吸附态铀、铀矿物及含铀矿物。铀矿石中的铀主要以吸附态存在，铀的价态主要表现为六价。

吸附态铀在放射性照相底片上为云雾状的弱感光区域。铀的吸附剂主要为杂基，次为有机碳、显微球粒状黄铁矿、白铁矿。以吸附态铀为主的矿石品位通常较低，是本区铀的主要存在形式。铀矿物主要是铀石和铀钍矿等。铀矿物粒度很小，很难发现结晶好、颗粒大的独立铀矿物。铀石属于铀的硅酸盐矿物，在本区少见，其颗粒略大，见于石英的缝隙中。电子探针显示铀石中 SiO_2 含量较高，且含量变化范围很大，可能是受到围岩石英含量高的影响，同时铀石中还含有一定量的 Th，但含量不高。铀钍石颗粒细，形态、大小变化大，主要沿黄铁矿边缘产出或产出于石英或长石裂隙中，可见放射晕，形成明显的晕环。铀钍石中 UO_2 含量较低。此外，含铀矿物与巴彦乌拉矿床基本相同，主要包括含铀钛铁矿、含铀锐钛矿和含铀稀土矿物，以细颗粒、分散状分布于碎屑岩当中。

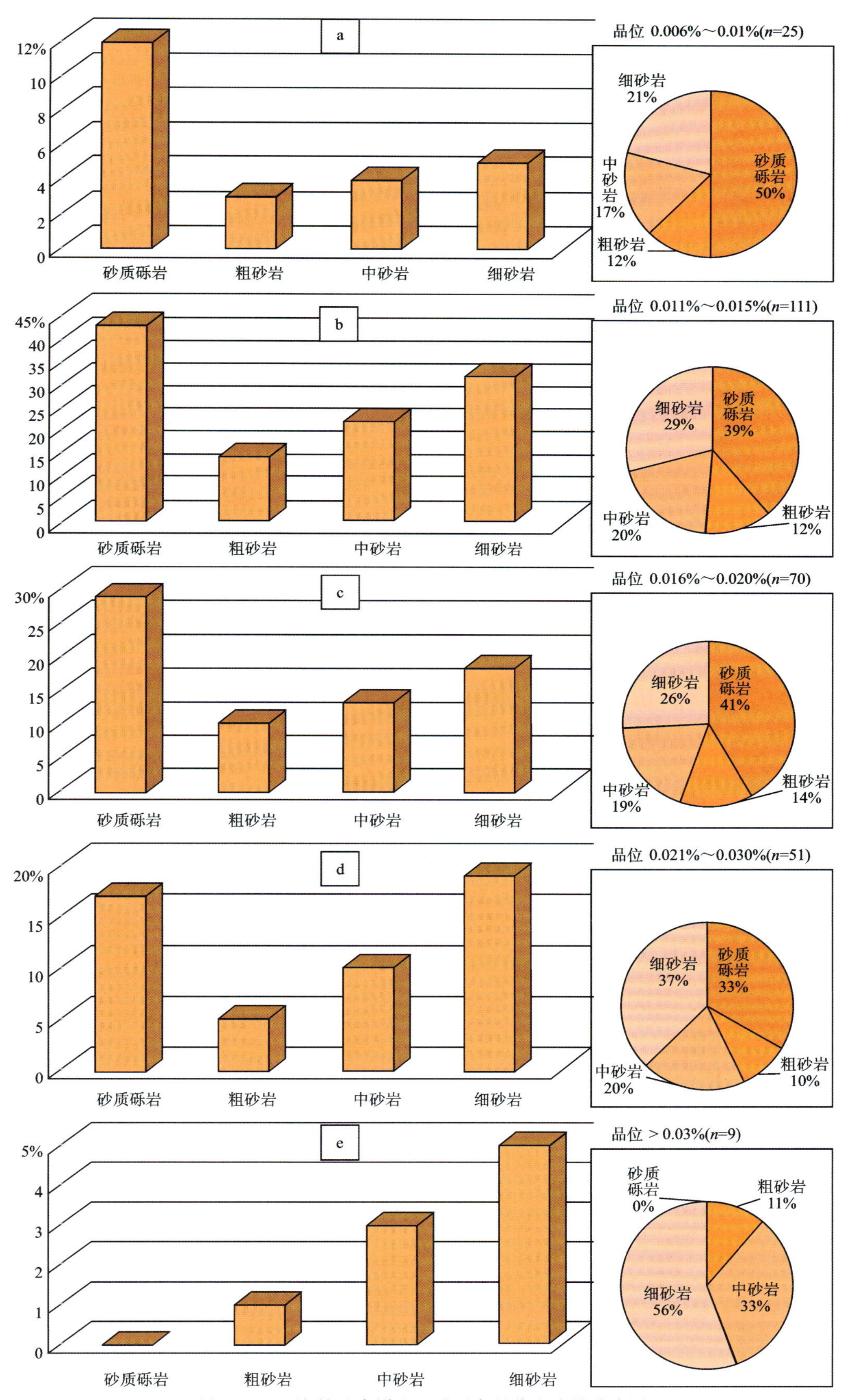

图 5-42 巴润铀矿床详查区矿石各品位段岩性分布图

第三节　芒来铀矿床特征

一、铀储层特征

芒来铀矿床邻巴润铀矿床西部，古河谷的形成主要与古地形地貌有关（图5-43），铀储层赛汉组上段底板标高最低750.60m，最高896.68m，主要分布在760～840m范围内，具有中央低、两侧高的特征，在东部出现洼地不连续、突变的现象，等值线梯度较陡，但总体展布与古河谷的空间展布一致。

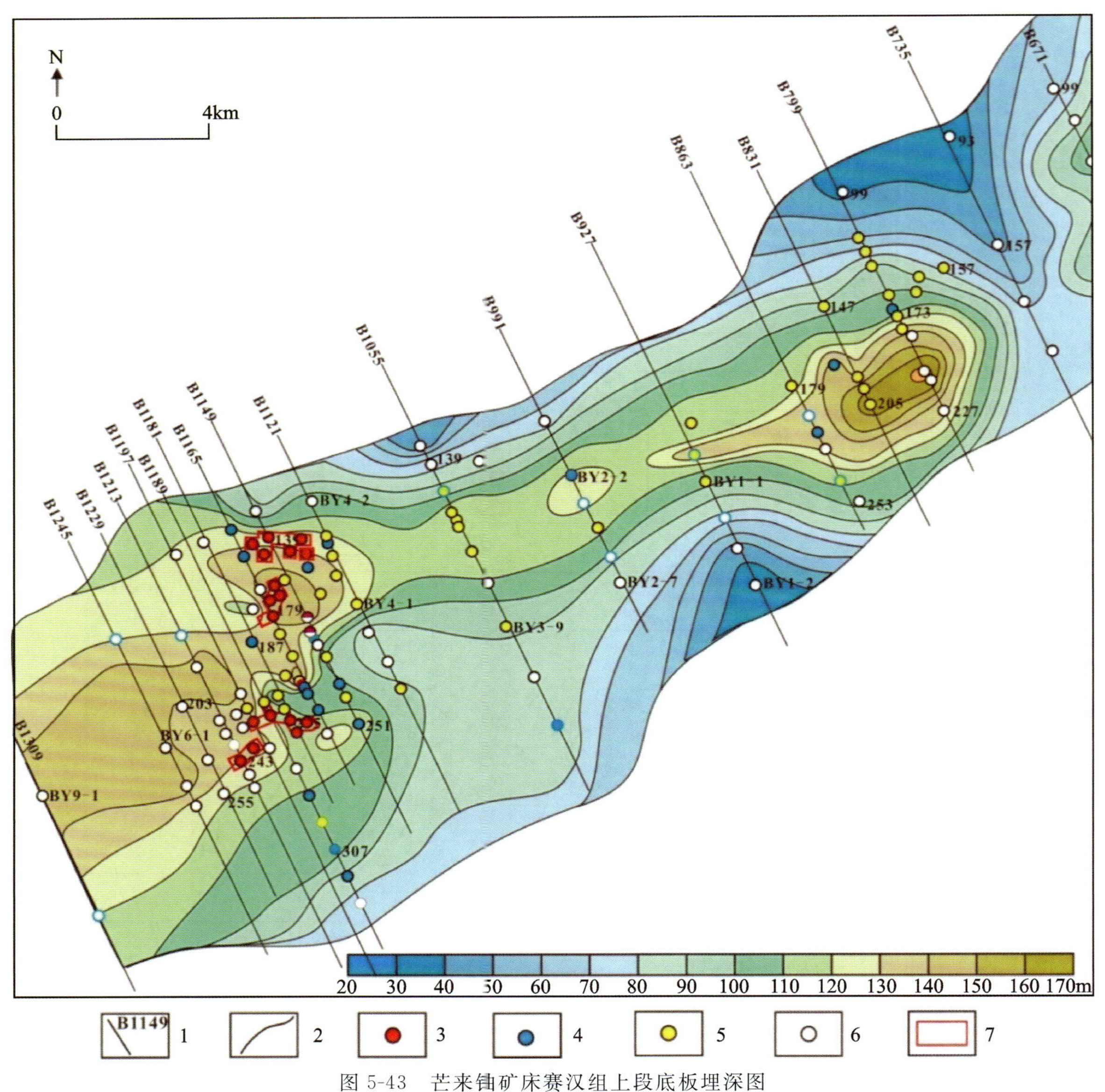

图5-43　芒来铀矿床赛汉组上段底板埋深图

1.勘探网及编号；2.隔水底板埋深等值线；3.工业矿孔；4.矿化孔；5.异常孔；6.无矿孔；7.铀矿体

铀储层结构比较简单，上覆为伊尔丁曼哈组红色或灰白色含砾砂岩、砂质砾岩(图 5-44)，角度不整合接触，在北西部局部地区直接出露地表；下伏一般为赛汉组下段灰色、杂色泥岩、砂岩，整合接触，部分地区下伏为元古宇变质岩。

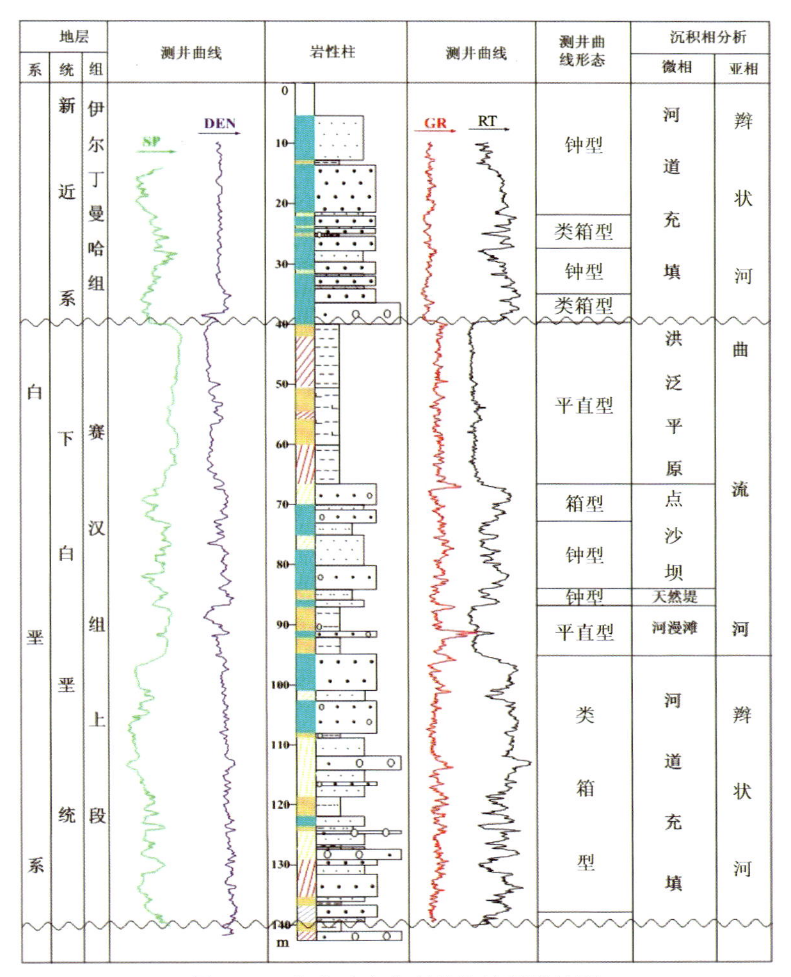

图 5-44　芒来矿床典型钻孔地层结构图

铀储层厚度变化范围 10～130m，以 50～110m 为主(图 5-45)，分布范围最大。厚度比较大的区段主要位于芒来矿床西部和东部洼槽一带，其空间展布形态与底板标高等值线图基本相似，但也存在一定差异，主要表现在古河谷两侧赛汉组上段厚度等值线梯度较缓、厚度变薄的区域加宽。说明古河谷在形成后受构造整体性抬升，并且受到不同程度的剥蚀，改变了原始沉积形态。

铀储层主要为古河谷辫状河、冲积扇等沉积(图 5-46)，概率累计曲线表现为一段式、两段式和三段式，以两段式和三段式为主。辫状河自西向东展布，形成多个纵向沙坝，长约 41km，宽 6～12km，由于侧相补给存在小范围的侧向沙坝。辫状河分为砾质辫状河和砂质辫状河，垂向上砾质辫状河位于下部，而砂质辫状河位于上部，分选性差，以杂基支撑、基底式胶结为主。

碎屑岩以长石砂岩、岩屑长石砂岩及岩屑砂岩为主，反映了碎屑岩成分成熟度低(图 5-47)。石英的种类较多，包括来自火山岩的石英边缘溶蚀交代，来自花岗岩的石英含大量气液包裹体，来自变质岩的石英波状消光等，充分反映母岩的多样性和多物源特征，大部分石英呈棱角状—次棱角状，具有短距离搬运沉积的特点。长石以条纹长石为主，见斜长石，部分条纹长石高岭土化，形成黏土矿物充填于孔隙当中。岩屑成分包括花岗岩、火山岩、变质岩等，并以花岗岩为主，以砾石的形式被包裹在砂岩、泥岩当中，混杂堆积，具有近源沉积的特点。

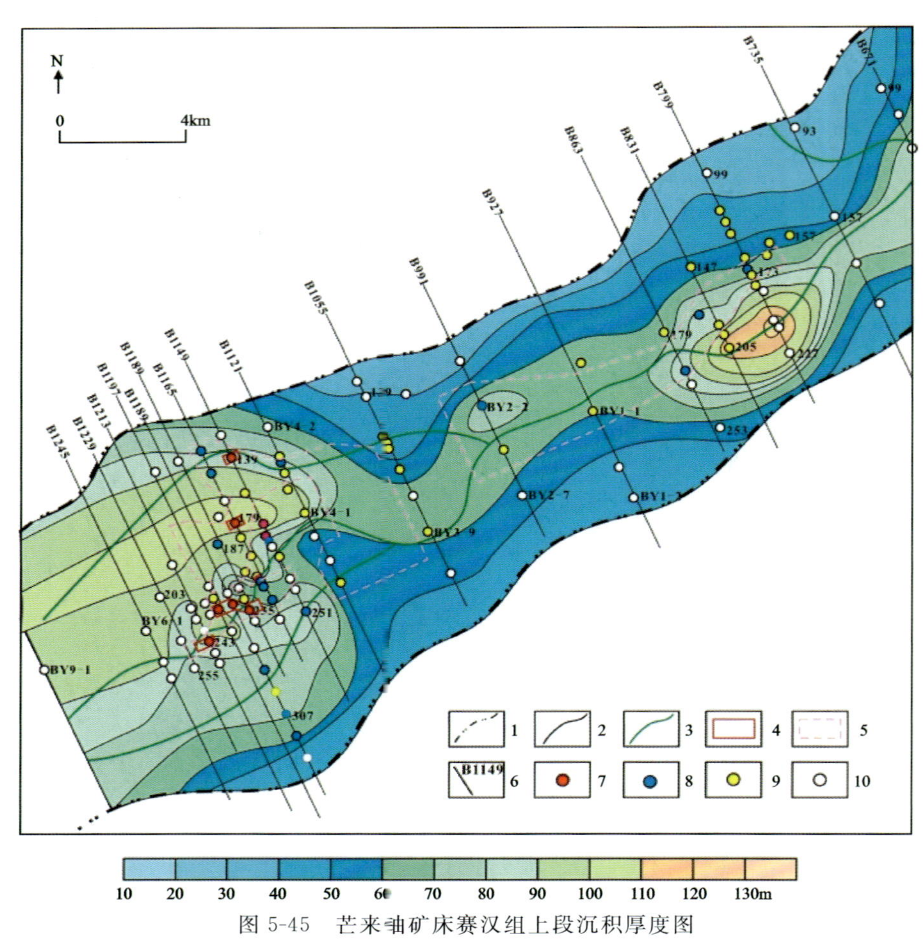

图 5-45　芒来铀矿床赛汉组上段沉积厚度图

1.河道边界线;2.地层厚度等值线;3.主河道;4.矿体;5.铀矿化区;6.勘探线;7.工业矿孔;8.矿化孔;9.异常孔;10.无矿孔

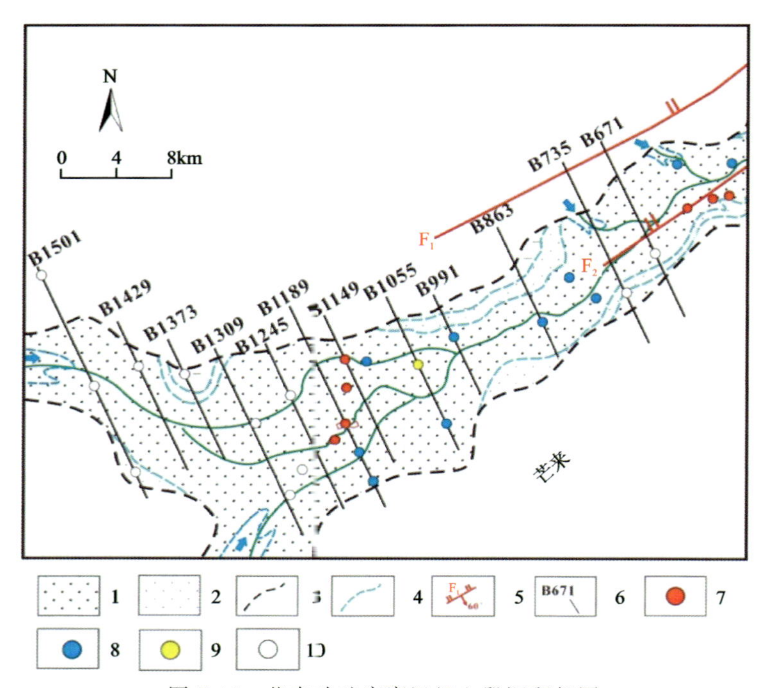

图 5-46　芒来铀矿床赛汉组上段沉积相图

1.河道充填亚相;2.河道边缘亚相;3.河道边界线;4.成因相组合分界线;5.断层;6.勘探线及编号;7.工业铀矿孔;8.铀矿化孔;9.铀异常孔;10.无铀矿孔

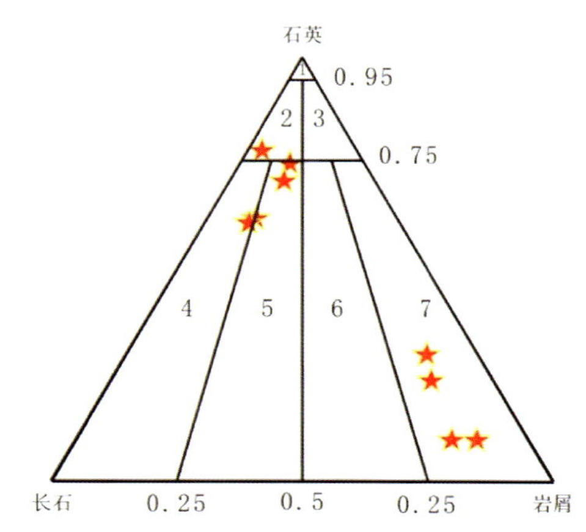

图 5-47　芒来铀矿床赛汉组上段碎屑岩福克分类图

1.石英砂岩;2.长石石英砂岩;3.岩屑石英砂岩;4.长石砂岩;
5.岩屑长石砂岩;6.长石岩屑砂岩;7.岩屑砂岩

铀储层砂体厚度最薄 11.60m,最厚 78.80m,主要分布在 20～60m 的范围之内(图 5-48),平均厚度 41.61m,含砂率 40%～60%。砂体总体沿北东方向展布,以纵向沙坝为主,在西部存在多个侧向沙坝,表明在沉积过程中河堤岸不明显,侧向补给足;在矿床东部纵向沙坝等值线椭球体相对底板埋深明显向南迁移,说明矿床南部后期抬升幅度大,沉积中心向北偏移,这与芒来矿床后期发育多向氧化作用密切相关。

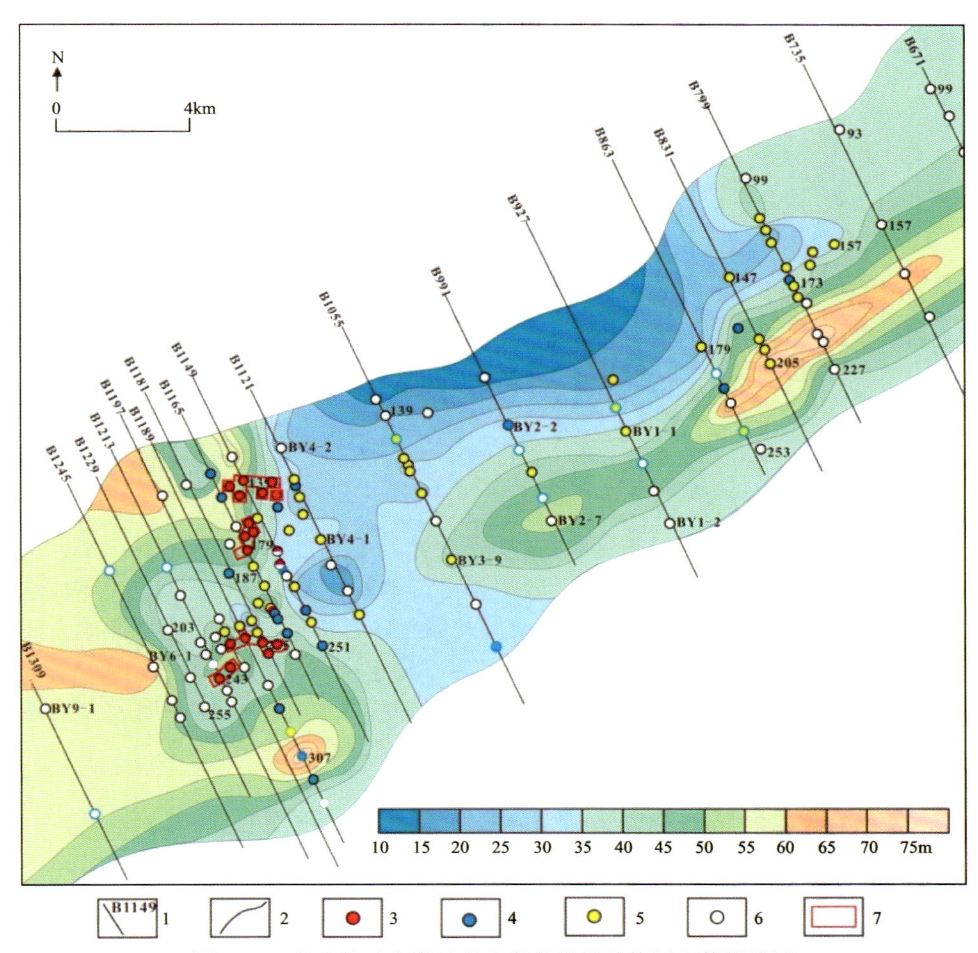

图 5-48　芒来铀矿床赛汉组上段铀储层砂体厚度等值线图

1.勘探线及编号;2.含矿含水层等厚线;3.工业矿孔;4.矿化孔;5.异常孔;6.无矿孔;7.铀矿体

二、岩石地球化学特征

铀储层发育潜水、潜水-层间带，氧化岩石主要表现为黄色、褐黄色砂岩，含构造矿物少的岩石主要为灰白色，发育大量褐铁矿化、高岭土化。氧化带的规模及空间展布主要受晚白垩世以来的构造反转、抬升与剥蚀、地层结构及岩性-岩相等因素的影响，形成多向强烈氧化作用，导致矿床氧化带分带不全，只有完全氧化亚带和氧化-还原过渡亚带(图 5-49)。

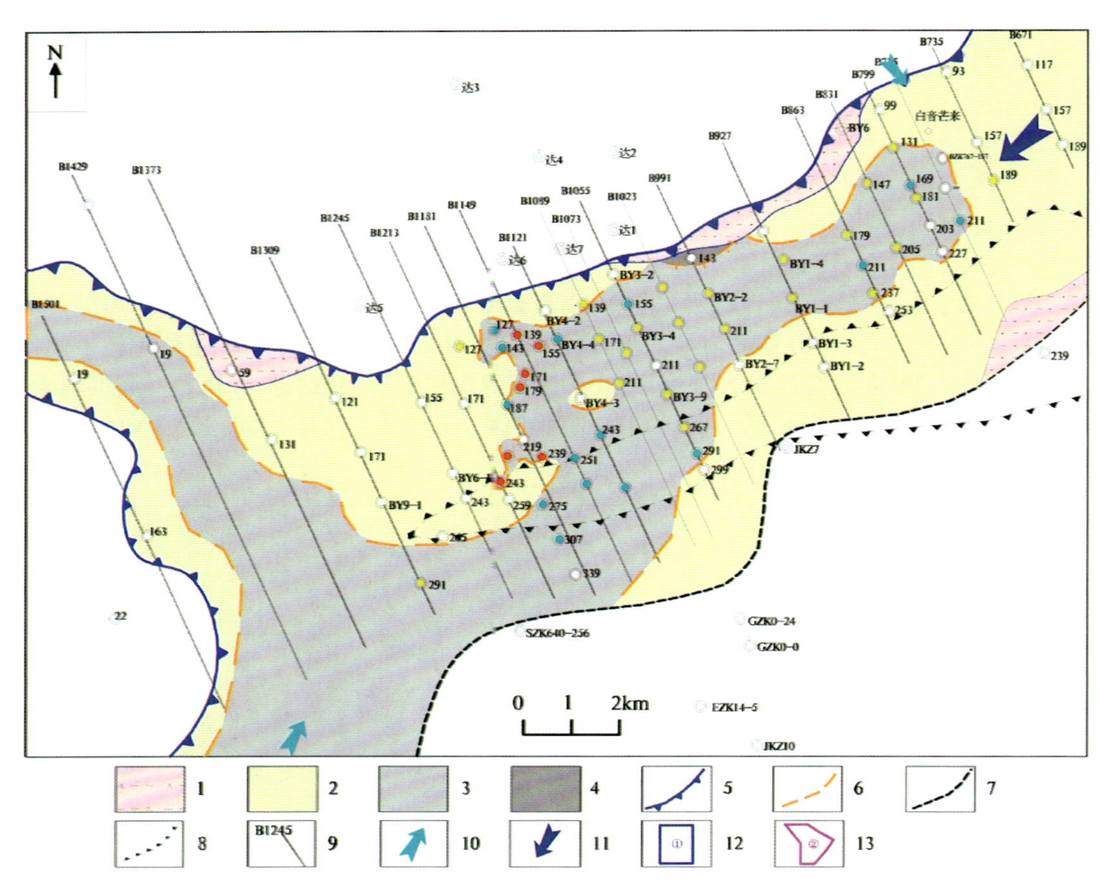

图 5-49　芒来铀矿床赛汉组上段氧化带分布图

1.洪泛沉积泥岩；2.氧化亚带；3.过渡亚带；4.还原亚带；5.蚀源区边界；6.氧化亚带前锋线；7.河道边界；8.隐伏凸起；9.勘探线及编号；10.物源方向；11.水动力方向；12.①重点工作区；13.②重点工作区

完全氧化亚带分布于古河谷边缘，长度大、宽度有差异。主要是在古河谷南北两侧，赛汉组上段受到不同程度的剥蚀，局部砂体裸露到地表，或者砂体与上覆地层伊尔丁曼哈组砂体连同，使氧化带呈不规则的“朵体状”或“带状”展布。矿床东部、南北两侧的氧化砂岩拼接，构成横向贯通的大面积完全氧化带。氧化-还原过渡亚带长约 23km、宽 4～6km，沿古河谷中央一带呈南西-北东向大面积展布，垂向空间上表现为上部氧化、下部还原，具有“垂向分带”特征(图 5-50)，氧化砂体的厚度远大于还原砂体的厚度，铀矿化主要形成于氧化-还原界面的还原砂体中，一般紧靠古河谷底板。

三、铀矿体产出特征

矿体的空间展布受古河谷和氧化带的控制，平面展布具有明显的分带性(图 5-51)，可以进一步划分为北部矿体、中部矿体和南部矿体。其中，北部矿体北西-南东向展布，矿体长约 2950m，宽 200～600m，连续性好，矿体内存在小面积天窗，矿体边缘相对平整，只有在东西两侧有分岔现象。矿体主要以板状产于氧化带下部灰色砂体内，产状平缓，一般紧贴古河谷底部发育（图 5-50），很少部分处于氧化带上翼灰色砂体内。

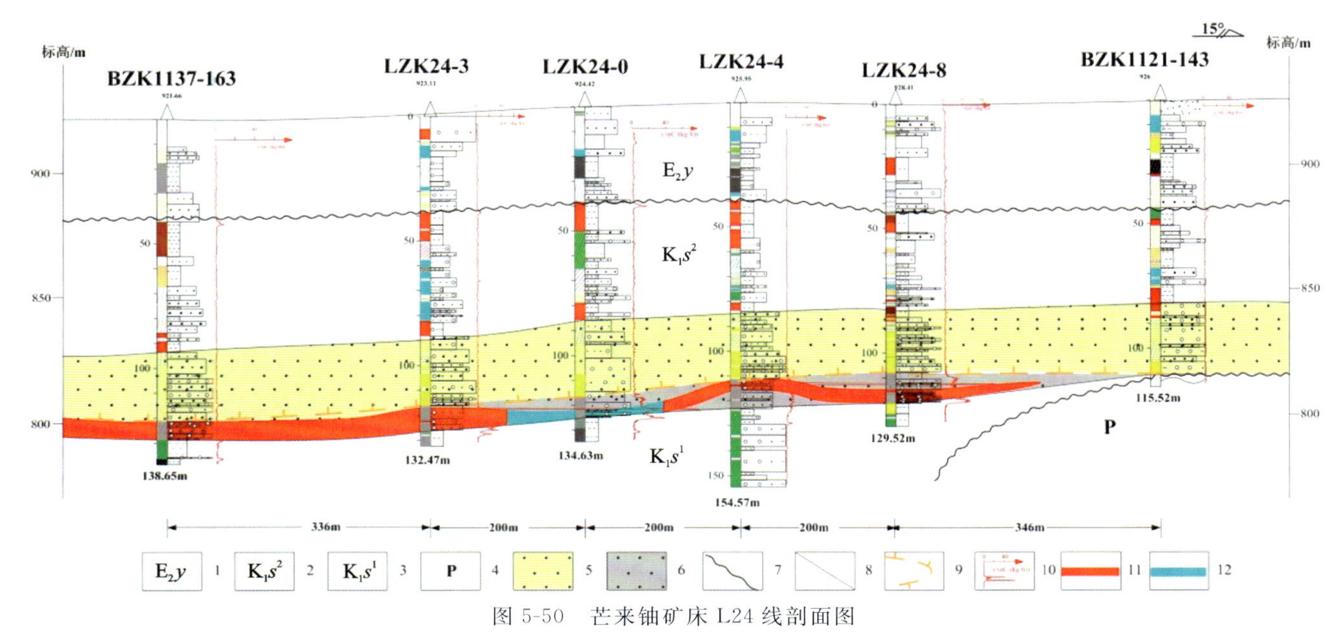

图 5-50　芒来铀矿床 L24 线剖面图

1. 古近系伊尔丁曼哈组；2. 下白垩统赛汉组上段；3. 下白垩统赛汉组下段；4. 二叠系；5. 完全氧化亚带砂体；6. 灰色还原亚带砂体；7. 地层角度不整合界线；8. 岩性界线；9. 氧化前锋线；10. 伽马测井曲线；11. 铀矿体；12. 铀矿化体

矿体埋深相对于巴润、巴彦乌拉矿床更浅，变化程度更低，矿体顶界埋深 82.12～150.40m，平均 117.87m，变异系数 10.12%；矿体底界埋深 89.07～151.60m（图 5-52），平均 125.18m，变异系数 7.84%。矿体顶界在古河谷中心埋深较大，沿轴线向北西和南东两侧方向矿体埋深变浅；矿体底界埋深受古河谷底板形态控制明显，沿北东-南西轴线部位底板埋深较大（145.05～151.60m），沿轴线向北西和南东两侧方向矿体底界埋深变浅（99.70～135.10m）。矿体顶界标高 769.79～843.22m（图 5-53），平均 809.32m，变异系数 1.50%，变化较小；矿体底界标高 768.59～836.27m，平均 802.01m，变异系数 1.33%，变化也较小，总体底板产状较为平缓。

四、铀矿化特征

矿体厚度为 1.10～19.00m，平均 5.61m，变异系数 59.60%，矿体厚度变化较大。其中，北部矿体厚度为 1.10～11.00m，平均 4.83m，变异系数 49.41%；南部矿体厚度为 2.70～19.00m，平均 8.43m，变异系数 55.20%。南部比北部矿体平均厚度大，但稳定性差（图 5-54）。

矿体品位 0.010 4%～0.108 6%，平均 0.023 9%，变异系数 76.73%，品位变化大，为低品级矿体。其中，北部矿体品位 0.010 7%～0.108 6%，平均 0.025%，变异系数 76.66%；南部矿体品位0.010 4%～0.073 4%，平均 0.021 6%，变异系数 70.22%。北部比南部矿体平均品位高，但稳定性差（图 5-55）。

矿体平米铀量 1.01～12.54kg/m²，平均 2.79kg/m²，以 2～5kg/m² 为主，变异系数 72.89%，变化较大。其中，北部矿体平米铀量为 1.01～12.54kg/m²，平均 2.51kg/m²，变异系数 79.13%；南部矿体平米铀量为 1.15～7.21kg/m²，平均 3.79kg/m²，变异系数 51.03%。南部比北部矿体平米铀量大，且稳定性好（图 5-56）。

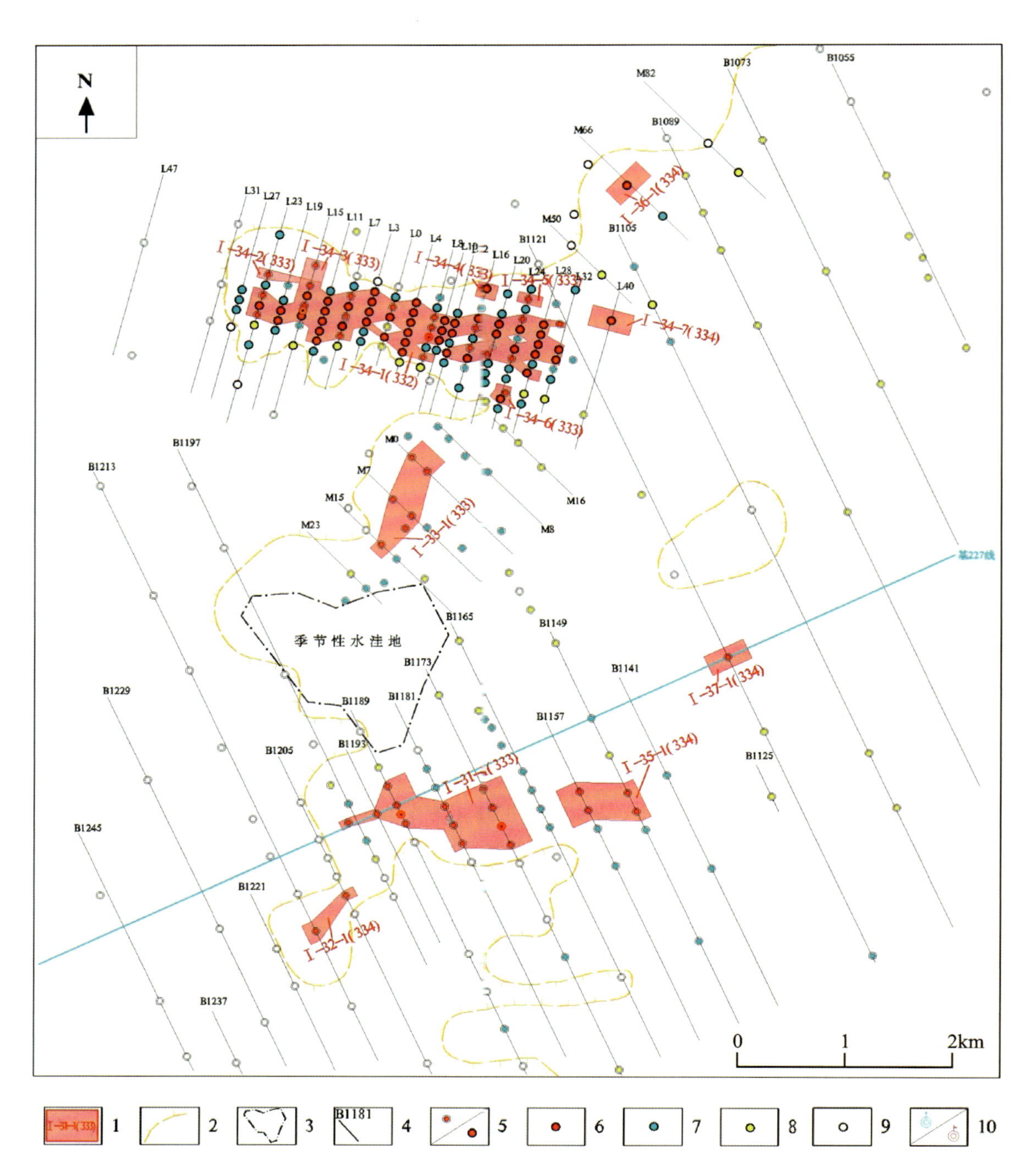

图 5-51　芒来铀矿床 B1245—B1055 线矿体水平投影图

1. 铀矿体及编号；2. 完全氧化亚带界线；3. 季节性水洼地范围；4. 勘探线及编号；5. 以往施工钻孔/本项目施工钻孔；6. 工业矿孔；7. 矿化孔；8. 异常孔；9. 无矿孔；10. 水文抽水孔/水文观水孔

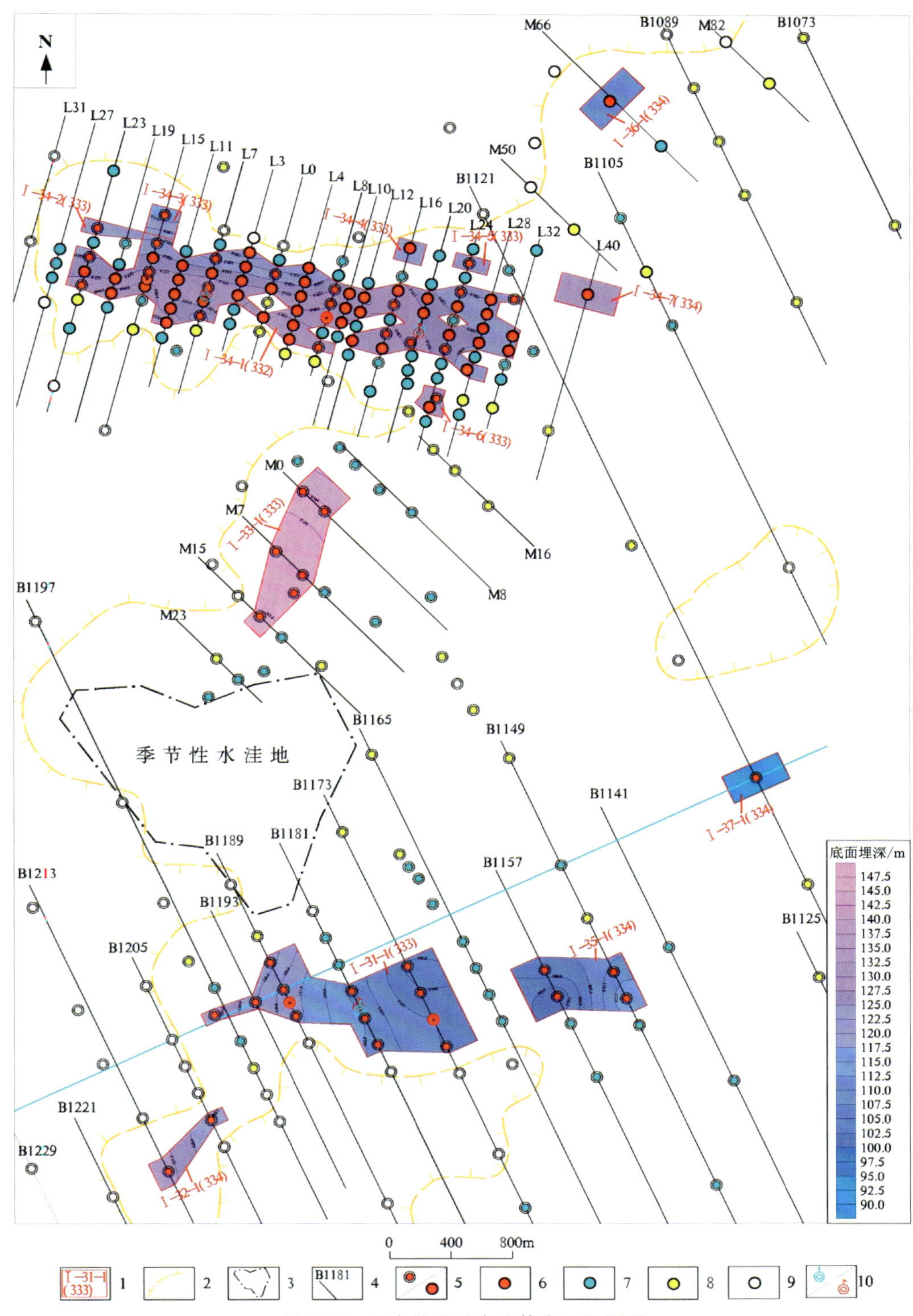

图 5-52　芒来铀矿矿床矿体底界埋深图

1. 矿体范围编号及类型；2. 完全氧化亚带界线；3. 季节性水洼地范围；4. 勘探线及编号；5. 以往施工钻孔/2019 年施工钻孔；6. 工业矿孔；7. 矿化孔；8. 异常孔；9. 无矿孔；10. 水文抽水孔/观水孔

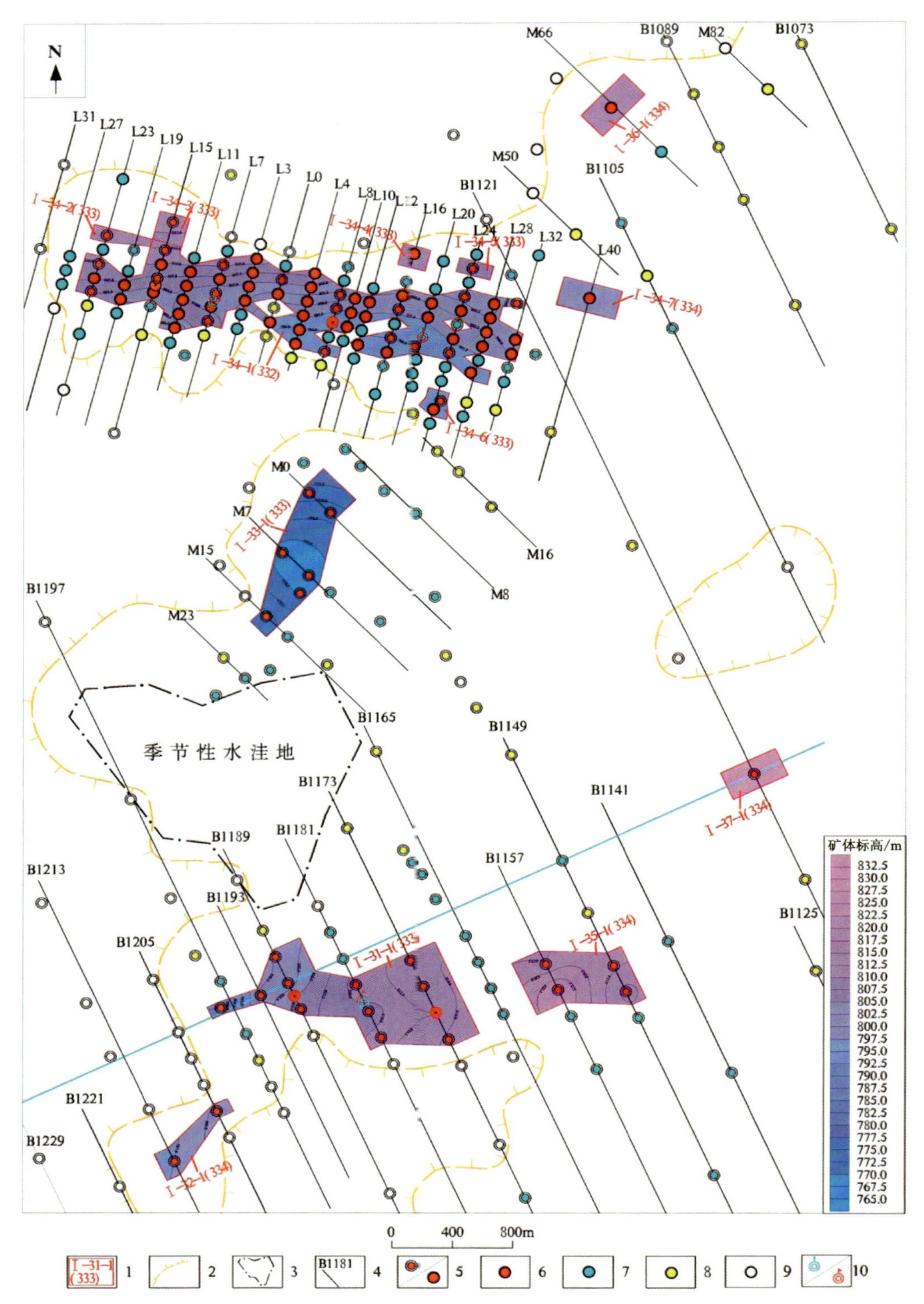

图 5-53　芒来铀矿床 B1213—B1089 线矿体底界等高图

1. 矿体范围编号及类型；2. 完全氧化亚带界线；3. 季节性水洼地范围；4. 勘探线及编号；5. 以往施工钻孔/2019 年施工钻孔；6. 工业矿孔；7. 矿化孔；8. 异常孔；9. 无矿孔；10. 水文抽水孔/观水孔

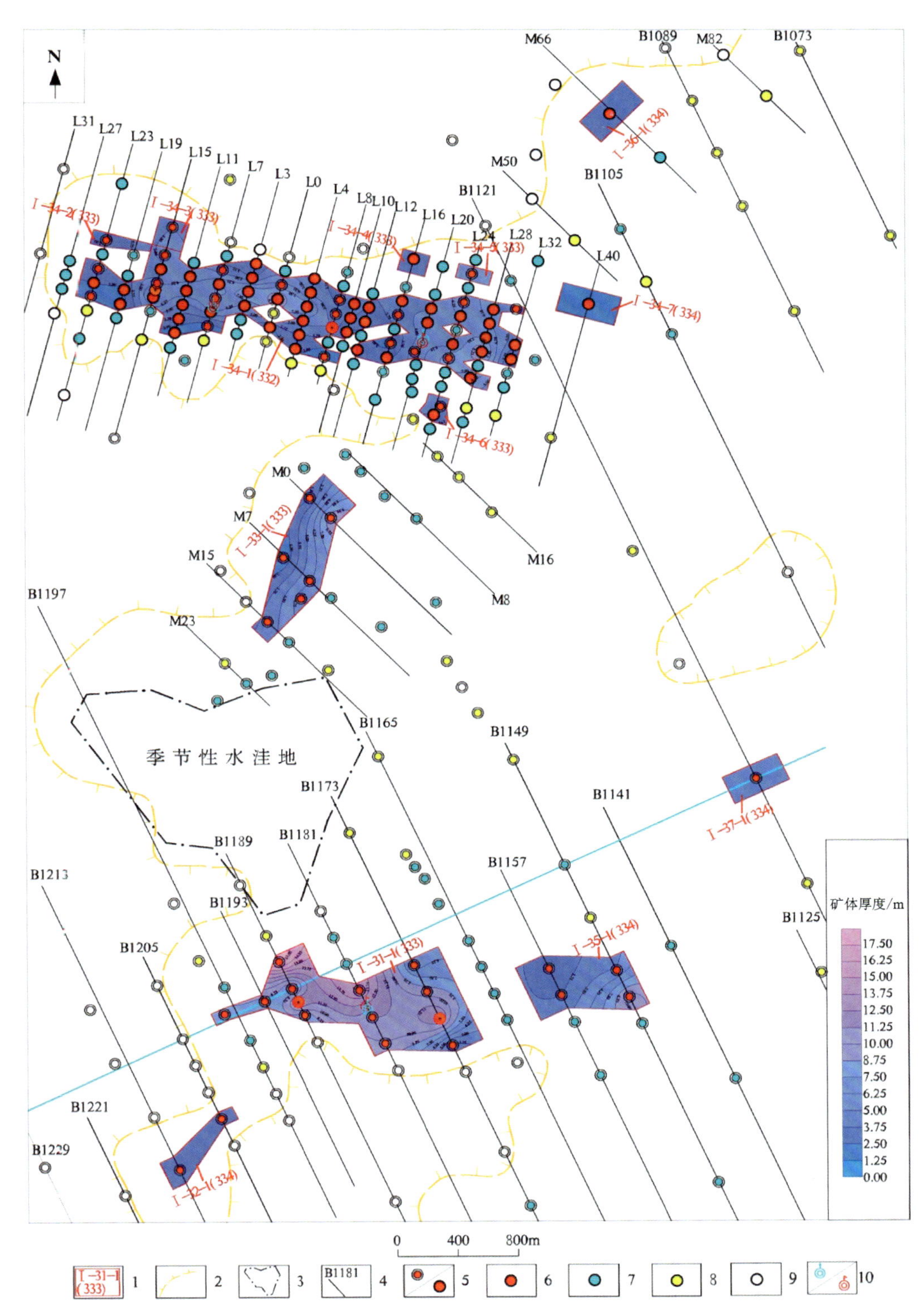

图 5-54 芒来铀矿床 B1213—B1089 线矿体等厚图

1. 矿体范围编号及类型；2. 完全氧化亚带界线；3. 季节性水洼地范围；4. 勘探线及编号；5. 以往施工钻孔/2019 年施工钻孔；6. 工业矿孔；7. 矿化孔；8. 异常孔；9. 无矿孔；10. 水文抽水孔/观水孔

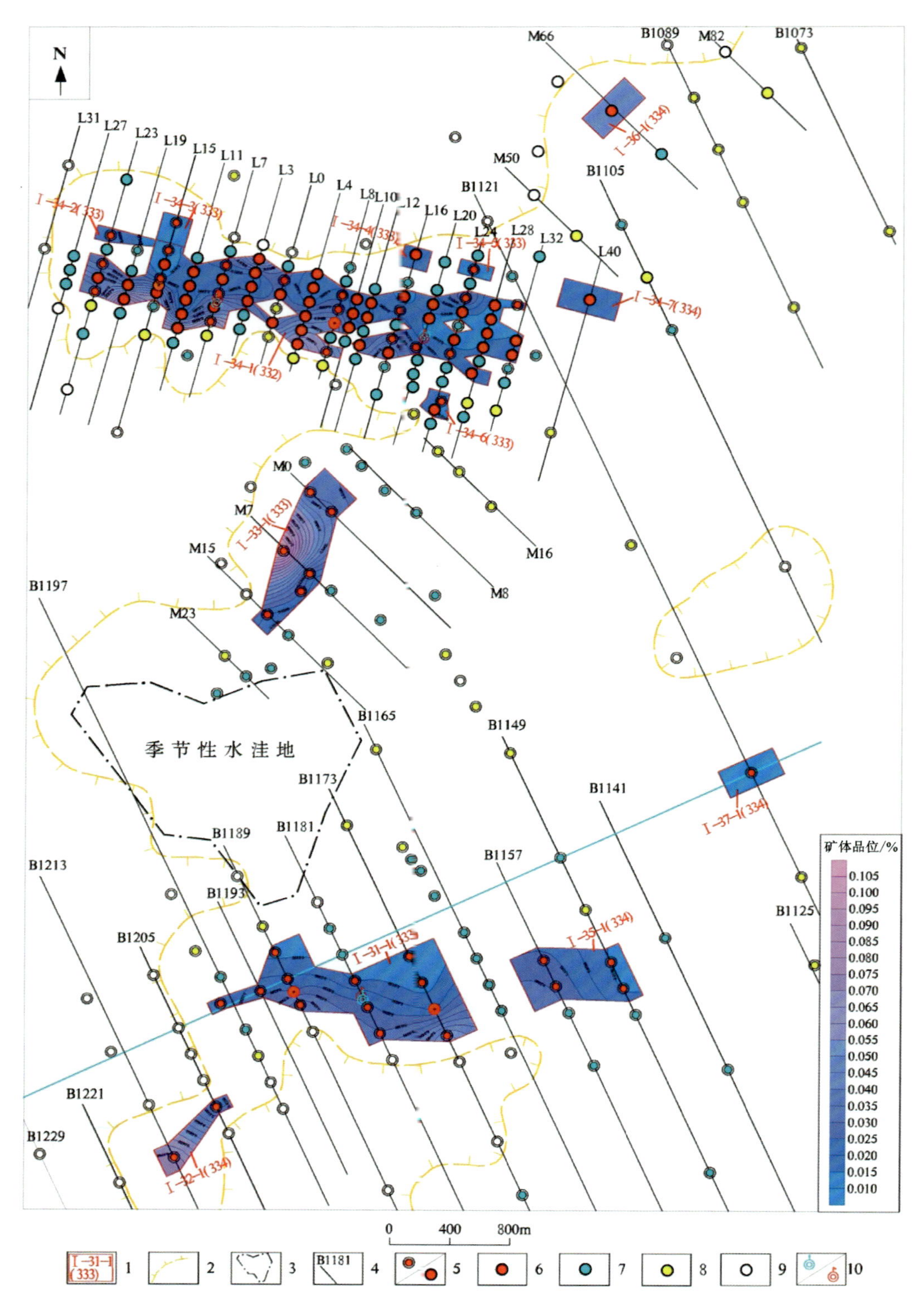

图 5-55　芒来铀矿床 B1213—B1089 线矿体等品位图

1. 矿体范围编号及类型；2. 完全氧化亚带界线；3. 季节性水洼地范围；4. 勘探线及编号；5. 以往施工钻孔/2019 年施工钻孔；6. 工业矿孔；7. 矿化孔；8. 异常孔；9. 无矿孔；10. 水文抽水孔/观水孔

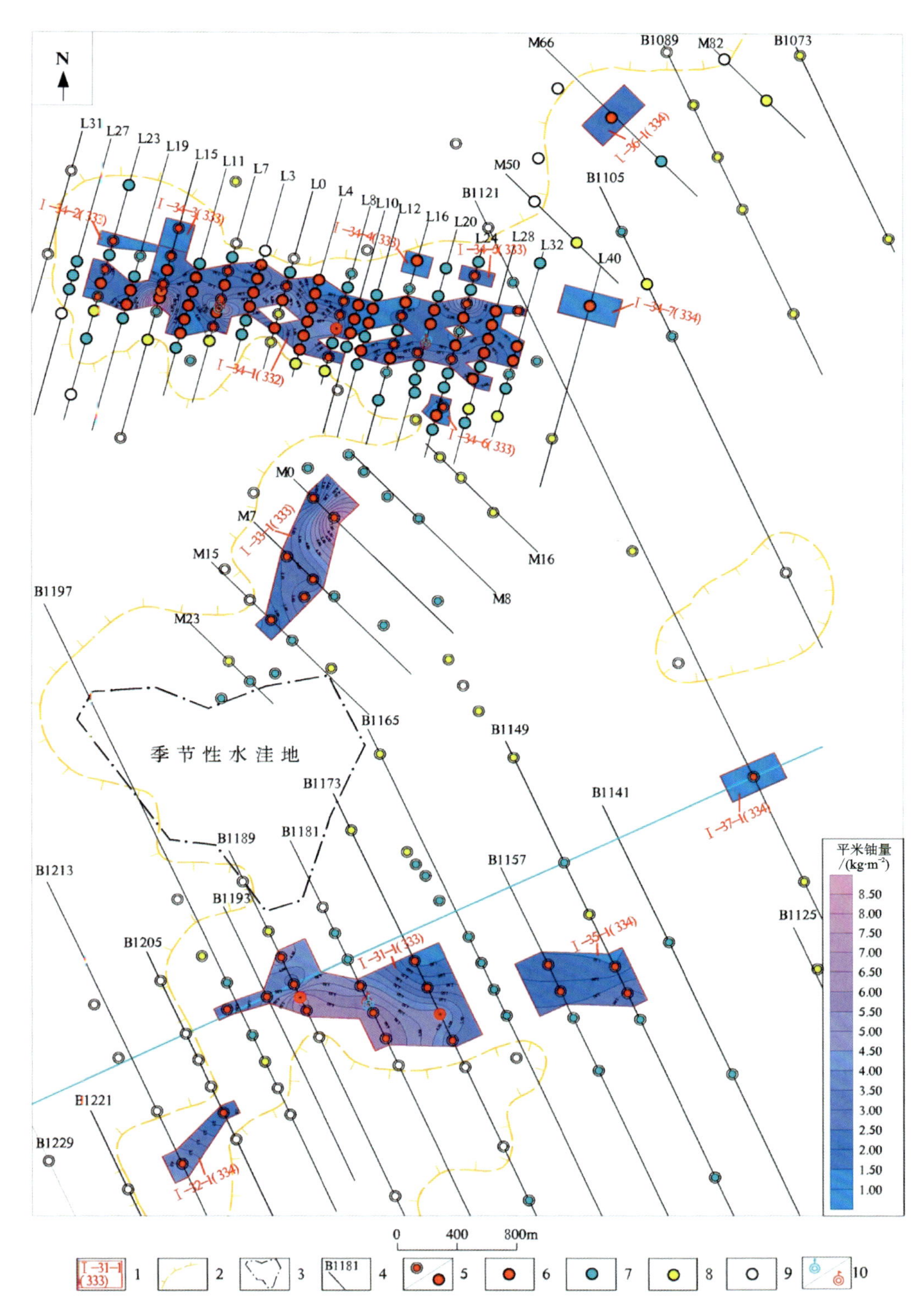

图 5-56 芒来铀矿床 B1213—B1089 线矿体平米铀量等值线图

1. 矿体范围编号及类型；2. 完全氧化亚带界线；3. 季节性水洼地范围；4. 勘探线及编号；5. 以往施工钻孔/2019 年施工钻孔；6. 工业矿孔；7. 矿化孔；8. 异常孔；9. 无矿孔；10. 水文抽水孔/观水孔

赋矿岩性主要包括灰色、深灰色含砾粗砂岩和中砂岩、砂质砾岩，较巴彦乌拉、巴润矿床含矿碎屑岩粒度明显偏粗，并且随着品位的增高砂质砾岩的含量具有变大的趋势，而中砂岩含量呈递减趋势，与近物源、多物源沉积特征有关。黏土矿物(伊蒙混层、伊利石)含量偏高(12%～14%)，对铀具有一定吸附作用，分选性差，颗粒-杂基支撑，基底式胶结，石英、长石、岩屑(花岗岩、变质岩)等以次棱角状为主。矿石中常见大量碳屑和黄铁矿，碳屑呈细带状、波曲状、弯折状及脉状等分布于长石和石英颗粒之间(照片5-14)；黄铁矿标型多样(照片5-15)，包括他形集合体或球粒状，部分可见自形—半自形粒状，少数发育环带结构，与白铁矿共生产出或产于有机质腔胞内。碳屑、黄铁矿与铀成矿关系密切，主要为铀成矿提供还原剂或吸附铀。碳酸盐总体含量很低，矿石碳酸盐含量(0.17%)与围岩(0.14%)相近。

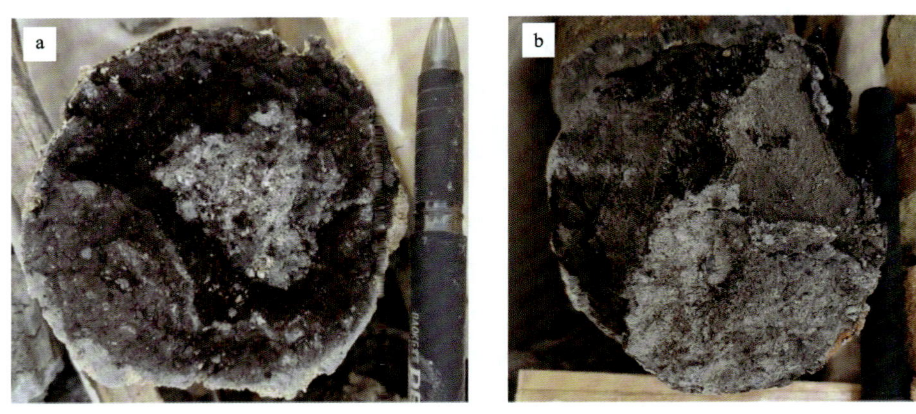

照片5-14　含矿砂岩

a. 灰色含砾粗砂岩中碳屑，LZK8-1，127.5m；b. 灰色细砂岩中碳屑，BZK1073-167，109.5m

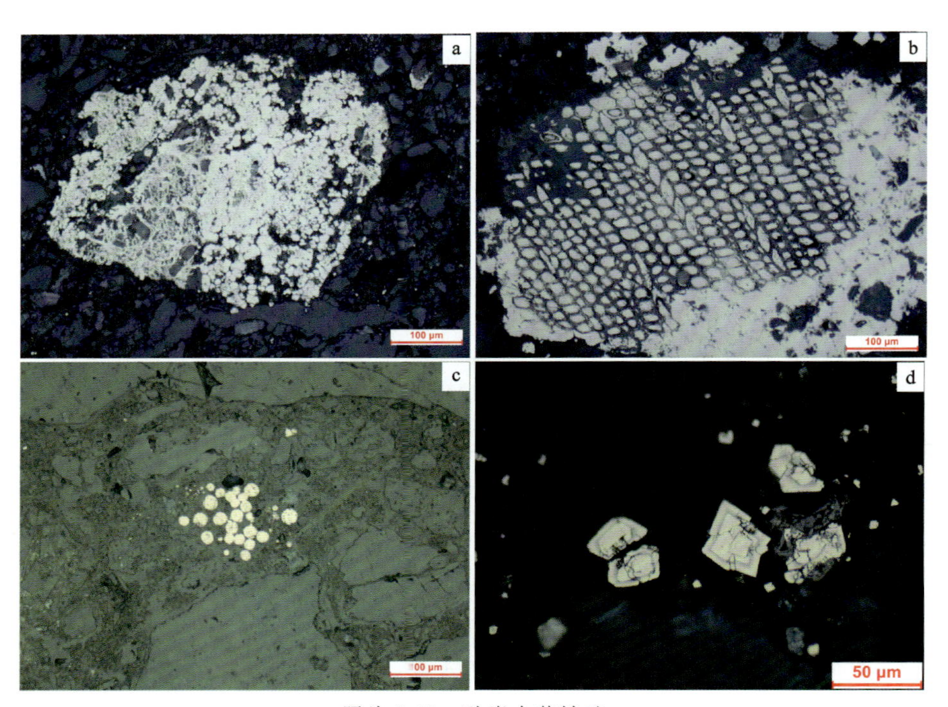

照片5-15　砂岩中黄铁矿

a. 半自形—他形粒状黄铁矿集合体，LZK32-1，125.3m；b. 与有机质伴生的黄铁矿，呈假象填充于有机质残留结构内，LZK32-1，124.5m；c. 球粒状黄铁矿，LZK32-1，125.1m；d. 环带结构的黄铁矿，LZK15-1，131.7m

根据年对经铀镭平衡系数校正铀含量的样品(刘武生等，2018)，应用全岩铀-铅等时线法，计算出芒来地段矿石的成矿年龄为(58.5±8.7)Ma、(48.3±5.1)Ma(图5-57)，成矿时代约为古近纪古新世(E_1)

和始新世(E_2)。

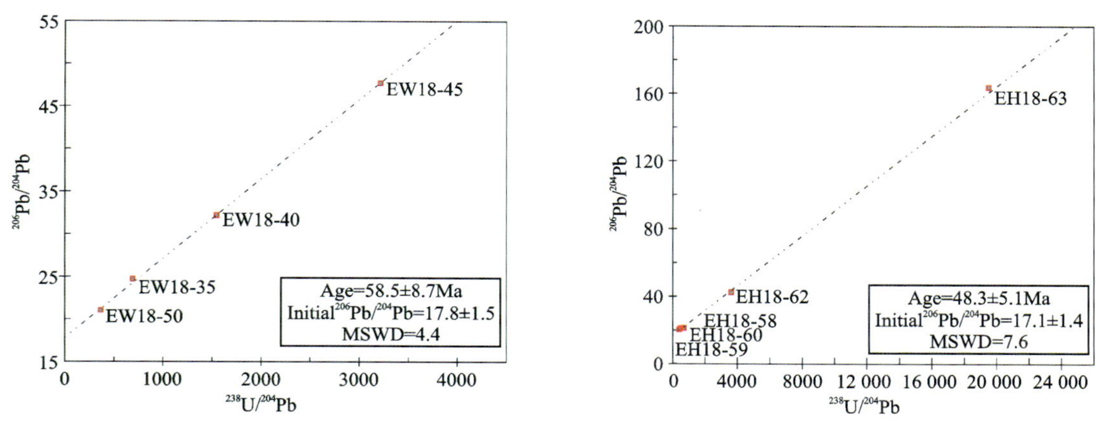

图 5-57　铀矿石铀-铅等时年龄图(据刘武生等,2018)

铀存在形式有3种:铀矿物、含铀矿物和吸附态铀,并以铀矿物为主,铀的价态表现以四价铀为主。

铀矿物主要以铀的磷酸盐矿物及沥青铀矿为主,偶见铀石、钍石等。铀的磷酸盐自形晶体呈细粒针状、短柱状或呈他形的集合体产出。主要分布于黏土化的长石解理缝、石英裂隙中(照片 5-16a)或碎屑颗粒边缘,或与黄铁矿(照片 5-16b)、有机质共同产出(照片 5-16c),也可见分散于填隙物中(照片 5-16d),或呈胶结物胶结硅质、硅酸盐矿物碎屑,或者与铁氧化物、钛铁氧化物共同产出。电子探针分析结果显示 UO_2 含量为 30.84%~58.13%,P_2O_5 含量为 22.94%~30.23%,CaO 含量为 8.07%~17.89%,FeO 含量为 0.90%~3.62%,Al_2O_3 含量为 0.05%~0.63%,Na_2O 含量为 0.63%~1.35%,Y_2O_3 含量为 0.69%~2.19%,La_2O_3 含量 0.29%~1.28%,Ce_2O_3 含量为 0.25%~3.06%。

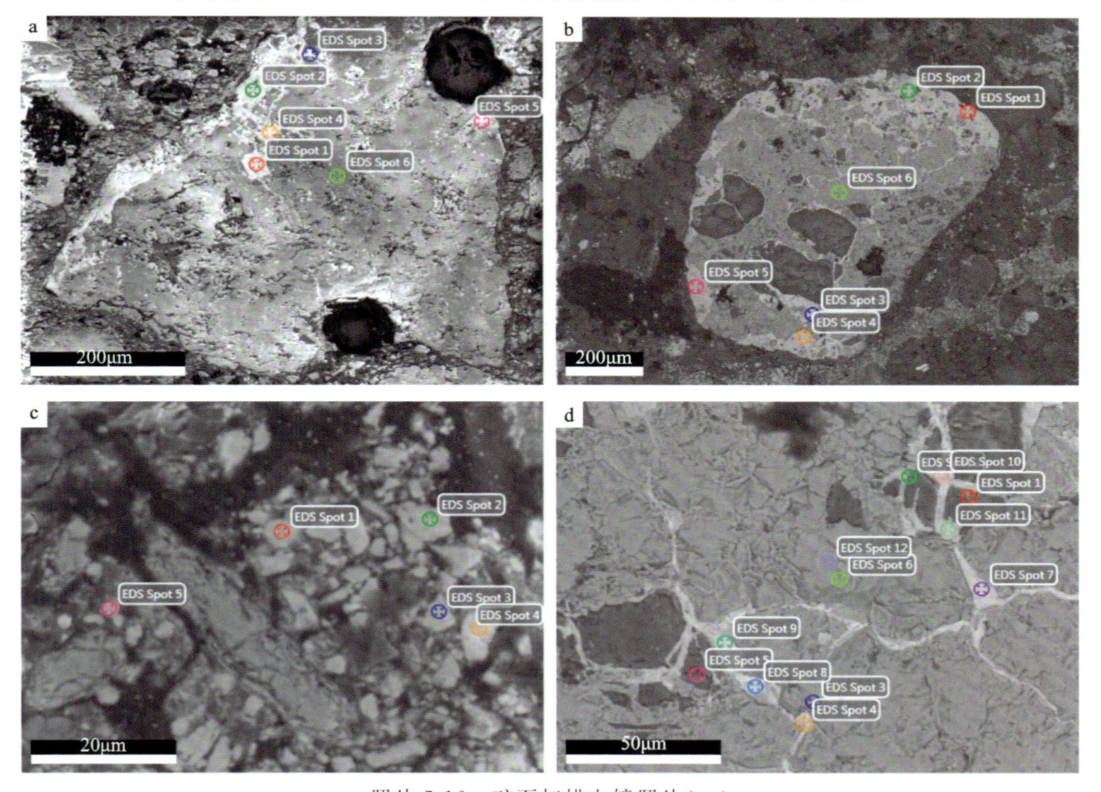

照片 5-16　矿石扫描电镜照片(一)

a. 石英裂隙中充填复成分磷钙铀矿;b. 黄铁矿表面覆盖复成分磷钙铀矿;

c. 有机质吸附大量磷钙铀矿;d. 黏土矿物呈网状吸附复成分磷钙铀矿

沥青铀矿主要产出于富有机质的富矿石中，与有机质、黄铁矿共同产出(照片 5-17a)，其中黄铁矿呈假象充填于有机质胞腔内，沥青铀矿呈交代填充于黄铁矿周围(照片 5-17b)。电子探针结果显示，UO_2 含量为 70.52%～87.39%，含有少量 CaO(0.71%～5.33%)、P_2O_5(3.52%～12.94%)、TiO_2(0.71%～6.45%)。

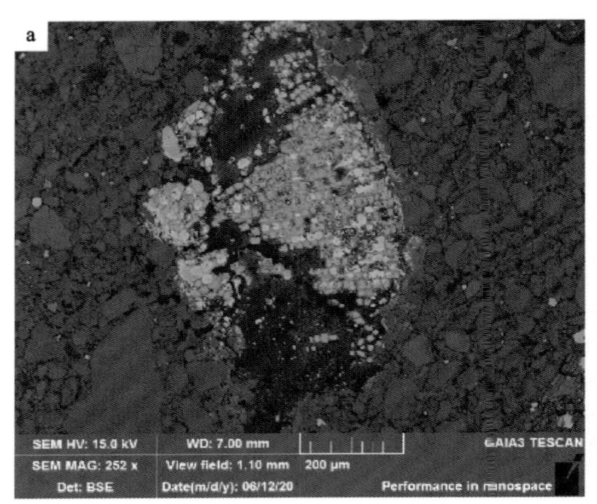

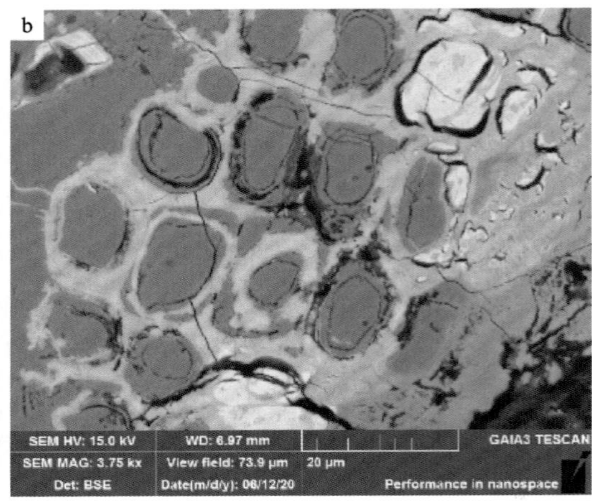

照片 5-17　矿石扫描电镜照片(二)

a.富矿石中有机质、黄铁矿、沥青铀矿共同产出；b.填充于有机质腔胞内的黄铁矿被沥青铀矿交代

矿石中偶见铀石、铀钍矿，产出于酸性侵入岩碎屑中，指示了蚀源区岩浆中相对富集放射性元素。

通过矿石样品应用 Tessier 法进行逐级提取实验，先后分别提取了可交换离子态、碳酸盐结合态、铁锰氧化态、有机质黄铁矿态、残渣态 5 种形态的铀。其中，可交换离子态含量占比为 1.16%，相比其他形态比例极少，说明铀只有少量通过扩散作用吸附在黏土矿物表面。碳酸盐态含量占比为 28.34%，仅次于有机质黄铁矿态。铁锰氧化态含量占比为 3.11%，仅高于可交换离子态铀。此相态重金属在还原条件下的稳定性差，又称可还原态。有机质黄铁矿态含量占比为 59.83%。在吸附形式存在的铀中铀含量最高，占比为 66.98%，在电子探针、扫描电镜下观察到的铀与黄铁矿、有机质紧密共生相一致。一般有机质黄铁矿态的铀以不同形式吸附或包裹在有机质和黄铁矿颗粒表面。黄铁矿与铀矿物共生，主要是由于二价铁离子的氧化能力弱于铀酰离子，在氧化-还原过渡带中，二价铁离子先于铀酰离子还原沉淀形成黄铁矿，随后铀酰离子还原沉淀，附着在黄铁矿周围。残渣态含量占比为 7.56%，两个样品中分别所占的比例大体一致。残渣态铀一般赋存在原生、次生硅酸盐和铀石等铀矿物中。5 种形态的铀总体占比表现为：有机质黄铁矿态＞碳酸盐态＞残渣态＞铁锰氧化态＞可交换离子态。

第四节　赛汉高毕铀矿床特征

一、铀储层特征

赛汉高毕铀矿床位于古河谷中部，乌兰察布坳陷东部的准宝力格凹陷内。古河谷受巴音宝力格隆起赛汉高毕段岩体和塔木钦隐伏岩体夹持，沿准宝力格凹陷、古托勒凹陷和准棚凹陷长轴方向发育，河谷边部同生断层控制河谷沉积和隐伏岩体隆起。铀储层赛汉组上段底板埋深 40～170m(图 5-58)。南北两侧底板埋深浅(40～110m)，向中部变深(130～170m)，即古地形从两侧向河谷中心倾斜，说明赛汉组上段地层主要沿地势相对低洼处发育。走向上埋深浅、东部深，与古河谷西侧构造抬升有关。受燕山晚期构造运动的影响，局部存在反转断裂，使地层产生宽缓的褶曲。

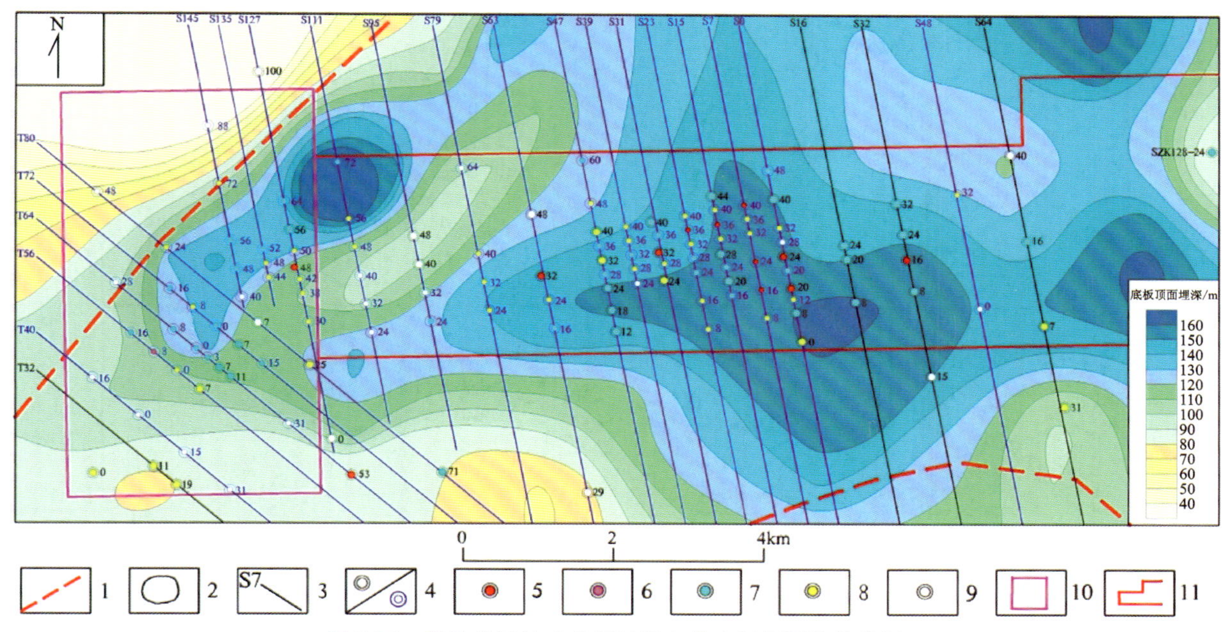

图 5-58　赛汉高毕铀矿床赛汉组上段底板埋深等值线图

1. 断层；2. 底板顶面埋深等值线；3. 勘探线及编号；4. 前人施工钻孔/本项目施工钻孔；5. 砂岩型工业铀矿孔；6. 泥岩型工业铀矿孔；7. 铀矿化孔；8. 铀异常孔；9. 无铀矿孔；10. 赛汉高毕工作区；11. 本巴图工作区

铀储层上覆古近系伊尔丁曼哈组和新近系通古尔组，角度不整合接触，下伏地层为赛汉组下段，具有典型的二元结构(图 5-59)。

铀储层埋藏较浅(顶板埋深 0～90m，底板埋深 40～170m)，古河谷两侧埋深浅厚度薄、中央埋深厚度大，遭受一定程度的剥蚀。矿床北西和北东部埋深较深，南部埋深相对较浅，沿古河谷中心低凹处发育。

铀储层具有辫状河、曲流河、冲积扇等多相带组合的特征。从概率累积曲线可以明显看出，存在一段式、二段式和三段式(图 5-60)，但主要为二段式和三段式，概率累计曲线反映中-粗砂岩特点，跳跃总体含量高，显示了以河流为搬运介质的碎屑物粒度特征。*C-M* 图解整体表现为牵引流沉积(图 5-61)，但沉积时搬运介质的性质、水动力强弱和沉积坡度存在明显的差异，碎屑物以滚动搬运和悬浮搬运两种方式为主，碎屑物粒级偏粗，散发点中线距 $C=M$ 基线较远，反映分选性较差的特征。

碎屑岩主要类型为长石砂岩、长石岩屑砂岩和长石石英砂岩(图 5-62)，碎屑岩结构成熟度低、成分成熟度中等偏低，且在矿床范围内无明显变化规律。碎屑物成分以石英为主(50%～80%)，且石英多为单晶石英，次为多晶石英(来自花岗岩的)；次为长石(15%～30%)，长石主要为斜长石，次为微斜长石和条纹长石，反映本区碎屑物具近源沉积的特点；岩屑(0～25%)以花岗岩为主，可见火山岩、凝灰岩、变质砂岩及少量泥岩岩屑，这也反映出本区多物源特点；重矿物见绿帘石、榍石、钛铁矿、普通角闪石、石榴石等；杂基以水云母、高岭石为主，部分水云母见重结晶作用；胶结物成分主要以高岭石、泥质、粉砂质为主，少量为黄铁矿胶结，碳酸盐含量低，一般小于 1%。

铀储层砂体平均厚度 39.25m，最大值 118.30m，最小值 6.58m，变异系数 0.62(图 5-63)，含砂率平均值为 65.90%，最高 88.64%，为由多个小层序叠加而成的复合砂带，构成控矿骨架砂体，砂带长约 20km、宽 2.0～4.0km。走向上，砂带具有南西薄、北东厚的特点，以 20m 厚度为边界的砂体从南西到北东呈长条形带状连续发育，而以 60m 为边界的厚大砂体分布在 S16—S256 线和 S145—S63 两个部位。砂体厚度高值区与含砂率高值中心带对应较好，说明矿区古河谷砂体以北东向的主干河道为主，并有来自北东部和南西部的侧向支流汇入，从而组成多物源复合砂体。S128 线两侧高含砂率和低砂体厚度的特征反映了该区存在较强烈的剥蚀作用。

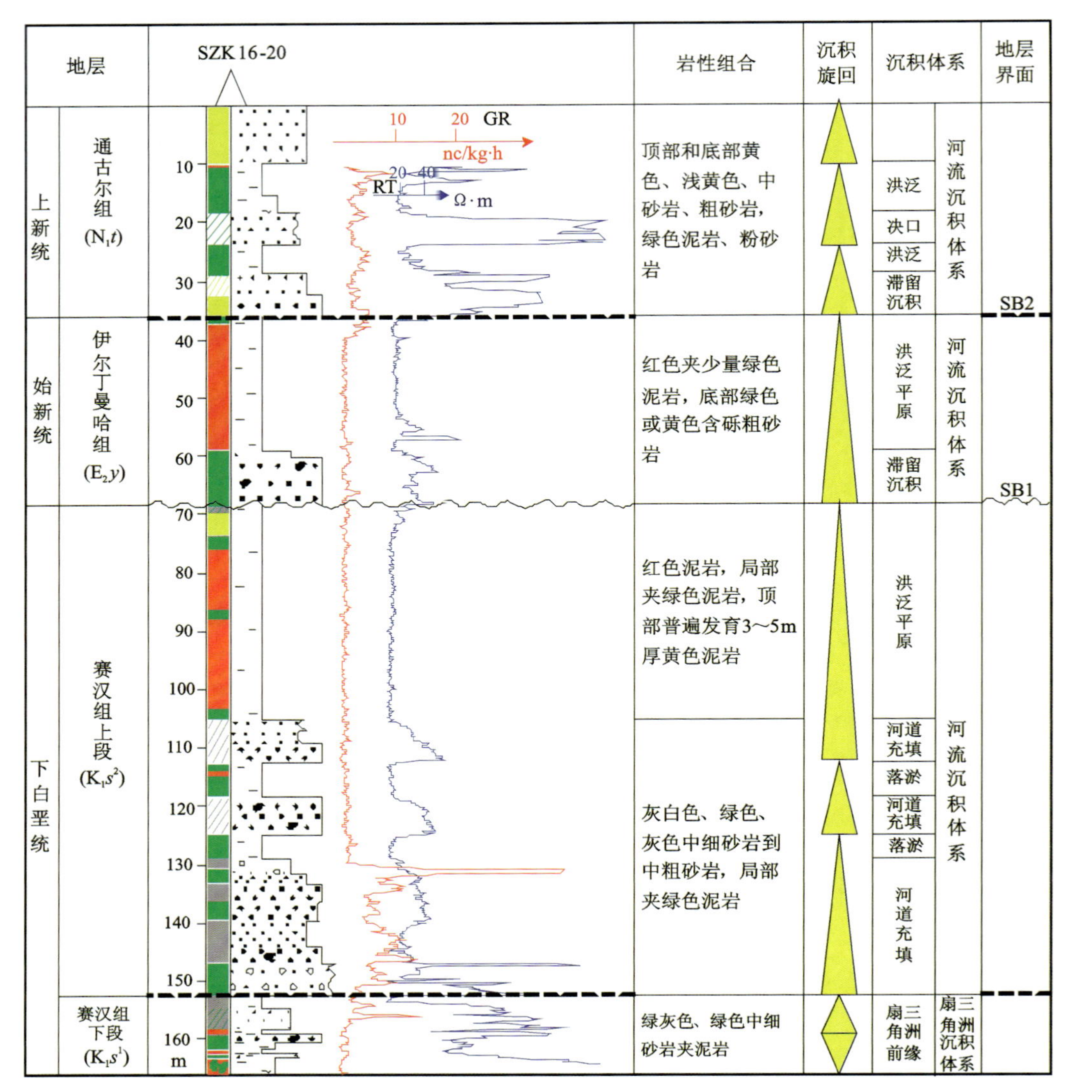

图 5-59　赛汉高毕铀矿床赛汉组上段垂向序列图

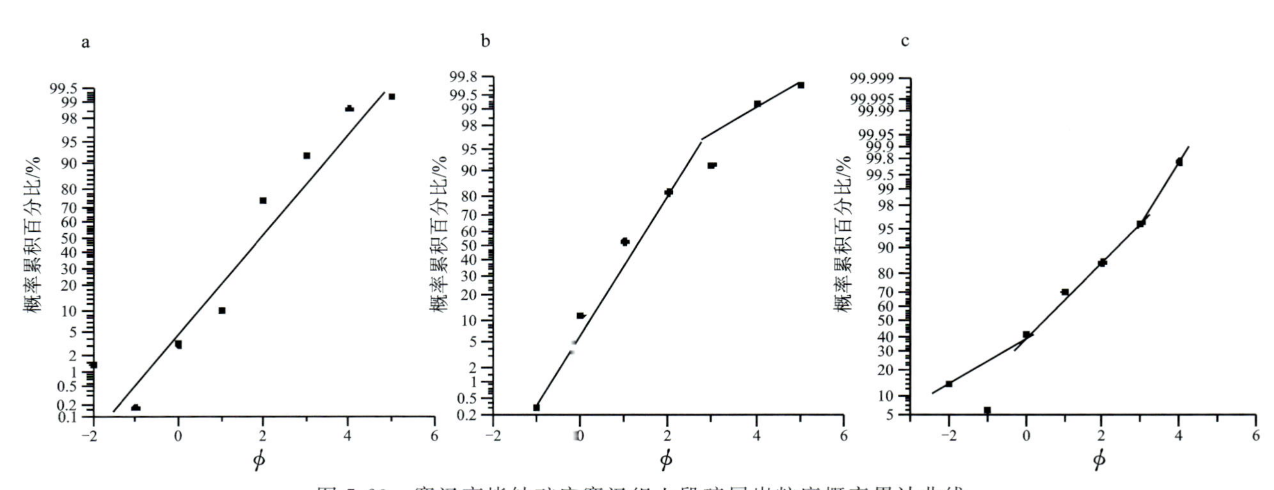

图 5-60　赛汉高毕铀矿床赛汉组上段碎屑岩粒度概率累计曲线

a. 一段式粒度概率累计曲线；b. 二段式粒度概率累计曲线；c. 三段式粒度概率累计曲线

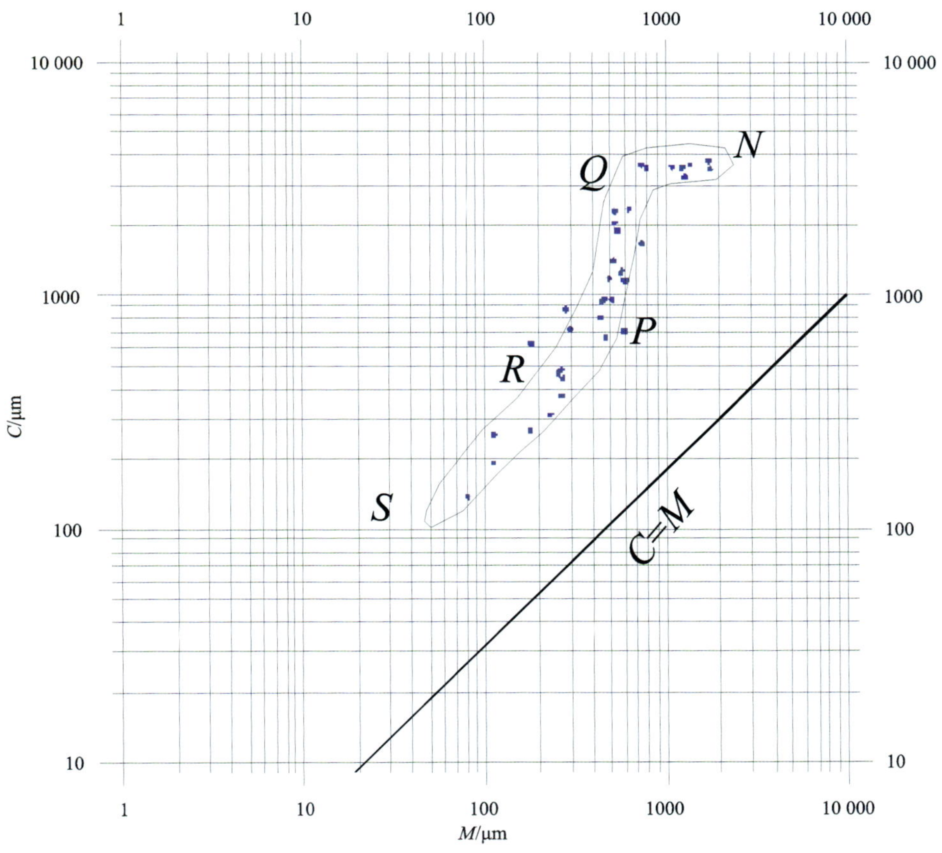

图 5-61　赛汉高毕铀矿床赛汉组上段碎屑岩 C-M 图

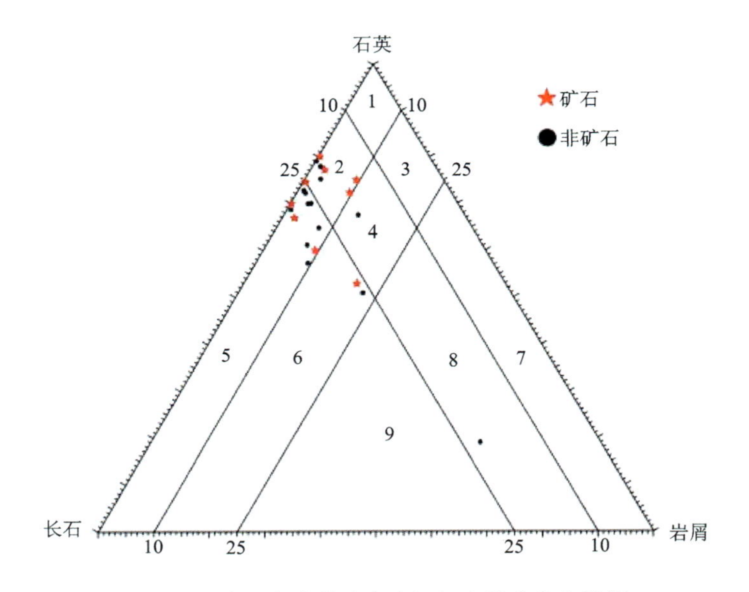

图 5-62　赛汉高毕铀矿床赛汉组上段砂岩分类图

1. 石英砂岩；2. 长石质石英砂岩；3. 岩屑质石英砂岩；4. 长石岩屑质石英砂岩；5. 长石砂岩；6. 岩屑质长石砂岩；7. 岩屑砂岩；8. 长石质岩屑砂岩；9. 岩屑长石砂岩和长石岩屑砂岩

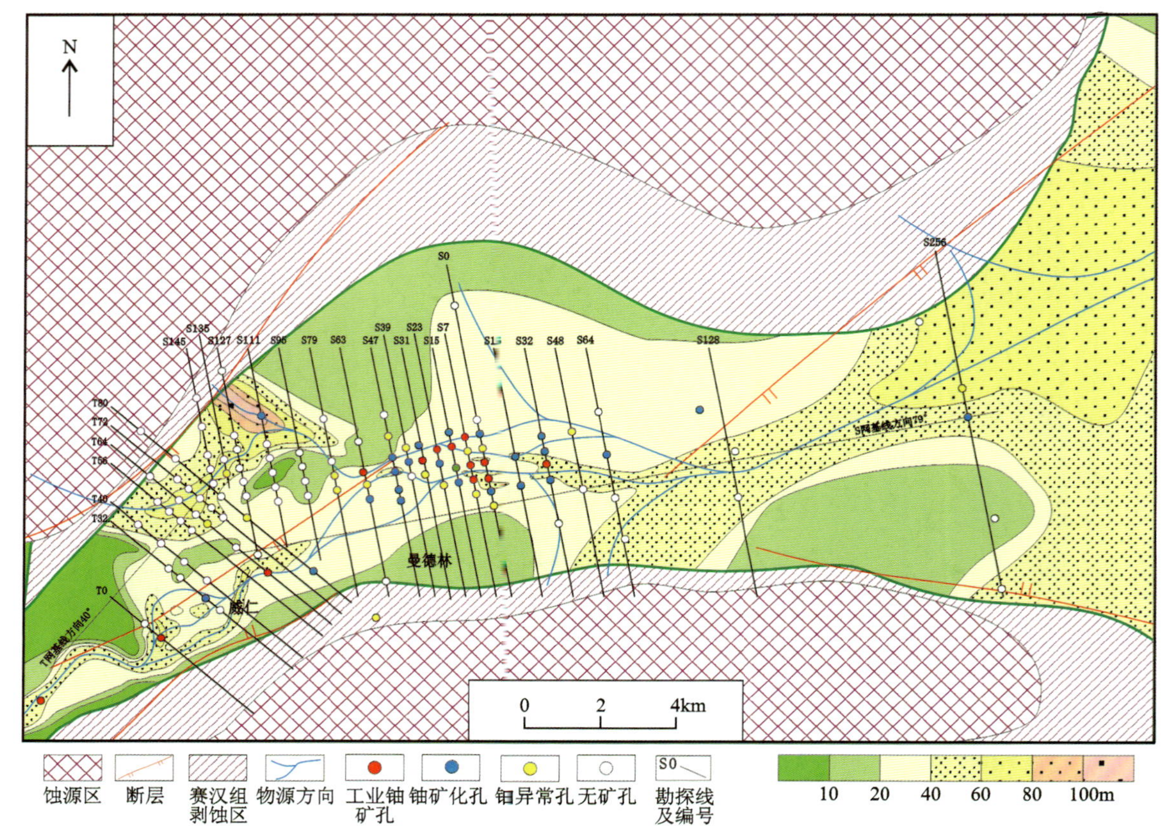

图 5-63　赛汉高毕铀矿床赛汉组上段砂体厚度等值线图

二、岩石地球化学特征

铀储层后生蚀变较为发育，既发育垂向上的潜水氧化，又发育来自侧向上潜水-层间氧化。岩石地球化学特征具有一定的分带性，可以划分为完全氧化亚带、氧化-还原过渡亚带和还原亚带，矿床的东、西两段又有一定差别(图 5-64)。矿床西段控矿氧化带类型为潜水和潜水-层间氧化带型，且以后者为主。完全氧化亚带主要分布在目的层砂体上部和河道两侧边缘部位，呈带状分布，氧化带岩石为绿色、灰绿色、黄色；氧化带向前推移形成氧化-还原过渡亚带，氧化-还原过渡亚带主要分布在河道砂体的中心部位，呈近北东向较宽缓的弯曲带状展布，长约 5km，宽 200～1200m，铀矿化主要赋存于该带中；还原亚带主要分布在 T48—T15 线之间古河道砂体的下部，岩石呈灰色、深灰色，局部受后生油气上升叠加改造作用呈蓝灰色、浅蓝色，见较丰富的炭化植物碎屑和黄铁矿。矿床东段氧化水平分带不明显，还原亚带不发育，且以潜水氧化为主，氧化带岩石呈绿色、灰白色，氧化深度较大，在河道侧帮一般都与河道底板相吻合，形成完全氧化亚带，而在河道中心部位一般为部分氧化，砂体中形成上部氧化、下部还原的现象，形成氧化-还原亚带。潜水氧化覆盖整个赛汉组上段河谷砂体的上部(图 5-65)，氧化砂体的厚度占整个砂体厚度的一半以上。岩石地球化学分带性的形成主要受构造、地下水动力条件、发育方向、砂体的连通性、碎屑岩孔隙度、填隙物含量及还原剂容量等因素控制。

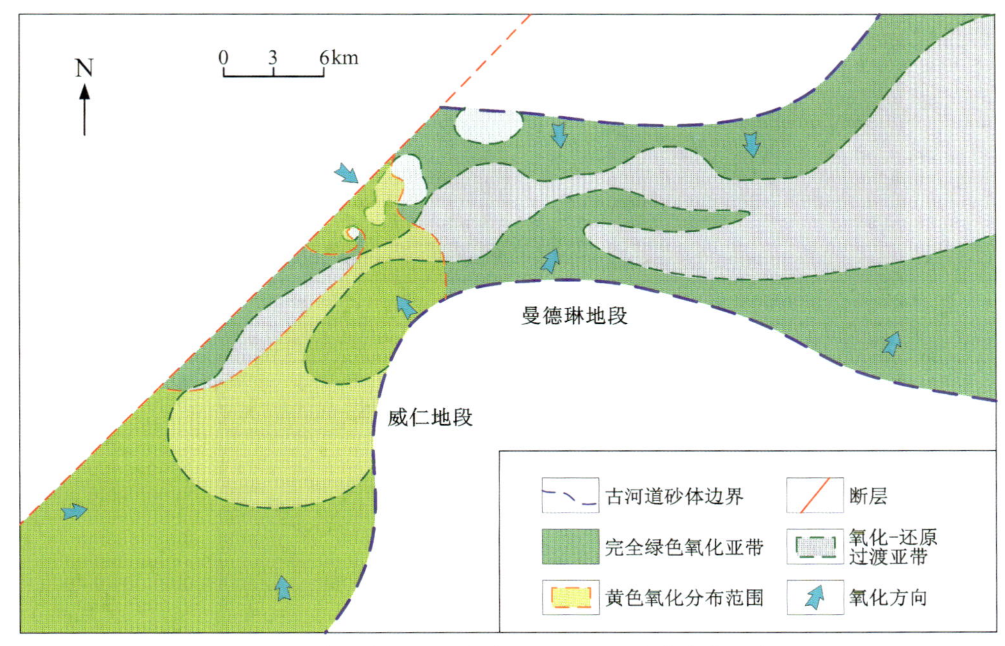

图 5-64　赛汉高毕铀矿床赛汉组上段氧化带分带示意图

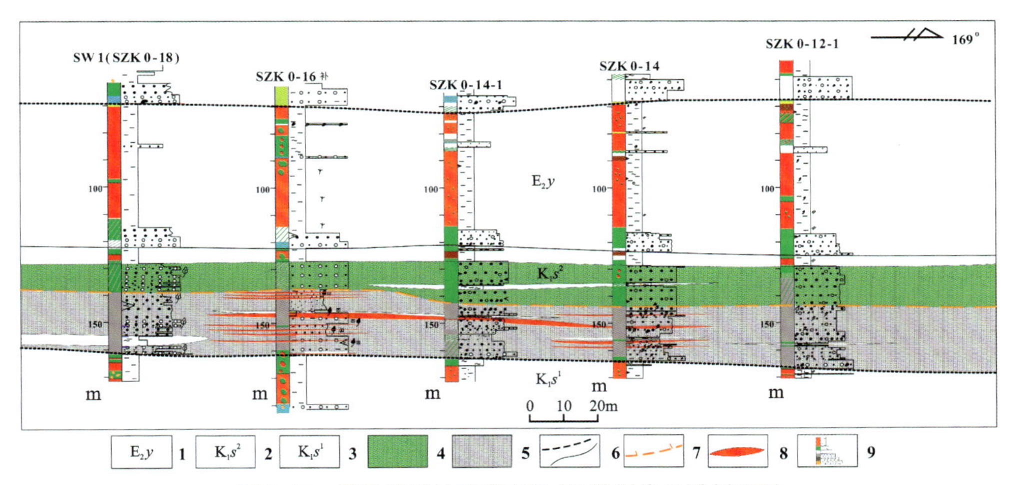

图 5-65　赛汉高毕铀矿床东段 S0 勘探线地质剖面图

1. 古近系伊尔丁曼哈组；2. 下白垩统赛汉组上段；3. 下白垩统赛汉组下段；4. 绿色氧化亚带砂体；5. 灰色还原亚带砂体；6. 不整合界线；7. 氧化亚带前锋线；8. 铀矿体；9. 岩性柱状图

三、铀矿体产出特征

矿体总体呈不连续的北东向和近东西向条带状展布，与古河谷砂带展布方向基本一致，存在“矿体连续性差、块段分散”等特征(图 5-66)。矿体的形态主要为板状、似层状(图 5-65)，卷状形态不明显，受北东向断裂构造、潜水氧化亚带、潜水-层间氧化亚带的控制，主要分布在构造南侧，矿体总体走向与断裂构造走向基本一致，赋存于氧化-还原界面下面的灰色砂体中。矿体产状与铀储层顶底板基本吻合，呈缓倾斜状(图 5-67)。

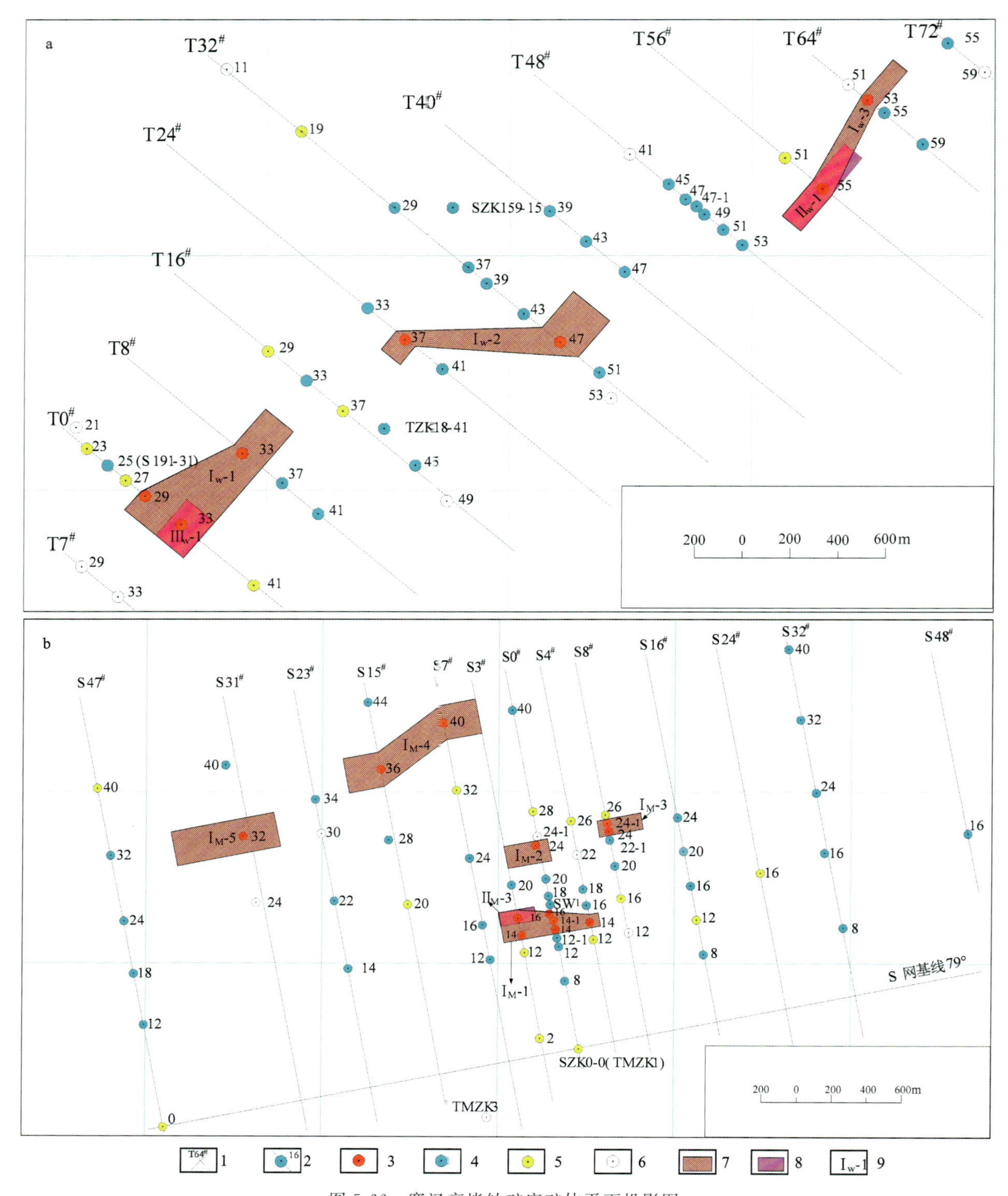

图 5-66　赛汉高毕铀矿床矿体平面投影图

a. 矿末西段；b. 矿床东段

1. 勘探线及编号；2. 钻孔及编号；3. 工业矿孔；4. 矿化孔；5. 异常孔；6. 无矿孔；7. 赛汉组上段上层矿体；8. 赛汉组上段下层矿体；9. 矿体块段号

矿体具有埋藏浅的特征，这与赋矿古河谷砂体的埋深浅密切相关。矿床西段矿体顶板埋深 57.24～108.03m，平均 84.34m，变异系数 0.22%；底板埋深 73.53～114.23m，平均 94.40m，变异系数 0.19%。矿床东段矿体的顶板埋深 126.54～157.03m，平均埋深 140.85m，变异系数 0.06%；矿体底板埋深 129.89～158.43m，平均 144.21m，变异系数 0.06%。矿床西段矿体顶板标高 867.06～913.49m，平均 885.58m，变异系数 0.02%；底板标高 852.72～896.09m，平均 875.51m，变异系数 0.02%。矿床东段矿体顶板标高 831.13～855.10m，平均 842.41m，变异系数 0.01%；底板标高 829.73～851.04m，平均 839.04m，变异系数 0.01%。矿体埋深和标高较稳定，底面埋深变化趋势与矿体顶面埋深及铀储层底板形态基本相似，受底板形态控制明显。

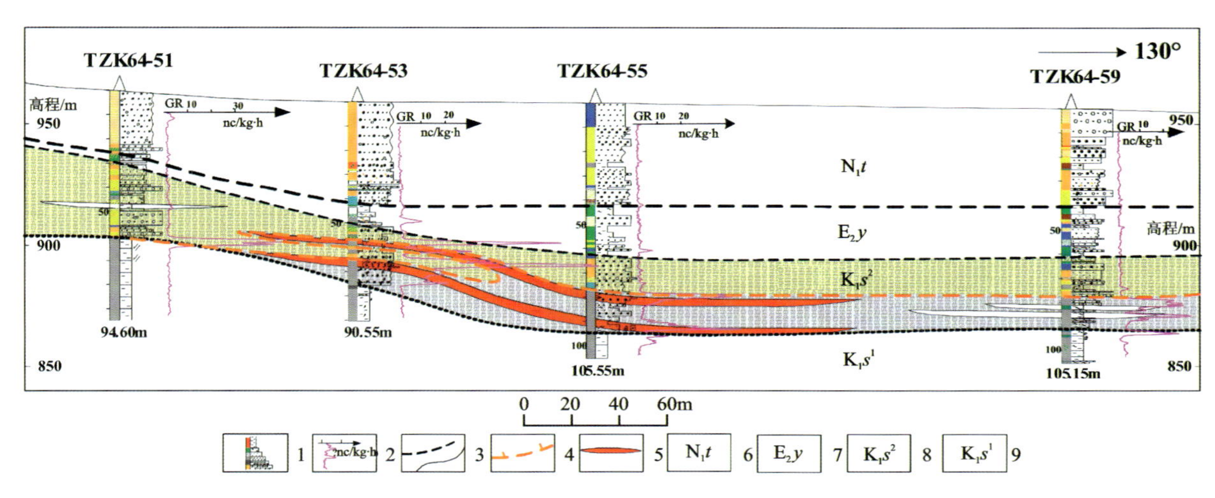

图 5-67　赛汉高毕铀矿床西段 T64 勘探线地质剖面图

1. 岩石粒级柱状图及色柱；2. 伽马测井曲线；3. 不整合界线；4. 氧化带前峰线；5. 铀矿体；6. 通古尔组；7. 古近系伊尔丁曼哈组；8. 下白垩统赛汉组上段；9. 下白垩统赛汉组下段

四、铀矿化特征

矿床西段矿体厚度为 1.20～8.40m，平均 3.95m，变异系数 0.66%；东段矿体厚度为 0.85～6.85m，平均 2.15m，变异系数 0.90%。矿体厚度整体变化不大，规律性不十分明显，整体上中部和西部偏薄，东部相对偏厚，局部存在单孔厚度高值。

矿床西段矿体品位 0.015 6%～0.060 1%，平均 0.035 7%，变异系数 0.47%；东段矿体品位 0.013 1%～0.166 2%，平均 0.082 6%，变异系数 0.58%。整体来看，赛汉高毕矿床矿体以低品位矿化为主，矿床西段矿体平均品位比东段低，但品位变化小。

矿床西段矿体平米铀量 1.09～4.57kg/m^2，平均 2.21kg/m^2，变异系数 0.56%；东段矿体平米铀量 1.01～5.20kg/m^2，平均 2.34kg/m^2，变异系数 0.85%。矿体平米铀量整体偏低，以 1～2kg/m^2 为主。与矿体厚度及品位的发布对比看，平米铀量高值区与品位高值区吻合性好，而与厚度高值区吻合性差，说明矿体平米铀量与品位呈正相关。

赋矿岩性主要为灰色长石砂岩和长石石英砂岩，不等粒状结构，块状构造（照片 5-18、照片 5-19），岩石成岩度低，结构疏松—较疏松。按粒度分为细、中细、中、中粗、粗砂岩和砂质砾岩，分选中等—差，磨圆度为次棱角—次圆状。

照片 5-18　长石砂岩

照片 5-19　长石石英砂岩(假杂基+原杂基)

据矿石硅酸盐全分析结果(图 5-68),SiO_2含量 63.58%～83.26%,平均 75.50%;TiO_2含量 0.21%～1.88%,平均 0.71%;Al_2O_3含量 7.43%～12.59%,平均 9.45%;Fe_2O_3含量 0.72%～3.67%,平均 2.43%;FeO 含量 0.39%～1.28%,平均 0.79%;MnO、MgO、CaO、Na_2O、K_2O和P_2O_5的平均含量分别为 0.02%、0.747%、1.25%、1.76%、2.72%和 0.24%。另外,烧失量的变化范围在 1.08%～10.70%之间,平均 4.34%。SiO_2和Al_2O_3含量较高,矿石属于硅酸盐型和铝硅酸盐型。

通过对 SZK15-36、SZK0-18、SZK0-16、SZK31-32、SZK63-32 孔中所取铀矿样进行的 U-Pb 同位素组成分析,得出全岩铀-铅等时线年龄计算结果:成矿年龄为(63±11)Ma(图 5-69)(古新世与晚白垩世年代界线为 65Ma),表明该地段铀矿主成矿期大约是晚白垩世(K_2)—古新世(E_1)。赛汉组上段沉积后,进入晚白垩世,区内长期处于沉积间断期,加上此时的古气候炎热干旱,利于地下水中铀的迁移的沉淀富集。

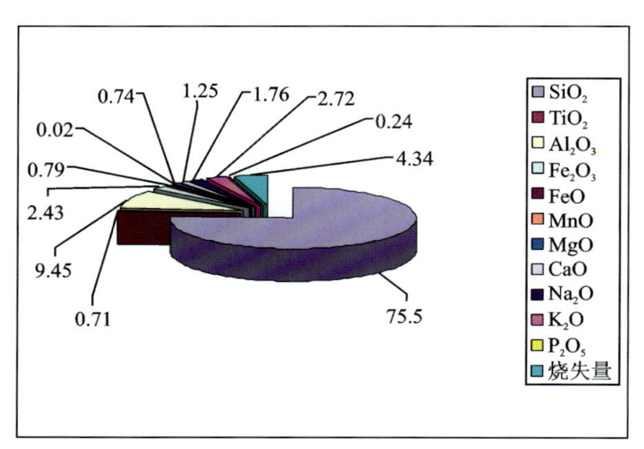

图 5-68　赛汉高毕铀矿床矿石化学成分平均含量(%)

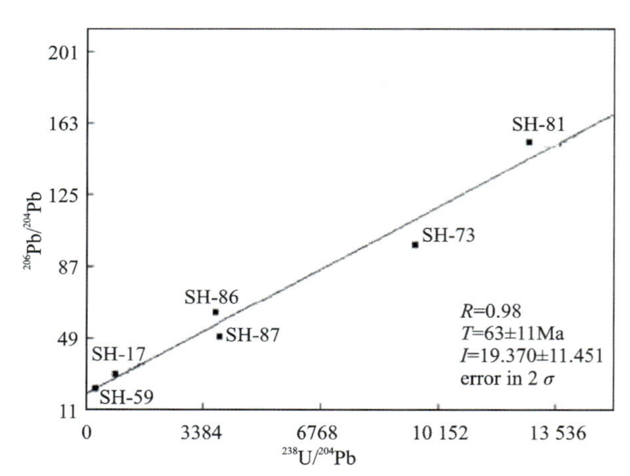

图 5-69　赛汉高毕铀矿床矿石铀-铅等时线图解
(据范光,2005)

铀赋存形式主要有两种:吸附态铀和铀矿物。吸附态铀的吸附剂主要为杂基(黏土矿物),次为有机碳(碳屑)、黄铁矿和褐铁矿等。铀矿物主要以铀的单矿物形式产出,主要有 4 种类型:菱钙铀矿、沥青铀矿、铀石、铀的磷酸盐矿物。

铀矿石放射性照相底片(照片 5-20)上高铀含量样品可以看到团块状、点状强的感光区,反映出铀以铀矿物形式存在于矿石中,并与白铁矿、炭化植物碎屑关系密切;在高、低铀含量样品放射性照相底片上,可见云雾状弱感光区域,这与砂岩胶结物的分布一致,反映出铀以吸附状态存在于胶结物中。另外,选取矿床内 5 个矿石样品进行了铀的价态分析,从分析结果看,铀矿石中六价铀的比例较高,达到 55%～

62%，四价铀的比例为37%～45%，这一结果说明该区铀矿物中应有较高的六价铀，大量吸附铀可能是以六价铀形式被黏土矿物、有机质、硫化物、钛矿物等吸附。

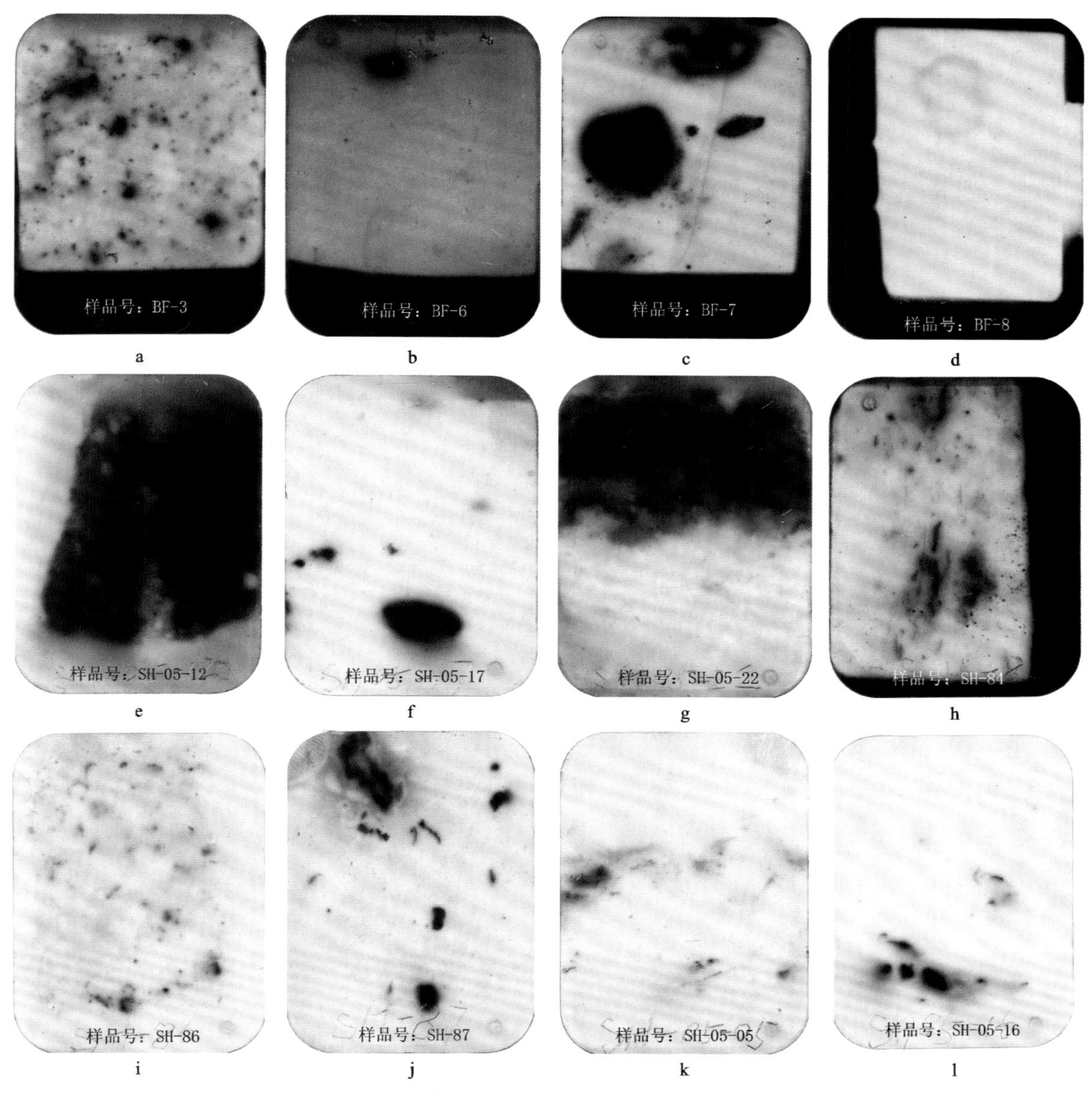

照片5-20　赛汉高毕铀矿床矿石放射性照相底片

在矿石中存在铀的碳酸盐矿物（聂逢君，2006），在SZK3-16钻孔中发现了大量铀的碳酸盐矿物，该铀矿物个体较小，但富集共生集合体较大，个别在10μm以上（照片5-21c、d），镜下为不透明矿物，常产出于石英和长石的空隙中，电子探针分析显示有硅的存在，但整体特征表明UO_2远远大于CaO。通过对比铀矿石和非薄片空白区碳峰的强度来初步判别所测矿物是否含碳，经测定，铀矿物中碳峰的强度大概是空白区碳峰的2倍。另外，因为铀矿物中水不能测出，所以本区电子探针分析结果的总量在56.76%～76.75%之间，符合菱钙铀矿的成分特征，将该铀的碳酸盐矿物定名为菱钙铀矿。

在SZK8-24-1孔（聂逢君，2006）和SZK63-32、SZK3-14 3个样品中发现有沥青铀矿（范光，2005）。沥青铀矿的颗粒均较小，只有1～nμm（照片5-21e）。沥青铀矿主要与炭化植物碎屑共生，电子探针分析显示矿物本身的化学成分主要为UO_2 84.84%、CaO 2.29%，其中UO_2含量很高，测试分析几乎没有受到共生矿物的影响。沥青铀矿与有机质、黄铁矿、白铁矿紧密共生，沥青铀矿交代充填于有机质胞腔内。

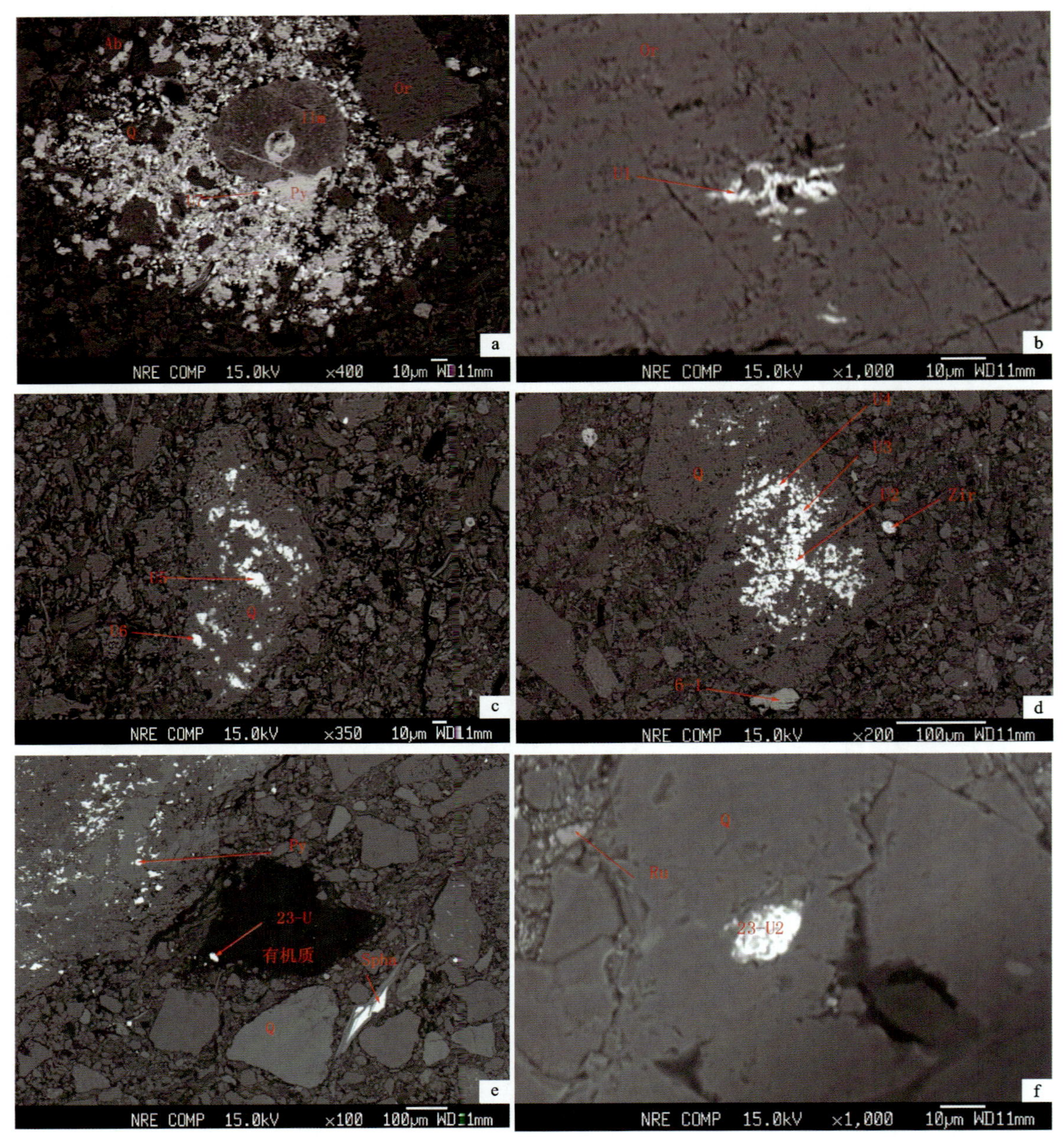

照片 5-21　赛汉高毕铀矿床含矿砂岩电子探针背散射电子像(据聂逢君,2006)

铀矿物与其他矿物的共生关系:a. 菱钙铀矿(U7)与黄铁矿(Py)、钛铁矿(Ilm)共生,SZK3-16,148.5m;b. 菱钙铀矿分布在钾长石空隙中,SZK3-16,148.5m;c. 菱钙铀矿分布在石英空隙中,SZK3-16,148.5m;d. 菱钙铀矿分布在石英空隙中,SZK3-16,148.5m;e. 沥青铀矿(23-U)分布在有机碳边缘,SZK8-24-1,129.0m;f. 铀石(23-U2,亮白色)分布在石英的空隙中,SZK8-24-1,129.0m

普通显微镜下铀石和沥青铀矿难以区分。利用电子探针成分测试结果,再根据 UO_2 和干扰杂质的含量,产于石英和长石空隙中的铀矿物确定为铀石(照片 5-21f)(聂逢君,2006),铀石主要生长在硅酸盐矿物的空隙中,故分析数据中 SiO_2 有一定的含量。单个铀石晶体细小,呈粒状,粒径小于 1μm,集合体呈团块状。

铀的磷酸盐矿物颗粒细小,又多与硫化物紧密共生,无法分离出单矿物进行深入研究。从其产于还原环境推测,应属四价铀矿物,其矿物化学成分与现在所知的铀矿物差别较大,暂定名为铀的磷酸盐矿物(范光,2005)。从照片 5-22 可以发现,在电子探针背散射电子像上,亮白色沥青铀矿往边缘亮度逐渐降低变为灰白色，反映出铀含量逐渐降低，P_2O_5、CaO逐渐增加变为铀的磷酸盐矿物。该矿物基本特征：重砂颗粒为灰黑色炉渣状，无光泽；在显微镜透射光下不透明（照片5-23a、b），反射光下为灰色—暗灰色，均质，无内反射。

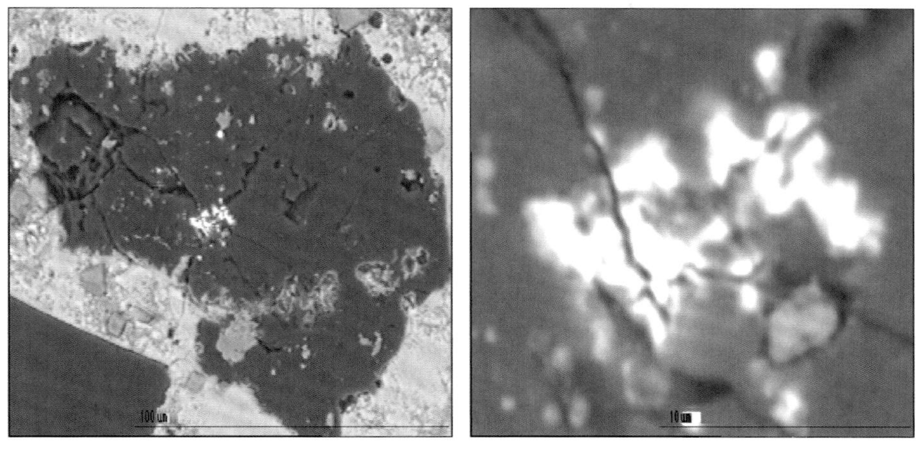

照片5-22　碎屑颗粒中的沥青铀矿（据范光，2005）（SH80、SZK63-32，129.9m）

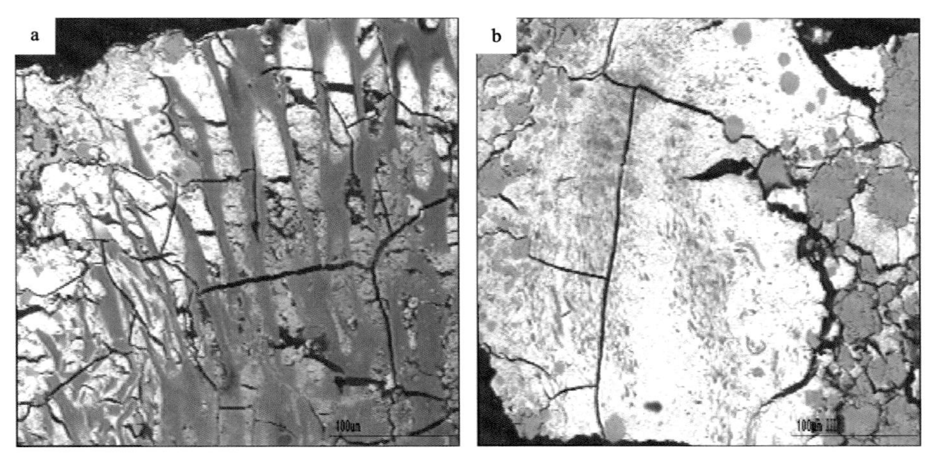

照片5-23　沥青铀矿与有机质及白铁矿的关系（据范光，2005）
（SH-05-06-1、SZK 3-14、144.3m）
a.沥青铀矿交代充填在有机质胞腔中；b.沥青铀矿交代充填在有机质胞腔中及围绕白铁矿产出

用电子探针分析仪研究该矿物特征及其化学成分，主要成分中UO_2 30.7%～45.1%、CaO 11.0%～15.4%、P_2O_5 19.6%～27.7%。颗粒大小一般小于1μm，集合体可达几微米，富矿石中见其集合体呈交代充填于胶结物中。结晶程度差，未见明显的结晶形态，多呈细粒状、被膜状产出。产出状态主要有：①呈粒状及其集合体产出在砂岩胶结物中（照片5-24）；②呈被膜状与硫化物（白铁矿、草莓状黄铁矿）紧密共生，分布在硫化物颗粒之间或边缘（照片5-25）；③充填在有机质胞腔内部（照片5-26）。

该矿物的化学成分只有UO_2、CaO、P_2O_5，从照片5-27也可看出该样品中铀的磷酸盐矿物结晶程度略好，更加致密，分析结果的总量为78%～89%，比其他样品中测量结果要高。该样品12个测点的平均值为UO_2 41.93%、P_2O_5 24.81%、CaO 14.35%，可以认为是该类矿物的化学成分值。在所分析样品中，除了铀的磷酸盐矿物外，还有较多的硫化物、微量重晶石、碳屑等。

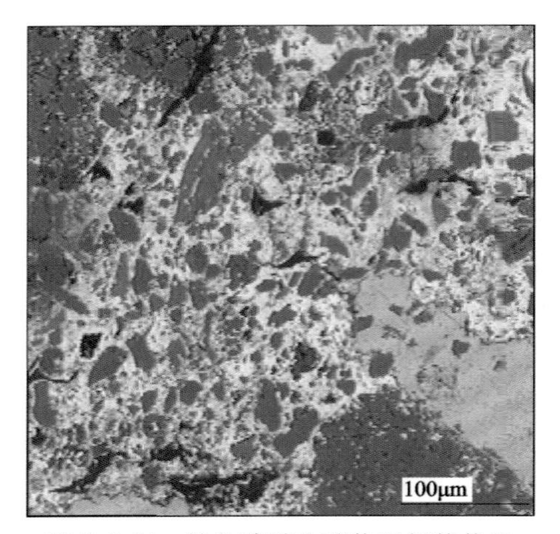

照片 5-24　铀的磷酸盐矿物呈细粒状及块状集合体分布在胶结物中（据范光，2005）

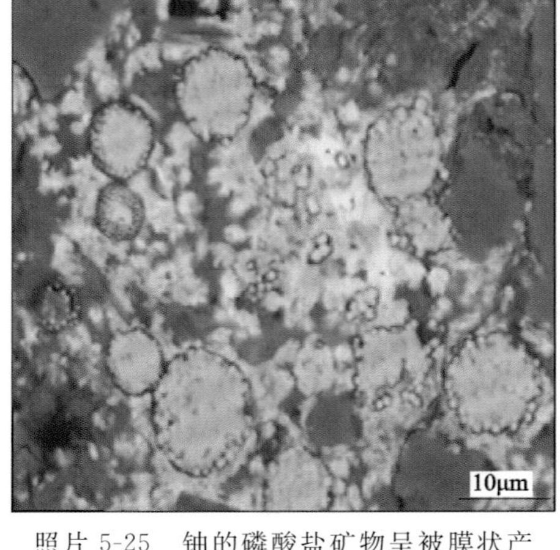

照片 5-25　铀的磷酸盐矿物呈被膜状产出在草莓状硫化物之间（据范光，2005）

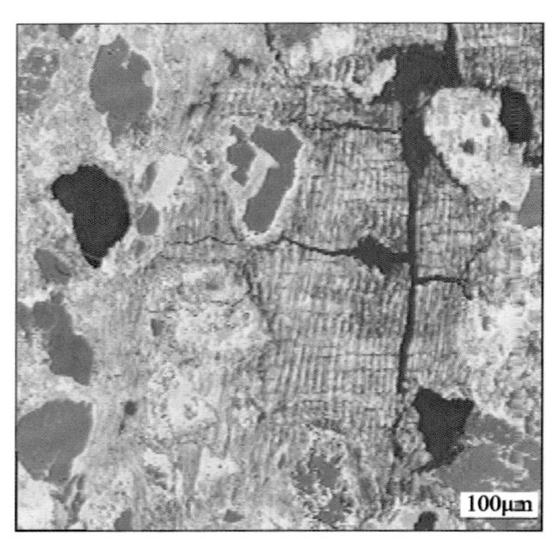

照片 5-26　铀的磷酸岩矿物交代充填有机质胞腔（据范光，2005）

照片 5-27　铀的磷酸盐矿物呈细粒状及块状集合体分布在胶结物中（据范光，2005）

第五节　哈达图铀矿床特征

一、铀储层特征

哈达图铀矿床位于乌兰察布坳陷古河谷中的格日勒敖都和齐哈日格图凹陷内，古河谷中心基本与凹陷低洼部位重合（图 5-70）。河谷中心标高 500～660m，边缘部位底板标高 680～760m，呈不规则环状近南北向展布，明确地反映出洼地对古河谷发育的控制。受晚白垩世强烈构造反转和古新世以来差异性升降构造活动影响，在哈达图矿床南部和北部赛汉组上段受到大幅度抬升和严重剥蚀，铀储层砂体近地表，有利于潜水-层间氧化带的发育和铀矿化的形成。

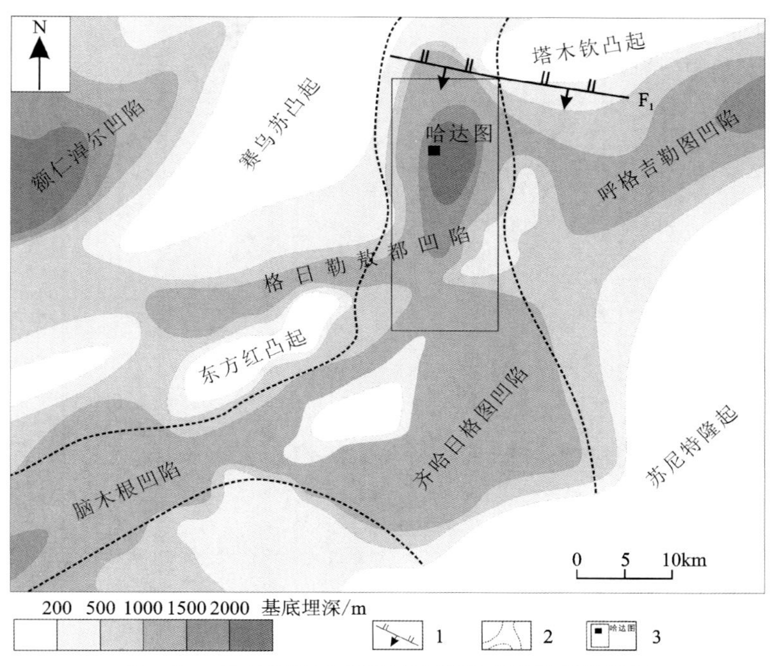

图 5-70　哈达图铀矿床及周边基底埋深等值线略图

1. 反转断层；2. 古河谷边界；3. 矿床位置

铀储层赛汉组上段与上覆地层二连组或伊尔丁曼哈组呈明显角度不整合接触，下伏为赛汉组下段顶部泥岩。按照中长期沉积旋回分析，赛汉组上段可进一步划分为 3 个亚段(图 5-71)，其中，二亚段(K_1s^{2-2})为主要赋矿层，内部多见泥岩透镜体夹层。

铀储层厚度总体受底板洼地控制，具有中央厚、边缘薄，南部厚、北部薄的特点，一般为 200～450m，在南西部最厚可达 550m，其厚度空间展布与凹陷基底埋深存在一定差异，说明赛汉组上段超覆沉积，脱离凹陷严格控制，不受早期断层制约，后期构造对建造存在明显的改造，使得沉积中心偏移，地层产状发生了较大变化。从 3 个亚段的沉积厚度等值线图可以明显看出(图 5-72)，赛汉组上段早期沉积沉降中心主要位于西侧邦，到中期逐渐向东偏移，晚期向西偏移。而南、北长期处于隆升间段。哈达图矿床沉积、构造的复杂演化，造成该矿床铀储层明显区别于其他古河谷铀矿床。

铀储层为古河谷中河流相、冲积扇相等多相组合特征，其中，在不同的地质历史时期，受古地形地貌、古气候等因素的影响，沉积相变化相对较大，比如一亚段(K_1s^{2-1})主要为砾质辫状河沉积、二亚段(K_1s^{2-2})为砂质辫状河沉积，而三亚段(K_1s^{2-3})主要表现为曲流河和泛滥平原相组合等(图 5-73)。

河流的空间展布基本与洼地形态保持一致，呈近南北向，通过大量钻孔资料研究表明，赛汉组上段主含矿层沉积主要受"游荡性"水流牵引(图 5-74)，形成多河道的砾质-砂质辫状河沉积相，由多次分叉与会聚构成。南部、南西部的赛汉塔拉地区、乔尔古地区为河道发源地或上游，古沉积环境坡度大，水动力强，大量粗碎屑物，甚至卵砾石以底负载为主的搬运方式进行搬运沉积，造成一亚段、二亚段主含矿层碎屑物粒度整体偏粗，普遍含大量砾石，直方图以正偏为主(图 5-75)，粒度较其他矿床明显偏粗，以砂质砾岩和含砾粗砂岩为主，分选性差，以颗粒支撑、孔隙式胶结为主。西侧格日勒敖都一带为季节性干旱冲积扇补给，东侧郭尔奔一带则为支流补给，频率曲线表现为双峰马鞍状。

概率累计曲线存在一段式、二段式和三段式(图 5-76)，侧向补给在一定程度上影响了河道的摆布，打破了南部早期河道与沙坝的格局，使沉积中心不断扩大，形成大的椭球形串联状砂带。哈达图铀矿床赛汉组一亚层、二亚层河道宽而浅，弯曲度小，其宽深比值 78.5，弯曲度指数 1.14，河道分岔参数约等于 2，由于辫状河道经常改道，导致河道沙坝位置不固定，不发育天然河堤岸和河漫滩。总之，哈达图铀矿床赛汉组上段古河道是由多物源、多期次河道叠加而成的复合型河道，河道发育具有早期的砾质辫状河—中期的砂质辫状河—晚期曲流河的沉积演化过程(图 5-77)。

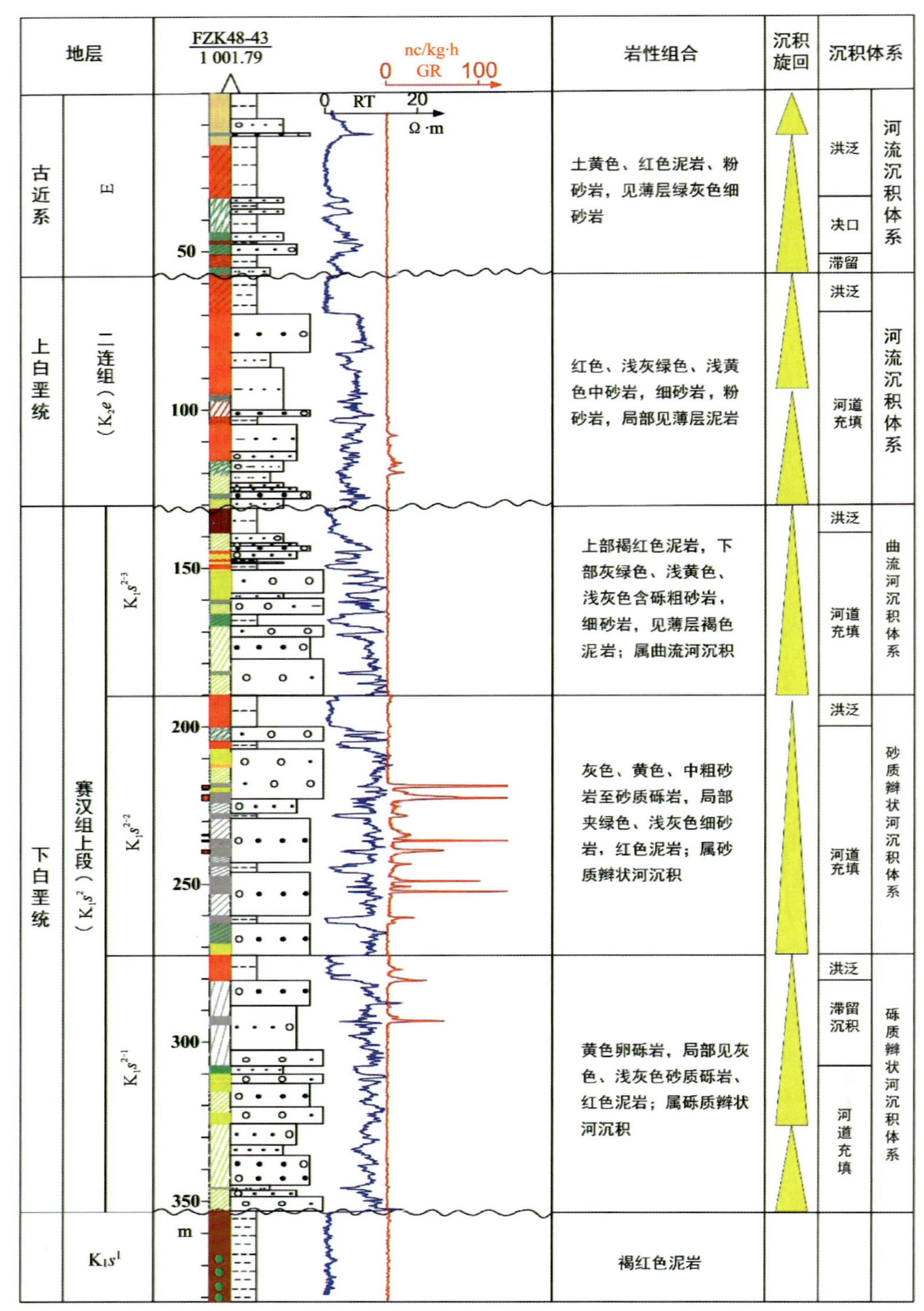

图 5-71　哈达图铀矿床典型钻孔地层结构图(EZK48-43)

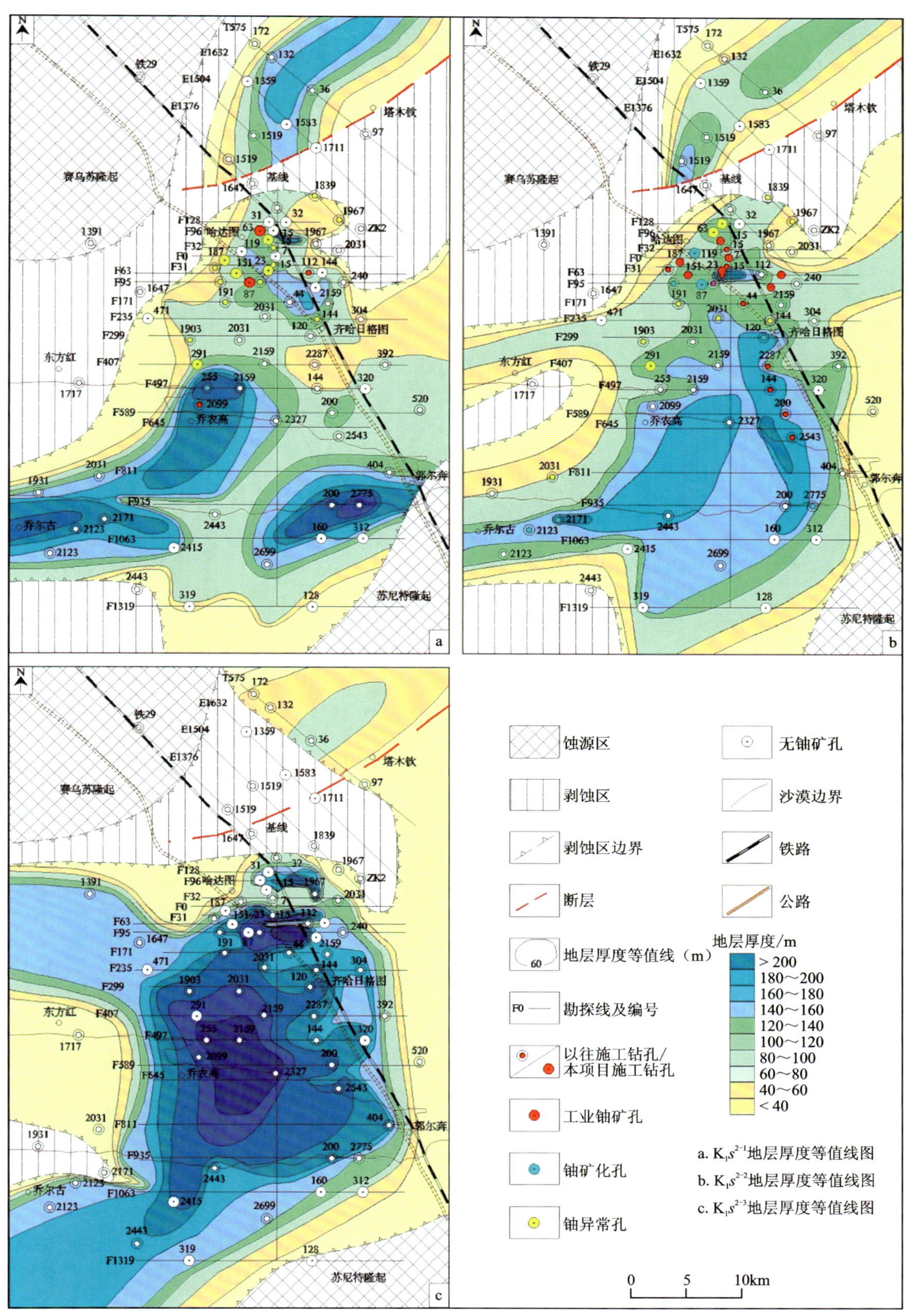

图 5-72 哈达图铀矿床赛汉组上段各亚段厚度等值线图

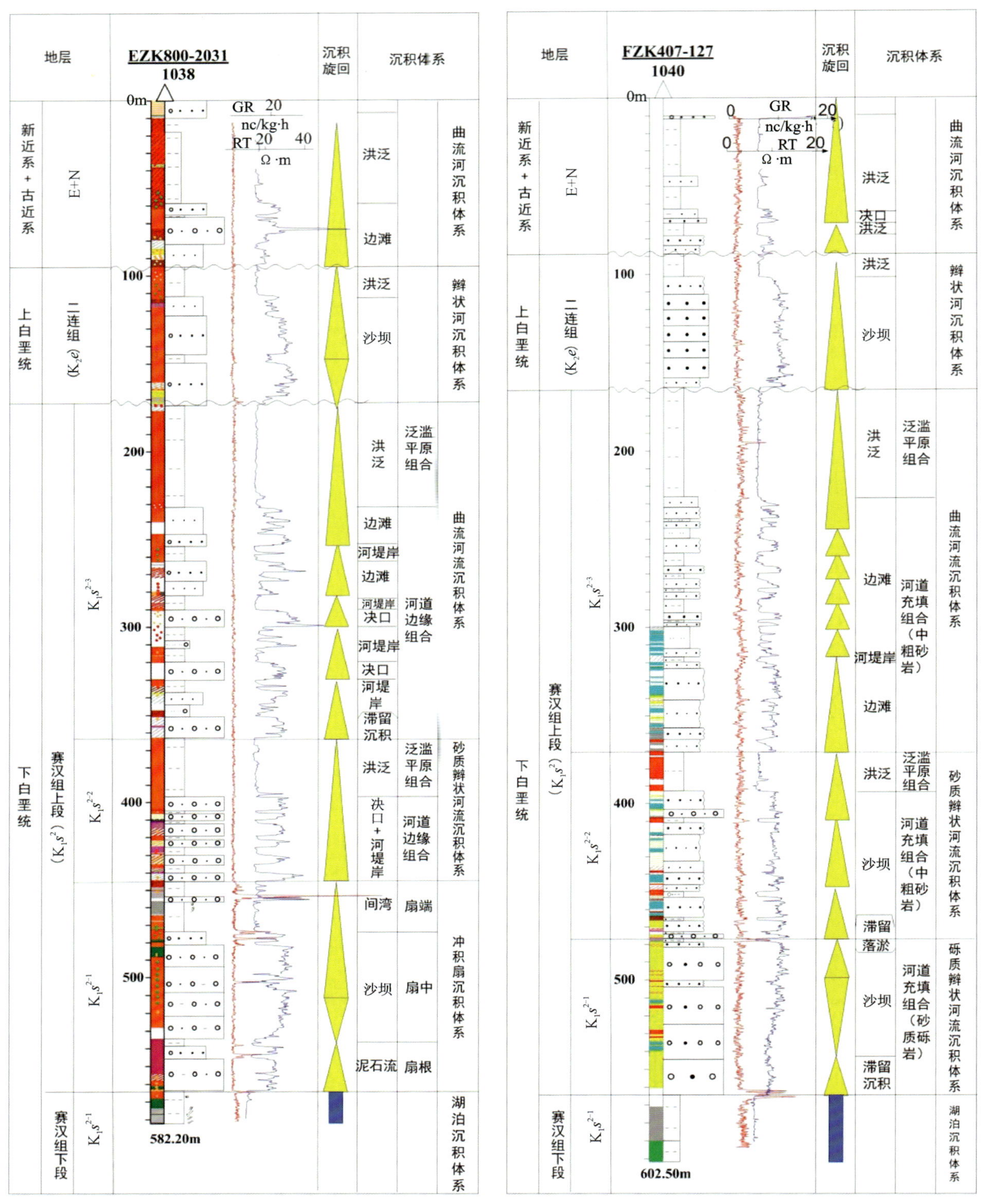

图 5-73　哈达图铀矿床典型钻孔赛汉组上段沉积体系图

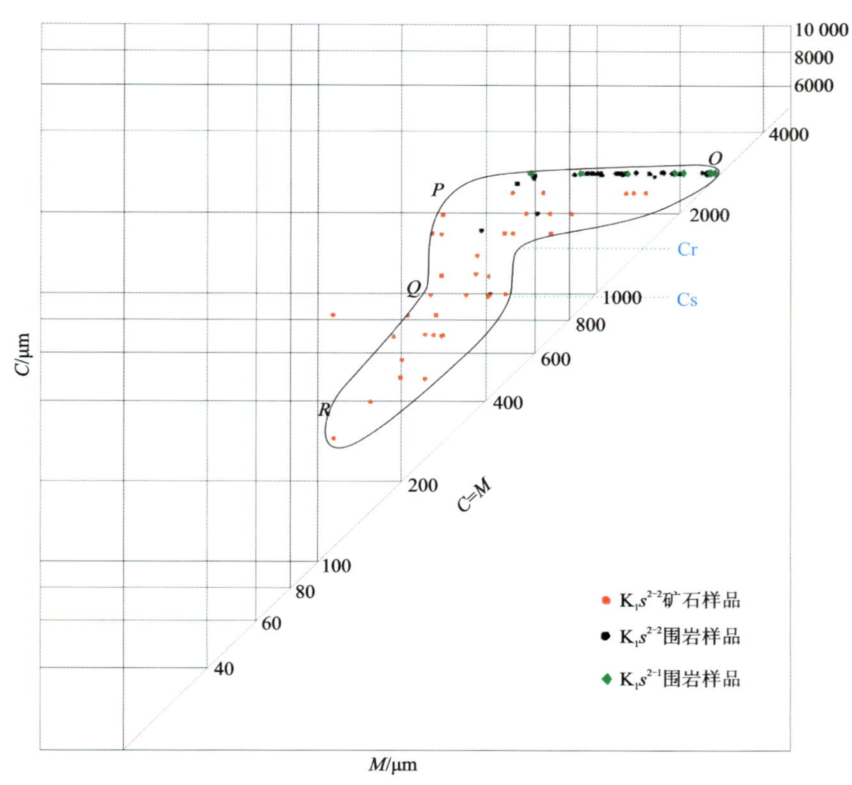

图 5-74　哈达图铀矿床赛汉组上段 C-M 图

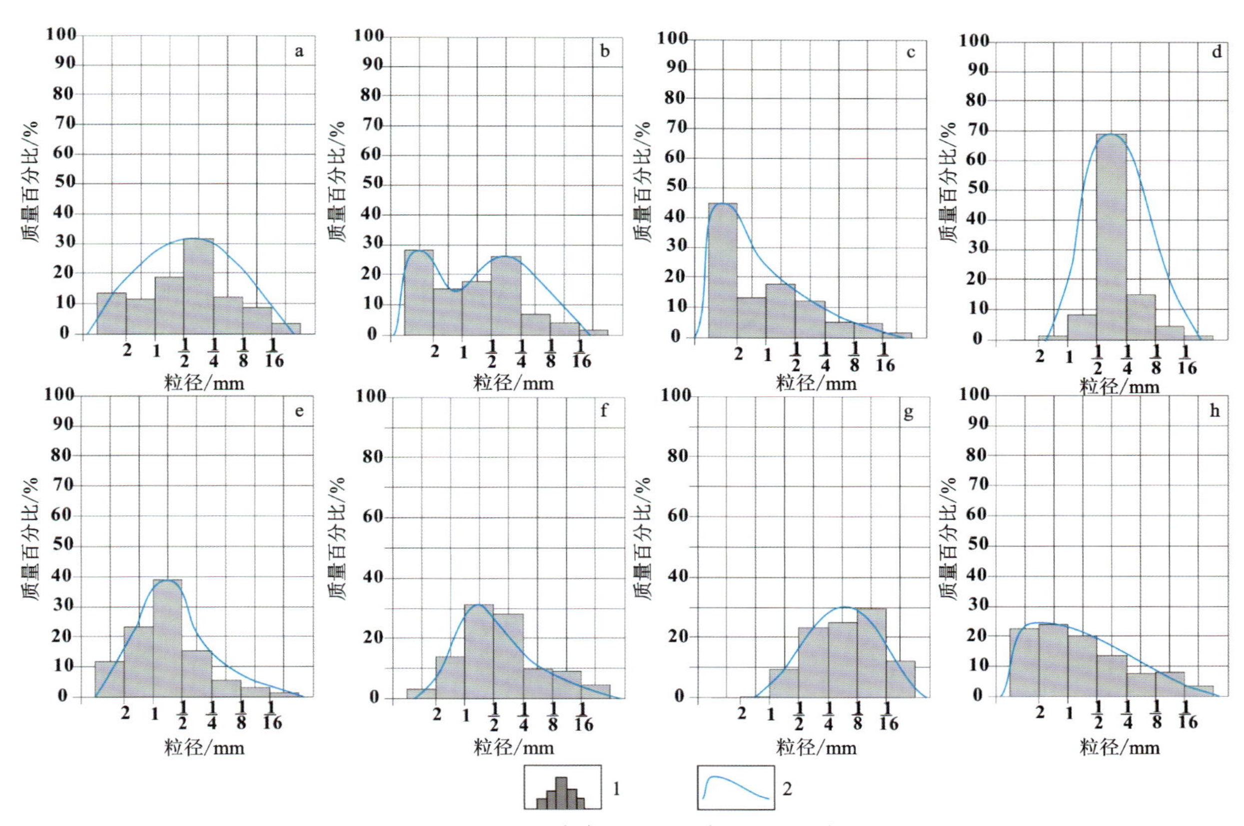

图 5-75　哈达图铀矿床赛汉组上段直方图及频率曲线图

1. 直方图；2. 频率曲线；a. 一亚层单峰近对称、中等；b. 一亚层双峰正偏、很平坦；c. 一亚层单峰很正偏、平坦；d. 二亚层单峰对称、尖锐；e. 二亚层单峰正偏、中等；f. 三亚层正偏、尖锐；g. 三亚层单峰对称、中等；h. 三亚层单峰正偏、平坦

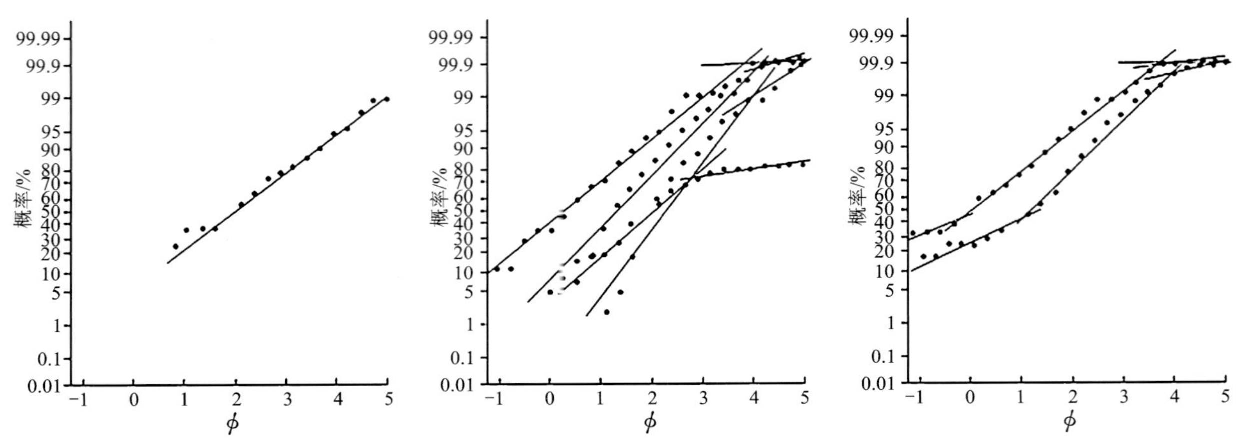

图 5-76　哈达图铀矿床赛汉组上段河道充填沉积砂岩粒度概率累计曲线图

碎屑岩以长石石英砂岩和长石砂岩为主(图 5-78),总体反映碎屑岩成分成熟度低的特征。石英主要表现为棱角状—次棱角状,种类较多。来自花岗岩的石英呈云雾状消光;来自火山岩的石英具港湾状溶蚀边,不具波状消光,表面光洁;来自变质岩的石英呈他形粒状结构,结合体呈条带状,具灰白干涉色和波状消光。另外石英具有自生加大边结构,应归属为再旋回石英。碎屑物中石英的多样性反映碎屑物物源的多样性。长石一般由正长石、条纹长石、微斜长石和斜长石组成,以正长石为主。正长石属于单斜晶系,晶体结构为架状结构,其形态为短柱状和厚板状,集合体呈粒状,颜色发白,具有玻璃光泽。微斜长石属于三斜晶系,晶体结构也为架状结构,形态为板状和短柱状,与正长石相似,它们都属于钾长石系列。条纹长石属于碱性长石,由含钠的长石和含钾的长石混合而成,具有条纹结构。钠长石在钾长石晶体中沿钾长石一定结晶方向,呈水滴状、纺锤状、树枝状、碎云状分布。斜长石的形态主要为叶片状,因钠和钙的比例不同,在加上其他矿物质的染色作用,使得斜长石的颜色较多,说明碎屑物具有近物源,母岩主要为酸性或碱性成分的火山碎屑岩。岩屑主要由火成岩岩屑和变质岩岩屑组成,火成岩中花岗岩岩屑占主导地位。围岩中岩屑的平均含量要大于矿石中岩屑的平均含量,围岩中下部的岩屑含量高于、多于上部围岩,反映了从早期到晚期物源的减少和河道化逐渐成熟的过程。

矿床主要发育纵向河道沙坝(心滩),受河道变迁和侧向物源补给的影响,沙坝呈不规则椭球体南北向或南西-北东向展布,存在 6 个比较大的沙坝,沙坝内砂体厚 160～180m,其他部位砂体厚 60～100m(图 5-79),总体具有河道中央砂体沉积厚度大、边缘薄的特点,铀矿体主要赋存于沙坝与沙坝之间或沙坝边侧部位。

二、岩石地球化学特征

哈达图铀矿床主含矿层主要发育潜水-层间氧化作用,潜水氧化发育在古河谷边缘,向河谷中央逐渐转为层间氧化作用。其氧化岩石表现为两种形式:①碎屑岩为灰白色,这种形式说明原岩中不含有机质、构成矿物,长石水解形成伊利石、高岭石或蒙脱石;②碎屑岩为浅黄色、黄色或褐黄色,主要是原岩中含有大量的有机质、黄铁矿等构成矿物,经氧化作用,形成高铁氢氧化物(针铁矿等),原岩中有机质、硫化亚铁等含量的多少决定后生蚀变色的深浅,从而可以判断原岩的还原能力,本区内铀矿体的形成主要与第二种后生蚀变形式密切相关。

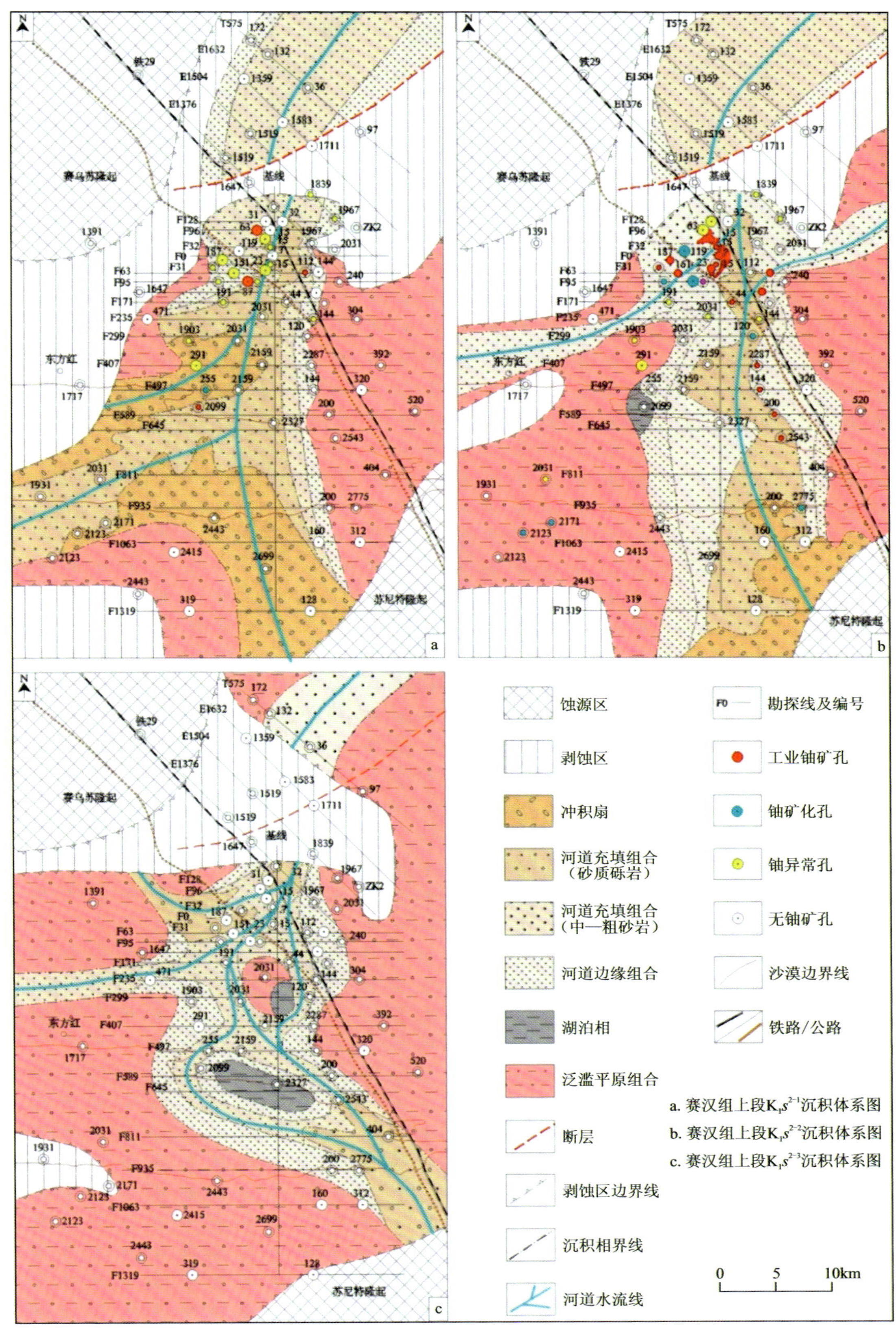

图 5-77　哈达图铀矿床赛汉组上段各亚段沉积体系图

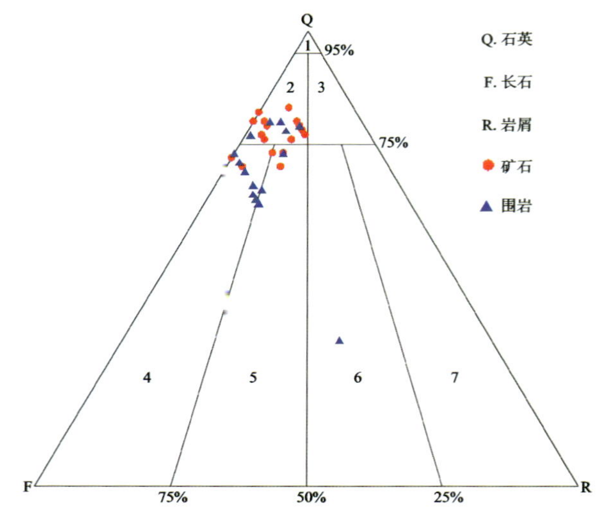

图 5-78　乌兰察布坳陷中东部古河道赛汉组上段碎屑岩福克三角图

1. 石英砂岩；2. 长石石英砂岩；3. 岩屑石英砂岩；4. 长石砂岩；5. 岩屑长石砂岩；6. 长石岩屑砂岩；7. 岩屑砂岩

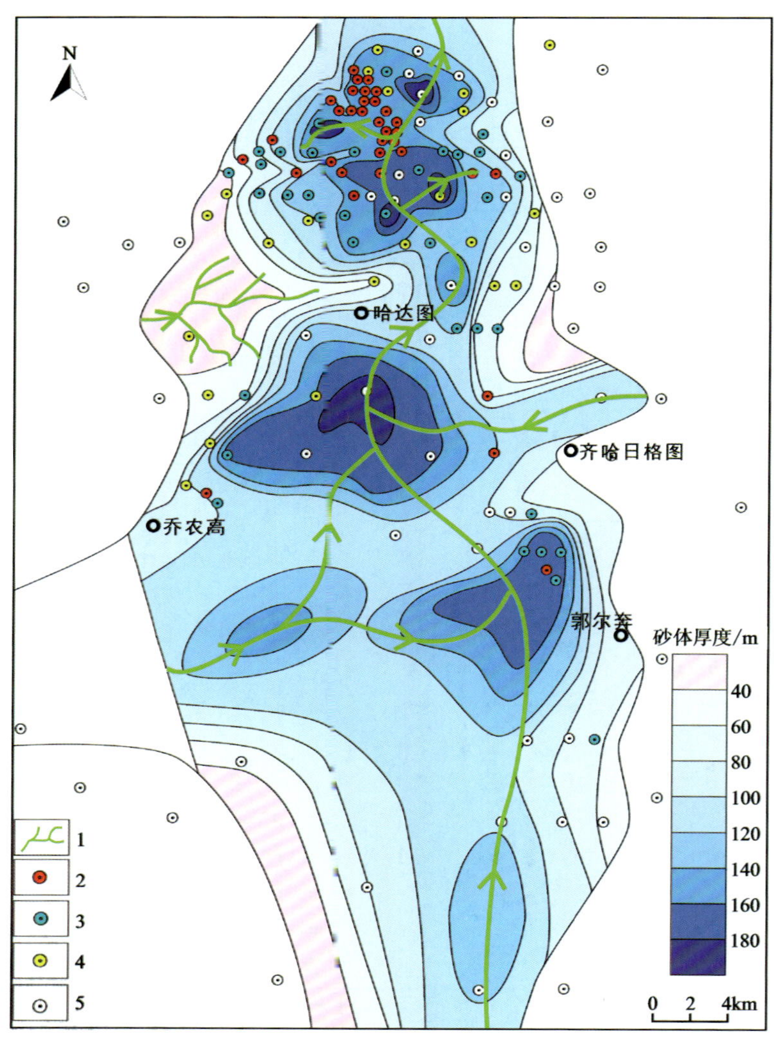

图 5-79　哈达图铀矿床主含矿层砂体厚度等值线图

1. 主水流方向线；2. 工业铀矿孔；3. 铀矿化孔；4. 铀异常孔；5. 无矿孔

整个矿床主含矿层均受不同程度的氧化作用，早白垩世晚期的构造反转和晚白垩世—现今整体抬升与差异性沉降的构造活动影响，导致氧化流体方向发生改变，氧化期次增多。氧化流体方向可分为由南向北、由南西向北东和由北向南3种(图5-80)，氧化砂体体积占总砂体体积的72.08%，单个钻孔中氧化砂体厚度占总砂体厚度的30%～100%，表明该区的氧化作用较强。垂向上，在氧化砂体间夹厚度不等的灰色、深灰色残留体，铀矿化赋存于残留体内(图5-81)，共圈出4片较大的灰色残留体。灰色残留体的形成主要与有机质、黄铁矿等还原介质较多，填隙物(黏土矿物)含量高，碎屑岩孔隙度较小，泥岩透镜体厚度较大或频繁出现等因素有关。

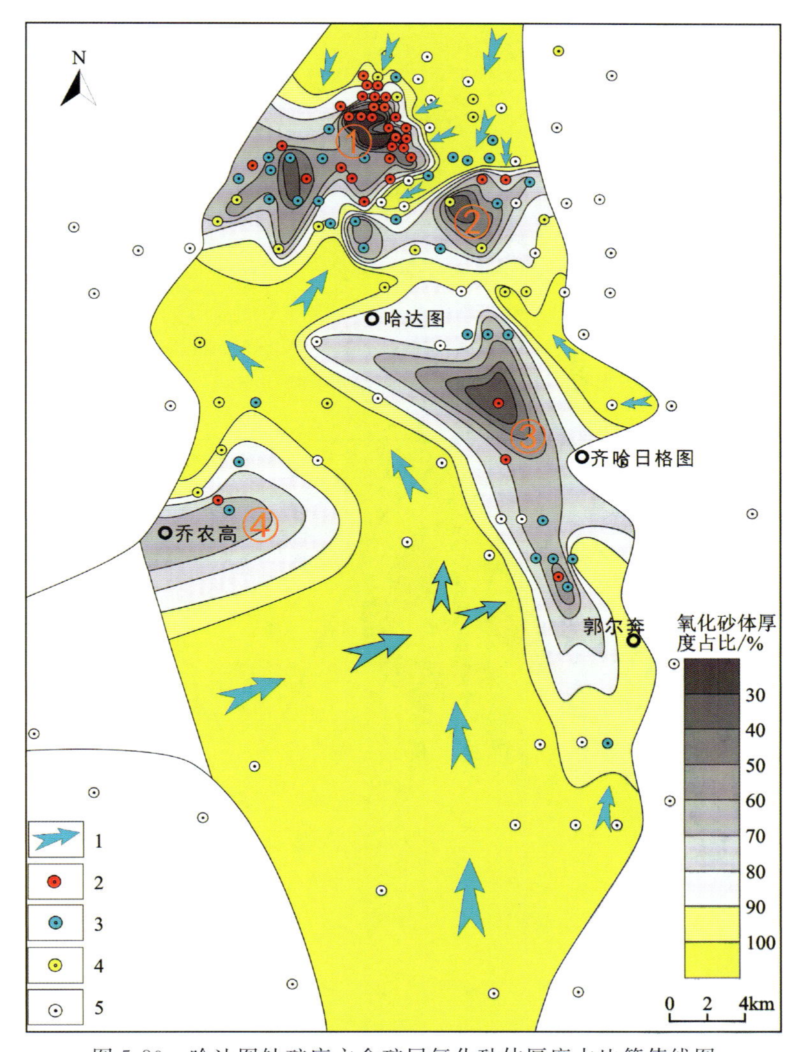

图5-80　哈达图铀矿床主含矿层氧化砂体厚度占比等值线图

1.层间氧化流体方向；2.工业铀矿孔；3.铀矿化孔；4.铀异常孔；5.无矿孔

三、铀矿体产出特征

受氧化带、地层结构、岩性-岩相等条件的影响，矿体在空间上具有一定的分带性，总体分为3个矿层、5个矿体，铀矿化带断续长度约25km，呈近南北向展布(图5-82)，与古河谷的空间展布方向一致。其中，主矿层在矿床北部矿体较为连续，长度约4km，宽500～1000km，呈弧形；而在矿床东部主要变现为“条带状”，矿体宽度变窄，长度变大。

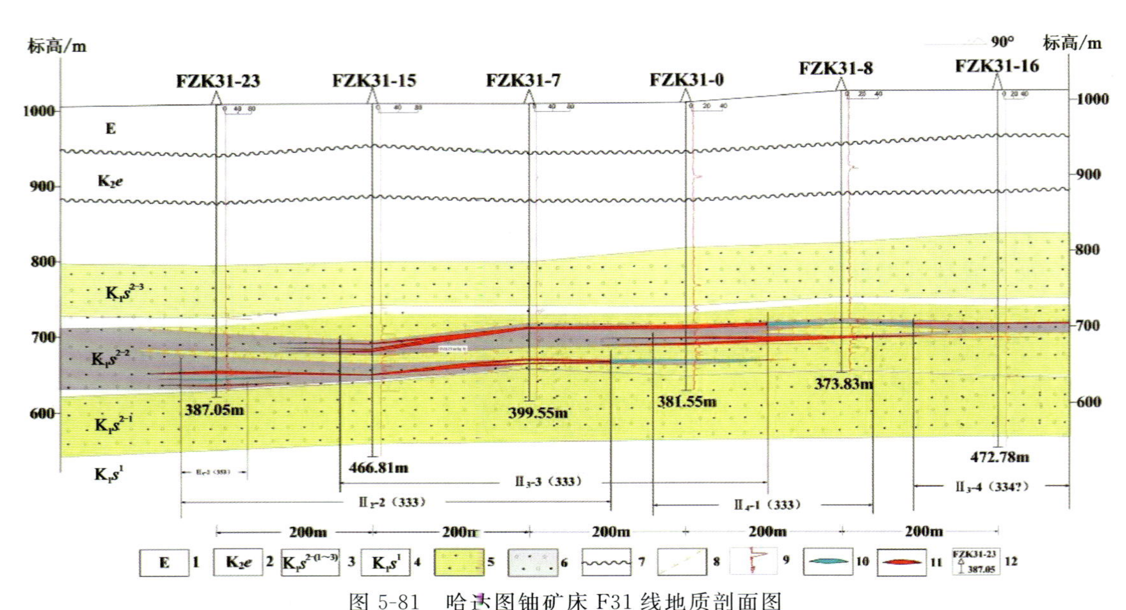

图 5-81　哈达图铀矿床 F31 线地质剖面图

1. 古近系；2. 二连组；3. 赛汉组上段第一、二、三亚段；4. 赛汉组下段；5. 氧化砂岩；6. 还原砂岩；7. 地层角度不整合界线；8. 氧化前锋线；9. 伽马测井曲线；10. 工业铀矿体及编号；11. 铀矿化体；12. 钻孔位置、编号及孔深(m)

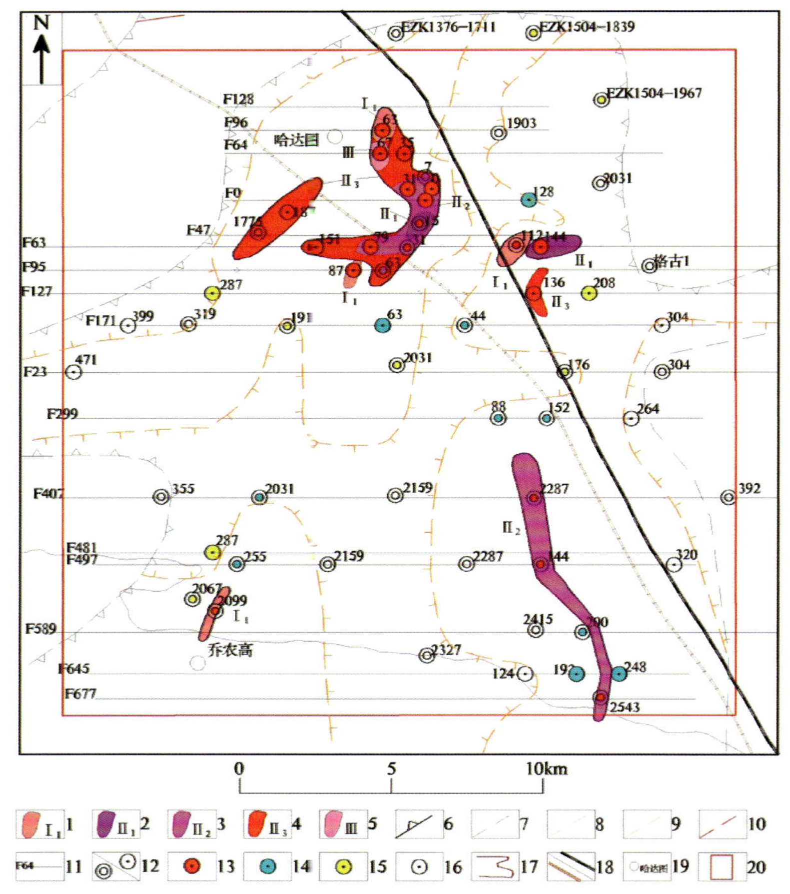

图 5-82　哈达图铀矿床矿体平面分布示意图

1. Ⅰ₁ 号铀矿体；2. Ⅱ₁ 号铀矿体；3. Ⅱ₂ 号铀矿体；4. Ⅱ₃ 号铀矿体；5. Ⅲ 号铀矿体；6. 剥蚀区边界；7. 河道边界；8. 第一亚段灰色砂体尖灭线；9. 第二亚段灰色砂体尖灭线；10. 断层 11. 勘探线及编号；12. 前人施工钻孔/本项目施工钻孔；13. 工业铀矿孔；14. 铀矿化孔；15. 铀异常孔；16. 无铀矿孔；17. 沙漠边界；18. 铁路/公路；19. 地名；20. 普查区范围

铀矿体主要呈板状近水平产出，受赛汉组上段灰色还原残留体控制(图 5-83)。铀矿体分 1～3 层，紧贴氧化-还原界面或悬空分布在灰色残留体中间，空间连续性较好，略向南倾斜，倾角小于 3°。矿体在垂向上的分布特征明显区别于其他古河谷型铀矿床，这与哈达图成矿地质条件密切相关：①主含矿层间泥岩隔水层或较大的泥岩透镜体隔水层可以减弱层间氧化流体的径流能量，甚至改变流体的方向，从而使流体中 U^{6+} 与还原介质充分反应，不断生成 U^{4+}，形成铀矿体；②灰色残留体孔隙度普遍偏小、黏土含量较高、还原介质多、非均质性强，在一定程度上阻碍或减缓层间氧化流体渗入，在充分发生氧化还原反应过程中不断生成 U^{4+}，形成铀矿体；③主含矿层物源主要来自海西期—燕山期的中酸性侵入岩(富铀岩体)，地层铀含量本底值大，受强氧化作用，铀不断地进行迁移富集或再迁移再富集；④还原障的强度以及还原障与多期次地下氧化流体反应程度直接决定了灰色残留的规模和矿体空间展布。

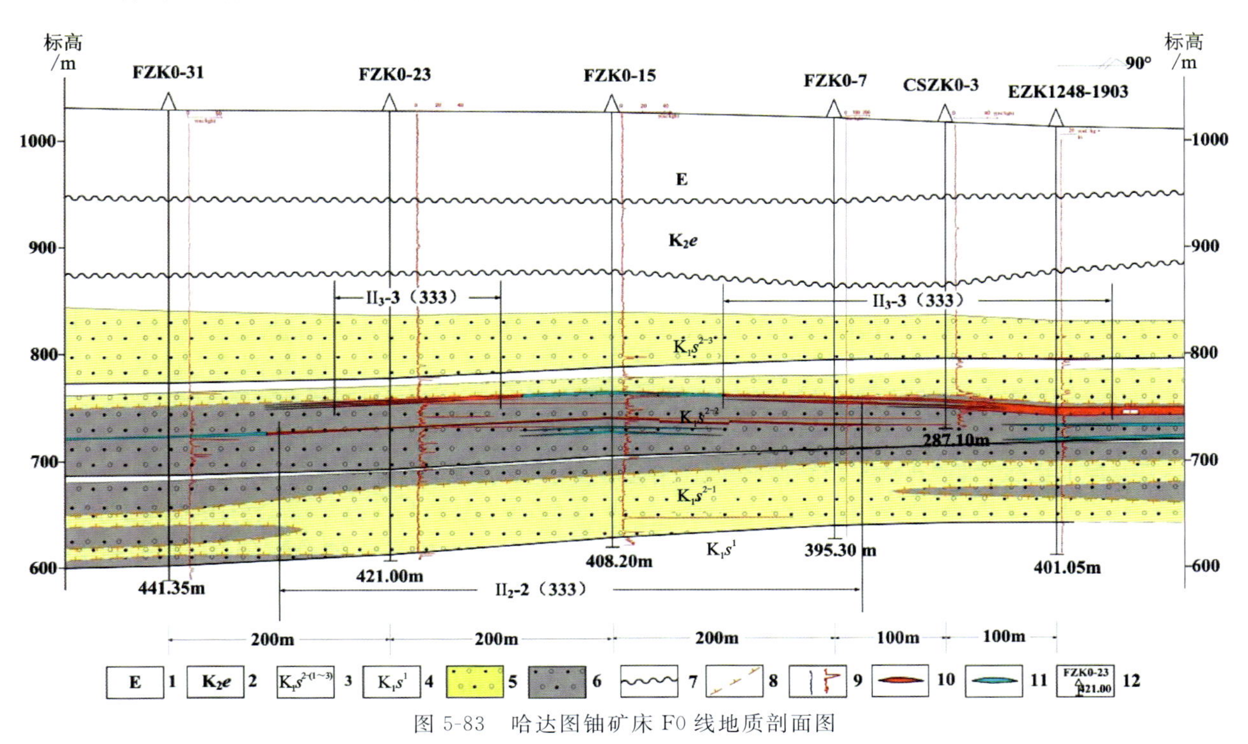

图 5-83 哈达图铀矿床 F0 线地质剖面图

1.古近系；2.二连组；3.赛汉组上段第一、二、三亚段；4.赛汉组下段；5.氧化砂岩；6.还原砂岩；7.地层角度不整合界线；8.氧化前锋线；9.伽马测井曲线；10.工业铀矿体；11.铀矿化体；12.钻孔位置、编号及孔深(m)

主矿层顶界埋深为 189.00～376.50m(图 5-84)，平均 270.98m，均方差 49.14，变异系数18.13%；底界埋深为 201.30～393.70m，平均 277.06m，均方差 49.95，变异系数 18.03%。矿体顶界标高为 637.17～808.63m，平均 742.22m，均方差 48.23，变异系数 6.50%；底界标高为 631.67～803.33m，平均 737.95m，均方差 48.92，变异系数 6.63%。总体反映了矿体变异程度低，分布在一定水平标高范围之内，沿古河谷边缘一带展布，具有北浅南深的特点，推测主要与后期矿床北部构造反转有关。

四、铀矿化特征

矿体厚度 0.80～8.06m，平均值 3.05m，均方差 1.80，变异系数 58.87%，矿体厚度变化范围离散程度小，变化程度高，在东部由于控制程度相对较高，矿体较为连续，靠近东部河谷中央一带有变厚的趋势(图 5-85)，厚度等值线梯度较陡，属于突变型，而西部矿体基本为单孔控制，变化规律性不够明显，总体上相对于其他古河谷铀矿床，哈达图铀矿床矿体厚度相对较薄。

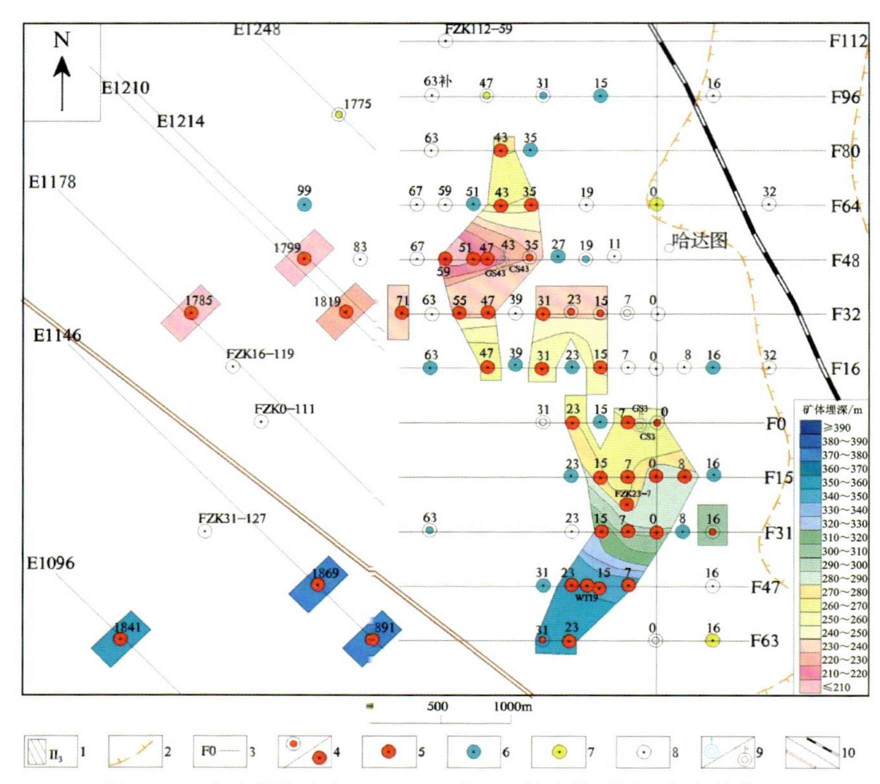

图 5-84　哈达图铀矿床 F112-F63 线 II3 号矿体顶界埋深等值线图

1. II_3 号铀矿体及编号；2. 灰色砂体尖灭线；3. 勘探线及编号；4. 前人施工钻孔/本项目施工钻孔；5. 工业铀矿孔；6. 铀矿化孔；7. 铀异常孔；8. 无铀矿孔；9. 水文地质孔(抽水孔)/水文地质孔(观测孔)；10. 公路/铁路

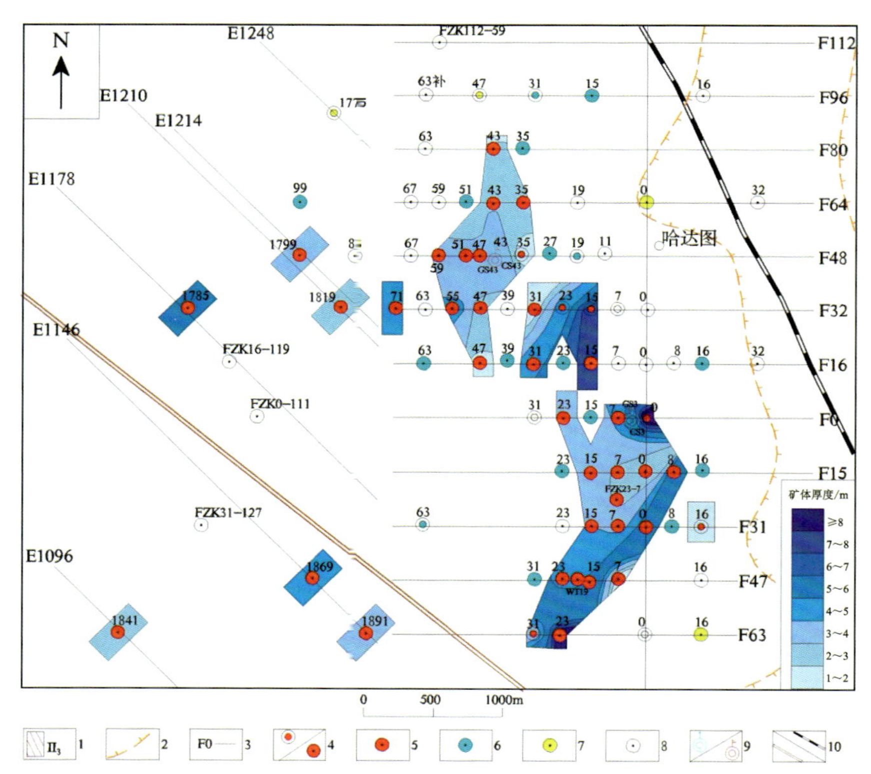

图 5-85　哈达图铀矿床 F112—F63 线 II_3 号矿体厚度等值线图

1. II_3 号铀矿体及编号；2. 灰色砂体尖灭线；3. 勘探线及编号；4. 前人施工钻孔/本项目施工钻孔；5. 工业铀矿孔；6. 铀矿化孔；7. 铀异常孔；8. 无铀矿孔；9. 水文地质孔(抽水孔)/水文地质孔(观测孔)；10. 公路/铁路

矿体品位 0.014 9%～0.537 3%，平均品位 0.066%，均方差 0.09，变异系数 132.16%，品位变化区间范围大，离散程度小，且变化程度大；在东部矿体控制程度高、连续性较好的部位，反映出矿体品位中央低、东西两侧相对高的特征（图 5-86），矿体品位的变化可能与灰色残留体卸载铀的能力或者地下迎水面有关，是多期次叠加富集的结果。

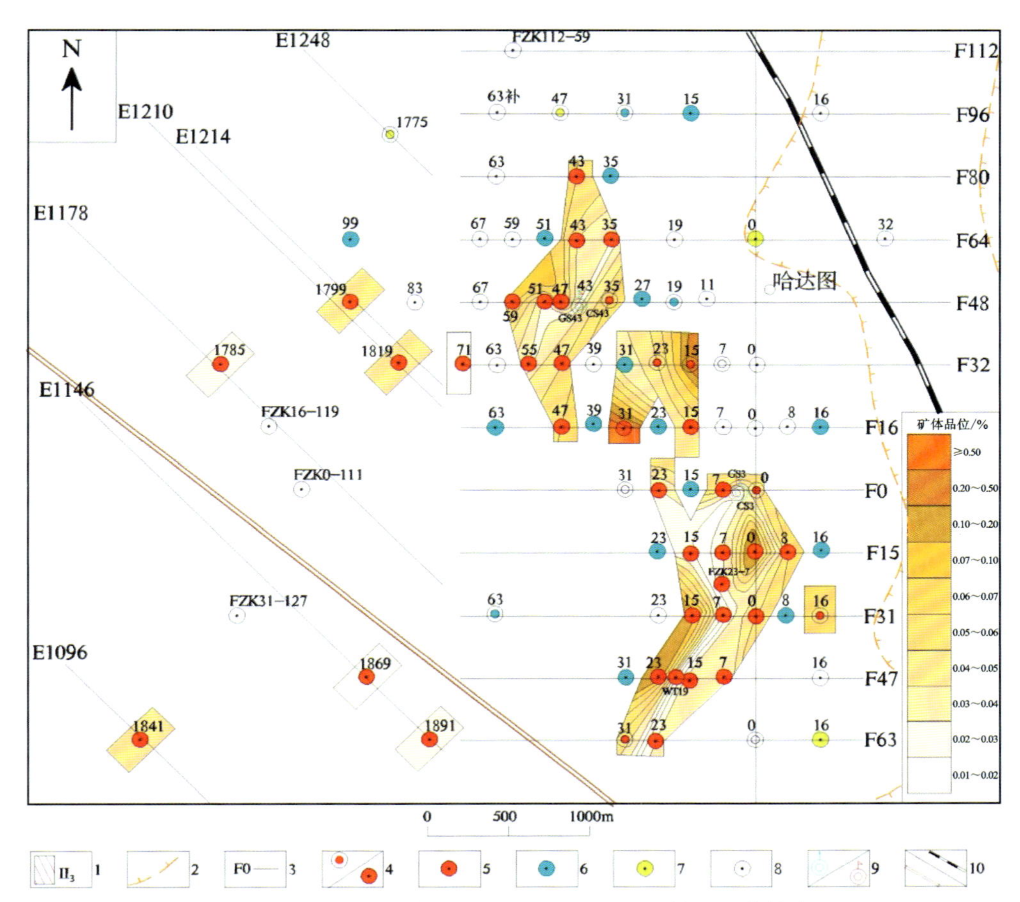

图 5-86　哈达图铀矿床 F112—F63 线 II_3 号矿体品位等值线图

1. II_3 号铀矿体及编号；2. 灰色砂体尖灭线；3. 勘探线及编号；4. 前人施工钻孔/本项目施工钻孔；5. 工业铀矿孔；6. 铀矿化孔；7. 铀异常孔；8. 无铀矿孔；9. 水文地质孔（抽水孔）/水文地质孔（观测孔）；10. 公路/铁路

矿体平米铀量 1.02～63kg/m²，平均平米铀量 4.30kg/m²，均方差 6.65，变异系数 154.54%，平米铀量变化区间较大，离散程度相对较高，属于强变异。平米铀量的变化主要受矿体厚度和品位双重指标控制，其中北部主要与矿体厚度关系密切，而南部主要与矿体品位密切，但平米铀量等值线图反映出它们之间的耦合度并不高（图 5-87），只是在变化趋势上有一定关联，这说明在哈达图成矿过程中矿体的富集程度并不稳定，成矿条件较为复杂。

矿石碎屑岩类型主要是长石砂岩，以中细粒为主，占比 54.42%。矿石填隙物中黏土量大于围岩近 5 倍，分选性普遍较差，孔隙度相对较小（图 5-88）。层间氧化流体进入地层当中，孔隙度偏大、分选性较好、黏土含量低的岩石极易先被氧化，这是哈达图形成上下黄色氧化、中间为灰色残留体的另一个重要原因。同时，在氧化过程中，孔隙度偏小、黏土含量较高、分选性差的岩石，在一定程度上可以减缓流体渗入，从而使流体中 U^{6+} 与还原介质充分反应，不断富集，形成富矿体。

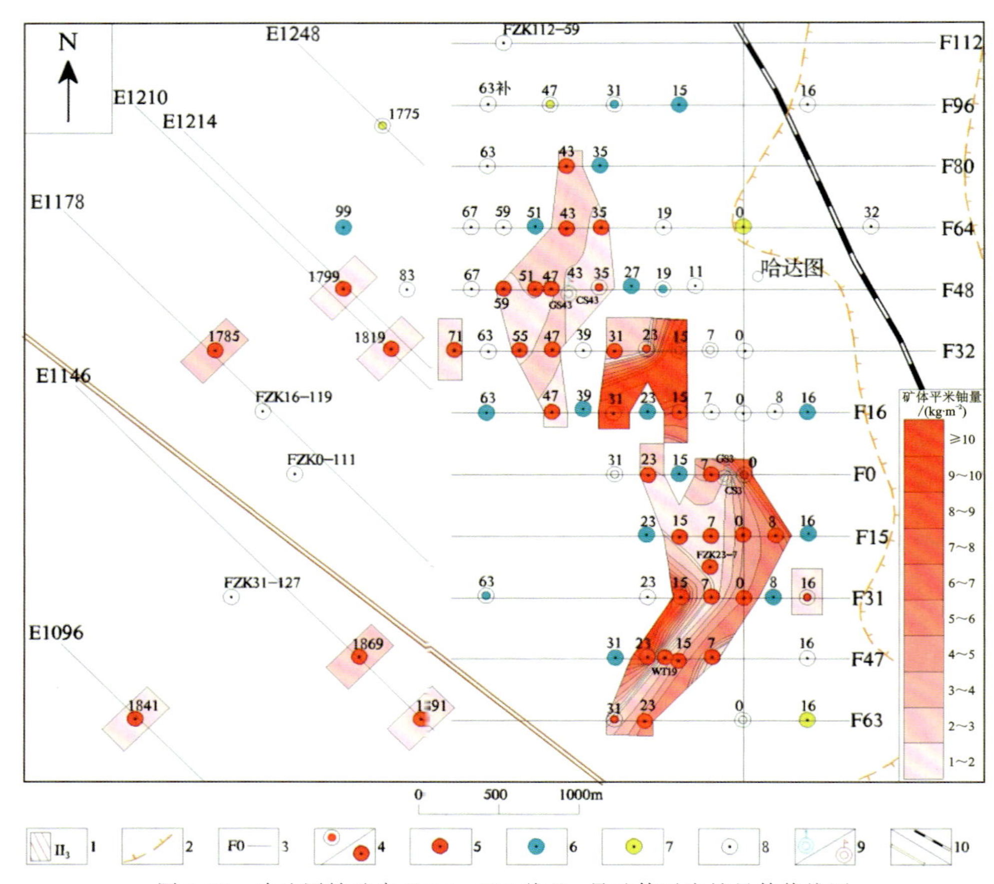

图 5-87　哈达图铀矿床 F_12—F63 线 Ⅱ₃ 号矿体平米铀量等值线图

1. Ⅱ₃ 号铀矿体及编号；2. 灰色砂体尖灭线；3. 勘探线及编号；4. 前人施工钻孔/本项目施工钻孔；5. 工业铀矿孔；6. 铀矿化孔；7. 铀异常孔；8. 无铀矿孔；9. 水文地质孔(抽水孔)/水文地质孔(观测孔)；10. 公路/铁路

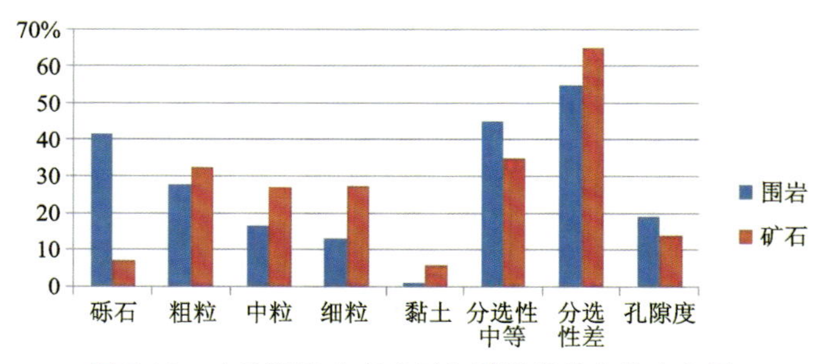

图 5-88　哈达图铀矿床矿石与围岩岩性参数直方图

矿床不同岩性、不同岩石地球化学类型微量元素含量存在较大差异(图 5-89)。氧化带与还原带的砂岩与泥岩相比，除 Ba、Rb 外，其他微量元素在泥岩中明显高于砂岩，泥岩中微量元素含量基本稳定，砂岩中微量元素含量变化较大。过渡带含矿砂岩相对围岩明显富集 Y、Mo、Cd、Sb、W、Re、Tl、Pb、U 等元素，其他微量元素含量均降低，可能是经历了较强的成岩作用和后生溶蚀作用，导致多数微量元素溶蚀亏损，而同时过渡带富含还原硫等，富集了亲硫元素。其中铀的富集也为后期成矿奠定了基础，这也哈达图赛汉组上段砂岩中铀矿化最好的原因之一。

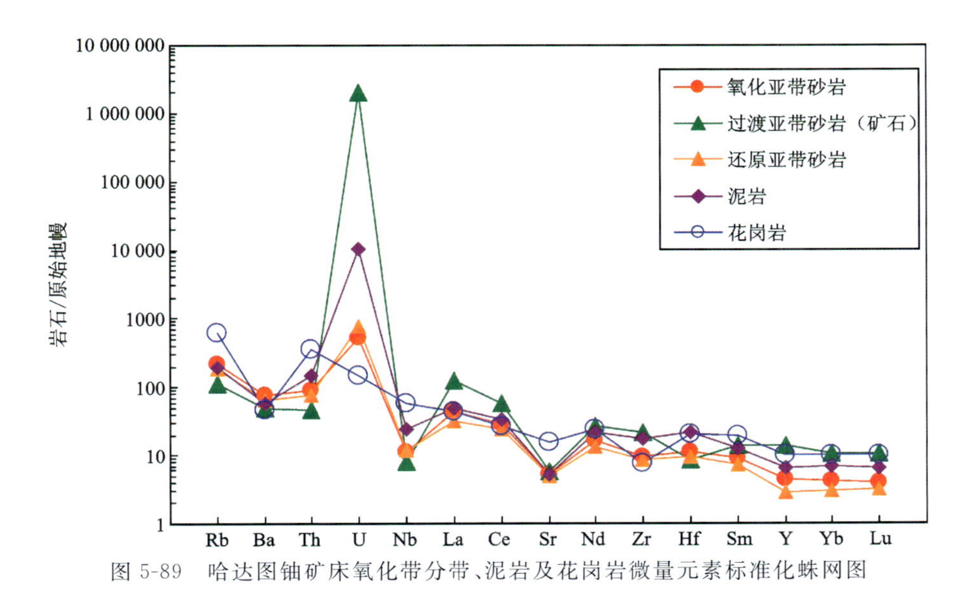

图 5-89 哈达图铀矿床氧化带分带、泥岩及花岗岩微量元素标准化蛛网图

矿体稀土元素总量高于北美页岩，砂岩与北美页岩相比，稀土元素发生明显变化，REE 配分模式表现为"右倾斜"（图 5-90），多数 LREE 低于北美页岩，HREE 普遍低于北美页岩；但轻、重稀土比值高于北美页岩，说明砂岩形成中稀土元素发生了较大分异；轻稀土富集，说明稀土元素在外生作用中，在流体（地下水）的参与下发生了显著的变化，砂岩比泥岩的稀土元素变化大。

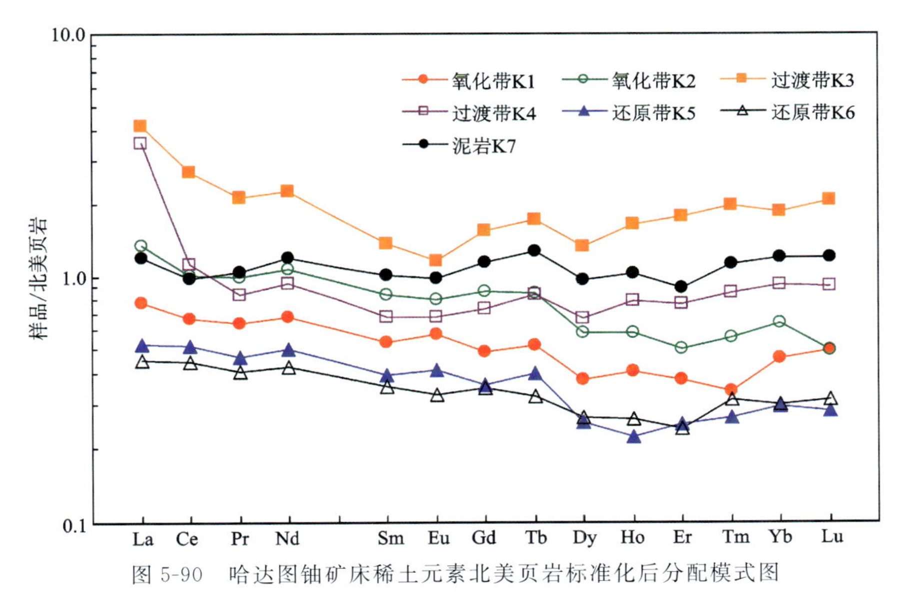

图 5-90 哈达图铀矿床稀土元素北美页岩标准化后分配模式图

δEu 和 δCe 在层间氧化带中的规律性变化较好地指示了氧化-还原环境的变化（刘英俊等，1987；Rolilsno，1992），意味着成矿层间氧化带流体作用具有稳定性和持续性，揭示了层间氧化带中地球化学环境与铀矿化的内在联系。哈达图铀矿床 δEu 和 δCe 特征表现为：①δEu 普遍呈负异常，且在过渡带矿石中亏损。这是由于在还原条件下，Eu 呈碱性，形成易溶的 Eu^{2+}，进而迁移、亏损，这与成矿过程中的还原性流体有密切关系。②δCe 在过渡带矿石中呈弱负异常，轻微亏损，表现出壳型花岗岩的稀有元素特征，说明哈达图铀矿床赛汉组上段物源区来自周边花岗岩体。

利用沥青铀矿 U-Pb 年龄、电子探针、扫描电铲、同位素分析，认为哈达图铀矿床存在两期铀成矿作用。第一期晚白垩世—始新世为主成矿期，自南而北沿赛汉晚期河道中心发育层间氧化带，形成与巴彦乌拉同期的铀矿体（聂逢君等，2015），扫描电位显示形成层状普遍含 P、Ca 等杂质的沥青铀矿，成矿年龄为 66～30Ma；第二期渐新世—中新世，地下水补径排系统没有改变，承压水头仍然南高北低，氧化作用贯通赛汉组上段古河谷中央，含铀含氧水持续补给，使早期形成的卷状矿体遭到破坏，在翼部叠加富集，呈鲕粒状附着在早期板状或层状的表面，形成纯净的沥青铀矿，成矿年龄为 16～8Ma。

通过在扫描电镜、电子探针中观察、分析铀矿物的形态、大小、含量以及与黄铁矿、黏土矿物等的关系，发现哈达图铀矿床矿石矿物类型以沥青油矿和磷钙铀矿为主，存在少量铀石。铀矿物的存在形式主要表现为吸附态和充填于裂隙、孔隙两种。

从扫描电镜图像中可以清晰看出，铀矿物形成于两期，包括早期板状磷钙铀矿和晚期鲕粒状沥青油矿（照片 5-28a、b）。其中，沥青铀矿多分布于黄铁矿周边（照片 5-28c），部分附着在黏土矿物表面（照片 5-28d）或者充填于碎屑颗粒裂隙、孔隙内；磷钙铀矿主要呈吸附态附着在黏土矿物表面（照片 5-28d），包围黄铁矿或与沥青油矿、铀石共生，偶见细小鳞片状，部分因后期改造出现裂缝（照片 5-28a）；铀石呈颗粒状产于黏土矿物之中或产于碎屑颗粒裂隙、孔隙内。

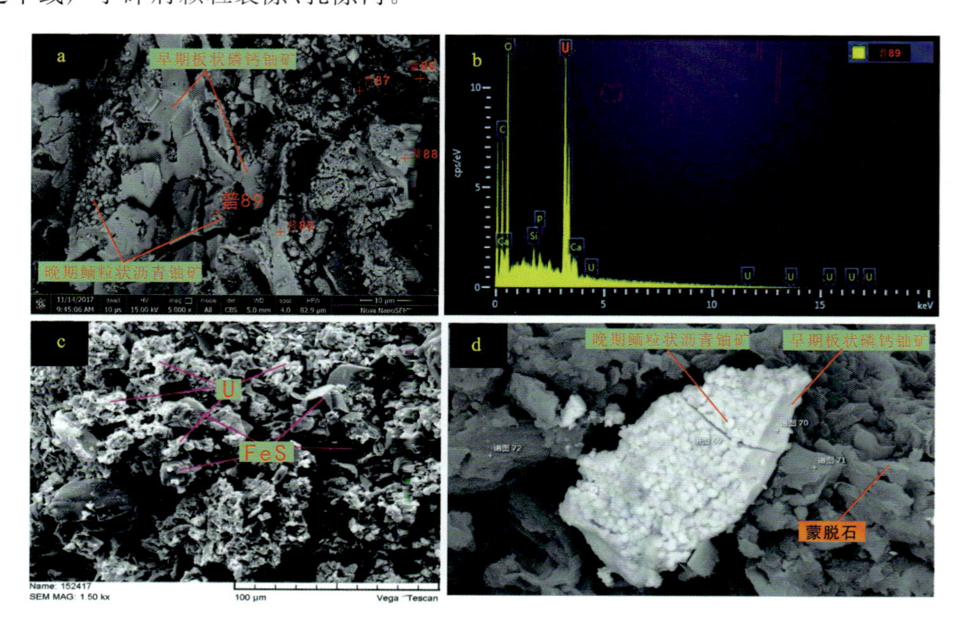

照片 5-28　矿石扫描电镜及质谱分析图

a. FZK16-0 两期铀矿化；b. FZK16-0 质谱分析（谱 89）；c. 黄铁矿表面的沥青铀矿；d. 黏土矿物吸附两期铀矿物

通过电子探针分析可见沥青铀矿分布在碎屑颗粒之间的胶结物中（照片 5-29a、b）。样品 15EL005 和 15EL020 分析了 8 个铀矿物点，其中 UO_2 的含量高达 81.855%，CaO 的含量在 3.76%～4.39%之间，SiO_2 的含量在 1.051%～1.572%之间，其他氧化物的成分含量总体小，不影响矿物的化学成分。矿石为黑色含球体、柱状黄铁矿晶体的中砂矿，铀矿物吸附于黄铁矿晶体的表面，以及长石、云母、石英颗粒间的空隙内，且以沥青铀矿为主。

通过上述对二连盆地典型古河谷型砂岩铀矿床特征的分析，展示了二连盆地“同河谷、多矿床”的特征。不同矿床的特征具有相同之处，同时具有明显的差异性（表 5-1）。

（1）相同之处主要表现为以下几点：①矿床位于古河谷砂带中；②赋矿层位为赛汉组上段；③矿体的空间展布方向与古河谷砂带的展布方向基本一致；④矿体以板状为主；⑤成矿具有多期次性，主要在古近纪成矿；⑥铀的存在形式主要为吸附态和铀矿物；⑦受构造反转、岩性-岩相、潜水转层间氧化带、还原介质因素控制。

（2）差异性主要表现为以下几点：①矿体规模大小不同。矿体规模大小：哈达图矿床＞巴彦乌拉矿床＞芒来矿床＞巴润矿床＞赛汉高毕矿床。②矿体的空间连续性不同。巴彦乌拉矿床矿体连续性较好，哈达图、巴润、芒来矿床矿体连续性较好，赛汉高毕矿床矿体连续性差。③主矿体底板标高不同。矿

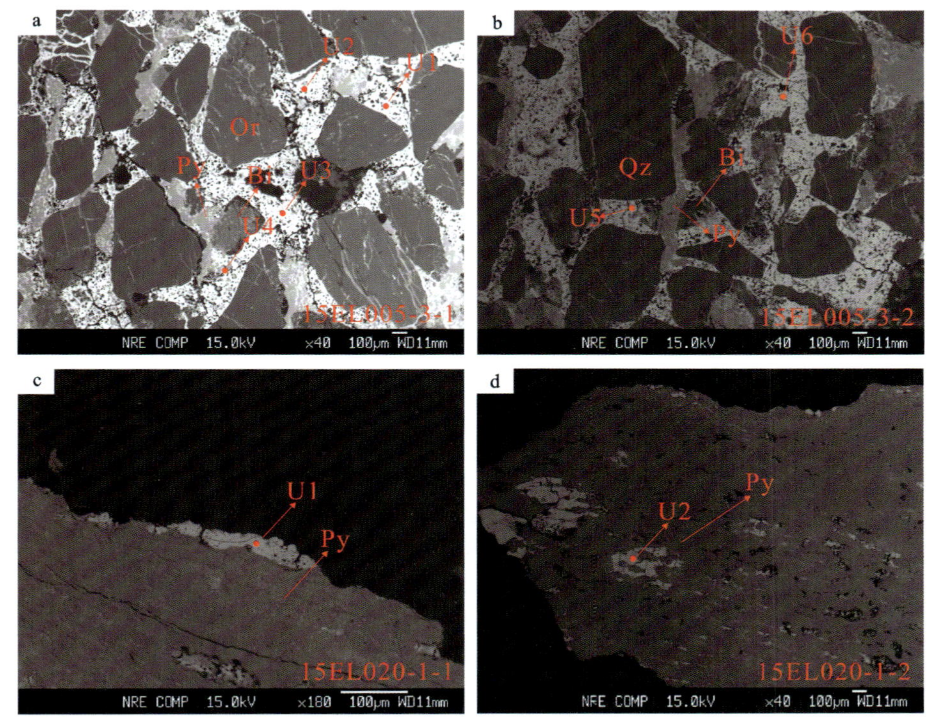

照片 5-29　铀矿物与其他矿物共生关系的电子探针背散射电子像

体底板标高：巴润矿床＞赛汉高毕矿床＞巴彦乌拉矿床＞芒来矿床＞哈达图矿床。④垂向上与氧化带的空间位置关系不同。巴彦乌拉、赛汉高毕矿床矿体位于氧化带的上翼或下翼；巴润、芒来矿床矿体位于氧化带的下翼紧贴底板赛汉组下段泥岩或褐煤层；哈达图矿床矿体位于氧化带中的灰色残留体内。⑤矿体的厚度不同。矿体厚度：巴彦乌拉矿床＞巴润矿床＞芒来矿床＞赛汉高毕矿床＞哈达图矿床。⑥矿体的品位不同。矿体品位：哈达图矿床＞赛汉高毕矿床＞芒来矿床＞巴彦乌拉矿床＞巴润矿床。⑦矿体的平米铀量不同。平米铀量：哈达图矿床＞芒来矿床＞巴彦乌拉矿床＞赛汉高毕矿床＞巴润矿床。⑧主要赋矿岩性不同。巴彦乌拉、巴润、芒来矿床赋矿岩性主要为砂质砾岩，赛汉高毕矿床赋矿岩性主要为含泥砂质砾岩，哈达图赋矿岩相主要为中砂岩、细砂岩和粗砂岩。

表 5-1　二连盆地典型古河谷型铀矿床特征统计简表

序号	矿床名称	矿体空间分布		铀矿化特征				成矿年龄/Ma	铀的存在形式
		平面	垂向	厚度/m	品位/%	平米铀量/(kg·m^{-2})	主要赋矿岩性		
1	巴彦乌拉	长：4800m 宽：75～800m 展布方向：北东向 连续性：好	标高：837m 形态：板状为主 与氧化带位置关系：上翼或下翼	6.80	0.020 1	2.27	砂质砾岩	44±5	吸附态、铀矿物、含铀矿物
2	巴润	长：1400m 宽：75～1500m 展布方向：北东向 连续性：较好	标高：852m 形态：板状 与氧化带位置关系：下翼	6.46	0.014 8	1.99	砂质砾岩	66.1～37.1	吸附态、铀矿物、含铀矿物

续表 5-1

序号	矿床名称	矿体空间分布		铀矿化特征				成矿年龄/Ma	铀的存在形式
		平面	垂向	厚度/m	品位/%	平米铀量/(kg·m^{-2})	主要赋矿岩性		
3	芒来	长:2950m 宽:200～600m 展布方向:近东西向、北东向 连续性:较好	标高:802m 形态:板状 与氧化带位置关系:下翼	5.61	0.023 9	2.79	砂质砾岩	(58.5±8.7)～(48.3±5.1)	吸附态、铀矿物、含铀矿物
4	赛汉高毕	长:200～800m 宽:50～300m 展布方向:北东向或北东东向 连续性:差	标高:839m 形态:板状 与氧化带位置关系:下翼或上翼	3.95	0.035 7	2.21	含泥砂质砾岩	63±11	吸附态、铀矿物
5	哈达图	长:4000m 宽:500～1000m 展布方向:南北向 连续性:较好	标高:738m 形态:板状 与氧化带位置关系:氧化砂体之间灰色残留体内	3.05	0.066 0	4.30	细—中—粗砂岩	66～30(主)和16～8(次)	吸附态、铀矿物

第六章　古河谷型铀成矿系统

成矿系统一词最早出现在1973年版的俄文地质辞典中，它被解释为由成矿物质来源、运移通道和矿化堆积场组成的一个自然系统。我国学者於崇文等(1994,1998)、李人澍等(1996)等也先后有过关于成矿系统的论述。翟裕生等(1998,1999)提出成矿系统是指在一定的时空域中，控制矿床形成和保存的全部地质要素和成矿作用动力过程，以及所形成的矿床系列、异常系列构成的整体，是具有成矿功能的一个自然系统。成矿系统的概念中包括控矿要素、成矿作用过程、形成的矿床系列和异常系列，以及成矿后变化保存等基本内容。对于古河谷型砂铀矿床即是:源—运—储—聚—保，以下将从这几个方面对二连盆地古河谷型砂岩铀矿床铀成矿系统进行总结。

第一节　成矿物质来源——“源”

铀源条件对于古河道型和二连盆地古河谷型铀成矿至关重要。与国外已知的古河道型铀矿床[如俄罗斯的马林诺夫古河道西岸基底为泥盆纪侵入花岗岩类和闪长岩岩体，东岸有泥盆纪火山碎屑岩及泥盆纪后的花岗岩类和正长岩侵入岩;外贝加尔维季姆矿床的古河道含矿层的主要物质来自巴伊瑟隆起中的花岗岩风化壳，岩石的胶结物为花岗质，而碎屑物主要为富含铀($5\times10^{-6}\sim8\times10^{-6}$)及其他伴生元素的花岗岩(绍尔等,2002)]相比，巴-赛-齐古河谷同样具有丰富的铀源。其主要由两方面构成:一方面是由蚀源区各时期形成的花岗岩体提供;另一方面是由富铀的目的层本身提供。因巴-赛-齐古河谷型砂岩铀矿床以近距离侧向物源为主，铀没有经过很长距离的搬运聚集，所以，具有丰富的铀源对古河谷砂岩型铀矿的富集极其重要。

巴-赛-齐古河谷基底和蚀源区地层由元古宇、下古生界、上古生界组成(表6-1)。

元古宇由一套受到中等变质作用的海相碎屑岩及海相基性—中基性—超基性火山岩组成，主要为石英岩、石英片岩、大理岩、磁铁石英岩、千枚岩、变粒岩、碳板岩和变质凝灰岩、凝灰质板岩等。铀含量一般为$(2.6\sim5.8)\times10^{-6}$，其中含铁石英岩、千枚岩、碳板岩的铀含量个别高达$(4.62\sim29.4)\times10^{-6}$。

下古生界为一套受到中等—浅变质作用的海相碎屑岩、碳酸盐岩夹中基性火山岩建造，岩性为变质砂岩、千枚岩、片岩、石英岩、拉斑玄武岩等。铀含量$(3.1\sim4.0)\times10^{-6}$。

上古生界为一套受到浅变质作用的浅海相、海陆交互相的碎屑岩、碳酸盐岩及海相火山岩、局部为陆相火山岩组成，主要为变质石英砂岩、硬砂岩、灰岩、板岩和中性火山岩等。铀含量一般为$(2.5\sim5.4)\times10^{-6}$，但其中的火山岩含铀量则高达$7.5\times10^{-6}$。

二连盆地自晚古生代以来历经海西、印支、燕山多期构造运动，伴随有多次岩浆侵入和火山喷发活动，规模较大的主要有两期，即海西期和燕山早期，广泛分布有石炭纪—二叠纪和晚侏罗世中酸性火山岩及海西期—燕山早期花岗岩。巴-赛-齐古河谷分布区的南北部蚀源区广泛发育燕山早期—海西中期中酸性侵入岩，构成富铀基底。根据前人资料综合，巴音宝力格隆起中段西里庙-艾勒格庙复式花岗岩带、巴音宝力格隆起东段红格尔-青克勒宝力格-吉尔嘎郎图复式花岗岩和中酸性火山岩复合带、温都尔庙隆起中东段四子王旗-镶黄旗-多伦复式花岗岩和中酸性火山岩复合带等均具有较好的富铀性及表生活化迁移条件(表 6-2,图 6-1)。

表 6-1　巴-赛-齐古河谷分布区主要基底地层及放射性特征简表

界	系	统	群(组)	代号	厚度/m	岩性简述	K/10^{-6}	U/10^{-6}	Th/10^{-6}	Th/U	主要出露范围
上古生界	二叠系	上统	林西组	P_2l	＞1400	砂岩、板岩夹灰岩	3.37	2.5	8.8	3.2	西乌旗
		下统	哲斯组	P_1z	＞1500	砂岩、板岩夹灰岩	3.47	5.4	17.2	3.2	盆地中部
			额里图组	P_1e	＞1388	安山质火山岩					正镶白旗、正兰旗
			三面井组	P_1s	＞400	砂岩、粉砂岩、板岩夹灰岩	2.79	4.6	12.3	2.7	镶黄旗—正兰旗
	石炭系	上统	阿木山组	C_3a	＞4000	灰岩、砂岩夹板岩	2.5	3.6	8.9	2.5	盆地中南部
		中统	本巴图组	C_2b	＞720	砂岩、粉砂岩夹灰岩、安山岩	2.43	3.8	9.6	2.5	
		下统	哈拉图庙群	C_1Hl	＞6000	凝灰质、砂质板岩					
	泥盆系	上统	色日巴彦敖包组	D_3s	＞800	砾岩、砂岩夹凝灰岩、灰岩					苏左旗—阿巴嘎旗
		下统	敖包亭浑迪组	D_1ob	＞1450	粉砂岩、砾岩、安山岩					巴音宝力格东北部
下古生界	志留系	上统	西别河组	S_3x	357	砂岩、灰岩、板岩及生物礁	3.05	4	11.8	3	达茂旗
		中统	白乃庙组	S_2b	＞1926	变质砂岩、千枚岩、石英岩等	2.75	3.1	11.7	3.8	四子王旗
	奥陶系	中、下统	包尔汉图群	$O_{1-2}B$	1131	凝灰岩、安山岩、火山碎屑岩夹泥岩等		3.8	11.9	2.9	达茂旗中部
	寒武系		温都尔庙群	ϵ_1W	＞1000	片岩、石英岩、拉斑玄武岩等	3.03	3.9	10.3	2.6	锡林郭勒盟
元古宇	新元古界		艾勒格庙组	Pt_3a	＞2000	大理岩、石英片岩、板岩等	2.92	5.8	17	2.9	艾勒格庙地区
	中元古界		渣尔泰山群	Pt_2Zl	3600	石英岩、千枚岩、片岩、板岩、大理岩等		3.8	9.8	2.6	狼山南西段
			白云鄂博群	Pt_2By	7200	石英岩、变粒岩、大理岩、千枚岩、板岩		2.6	11.8	4.5	达茂旗—化德县
	古元古界		宝音图群	Pt_1By	＞7000	石英岩、板岩、大理岩		3.4	11	3.2	锡林浩特

注：据地面放射性测量资料及内蒙古地质志等综合，2005。

表 6-2　巴-赛-齐古河谷周缘主要侵入岩体特征表

期次	岩体名称	代号	岩性简述	面积/km²	U/10⁻⁶	Th/10⁻⁶	K/%	Th/U
海西中期	红塔尔	$\gamma\delta_4^2$	花岗闪长岩	450	4.13	18.02	4.93	4.36
	准苏吉敖包	$\eta\gamma_4^2$	二长花岗岩	600	4.6	21.51	3.74	4.68
	本巴图	$\gamma\delta_4^2$	花岗闪长岩	48	5.5	7.3	3.4	1.33
	包尔汉喇嘛庙	γ_4^2	黑云母花岗岩	600	5.4	21.8	3.8	4.04
海西晚期	卫境	γ_4^3	黑云母花岗岩、二长花岗岩	>900	4.7	23.4	4.29	4.98
	乌尔塔高勒庙	$\eta\gamma_4^3$	二长花岗岩	450	3.6	15.5	3.72	4.31
	吉尔嘎朗图	$\eta\gamma_4^3$	钾长花岗岩	>900	6.38	15.92	8.47	2.50
	毛都沙拉图	γ_4^3	花岗岩	>560	3.6	16.9	4.56	4.69
	大脑包	γ_4^3	花岗岩	400	3.6	19.3	4.69	5.36
	七台营子	γ_4^3	花岗岩	800	/	/	/	
印支期	候布	γ_5^1	黑云母花岗岩、二长花岗岩	>500	1.4	11	/	7.86
	苏左	γ_5^1	黑云母花岗岩、钾长花岗岩	380	8.3	22	3.51	2.65
	凤凰山	γ_5^1	黑云母花岗岩、钾长花岗岩	>700	3.7	26.1	4.97	7.05
燕山早期	西里庙	γ_5^2	花岗岩	78	4.5	23.6	4.08	5.24
	忙出格头	γ_5^2	黑云母钾长花岗岩	570	3.8	17.6	3.3	4.63
	那仁乌拉	γ_5^2	钾长花岗岩、花岗岩	490	3.4	17	3.3	5.00
	白旗	$\lambda\gamma_5^2$	钾长花岗斑岩、钾长石英斑岩	490	7.3	46.8	4.73	6.41
	哈叭嘎	$\lambda\gamma_5^2$	钾长花岗斑岩、钾长石英斑岩	490	7.3	36.9	5.25	5.05
	阿鲁包格山	γ_5^2	花岗岩	48	4	11.5	4.05	2.88
	小乌兰沟牧场	γ_5^2	黑云母花岗岩	>258	4.4	42.4	5.67	9.64

注：据地面放射性测量资料综合。

巴音宝力格隆起中段西里庙-艾勒格庙复式花岗岩带侵位于新元古界艾勒格庙群，主体为晚海西期黑云母花岗岩，石炭纪—二叠纪有中酸性火山岩喷溢，燕山期有花岗岩侵位和中酸性火山岩喷发，形成复式花岗岩大岩基。根据岩体中稀土元素分布特征与艾勒格庙群变质岩进行对比，说明其物质来源于艾勒格庙群，经过花岗岩化和部分熔融岩浆分异作用而形成，岩石的原始铀丰度值从艾勒格庙群变质岩的 4.6×10^{-6} 增高到 20×10^{-6}，从而形成特高富铀岩体。沿岩体分布的海西期—燕山期中酸性火山岩仍是艾勒格庙群变质岩经过深熔作用、岩浆分异与火山喷发而形成富铀层，石炭纪—二叠纪中酸性火山岩原始铀丰度为 8.96×10^{-6}；上侏罗统酸性火山岩原始铀丰度为 10.87×10^{-6}，平均铀活化丢失 53%（陈功等，1992）。

巴音宝力格隆起东段红格尔-青克勒宝力格-吉尔嘎郎图复式花岗岩和中酸性火山岩复合带，侵位于古生界浅变质岩中。各期次侵入岩主要有海西期石英闪长岩、黑云母花岗岩、钠长石化花岗岩和燕山晚期的花岗斑岩，构成规模巨大的复式岩体。其主体为海西晚期黑云母花岗岩；石英闪长岩形成较早而偏于中性，呈零星小岩体分布于复式岩体的边缘；钠长石化花岗岩形成较晚，碱性成分较高，零星分布于黑云母花岗岩中；石英斑岩岩体为顶陷喷发（即面式喷发），有喷出相、超浅成相、浅成相和深成相，各相之间呈过渡关系。其主要的铀源地质体为海西晚期黑云母花岗岩及石炭系和侏罗系中的中酸性火山岩，原始铀含量较高，为 $10.2\times10^{-6}\sim48.4\times10^{-6}$，铀活化丢失 80%（陈功等，1992），能为盆地提供丰富

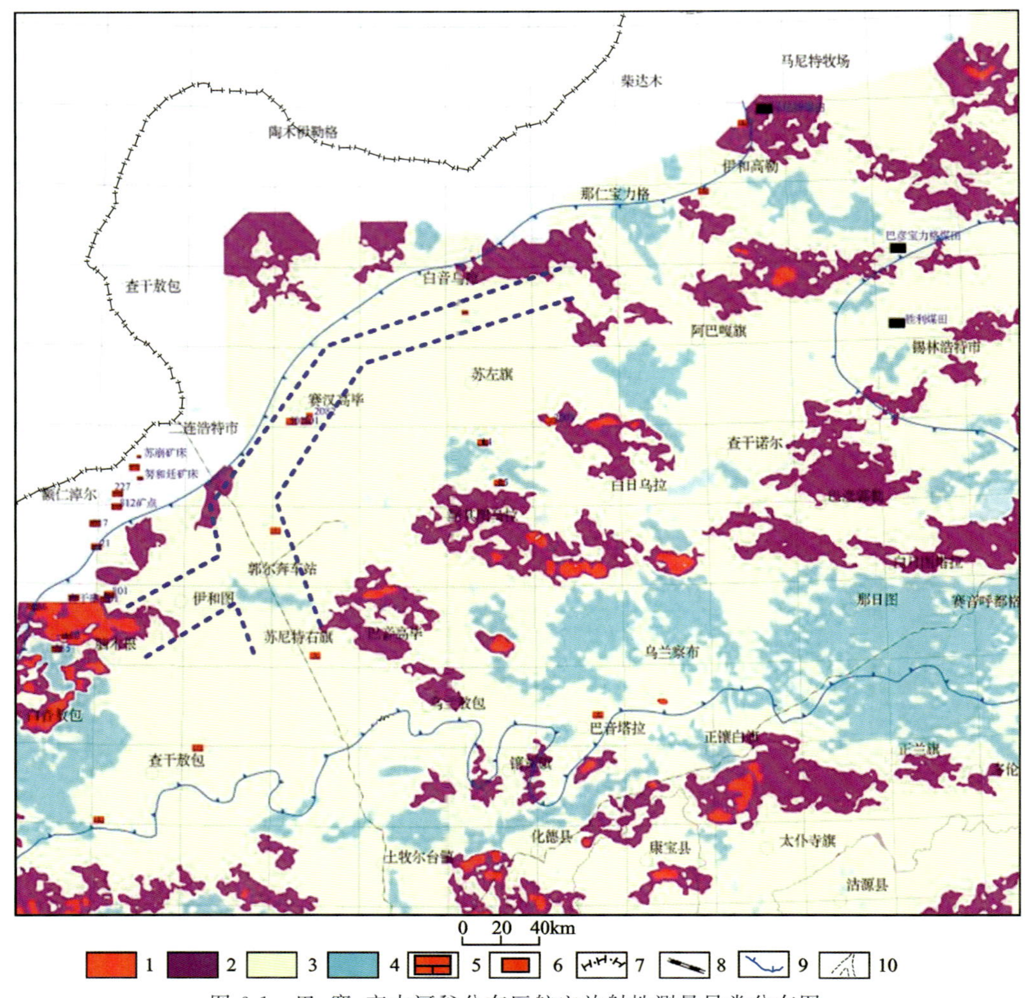

图 6-1　巴-赛-齐古河谷分布区航空放射性测量异常分布图

1.航放铀异常区；2.富铀地层区；3.铀背景值区；4.贫铀地层区；5 铀矿床；6.铀矿点；7.国界线；8.铁路；9.盆地边界；10.二连盆地古河谷位置

的铀源。

温都尔庙隆起中东段四子王旗-镶黄旗-多伦复式花岗岩和中酸性火山岩复合带，侵位于元古宇和古生界变质岩中。西部以海西晚期花岗岩为主体，岩体剥露面积大，岩石原始铀丰度平均 5.7×10^{-6}，铀活化丢失 89%；东部主体为燕山早期花岗岩及上侏罗统中酸性火山岩，二者原始铀丰度接近，平均 14.3×10^{-6}，铀活化丢失 76%（陈功等，1997）。

各矿床分布在古河谷不同部位，铀源条件也有所差异。

巴彦乌拉铀矿床赛汉组上段含矿砂体物质成分分析表明，砂体碎屑物主要来自周边的花岗岩。矿床南北两侧蚀源区大面积分布有二叠纪、侏罗纪中酸性侵入岩，规模较大的岩体有苏左旗岩体、红格尔岩体、巴彦乌拉岩体等，铀含量高，可为成矿提供丰富的铀源。苏左旗岩体（γP）出露面积较大，面积约 $500km^2$，岩性为黑云母花岗岩，地表多遭受风化而为植被覆盖，岩体的伽马照射量率为 9.55～10.06nc/kg·h，最高为 12.13nc/kg·h。巴彦乌拉岩体（γJ）包括巴彦温都尔、套海图音艾热格、准格尔其格、萨热图音乌兰敖包、乌兰额热格和干其敖包等 7 个岩株或岩基，沿北东东向呈带状展布，出露面积 $316.6km^2$。岩性为钾长花岗岩、二长花岗岩等，球状风化强烈。另外，部分二叠纪中酸性岩株出露，岩性为花岗闪长岩、二长花岗岩、石英二长岩、斜长花岗岩等。矿床赛汉组上段铀含量达 6.7×10^{-6}，碎屑物主要来源于周边的富铀花岗岩体，可为铀成矿提供丰富的铀源。巴润和芒来铀矿床具有与巴彦乌拉铀矿床类似的铀源条件。

赛汉高毕铀矿床两侧隐伏隆起带上发育大量的花岗岩，是重要铀源体。本巴图岩体($\gamma\delta_4^{2-1}$)面积约 $90km^2$，呈北东向展布，侵入上石炭统本巴图组和阿木山组中，岩性为灰白色花岗闪长岩。昆都冷岩体(γ_5^3)面积约 $36km^2$，呈北东向展布，侵入于侏罗系和海西中期花岗闪长岩($\gamma\delta_4^{2-1}$)中，被古近系覆盖，岩性为红褐色文象花岗岩。塔木钦塔拉隐伏岩体(γ_4^3)呈北东向展布，岩基状产状，长 $60km^2$ 左右，宽 $15km^2$ 左右，面积大于 $500km^2$。

哈达图铀矿床周边蚀源区广泛发育海西期—燕山期中酸性岩浆岩，铀含量较高，平均铀含量$(3.6\sim8.3)\times10^{-6}$，为矿床铀成矿作用提供了主要的铀源。北西部蚀源区发育西里庙-艾勒格庙复式花岗岩带，该岩浆岩带侵位于上元古界艾勒格庙群，主体为海西晚期黑云母花岗岩(卫境岩体)，呈岩基状，燕山期花岗岩体(西里庙岩体)呈岩株、岩墙状。通过人工重砂鉴定，在灰白色细粒花岗岩中发现沥青铀矿，含量达 1.5×10^{-6}；北部的西里庙岩体铀含量达 12.80×10^{-6}；有些地层铀含量也很高，如上元古界艾勒格庙群的绢云母石英片岩、含碳铁质石英片岩铀含量达$(8.1\sim11.0)\times10^{-6}$；下二叠统西里庙组石英砂、凝灰质硬砂岩、斑点状板岩铀含量达 13.0×10^{-6}。乌尔塔高勒庙岩体出露面积约 $550km^2$，主要由角闪正长岩、二长花岗岩、正长花岗岩组成，铀含量高。赛汉组上段还原亚带岩石中铀含量为 14.39×10^{-6}，铀含量较高，可以作为二次铀源。

第二节 铀成矿物质的活化迁出——“运”

一、铀的活化

富铀地质体中铀的活化是决定铀迁移的前提条件。蚀源区岩石中铀通常以四价独立的铀矿物、类质同象、吸附等形式存在于富铀岩石中，在大气降水(含氧)的不断风化、淋滤作用下，四价铀(U^{4+})氧化为六价铀(U^{6+})，U^{6+} 又与含氧水结合成铀酰离子 UO^{2+}，使含氧的地下水富含铀，其过程如下：

1. $U^{4+}\rightarrow U^{6+}$

$$U^{4+}\xrightarrow{\text{氧化}}U^{6+} \tag{1}$$

$$2U^{4+}+O_2+2H_2O\xrightarrow{\text{氧化}}2UO^{2+}+4H^{+} \tag{2}$$

2. $U^{6+}\rightarrow UO^{2+}$

$$U^{6+}+O_2\xrightarrow{\text{氧化}}UO^{2+} \tag{3}$$

铀酰离子 UO^{2+} 在水质类型为 HCO_3^-、HCO_3^--SO_4^{2-} 的地下水中，通常以铀酰碳酸盐$[UO_2(CO_3)_n]^{2(1-n)}$、铀酰硫酸盐$[UO_2(SO_4)_n]^{2(1-n)}$等络合物形式迁移，也可以机械悬浮物和氢氧化物溶胶 $UO_2(OH)^+$ 的形式迁移。

我国中新生代盆地砂岩型铀矿的成矿年龄都比铀储层发育时代年轻得多，成矿时代主要集中在晚白垩世和古近纪—新近纪，且成矿过程具有多期次多阶段叠加的特点，二连盆地古河谷型砂岩铀矿的成矿时代主要集中在 K_2、E_2、N_2。这种时代关系与印度-亚洲板块碰撞密不可分，印度-亚洲板块碰撞的时间主要表现为主碰撞 65～41Ma、40～26Ma、25～0Ma，这与巴彦乌拉成矿年龄(44 ± 5)Ma、赛汉高毕矿床成矿年龄(63 ± 11)Ma，在时间上表现出一致性。二连盆地晚白垩世至新近纪以来的气候条件由赛汉期的温暖潮湿转变为干旱、半干旱气候环境，且干旱、半干旱气候持续时间长，此时地表植被不发育，腐殖质层薄，周边蚀源区的花岗岩体及古河谷内赛汉组上段长期出露地表，充分遭受氧化淋滤，有利于铀从蚀源区活化迁出。

在二连盆地古河谷周边出露大量的海西期和燕山期酸性侵入岩和侏罗纪火山岩，大部分岩石的铀含量大于 4×10^{-6}（表 6-3），高于地壳铀丰度，是较富铀的地质体。这些岩石含有大量的活动铀，根据U-Pb同位素测定计算的铀的活化丢失率达 33%～93%，表明铀的活化迁出是可观的。

表 6-3　二连盆地古河谷周边中酸性侵入岩和火山岩铀含量表

岩体名称	时代	主　要　岩　性	$U/10^{-6}$	$Th/10^{-6}$	Th/U
沙麦岩体	$\eta\gamma_5^2$	灰白色中粒似斑状黑云母花岗岩	4.0	20.3	5.0
西里庙岩体	γ_5^2	中细—中粗粒似斑状花岗岩	4.5	23.6	5.2
达来岩体	γ_5^2	中粗粒二云母花岗岩	4.6	21.5	5.5
阿鲁包格山岩体	$\gamma\pi_5^2$	花岗斑岩	4.0	11.5	2.9
锡林浩特岩体	γ_5^2	浅肉红色中—细粒花岗岩	5.0	9.0	1.8
红格尔岩体	γ_5^2	肉红色细粒黑云母钾长花岗岩	4.1	18.2	4.1
满都拉图岩体	γ_5^1	中粗粒黑云母花岗岩	5.3	22.0	4.2
查干敖包岩体	γ_4^3	粗粒似斑状黑云母花岗岩	2.1	11.3	4.9
白音呼布尔岩体	γ_4^3	浅红色中细粒花岗岩	2.7	9.8	3.3
吉尔嘎郎图岩体	γ_4^3	肉红色粗粒花岗岩	2.3	9.1	3.6
阿拉坦合力岩体	γ_4^3	肉红色中粗粒钾长花岗岩	3.6	14.6	3.7
东乌宝力格岩体	γ_4^3	肉红色细粒花岗岩	1.8	7.3	3.5
包尔汉岩体	γ_4^3	肉红色中粗粒二云母花岗岩	4.6	35.3	6.9
卫境岩体	γ_4^3	肉红色黑云母花岗岩	4.7	23.4	5.0
乌尔图高勒岩体	γ_4^3	黑云母二长花岗岩	3.6	15.5	4.3
斜力查布岩体	$\gamma\delta_4^3$	黑云母花岗闪长岩	3.6	19.3	5.4
东乌旗	J_3	凝灰岩	5.1	18.8	3.6
东乌旗	J_3	流纹岩	4.4	11.7	2.7

据核工业北京地质研究院陈功等（1992）采用 U-Pb 同位素样品分析结果，哈达图铀矿床蚀源区海西晚期卫境岩体现测铀含量$(2.9\sim5.7)\times10^{-6}$，计算原始铀含量 19.5×10^{-6}，活化丢失率 57%；燕山期西里庙岩体现测铀含量$(0.9\sim31.5)\times10^{-6}$，计算原始铀含量 17.8×10^{-6}，活化丢失率 49%。

在赛汉高毕铀矿床外围钻孔中揭遇到厚度 10～50m 的黑云母花岗岩风化壳，铀含量 2.3×10^{-6}，钍含量 10.6×10^{-6}，铀钍比值为 0.22，说明花岗岩体中铀存在明显活化、迁移。同时发现大量的火山岩岩屑，以中酸性为主，含有大量的长石石英斑晶，在脱玻化过程中形成铁质物，使易活化的元素很容易从火山岩碎屑中脱离出来进入到溶液中随地下水运移，火山岩屑中的铀在蚀变过程中能够为成矿作用提供相当数量的铀源。在赛汉高毕铀矿床钻孔中见到古河谷下部隐伏花岗岩体，在图 6-2 TZK383-21 孔、SZK256-128 孔中见到古风化壳，结构松散，颜色变为褐色、褐黄色，无暗色矿物，遭受了强烈的风化和淋滤作用。

与此同时，由于印度-亚洲板块碰撞与太平洋板块联合作用，晚白垩世至新近纪二连盆地出现微弱左旋压扭，表现为弱构造反转、整体抬升和北西向断裂发育交替出现，此时古河谷分布区整体抬升，尤其以北部的巴音宝力格隆起及南部的苏尼特隆起的隆升起主导作用，整体抬升和构造反转导致的差异抬升使得白垩纪地层遭受剥蚀，特别是主要产铀层位赛汉组上段遭受一定程度的抬升剥蚀，局部小角度掀斜，有利于地层中铀活化移出并向古河谷中运移。此外，构造反转导致古河谷分布区的抬升很不均匀，

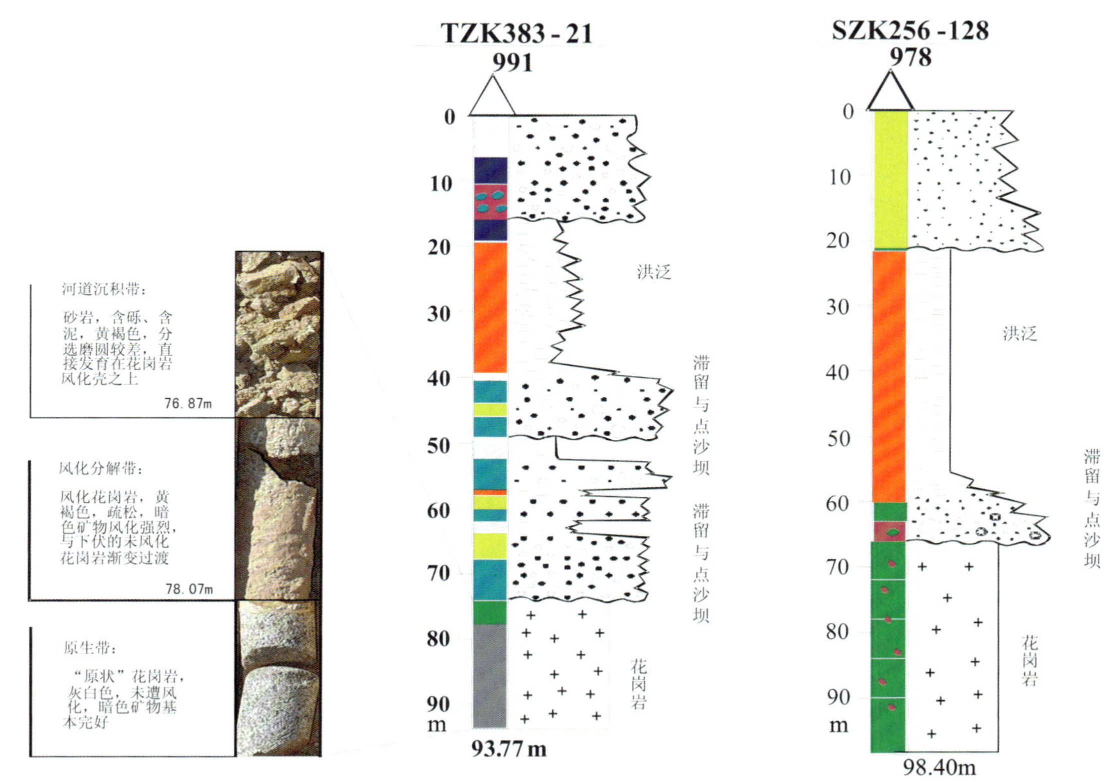

图 6-2　赛汉高毕地区古河谷赛汉组砂体发育于花岗岩风化壳之上

主要表现在古河谷四周地势相对较高，有利于蚀源区铀活化及含氧含铀水向古河谷运移。

含氧水在古河谷砂体中运移也是地层中铀的活化迁出过程。巴彦乌拉铀矿床统计数据显示，赛汉组上段砂体还原带中铀含量$(0\sim10)\times10^{-6}$的岩性占比为17%，铀含量$(10\sim80)\times10^{-6}$的岩性占比为83%；氧化带中铀含量小于10×10^{-6}的岩性占比为31%，铀含量$(10\sim20)\times10^{-6}$的岩性占比为69%；还原带中铀含量平均为30×10^{-6}，氧化带岩石中铀含量小于10×10^{-6}(Christophe Bonnetti，2013)，反映氧化带中铀活化迁出明显。还原带地层中原生铀含量较高，还原带岩石中的铀富集与砂体碎屑物有关，岩屑中包含锆石、独居石和Fe/Ti的氧化物，其中Fe/Ti的氧化物含量比较丰富(0.5%～1%)。

哈达图矿床也存在类似的特征，二连组中红色、黄色氧化带岩石中铀含量$(1.03\sim29.67)\times10^{-6}$，平均$4.99\times10^{-6}$，在灰色泥岩、砂岩还原带中铀含量$(3.34\sim29.78)\times10^{-6}$，平均$11.85\times10^{-6}$；在赛汉组上段中黄色、白色氧化带岩石中铀含量$(2.21\sim29.98)\times10^{-6}$，平均$9.12\times10^{-6}$，在灰色、深灰色还原带砂岩中铀含量$(2.79\sim30.13)\times10^{-6}$，平均$14.38\times10^{-6}$(表6-4)。还原带岩石铀高背景值代表了当初沉积时铀的初步聚集并在后期活化迁出明显。

表 6-4　二连盆地二连组、赛汉组上段氧化带、还原带铀背景值统计

地区	层位	氧化带/10^{-6}			还原带/10^{-6}		
		最小值	最大值	平均值	最小值	最大值	平均值
哈达图矿床	K_2e	1.03	29.67	4.99	3.34	29.78	11.85
	K_1s^2	2.21	29.98	9.12	2.79	30.13	14.38
乌兰察布坳陷	K_2e	2.24	15.08	7.05	4.68	28.83	12.65
	K_1s^2	2.21	18.61	7.67	4.88	26.94	12.72

注：数据来源于核工业二O八大队钻孔数据统计。

二、铀的迁移

铀的迁移是一个长期复杂的过程，古水动力循环机制是使含氧含铀水得以源源不断地卸载富集铀的必备条件。古河谷赛汉组沉积后经历多次构造抬升，均形成有利于铀迁移的水动力机制，但不同地区铀迁移特征差别较大，造成氧化带发育样式及所形成铀矿化在空间上耦合关系的差异。

赛汉期末—二连组沉积之前，受全区抬升的影响古河谷赛汉组与二连组之间形成沉积间断，赛汉组上段广泛暴露地表；晚白垩世二连期受南东部抬升的影响，古河谷广遭剥蚀淋滤，二连组分布局限，从而造成古河谷赛汉组上段仍处于暴露剥蚀环境。该时期转为干旱的古气候，地表植被不发育，赛汉组暴露区一直接受含氧大气降水的渗入并造成铀向古河谷的迁移，发生广泛的潜水-氧化作用和潜水-层间氧化作用。

古近纪—新近纪二连盆地整体表现为在抬升背景下掀斜构造运动的特点，仍以干旱的古气候为主，进一步加大了含氧含铀水向古河谷内的渗入和迁移水动力机制，古河谷的侧向构造掀斜作用尤其加大了含氧含铀水的侧向渗入水动力条件和铀的迁移。古近纪—新近纪沉积范围和沉积中心的迁移出现明显的规律，沉积中心位于乌兰察布坳陷古河谷达来沟、脑木根地区—马尼特坳陷古河谷白音乌拉等地区，沉积范围和沉积中心逐渐向南东方向迁移，反映该时期古河谷在总体抬升背景下具有从北西向南东掀斜作用的特点，新近纪仍然继承了古近纪的掀斜特点。上述从北西向南东的掀斜构造作用，造成了古河谷含氧含铀水从北西向南东侧向渗入作用和铀的迁移明显加强，水力梯度加大，并且沿这一方向形成了广泛的潜水-氧化带和潜水-层间氧化带，这一时期也是古河谷成矿的最有利时期。

由于不同铀矿床位于古河谷位置不同，铀的迁移在局部也表现出不同的特点。巴彦乌拉—巴润—芒来铀矿床一带赛汉组沉积后，尤其受 F_1 断裂构造的影响，造成由北西向南东的构造掀斜作用更加明显，加大了古河谷北西侧含氧水的渗入梯度，更有利于含氧含铀水由北西向南东的侧向迁移。始新统及中新统大面积覆盖后，赛汉组上段水动力变弱，但 F_1 断裂在后期多次活动，导通了砂体与上部层位的水力联系，含氧含铀水沿断裂渗入，铀侧向迁移作用仍然存在，造成以潜水-层间氧化作用为主，主要形成潜水-层间氧化带。赛汉高毕铀矿床赛汉组沉积后抬升幅度较大，赛汉组上段上部几乎被完全剥蚀，下部砂体大部分暴露地表，古河谷砂体中铀的垂向渗入迁移更加明显，以潜水-氧化作用为主，主要形成潜水-氧化带。哈达图矿床赛汉组沉积后受古地貌和河谷展布方向的影响，含氧含铀水除了垂直入渗和周边蚀源区侧向入渗补给外，总体从由南向北径流，在矿床北东缘一带赛汉组暴露区形成排泄源。晚白垩世由于二连组的局部沉积，从而造成赛汉组局部封存，但盆地大部分地区赛汉组仍处于暴露剥蚀环境。古近纪—新近纪受由北西向南东掀斜作用的影响不明显，仍然保持含氧含铀水由南向北发育顺向迁移，以层间-氧化作用为主，主要形成层间-氧化带。

总体上，古河谷赛汉组上段沉积期与成矿期古水文地质条件具有一定的继承性，从一定程度上影响了铀迁移及氧化带的发育程度。哈达图铀矿床在成矿期仍然保持了沉积期由南向北径流的水动力特征，含氧含铀水顺古河谷方向从南向北迁移，保持了非常好的继承性，而这种继承性正是决定了铀的迁移和沉淀富集、氧化作用长期性和稳定发育、大规模铀成矿作用及形成哈达图特大型铀矿床的重要条件。巴彦乌拉—巴润—芒来铀矿床一带在古河谷赛汉组上段沉积期古水流方向为沿河道由南西向北东，后期受由北西向南东构造掀斜作用的影响造成含氧含铀水主要由北西向南东迁移，只在芒来矿床叠加有由南西向北东的顺向含氧含铀水的迁移，铀以侧向迁移为主，顺向迁移次之，铀迁移的继承性并不好。但是在巴彦乌拉铀矿床发育由古河谷北西侧向南东多条支流汇入，沉积期侧向物源补给充足，砂体发育，含铀含氧流体侧向渗入运移充分，这也是形成巴彦乌拉大型铀矿床的重要条件。

区域上放射性异常晕分布特点可以明显反映出铀的迁移规律，分布受岩性、地貌控制明显。伽马总量场和钍异常晕多数分布在蚀源区，沿北部的巴音宝力格隆起，南部的温都尔庙隆起及苏尼特隆起上的乌尔塔高勒庙岩体分布有大面积的伽马异常场(图 6-3),在额仁淖尔地区伽马异常场面积最大,约 $2400km^2$。钍异常晕多数都分布在古河谷蚀源区,主要分布在古河谷北西部巴音宝力格隆起上,异常面积大,一般大于 $50km^2$,钍含量一般$(15\sim17)\times10^{-6}$,在古河谷南东部苏尼特隆起异常晕含量相对较低,一般为$(10\sim12)\times10^{-6}$,面积小,一般为 $2\sim30km^2$。铀活化铀迁入高场主要位于蚀源区,而铀异常晕则主要分布在盆地及古河谷内,古河谷内整体呈北东走向,具有分布较为分散、面积小、个数多的特点。上述特征说明铀从蚀源区向盆地内具有明显的迁移。

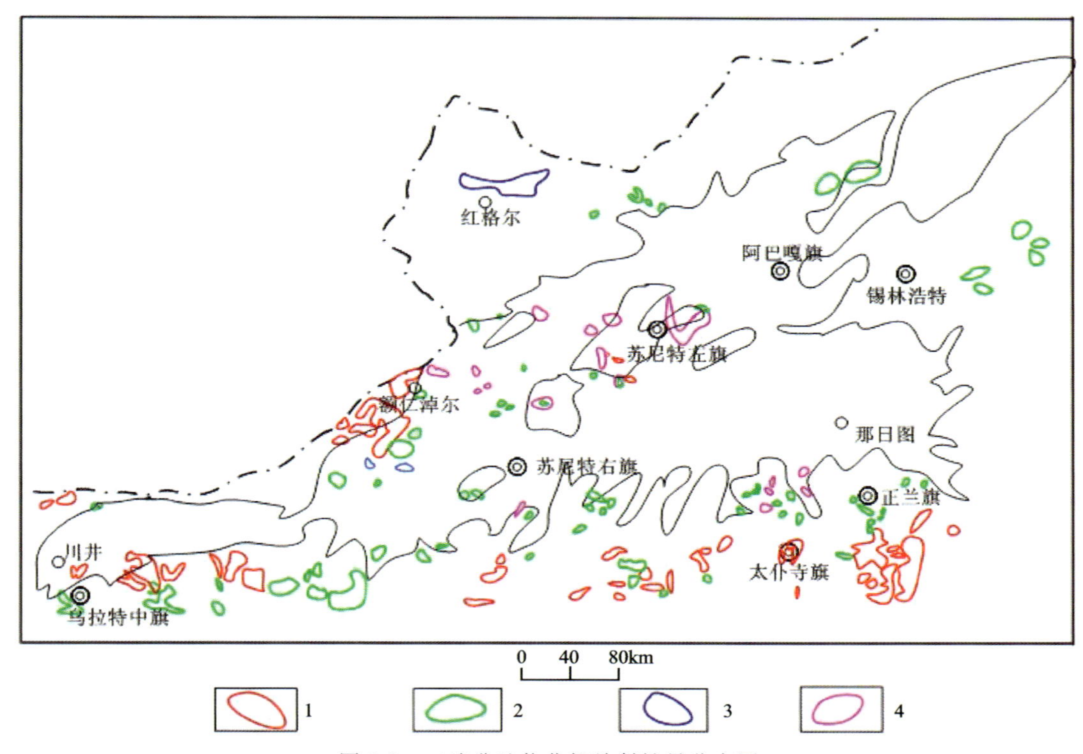

图 6-3　二连盆地物化探放射性晕分布图

1. 伽马异常场;2. 铀活化迁移场;3. 汽车伽马能谱铀异常晕;4. 水系底沉积物铀异常晕

核工业北京地质研究院在古河谷中巴彦乌拉—那仁宝力格地区、赛汉高毕地区开展了土壤氡气测量。其中在巴彦乌拉—那仁宝力格地区,氡气异常与完全氧化亚带吻合,而氧化-还原过渡亚带主要位于土壤氡气相对低值区,发育铀矿化的过渡带主要处于两侧异常区的过渡部位,说明在氧化作用过程中铀迁移明显,并且土壤氡气异常分布规律可作为二连盆地古河谷型砂岩铀矿的找矿标志,即为“高中找低”。“高”是指铀矿化发育的整片地区瞬时测氡具有高值异常,未发育铀矿化的地区一般不具高值;“低”是指铀矿化一般就位于瞬时测氡高异常区的低值区(图 6-4)。

赛汉高毕地区土壤氡浓度背景值为 $3678Bq/m^3$,其东北部有一沿北东方向展布长约 6km、宽 1～1.5km的异常带(图 6-5),最大值达 $84\ 740.2Bq/m^3$,此异常与潜水强烈氧化带基本吻合,也说明在氧化作用过程中铀迁移明显,并与砂体经氧化改造后松散、渗透性较好有关。矿体基本位于异常的背景低值区,含矿砂体富含有机质,粒度偏细,渗透性相对较差。从图 6-6 曲线可以看出,铀矿体位于双峰异常的低值区或单峰且远离供铀蚀源区一侧附近的低值区,这种现象是砂岩型铀矿典型的土壤氡异常特征曲线。其主要原因是砂岩型矿体为“泥—砂—泥”结构,矿体顶部被致密的泥岩层密封,氡不易穿透,而矿体两侧受断裂和岩层接触破碎,或受潜水-层间带影响,氡容易在这些地段迁移,从而在矿体两侧或一侧形成氡异常。

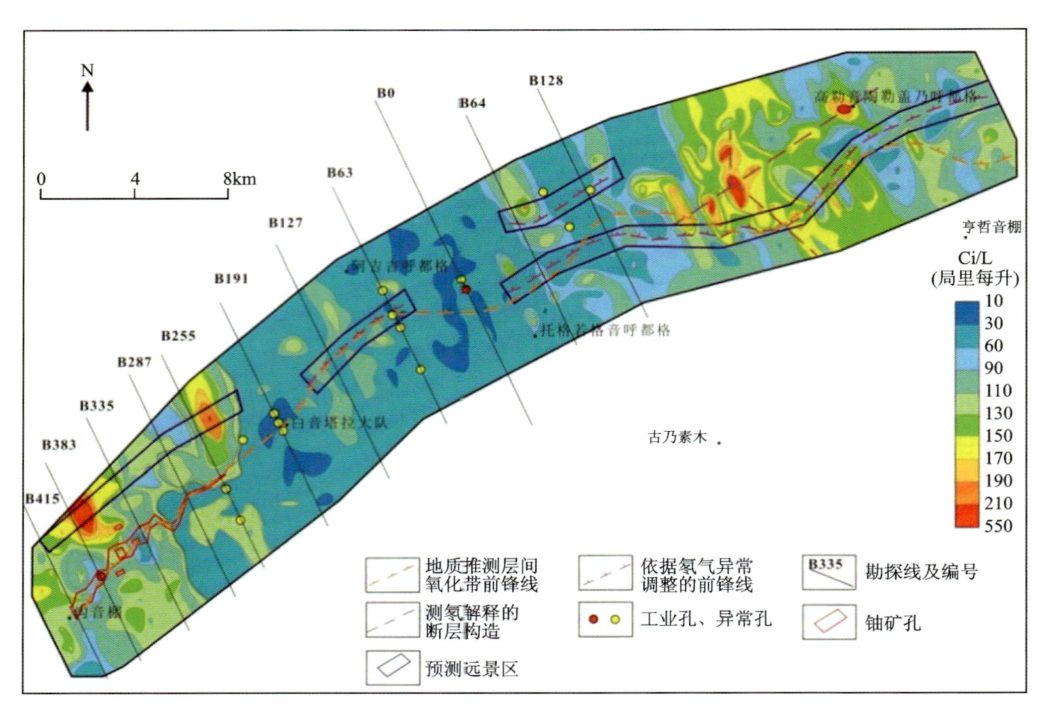

图 6-4　苏尼特左旗巴彦乌拉地区土壤氡气测量等值线图(据刘武生,2012)

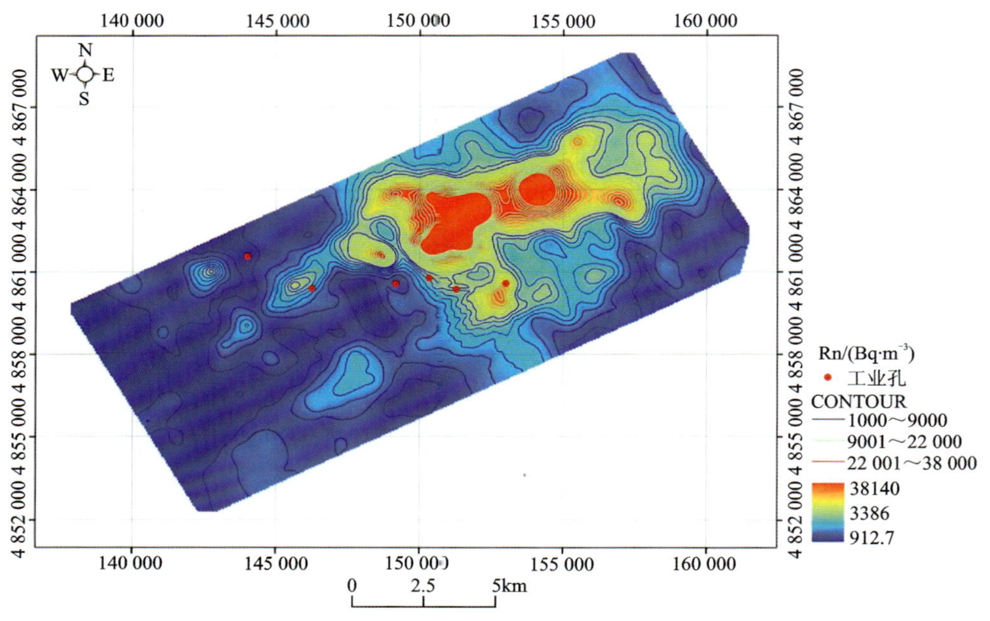

图 6-5　赛汉高毕矿区土壤氡浓度等值图

康欢等(2019)通过对哈达图矿床内不同铀品位见矿钻孔和无矿钻孔上方的表层土壤进行土壤氡气测量,结果显示:高、中、低品位钻孔的东、南、西、北 4 个方位土壤瞬时氡浓度平均值与钻孔品位呈正相关关系;横向上,高品位钻孔土壤瞬时氡浓度远高于无矿钻孔,且其剖面测点土壤瞬时氡浓度也比无矿钻孔剖面高;同时,高品位钻孔区面积型土壤瞬时氡平均值远高于无矿钻孔区,利用 SPSS 软件对高品位钻孔区、无矿钻孔区两组面积型土壤瞬时氡浓度值显著性检验,结果显示两组数据存在显著差异($P<0.001$),表明土壤瞬时氡浓度在高品位钻孔区和无矿钻孔区土壤层中存在明显差别。与前述的巴彦乌拉—那仁宝力格地区、赛汉高毕地区土壤氡异常的研究结果类似。

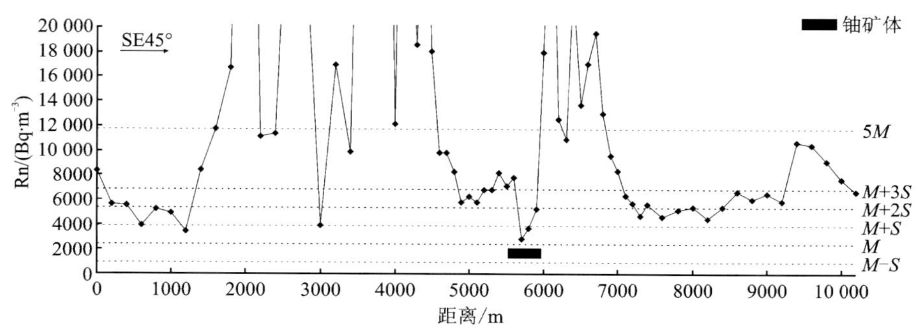

图 6-6 赛汉高毕铀矿区东段土壤氡浓度曲线图

M.背景值;*S*.均方差

第三节 铀成矿空间定位——“储”

每个二级旋回从较快的水进到水退的沉积旋回往往与每个裂陷幕的构造沉降速率变化具有较好的对应关系(焦养泉等,1996)。若干个三级旋回构成的二级旋回自起始至末期亦有良好的沉积旋回响应。两者均显示碎屑物粗—细—粗的沉积旋回,但二级旋回的起始与末期的粗碎屑物粒度和厚度较其内部相邻三级旋回界面上下的粗、厚。在裂陷幕内,沉积记录表现出明显的三分性,即由向上变细和向上变粗的两个序列复合而成(粗—细—粗)(林畅松等,2004;解习农,1996;任建业等,1996;焦养泉等,1996;1997)。

二连盆地裂陷Ⅱ幕晚期,由于构造活动的减弱,古河谷可容空间减小,处于快速充填阶段,以进积型沉积层序为主(图 6-7),断裂普遍控制了赛汉组下段,至赛汉组上段断层完全消亡,同沉积断裂转化为挠曲坡折。赛汉组为典型的断拗转换期,古河谷早期表现为三角洲的快速进积,湖泊逐步萎缩,晚期盆地主要发育河流体系,赛汉组上段层序发育最优储层。

经典层序地层学指出:“在Ⅰ型层序中,河流沉积在低水位和海进早期,以线性下切河谷的方式产出,在高水位沉积时期,以更广泛的泛滥平原沉积方式”产出。邓宏文(2009)在阐述高分辨层序地层学相分异原理中也指出“高可容纳空间与低可容纳空间形成的河道砂体,其几何形态(宽厚比)、侧向连续性、相互截切程度、底形类型与保存程度、底部滞留沉积物厚度与类型均有明显差异”。二连盆地古河谷浅水辫状河三角洲是一种低可容空间下形成的三角洲(图 6-8),其辫状分流河道和水下分流河道非常发育、粒度较粗,河道间相互切割,侧向砂体较为连续,滞留沉积物也较为发育,河道化非常明显,致使古河谷赛汉组上段辫状分流河道广泛发育,典型铀矿床铀矿化与砂分散体系在垂向上和平面上均有明显关系。

一、巴彦乌拉铀矿床

在沉积盆地中,体系域研究对砂岩型铀矿找矿具有十分重要的指导作用,但将层序地层学的研究目标解剖到体系域一级仍然是不够的,对小层序进行精细解剖有助于从沉积学角度深入认识铀成矿规律,能准确标定最小含矿单元,有效地预测铀成矿空间。借鉴伊犁盆地、吐哈盆地中下侏罗统水西沟群煤系地层间成矿与小层序有关的研究,对二连盆地古河谷巴彦乌拉铀矿床赛汉组上段开展系统的小层序对比、含煤岩系小层序编图研究。

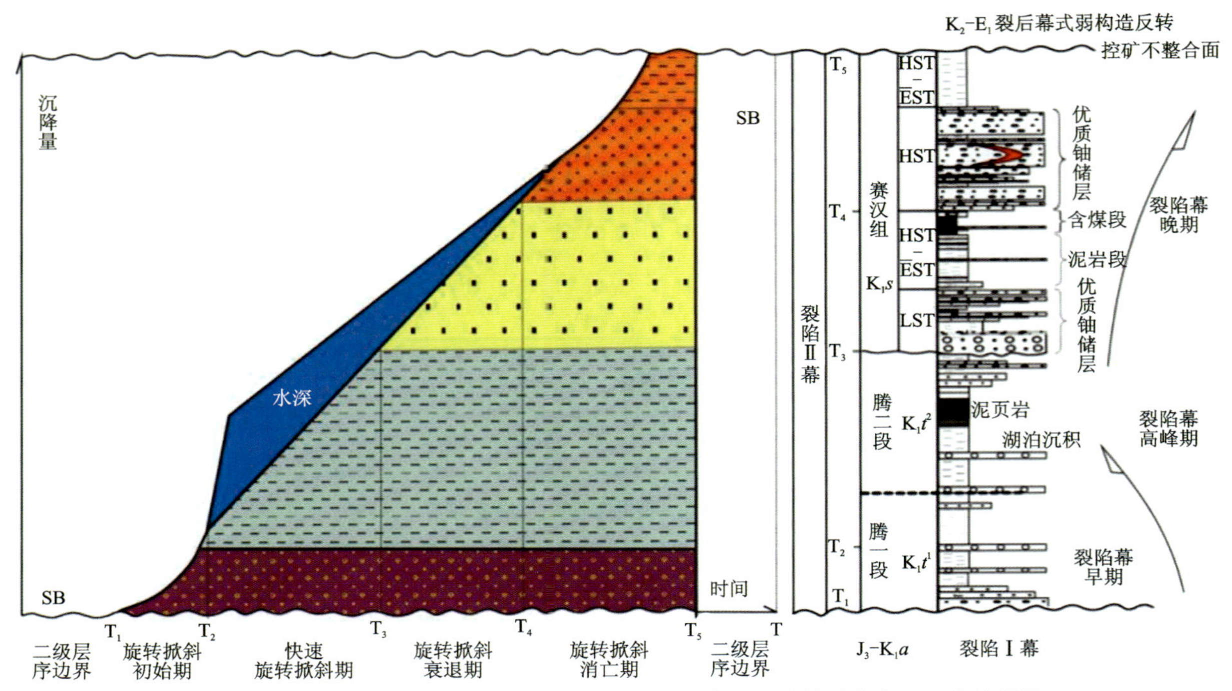

图 6-7　二连盆地裂陷Ⅱ幕的旋转掀斜作用事件对古河谷铀储层发育过程的控制图

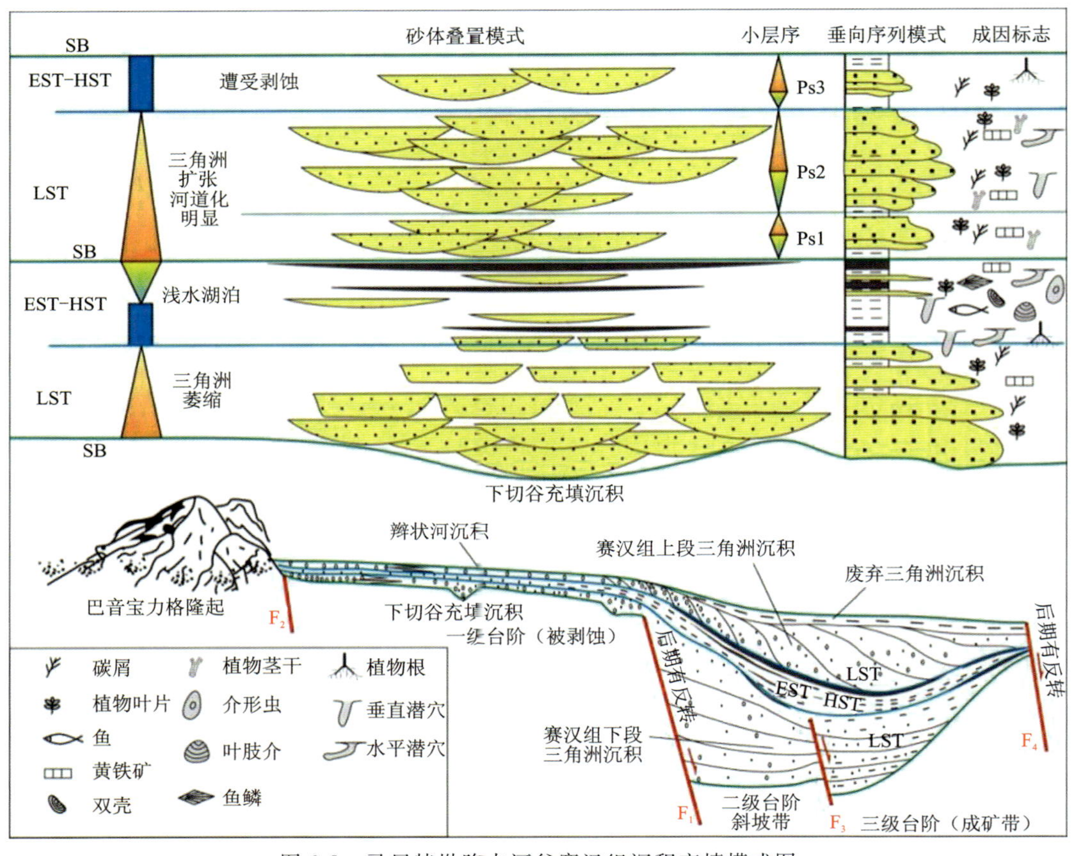

图 6-8　马尼特坳陷古河谷赛汉组沉积充填模式图

巴彦乌拉铀矿床矿化产出于赛汉组上段低位体系域的三级层序中[Sq(K_1s)](图 6-9),少量发育于赛汉组下段层序中。赛汉组上段低位体系域(LST)之所以能大规模地成矿,主要取决于该体系域中均发育了特大规模的、具有高孔渗性质的辫状河—辫状河三角洲砂体——优质铀储层,垂向上泥-砂-泥的岩性组合形式,使特大型辫状河道及辫状分流河道砂体(多孔介质的主体)能成为相对独立的流体流动单元。铀矿化与赛汉组上段低位体系域砂体关系密切。

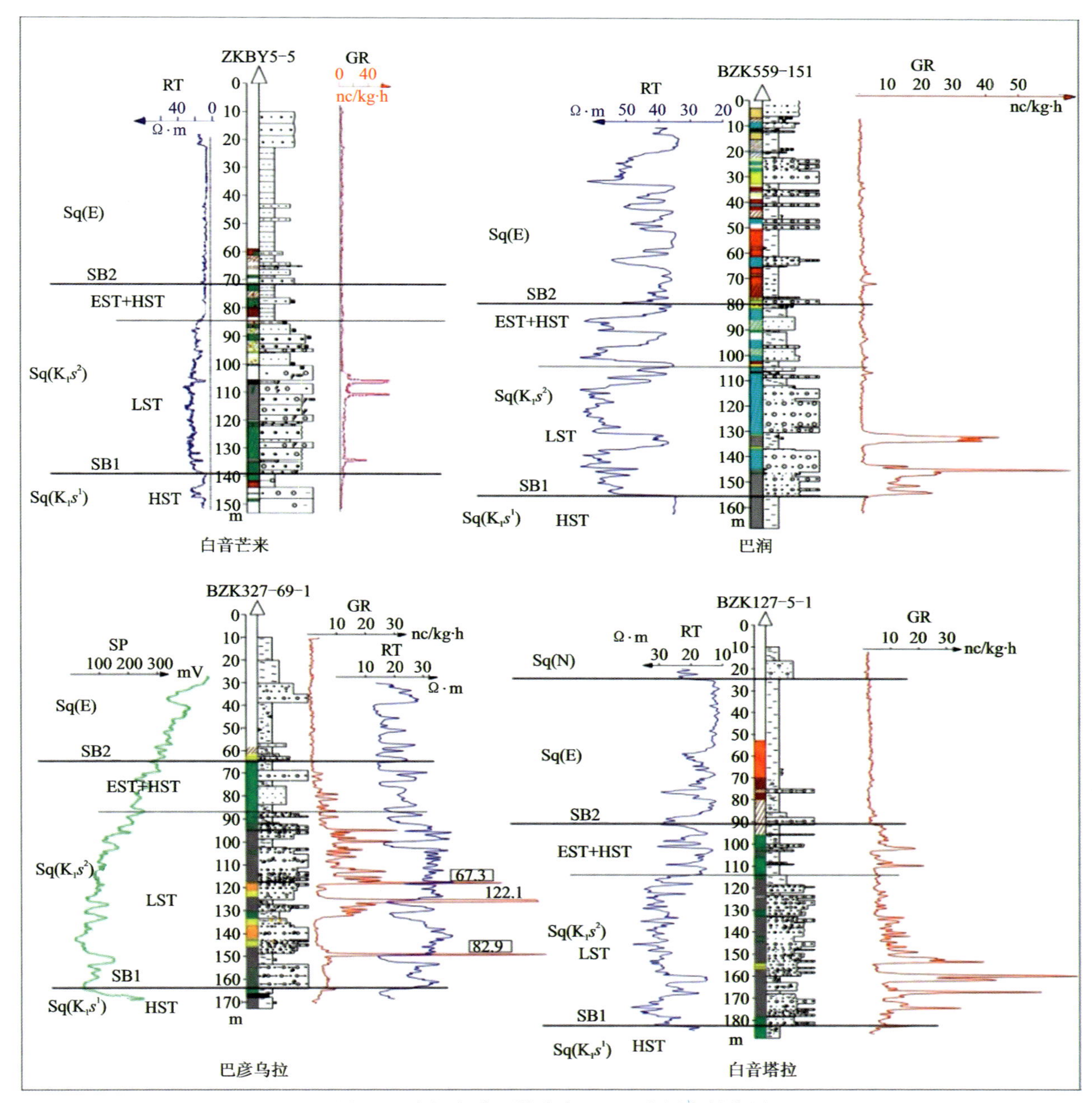

图 6-9　古河谷典型钻孔赛汉组上段层序划分图

巴彦乌拉铀矿床赛汉组上段具典型的辫状河特征,与上部的伊尔丁曼哈组呈角度不整合接触,构成Ⅰ级层序界面,底板与下部的赛汉组下段呈平行不整合接触,构成Ⅲ级层序界面。以 BZK335-51 号钻孔为例,赛汉组上段辫状河发育的成因相组合类型较全,其中 Ps1 小层序主要为河道边缘组合,Ps2 小层序底部为河道边缘沉积,上部为砂-砾质辫状河道充填,Ps3 小层序为泛滥平原沉积。在河道边缘组合中可识别出具有倒粒序的决口扇沉积,具有正粒序的决口河道沉积,河道充填组合主要为砂-砾质辫状河道。而 BZK359-85 号钻孔赛汉组上段以河道充填组合为主(图 6-10),在 Ps1 小层序和 Ps2 小层序的顶部发育较薄的泛滥平原沉积,Ps3 小层序为泛滥平原沉积。在 Ps1 小层序和 Ps2 小层序中,识别出砾质辫状河道和砂质辫状河道,为主要铀成矿空间;在河道边缘组合中识别出决口河道沉积。Ps3 小层序的泛滥平原包括底部越岸沉积和顶部的泛滥平原泥岩沉积,其中顶部泛滥平原泥岩沉积为稳定的泥岩顶板。Ps1 小层序和 Ps2 小层序顶部的泛滥平原泥岩沉积组成整个含矿含水层的局部隔水层。

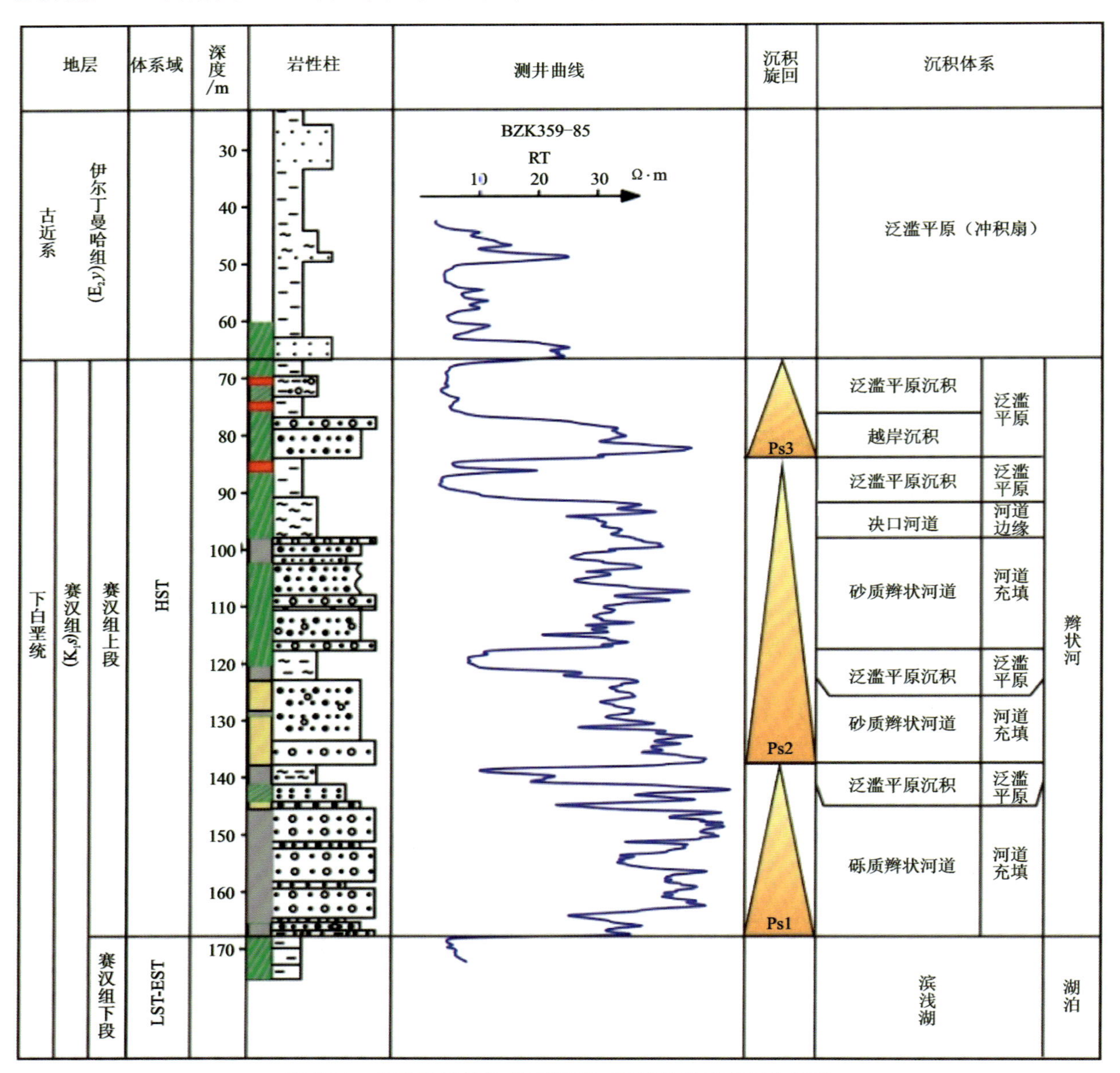

图 6-10 巴彦乌拉铀矿床 BZK359-85 号钻孔岩芯相分析图

Ps1 较为特殊,局部 Ps1 与赛汉组下段为突变,反映赛汉组上段与下段的河道为冲刷接触关系;局部地区为向上变粗的反粒序,反映赛汉组上段由极浅水充填到河道化充填的过程。Ps2 厚度最大,粒度也较粗,为砂体最为发育的小层序。Ps3 为河道萎缩期小层序,厚度较薄,粒度偏细。

垂向上,Ps1、Ps2 两个小层序分别由多个韵律层叠加组成复合砂体,每个韵律层底部由粗粒的砂砾岩、泥质砾岩、含粒粗砂岩组成,向上渐变为中粗砂岩、中细砂岩、细砂岩,砂岩固结程度低,并以泥岩或粉砂岩结束,其中中间泥岩层常缺失或呈透镜状产出,小层序间泥岩层相对稳定,两个小层序叠加组成巴彦乌拉铀矿床主要含矿含水层。

从电阻率曲线上看，Ps1、Ps2两个小层序对应大的箱形曲线组合，Ps3小层序对应钟形曲线组合，其与上下层均呈突变接触，箱形和钟形曲线组合的出现表明赛汉组上段以发育低位体系域的辫状河道砂体为主。

以体系域为单位，在垂向上成矿作用复杂，一个体系域内部可能同时存在多层铀矿化。同时，由于分流河道的冲刷，使一个小层序底部泥岩和上一个小层序顶部泥岩冲刷掉，两个小层序的砂体相互连通，铀矿化有可能会穿小层序(图6-11)。

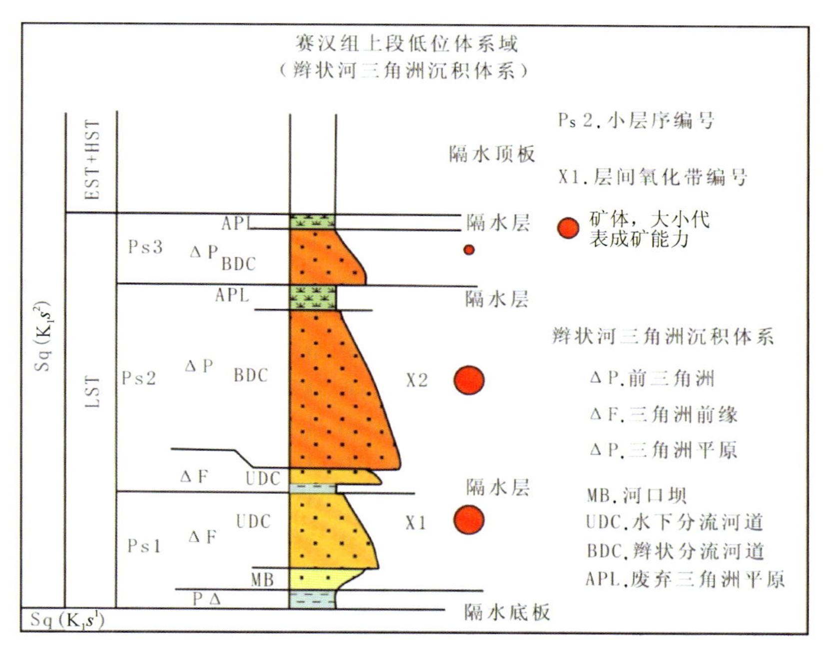

图6-11 巴彦乌拉铀矿床赛汉组上段小层序划分与铀成矿关系模式图

赛汉组上段低位体系域以辫状河三角洲体系发育为特征，小层序界面和单元划分主要依据了辫状河三角洲发育的周期性——垂向序列。1垂向序列是早期河口坝的倒韵律到晚期的辫状分流河道或水下分流河道的正韵律(图6-12)；2表现为辫状分流河道的极大发育；3主要表现为辫状河三角洲平原的分流河道沉积，相对2来说泛滥平原更为发育。所以在巴彦乌拉铀矿床，各小层序的边界面通常位于前期辫状分流河道废弃沉积物顶部与后期辫状分流河道砂体底部之间。据此，可以划分出3个小层序，从下到上依次表示为小层序1(Ps1)、小层序2(Ps2)、小层序3(Ps3)(图6-13～图6-15)。

小层序1(Ps1)砂分散体系具有明显的朵状分割性，可以分为3个砾岩厚度、砂体厚度、含砂率高值区。与砂分散体系对应，沉积体系域重建显示研究区Ps1物源来自古河谷北西部巴音宝力格隆起，即北西部物源体系。往古河谷中心延伸发育主要辫状分流河道和次要辫状分流河道，砂体在盆地中心交汇。层间氧化带的推进位置和工业矿孔位于主要辫状分流河道与次要辫状河道交汇处，即骨架砂体分岔处。层间氧化带的发育主要受控于岩性。在富砂的主要辫状河道砂体分布区，层间氧化带呈舌状突出；而在相对富泥的三角洲平原区，层间氧化带的发育受到了明显的抑制。在B367线以东，铀矿体主要位于层间氧化带的前锋线附近；在B367线以西，铀矿体主要位于完全氧化亚带及还原亚带之间的过渡带上(图6-16～图6-18)。

小层序2(Ps2)物源方向上继承了小层序1(Ps1)的物源。与砂分散体系对应，沉积体系域重建显示巴彦乌拉铀矿床小层序2(Ps2)物源体系同样来自古河谷北西部巴音宝力格隆起。层间氧化带前锋线的推进位置和工业矿孔也基本上位于主要辫状分流河道与次要辫状分流河道过渡部位。但是B367线以西，小层序2完全氧化，矿体位于小层序1底部，在小层序2内部矿化基本位于B367线以东(图6-17、图6-19)。

小层序 3(Ps3)物源方向上继承了小层序 2(Ps2),主要分为 3 个砂体厚度和含砂率高值区,但是朵体发育规模变小。沉积体系重建显示小层序 3(Ps3)物源体系同样来自古河谷北西部巴音宝力格隆起(图 6-20)。层间氧化带前锋线的推进位置也基本位于辫状分流河道与水下分流河道过渡部位。小层序 3 没有工业矿孔,矿化孔主要位于主要辫状分流河道分与次要辫状分流河道交汇处。小层序 3(Ps3)由于可容空间的进一步缩小,辫状分流河道进一步萎缩。

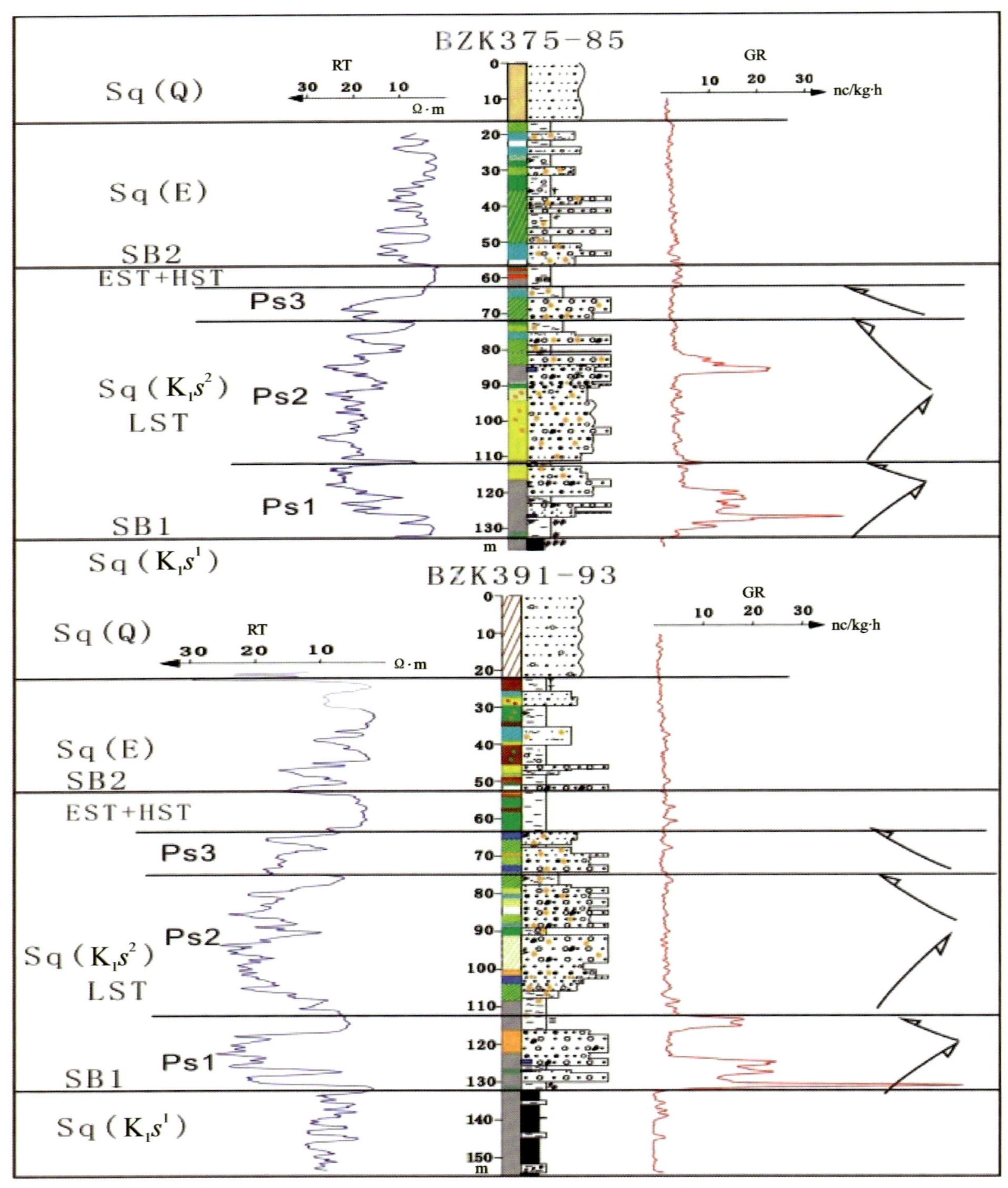

图 6-12　巴彦乌拉铀矿床典型钻孔赛汉组上段层序划分图

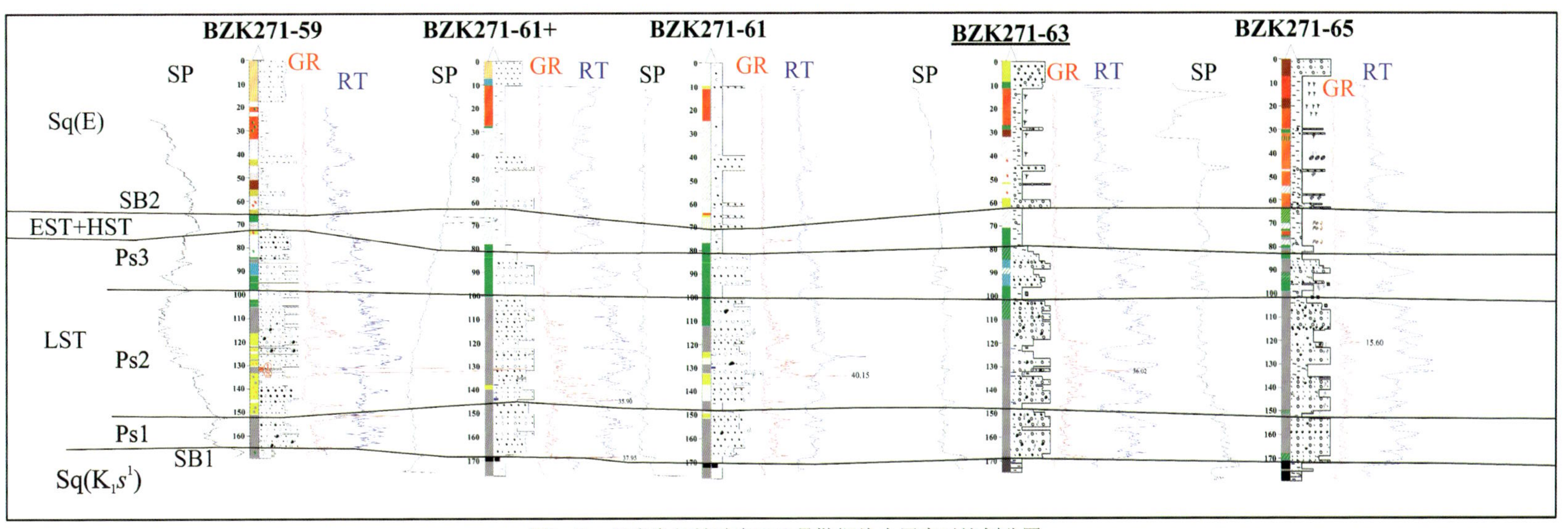

图6-13　巴彦乌拉铀矿床B271号勘探线小层序对比划分图

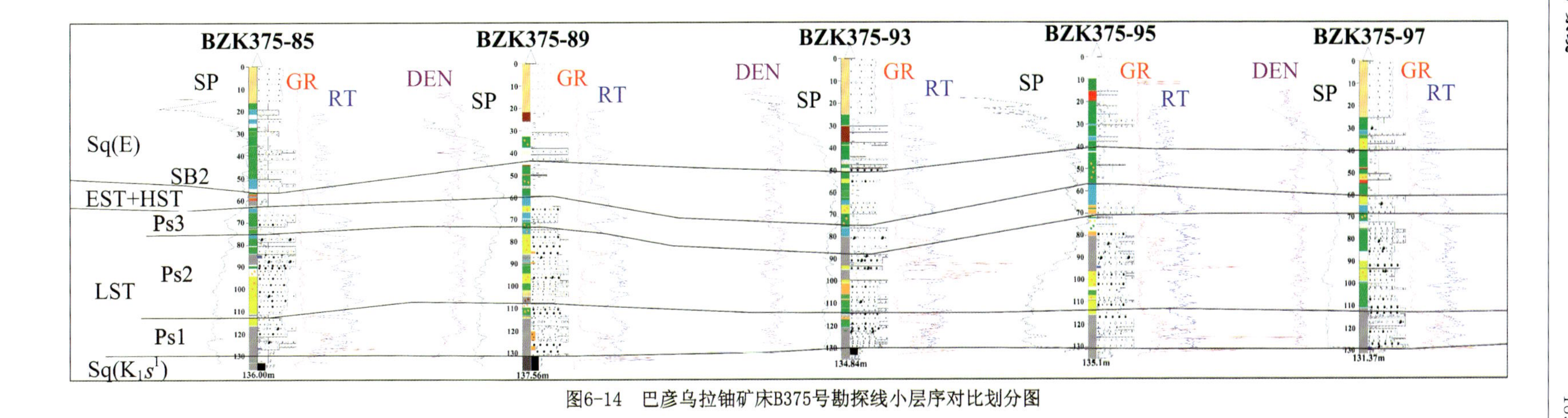

图6-14　巴彦乌拉铀矿床B375号勘探线小层序对比划分图

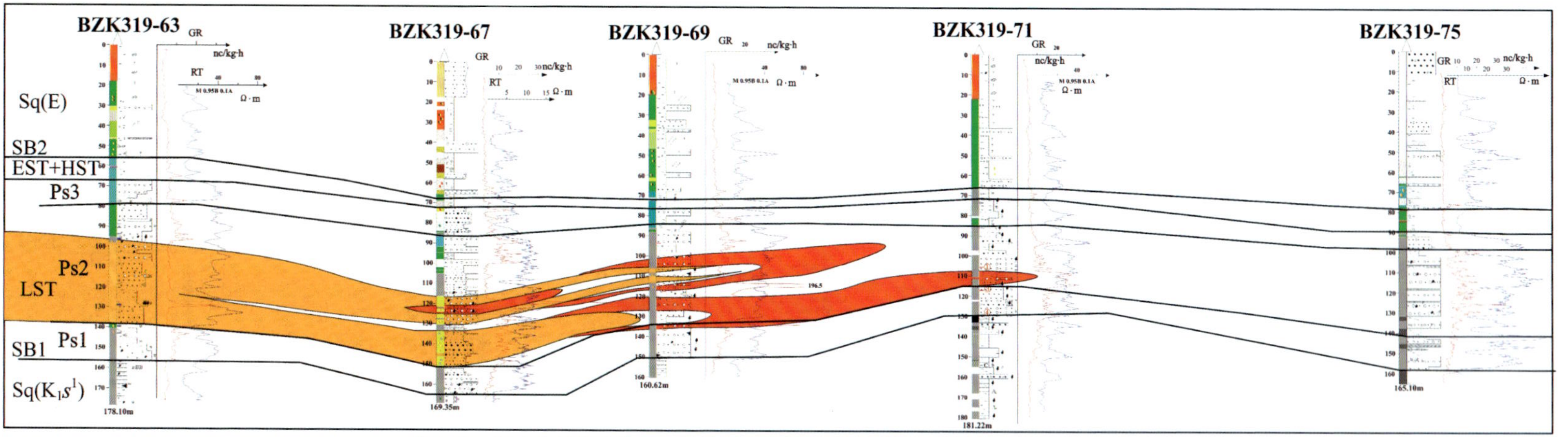

图6-15　巴彦乌拉铀矿床B319号勘探线小层序与成矿性关系图（Ps2层间氧化成矿）

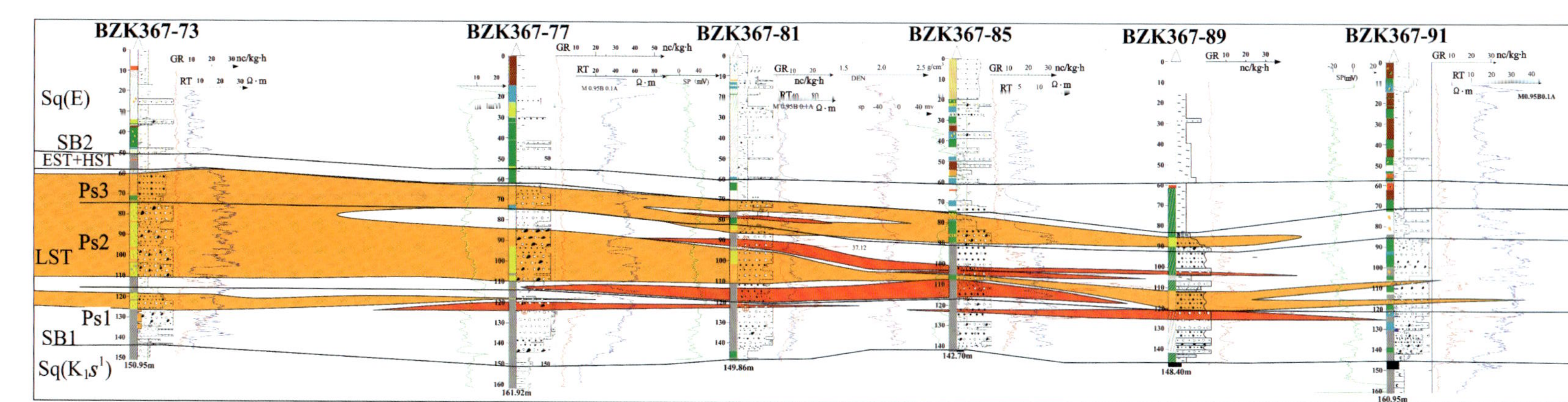

图6-16　巴彦乌拉铀矿床B367勘探线小层序与成矿性关系图（Ps2层间氧化成矿）

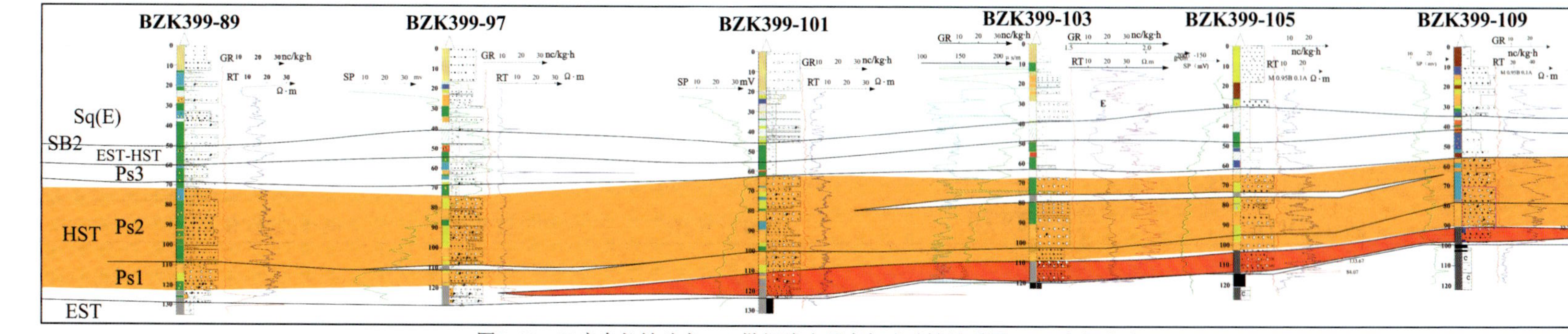

图6-17　巴彦乌拉铀矿床B399勘探线小层序与成矿性关系图（Ps1底部成矿）

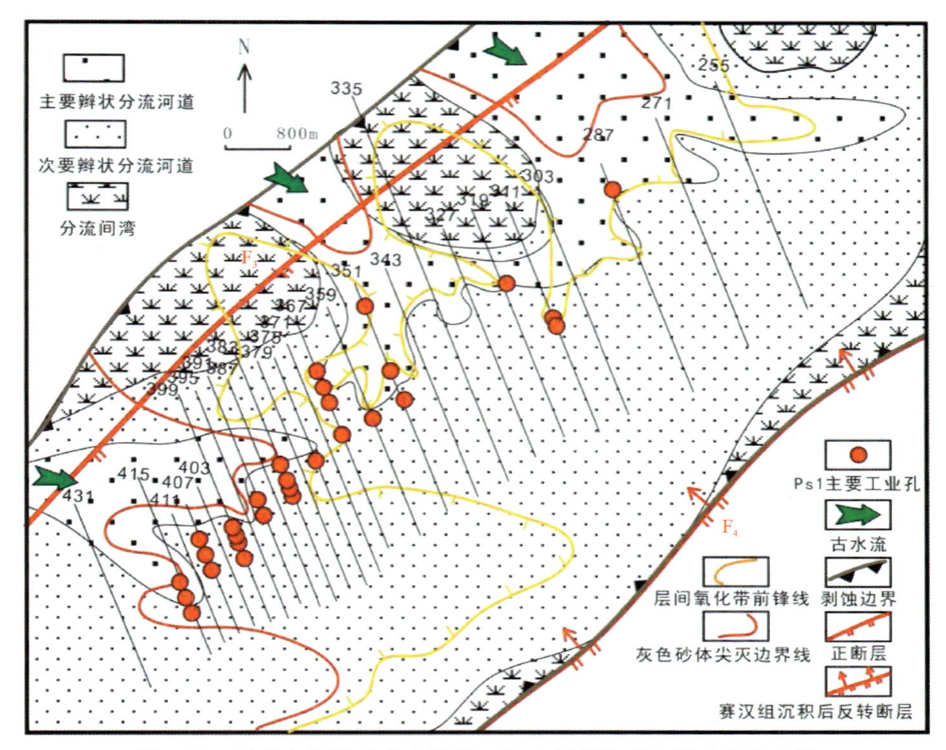

图 6-18　巴彦乌拉铀矿床小层序 1(Ps1)沉积体系与铀矿化关系图

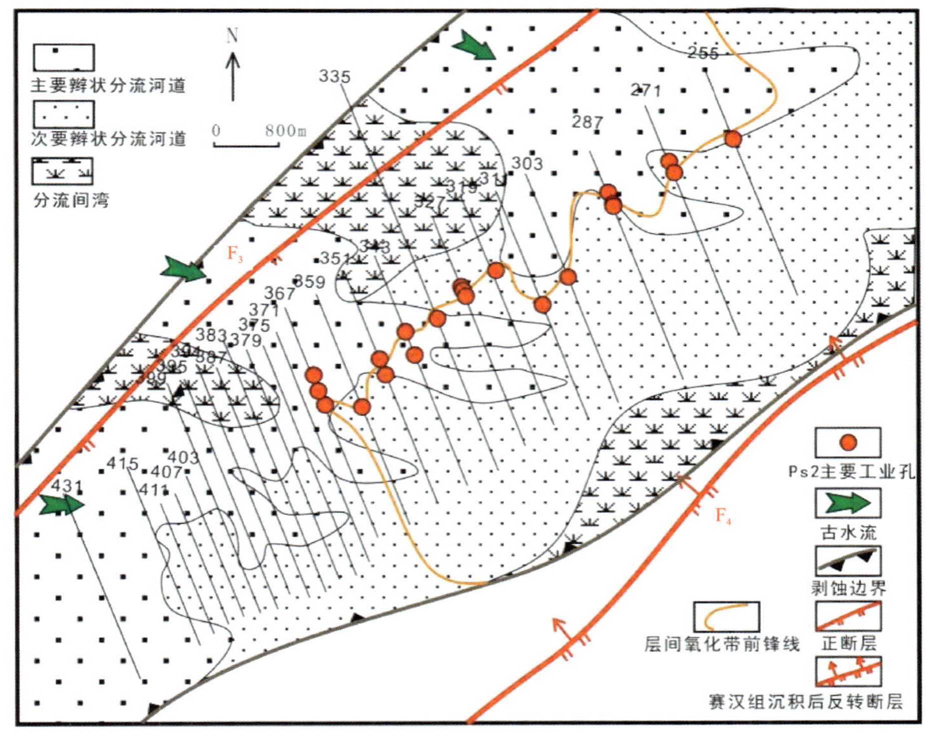

图 6-19　巴彦乌拉铀矿床小层序 2(Ps2)沉积体系与铀矿化关系图

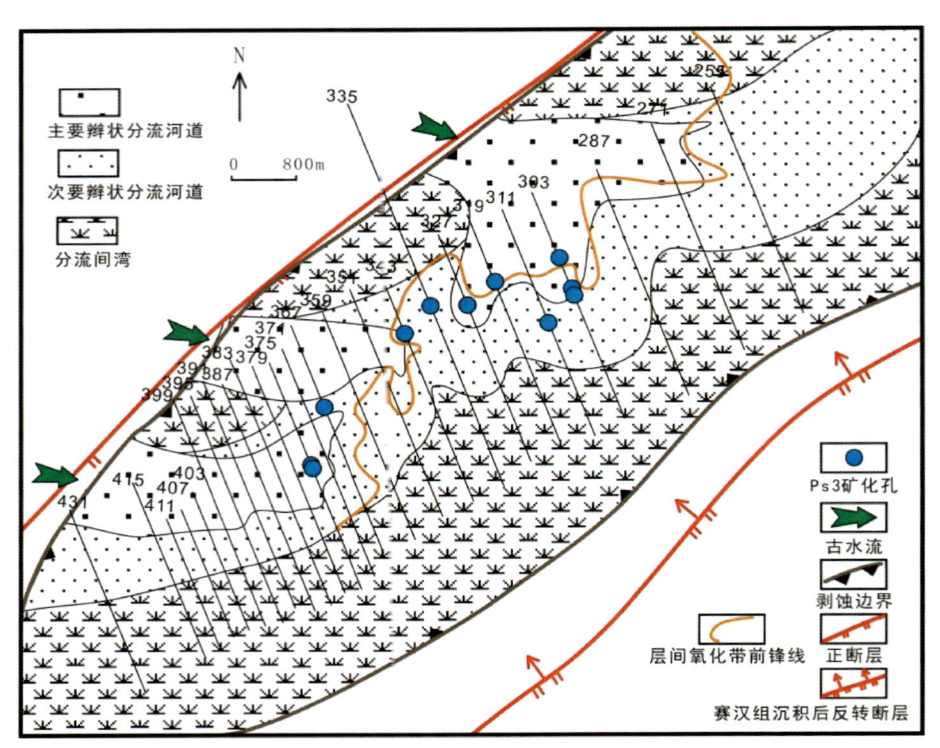

图 6-20　巴彦乌拉铀矿床小层序 3(Ps3)沉积体系与铀矿化关系图

从剖面上来看,层间氧化带型的铀成矿在小层序内部发育(图 6-15～图 6-17),B367 线以东,由于剥蚀作用相对较弱,层间氧化明显,小层序控制铀成矿。B319 剖面铀成矿主要有两层,位于小层序 2 和小层序 3 内部。局部地方由于河道砂体的切割,砂体连通,铀矿体也有少数穿小层序的现象,但是不影响小层序控制铀矿体的整体规律。

氧化带的发育受小层序边界的泥岩隔档层控制(图 6-15、图 6-16),在稳定泥岩隔档层发育的情况下,层间氧化带的发育严格限定在小层序内部,矿体位于氧化带卷头及侧翼。B367 剖面显示的氧化带实际上有 3 层(图 6-16),小层序 1 内部氧化带较薄,小层序 2 和小层序 3 砂体较为连通,氧化带合二为一。矿体产于小层序 2 和小层序 3 氧化带侧翼和小层序 1 氧化带下翼。

B367 线以西,砂体的泛连通性使得小层序 3 和小层序 2 基本上被氧化,砂体氧化到小层序 1,矿体位于氧化带下翼,位于小层序 1 内(图 6-17)。

巴彦乌拉矿床赛汉组上段主要沉积体系类型为辫状河沉积,由河道充填组合、河道边缘组合和泛滥平原构成,最大特征是辫状河道砂体具大的宽厚比及有限的泛滥平原。铀矿化主要分布在河道充填组合内部,砂体厚度与地层厚度基本呈正相关,即砂体厚度大的地段地层厚度也较大,且砂体厚度值展布特征与地层厚度基本一致,显示了以河道砂体沉积为主的特征。

赛汉组上段含砂率等值线图反映(图 6-21),含砂率等值线展布与砂体等厚线展布基本一致(图 6-22),即沿古河谷长轴线顺北东方向展布,并沿古河谷短轴方向中心部位含砂率高,向南北两侧逐渐变低。含砂率值总体在 30%～80%变化,反映以河道充填沉积为主的特征;其古河谷长轴线附近含砂率在 50%～80%变化,边缘含砂率在 20%～40%变化,说明沿古河谷短轴方向从中心到边缘,泥岩累计厚度和层数逐渐增加,沉积相也向洪泛或边缘相转变。以上特征说明:靠古河谷轴线部位地层含砂率高,泥岩夹层少,或呈透镜状,砂体泛连通性好,有利于后期含氧水的下渗及铀成矿。

芒来铀矿床赛汉组上段含砂率在 40%～60%变化,巴润铀矿床含砂率在 40%～70%变化,巴彦乌拉铀矿床含砂率在 50%～70%变化,白音塔拉地段含砂率在 40%～70%变化,说明芒来—巴润—巴彦乌拉—白音塔拉地段赛汉组上段含砂率在 40%～70%变化对成矿有利。

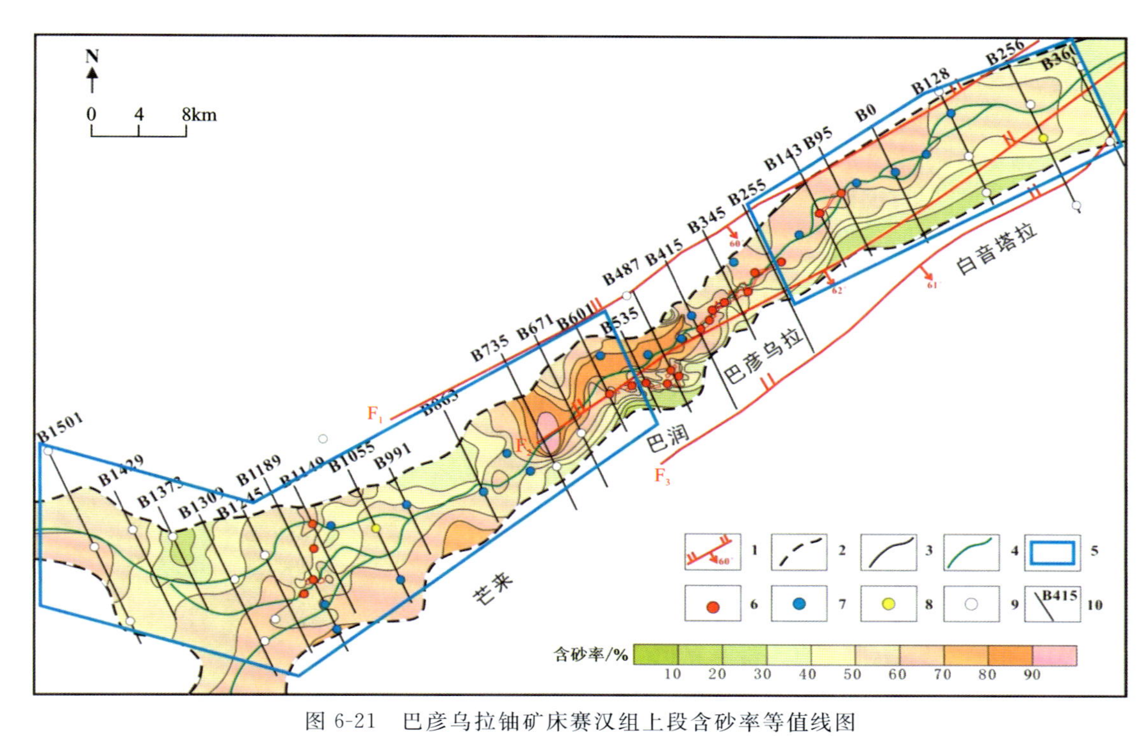

图 6-21 巴彦乌拉铀矿床赛汉组上段含砂率等值线图

1.盖层断层;2.河道边界;3.赛汉组上段含砂率等值线;4.河道主流线;5.工作区范围;
6.工业铀矿孔;7.铀矿化孔;8.铀异常孔;9.无铀矿孔;10.勘探线及编号

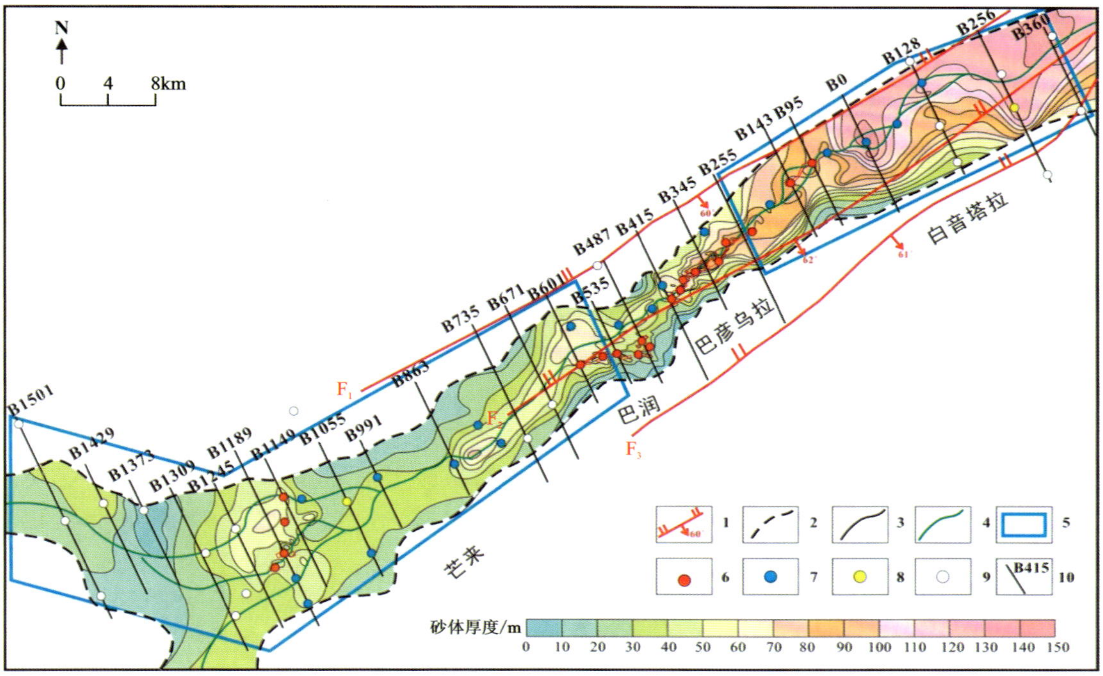

图 6-22 巴彦乌拉铀矿床赛汉组上段砂体等厚图

1.盖层断层;2.河道边界;3.赛汉组上段砂体厚度等值线;4.河道主流线;5.工作区范围;
6.工业铀矿孔;7.铀矿化孔;8.铀异常孔;9.无铀矿孔;10.勘探线及编号

二、赛汉高毕铀矿床

赛汉高毕矿床赛汉组上段主要发育多个侧向物源补给的辫状河沉积体系，主要由河道充填组合、河道边缘组合和泛滥平原构成（图 6-23）。砂质辫状河物源方向上基本继承了早期的砾质辫状河，仍然为多物源的组合特征。古河谷边缘发育的冲积扇沉积体系为辫状河提供物源。

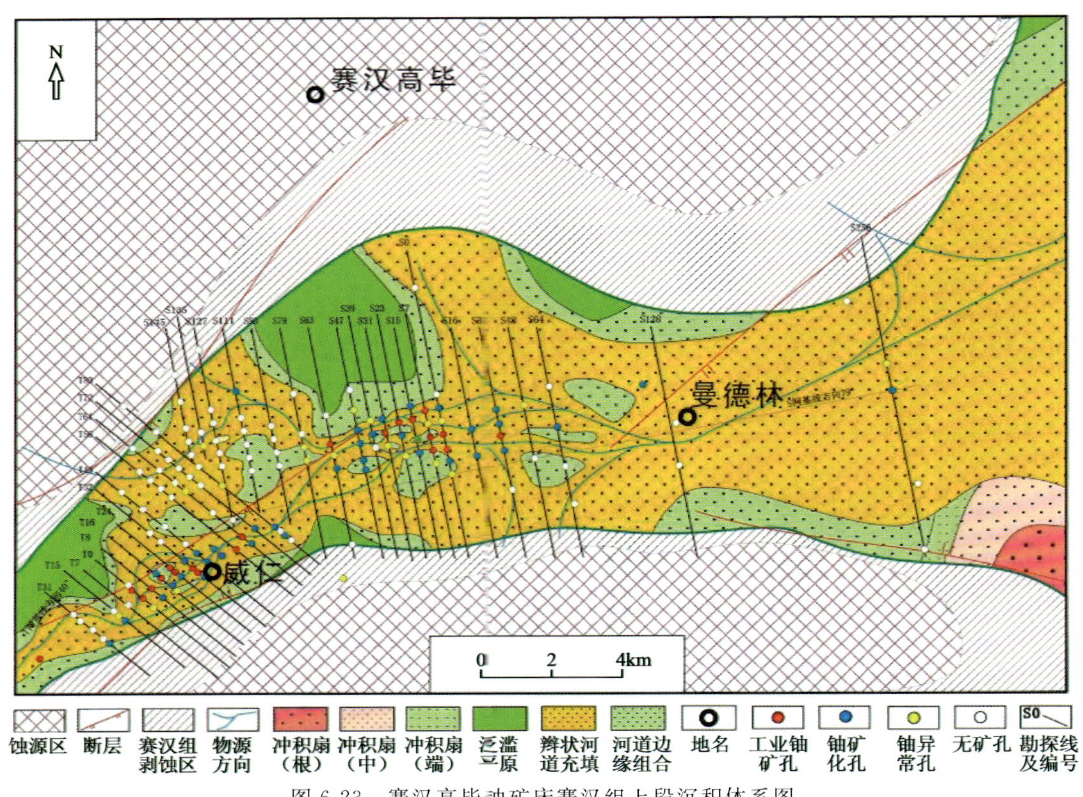

图 6-23　赛汉高毕铀矿床赛汉组上段沉积体系图

由赛汉组上段沉积体系图与铀矿化的叠置关系可以看出，铀矿化位于河道内部的河道充填组合与河道边缘组合的过渡部位以及主河道边缘部位，与砾岩厚度、砂体厚度以及含砂率的分布具有一致性。

赛汉组上段砂体厚度与砾岩厚度具有类似的特征，也呈带状分布，反映了辫状河沉积特征。铀矿化基本上都分布于砂体厚 20～40m 的区域，为砂体厚度相对适中，反映 20～40m 的储层厚度为最佳区域。由砂体厚度的变化趋势与铀矿化的匹配关系来看，最佳铀成矿部位为砂体变细变薄的变异部位（图 6-24）。

铀矿化基本上都分布于含砂率为 30%～50%的区域，含砂率相对适中，反映砂体相对适中的沉积区域为有利区域。由含砂率的变化趋势与铀矿化的匹配关系来看，最佳铀成矿部位为砂体沉积中心向泥岩沉积中心的变异部位（图 6-25）。

赛汉组上段砾岩厚度也反映了辫状河沉积特征。铀矿化都分布于砾岩厚 10～30m 的区域，砾岩厚度相对适中，反映主砂体及主物源的边缘是有利的成矿区域。由砾岩厚度的变化趋势与铀矿化的匹配关系来看，砾质辫状河向砂质辫状河过渡部位以及砂质辫状河为主要的成矿部位（图 6-26）。

三、哈达图铀矿床

哈达图铀矿床赛汉组上段砂体厚度在古河谷中央厚、边缘薄，总体上呈近南北向带状展布。可分为 3 个亚段，各亚段砂体厚度受底板标高形态的影响，在底板形态相对低洼的部位，砂体厚度相对较大。

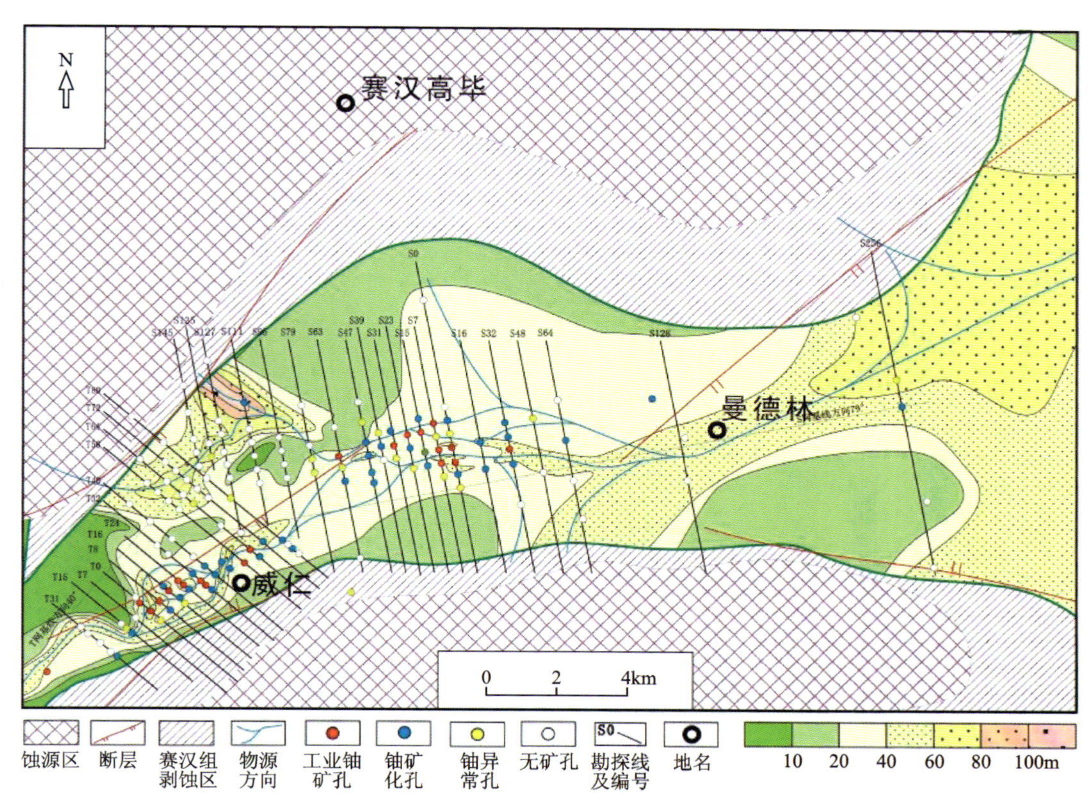

图 6-24　赛汉高毕铀矿床及外围赛汉组上段砂体厚度图

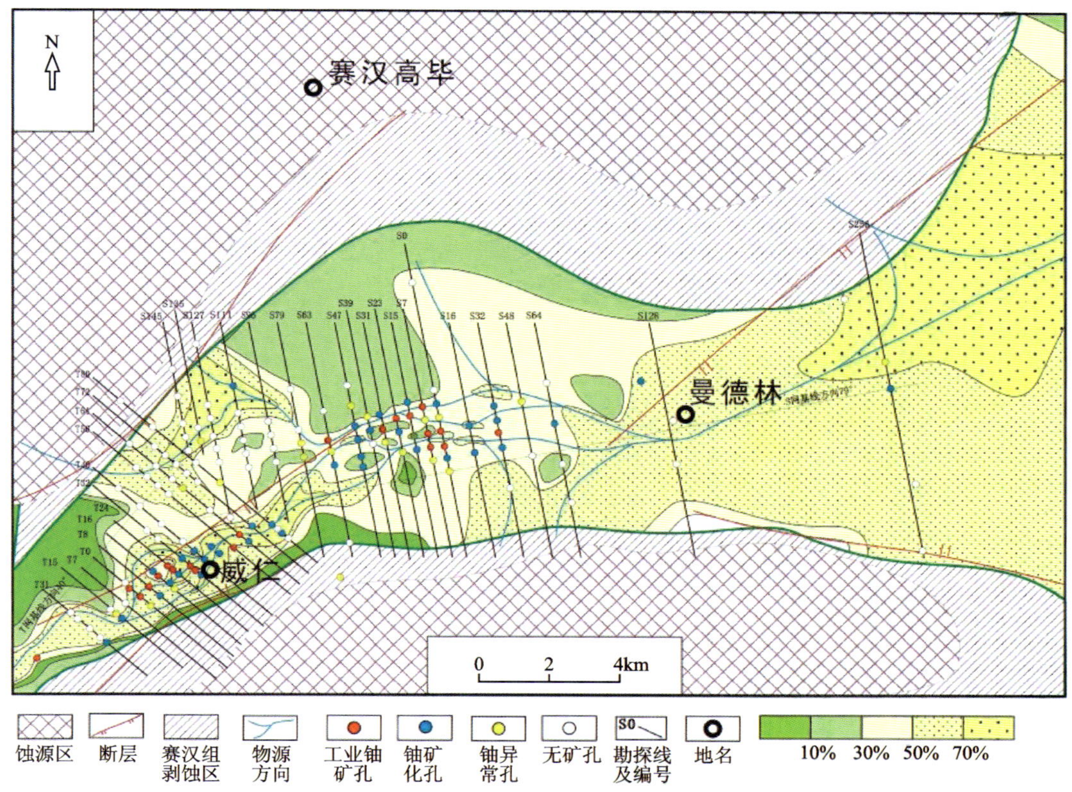

图 6-25　赛汉高毕铀矿床及外围赛汉组上段含砂率等值线图

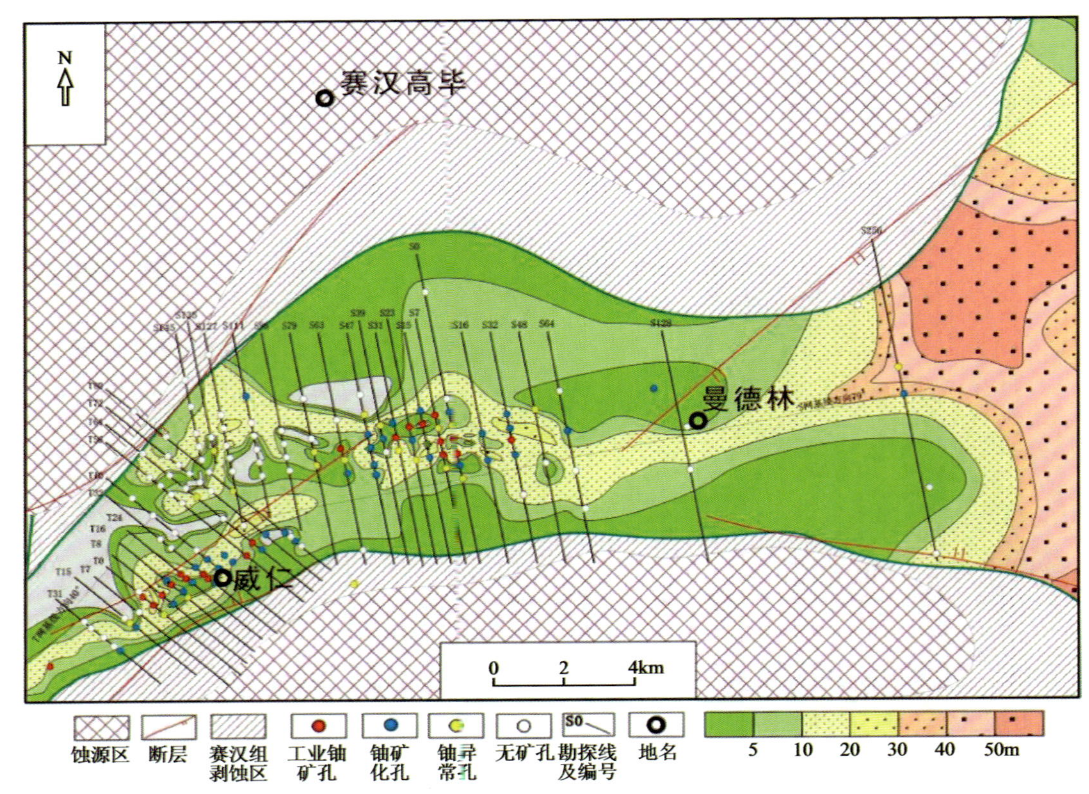

图 6-26　赛汉高毕铀矿床及外围赛汉组上段砾岩厚度图

第一亚段($K_1s^{2\text{-}1}$):砂体分布在乔农高—哈达图一带,呈北东到近南北向条带状展布(图 6-27a),呈中心厚、两侧邦相对较薄的沉积特征,河道充填砂带宽 10～20km、厚 1.6～160m,平均厚度 62.11m。砂体厚度自南向北逐渐变小,体现出上游砂体厚度大、下游厚度变小的特点。受底板形态的影响,在 F811—F407 线、F95—F63 线和 E1632—T575 线砂体厚度出现高值区,每个高值区代表为沙坝沉积微相,沙坝的展布方向与主河道方向斜交或近似垂直,为侧向或横沙坝,铀矿化主要赋存在沙坝的边缘部位。

第二亚段($K_1s^{2\text{-}2}$):砂体主要分布在郭尔奔—齐哈日格图—哈达图一带,呈北北西到北北东向展布(图 6-27b),比第一亚段砂体空间位置明显向东迁移,河道砂体宽 10～25km、厚 5～152.2m,平均厚度 69.71m。砂体厚度高值区主要分布在郭尔奔—齐哈日格图地段,厚 80～152.2m,呈北北西向长条状展布,与第二亚段底板形态较为吻合,北部哈达图地段和塔木钦地段砂体厚度变小,厚 32.79～89.16m,平均 59.80m。第二亚段河道砂体厚度总体上具有东侧邦厚度大,西侧邦厚度小,南部厚、北部薄的特点。其中 F128—F95 线砂体厚 24～142m,出现 3 个砂体厚度高值区,高值区代表为沙坝沉积微相,沙坝的展布方向与主河道方向斜交,为侧向沙坝,铀矿化主要赋存在两个沙坝之间的过渡部位。

第三亚段($K_1s^{2\text{-}3}$):砂体分布范围较前两期河道而言规模相对较小,稳定性相对较差,与曲流河道性质有关,出现河道频繁迁移改道,多呈透镜体不规则分布,砂体呈北西向分布(图 6-27c),砂体宽 5～15km、厚 8～166m,平均厚度 57.68m。在郭尔奔地段厚度较小(20～40m),受后期构造抬升、风化剥蚀的影响,造成哈达图地段厚度较大(22.40～166m),塔木钦地段厚度小(30～10m)。总之,砂体厚度具上游厚度小、下游厚度大的特点,在 F63 线以北,两条支谷交会部位相对较厚,与该亚段底板形态低洼的部位相吻合,河道边缘砂体厚度较薄。

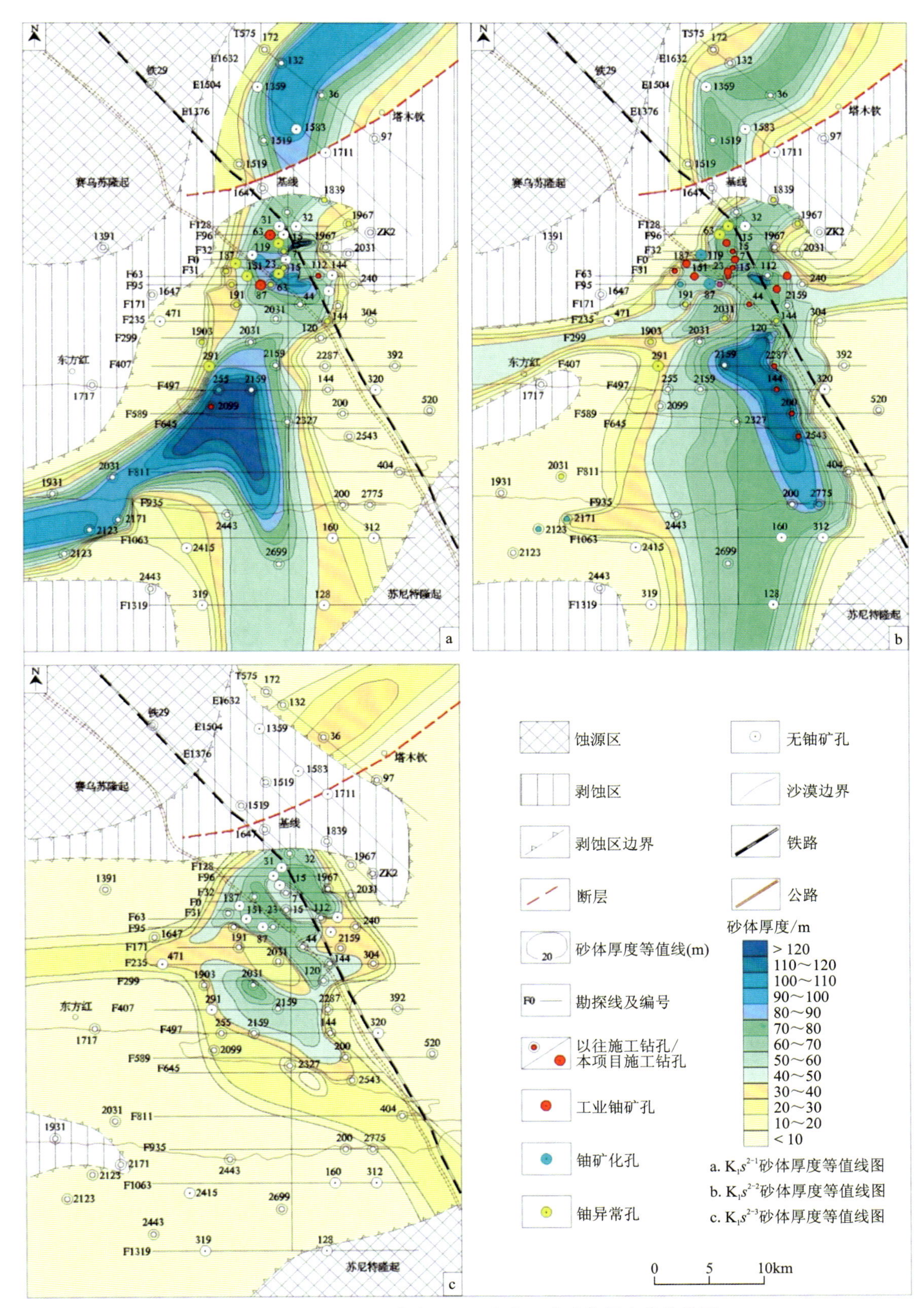

图 6-27 哈达图铀矿床赛汉组上段各亚段砂体厚度等值线图

各亚段含砂率与砂体厚度在变化趋势上基本一致，砂体厚度大，含砂率高(图 6-28)。

第一亚段(K_1s^{2-1})：由于第一亚段以粗粒的滞留和充填沉积为主，泥岩夹层较少及顶部泥岩薄，因此，含砂率相对较高，含砂率高值区分布范围较大，沿乔农高—哈达图一带呈北东到近南北向展布(图 6-28a)，相对稳定，含砂率最大为 95.68%，具有河道中心含砂率值高、河道两侧邦含砂率值低的特征，与砂体厚度等值线图形态保持一致。当含砂率值高于 80%呈不连续和带状沿河道方向展布，含砂率大于 70%时连续分布于中央部位，呈北东-南北向带状展布。

第二亚段(K_1s^{2-2})：含砂率高值区与砂体厚度一致向东迁移，宽度较第一亚段有所扩大，高值区主要分布在郭尔奔—齐哈日格图—哈达图一带，呈南北向带状展布，等值线在两侧邦密集，含砂率变化快。含砂率值大于 90%的高值区范围较第一亚段小，高值区不连续(图 6-28b)。

第三亚段(K_1s^{2-3})：含砂率相对较低，等值线呈近北西—北东向展布。含砂率高值区位于哈达图北西缘，含砂率为 40%～60%，郭尔奔—齐哈日格图一带含砂率较低，为 20%～40%(图 6-28c)。

三期河道含砂率高值区在北部 E1376 线附近叠合，有 3 个主要原因：一是第一亚段与第二亚段河流自身的运载能力较强，河道宽度大；二是北西向的反转走滑断层使第三亚段上部泥岩、砂岩剥蚀严重，在 E1376、E1504 线部分钻孔剥蚀到第一、二亚段；三是南北向和东西向两支谷交汇部位。根据各亚段的沉积学特点及有效砂体厚度，第一、二亚段含砂率在 40%以上可以确定为主河道沉积的分布范围，第三亚段含砂率在 30%以上确定为主河道沉积范围。

哈达图铀矿床物源体系具多源特征，既有上游古河谷顺向物源的供给，又有下游河道两岸凸起区的侧向补充。早期物源可能来自于苏尼特隆起区的乌尔塔岩体和乌兰察布西缘的卫境岩体，在上游的乔尔古南部和东方红凸起的东侧分布大面积的冲积扇-河道充填亚相红色、黄色卵砾岩；在其前端沿古河谷中央发育大面积的河道充填亚相黄色、灰色砂质砾岩，两侧邦发育河道边缘亚相的细砂岩及河堤岸、决口组合及泛滥平原组合。因此，哈达图铀矿床赛汉组上段由河流沉积体系构成，是多物源、多期次河道叠加而成的复合型河道，河道发育具有早期的砾质辫状河—中期的砂质辫状河—晚期曲流河的沉积演化过程。

对哈达图铀矿床赛汉组上段各亚段的沉积体系进行了精细研究，每一亚段发育一期河道。

第一亚段(K_1s^{2-1})：发育第一期河道，位于赛汉组上段底部，向北东发育，受盆缘构造控制，河道形态受苏尼特隆起和东方红、赛乌苏及塔木钦凸起的影响，物源主要来自于苏尼特隆起和赛乌苏凸起，具有多物源的特征。沉积物以粗粒为主，底部见滞留沉积的卵砾岩，其上为充填沉积的含卵石的砂质砾岩，砂体厚度大，连续性好，具有砾质辫状河沉积特征。在古河谷隆起区周边发育冲积扇-河道充填亚相的卵砾岩分布区，中央及东侧邦发育河道充填亚相砂质砾岩分布区，河道宽 10～20km，规模最大(图 6-29a)。

第二亚段(K_1s^{2-2})：发育第二期河道，位于赛汉组上段中部，河道仍然受古河谷基底隐伏凸起的影响，其物源主要来自于古河谷南部的苏尼特隆起区，主河道明显向东迁移，呈近南北向展布，河道宽10～25km。北部发育近东西向的支谷，在 F171—F0 线一带交会。在古河谷南部蚀源区至 F1063 线发育大面积的冲积扇-河道充填亚相的卵砾岩分布区，其前端为河道充填亚相砂质砾岩、砂岩分布区，从南向北粒度逐渐变细，河道宽度明显变窄，河道两侧边缘相沉积组合发育。总之，河道充填沉积以砂质砾岩、粗砂岩为主，连通性好，具有砂质辫状河沉积特征(图 6-29b)。

第三亚段(K_1s^{2-3})：发育第三期河道，河道沉积时完全超覆了东方红凸起，呈北西向发育，与东西向发育的支谷在 F299 线以北交会，然后呈北东向展布，在 E1376 线以北，存在北西向的返转走滑断层，使第三亚段遭受强烈剥蚀，残留河道的规模明显小于前两期。主干河道宽 5～15km，河道在发育过程中存在明显的多次改道，在 F589 线和 F299 线发育牛轭湖，河道砂体以中粗、细砂岩为主，砂体连通性较差，大部分呈透镜体分布，规模最小，具有典型的曲流河沉积特征(图 6-29c)。

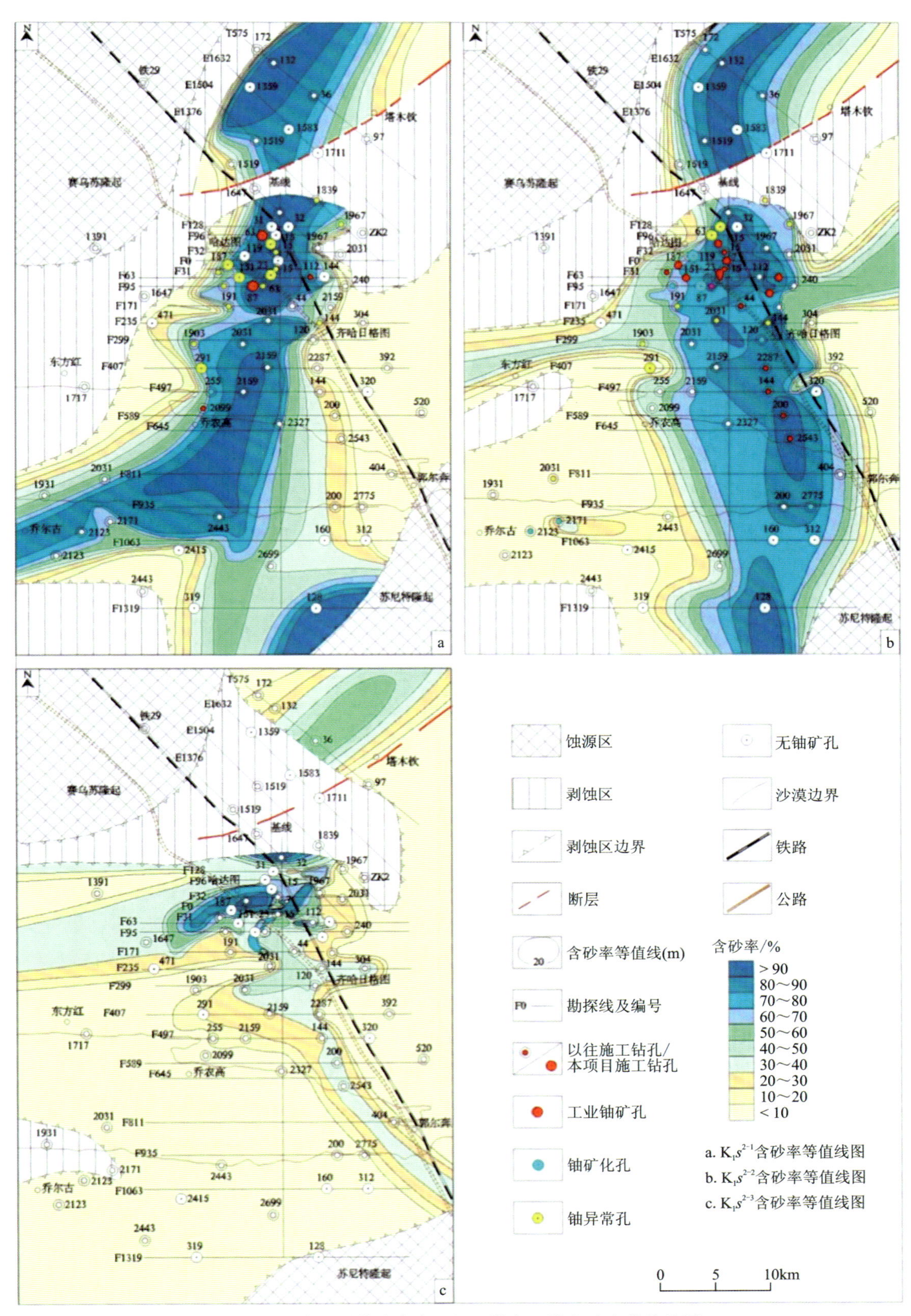

图 6-28　哈达图铀矿床赛汉组上段各亚段含砂率等值线图

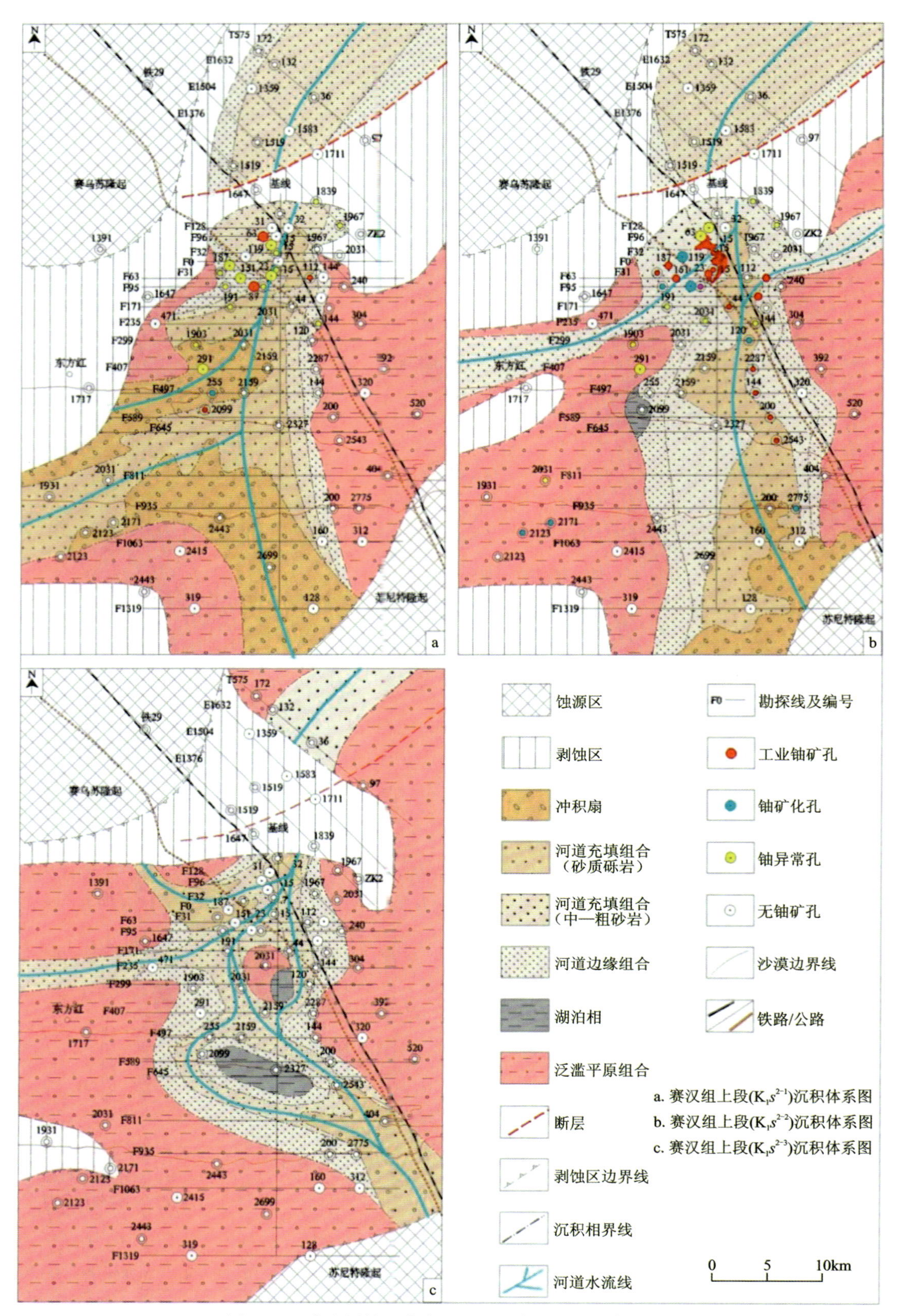

图 6-29　哈达图铀矿床赛汉组上段各亚段沉积体系图

第四节 铀成矿作用过程——“聚”

巴-赛-齐古河谷赛汉组上段沉积后区域上构造整体抬升，代表了含氧含铀地下水的渗入和铀成矿作用过程——“聚”的开始，构造反转局部抬升加剧了铀成矿作用过程，铀的聚集作用具有继承性、长期性和稳定性，形成了巴彦乌拉大型、赛汉高毕小型、哈达图特大型等古河谷型砂岩铀矿床及乔尔古等铀矿产地。

一、铀成矿作用事件

不少学者认为二连盆地断陷期后的构造反转从早白垩世晚期就已经开始（马新华，2000；陈功等，1992）。近年来的勘探中发现，地震剖面上早白垩世断裂控制了赛汉组下段，赛汉组上段基本不受断裂控制，可以总结赛汉组为断拗转换期，这样的背景控制了赛汉组上段优质铀储层的形成。但是对古河谷赛汉组上段砂岩型铀成矿至关重要的是晚白垩世—始新世的区域挤压背景（卫三元等，2006），其造成长时间的沉积间断和正构造反转（李心宁等，1997）。这样的正反转构造在渤海湾盆地各坳陷、中国海域诸盆地和二连盆地等地区时有发现（刘池洋等，2007）。

晚白垩世（100Ma）以来为蒙古-鄂霍茨克带发生的俯冲、碰撞事件造成的南北向挤压以及印度板块的远程效应导致东北亚地区的古构造应力场重新转化为左旋压-剪（图 6-30）。因此，推断这种左旋压-剪应力正是二连盆地及古河谷乃至整个东北亚地区晚白垩世至始新世发生构造反转的基本动力学背景（李思田等，1987）。

这一时期的构造反转在同处东北亚地区的松辽盆地钱家店铀矿床中可以对比。钱家店铀矿床成矿年龄(67 ± 5)Ma、(53 ± 3)Ma、(44 ± 4)Ma 与晚白垩世末—古近纪早期该区地壳抬升掀斜和反转构造形成的构造“天窗”时期相吻合（于文斌，2008；李树青，2007），该时期具备层间氧化带形成条件。同时期的二连盆地及古河谷构造反转也较为普遍，在马尼特坳陷、乌兰察布坳陷、腾格尔坳陷和川井坳陷多数地震剖面上都可识别出正反转断层存在。

马尼特坳陷古河谷巴彦乌拉地区两条断裂 F_1 和 F_4 同时为重要的后期反转断裂（图 6-31）。

在早白垩世断陷时期，F_1 断裂基本控制了古河谷北西侧边界，在晚白垩世—始新世时期，这两条断裂发生正反转，靠近断裂上盘的赛汉组抬升遭受剥蚀。巴彦乌拉矿床西部芒来煤矿的煤主要产于赛汉组中段，煤层已经靠近地表。由于煤层的产生本身就需要一定的埋深和地温条件，这说明，煤层形成后必然经历了抬升。赛汉组中段煤层出露说明古河谷北西侧的赛汉组上段被剥蚀，巴彦乌拉矿床的铀成矿与构造反转和剥蚀作用有着必然的联系。

对古河谷铀成矿影响最大的是晚白垩世—始新世的构造反转和抬升，赛汉组上段遭受剥蚀时间长，风化剥蚀和淋滤作用强度大（图 6-30），剥蚀作用导致的剥蚀天窗（图 6-32），特别是靠近古河谷边缘和反转断裂的地段，剥蚀更为严重，且形成构造坡折，形成潜水-层间氧化带，这一阶段为主要的铀成矿时期。现今赛汉组上段为经历构造反转抬升剥蚀残留后的地层，残留的地层为带状，呈现“河谷”特征，巴彦乌拉矿床正好位于残留地层的 F_1—F_4 断裂之间。由于构造反转，F_1 断层和 F_4 断层（图 6-31）之间赛汉组埋深较大，钻孔揭遇厚层古近系—新近系泥岩，地震剖面上赛汉组的埋深也印证了这一点。

因此，晚白垩世—始新世这一阶段的构造反转对铀成矿具有至关重要的意义。

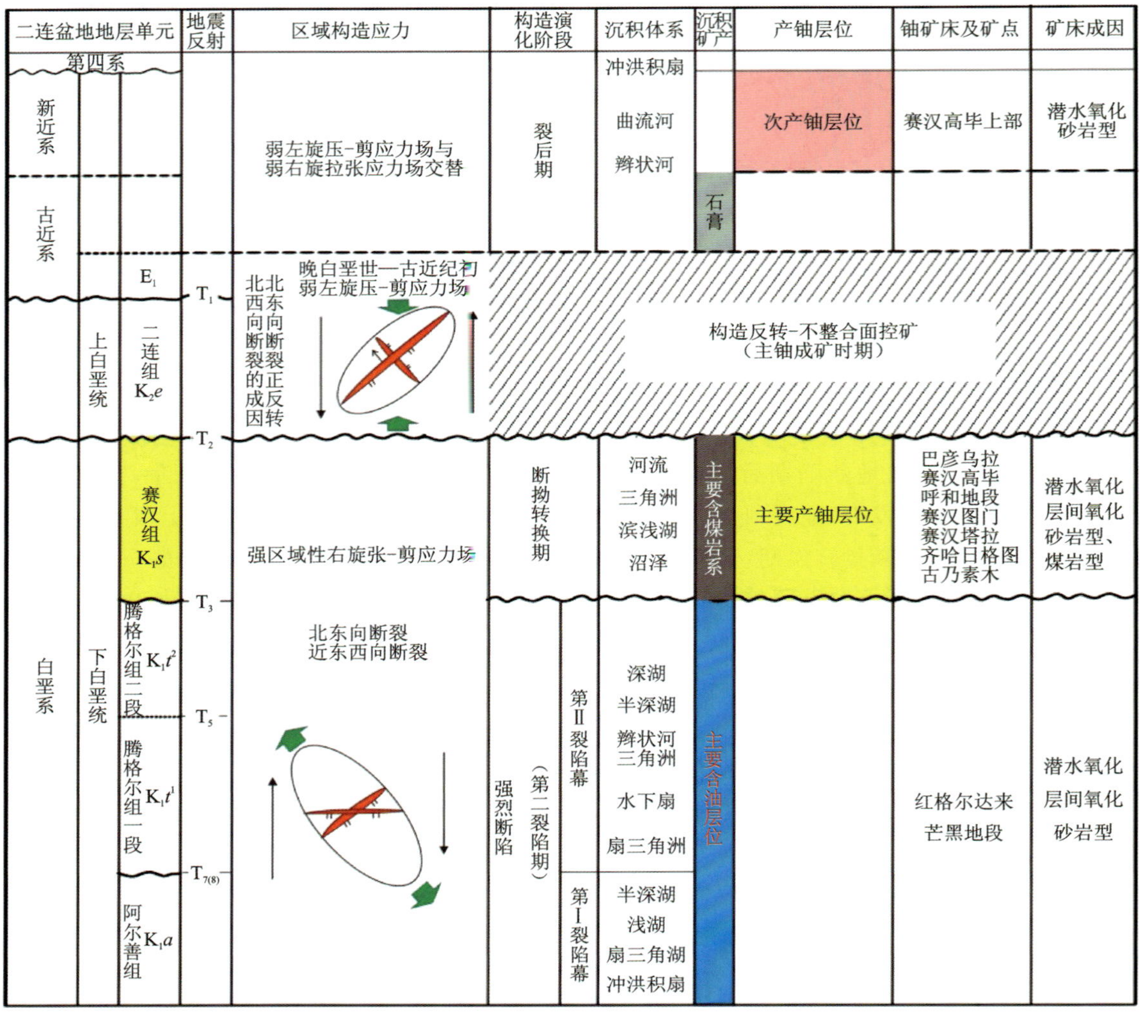

二连盆地地层单元			地震反射	区域构造应力	构造演化阶段	沉积体系	沉积矿产	产铀层位	铀矿床及矿点	矿床成因
第四系				弱左旋压-剪应力场与弱右旋拉张应力场交替	裂后期	冲洪积扇				
新近系						曲流河 辫状河		次产铀层位	赛汉高毕上部	潜水氧化砂岩型
古近系							石膏			
		E_1	T_1	晚白垩世—古近纪初弱左旋压-剪应力场 北西向断裂的成因 北东向断裂正反转	构造反转-不整合面控矿（主铀成矿时期）					
白垩系	上白垩统	二连组 K_2e	T_2							
	下白垩统	赛汉组 K_1s	T_3	强区域性右旋张-剪应力场	断拗转换期	河流 三角洲 滨浅湖 沼泽	主要含煤岩系	主要产铀层位	巴彦乌拉 赛汉高毕 呼和地段 赛汉图门 赛汉塔拉 齐哈日格图 古乃素木	潜水氧化 层间氧化 砂岩型、 煤岩型
		腾格尔组二段 K_1t^2	T_5	北东向断裂 近东西向断裂	强烈断陷（第二裂陷期）第Ⅱ裂陷幕	深湖 半深湖 辫状河三角洲 水下扇 扇三角洲	主要含油层位		红格尔达来 芒黑地段	潜水氧化 层间氧化 砂岩型
		腾格尔组一段 K_1t^1	$T_{7(8)}$							
		阿尔善组 K_1a			第Ⅰ裂陷幕	半深湖 浅湖 扇三角洲 冲洪积扇				

图 6-30　二连盆地及古河谷不同时期构造应力背景、沉积体系与铀成矿关系图

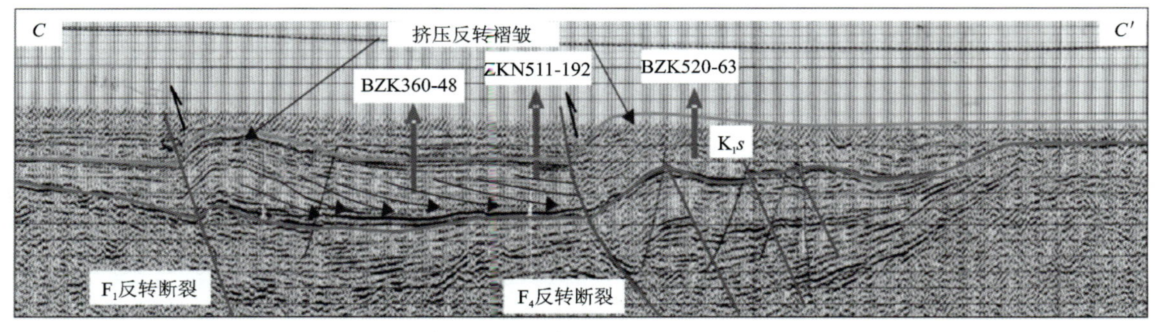

图 6-31　古河谷巴彦乌拉地区 EH80 地震剖面图

巴彦乌拉地区由于受二连盆地整体抬升和古河谷局部构造反转的影响，存在由古河谷北西向南东的侧向铀成矿作用和沿古河谷由南西向北东的顺向铀成矿作用（图 6-33）。赛汉组上覆古近系和新近系厚度高值区位于巴彦乌拉矿床北东部，南西部为低值区（图 6-33a）。南西部的赛汉组上段底板埋深也浅，说明南西部的挤压抬升和剥蚀强度更大。从赛汉组氧化砂体百分比图来看（图 6-33b），南西部的砂体基本上被氧化，说明沿古河谷由南西向北东的顺向铀成矿作用明显。

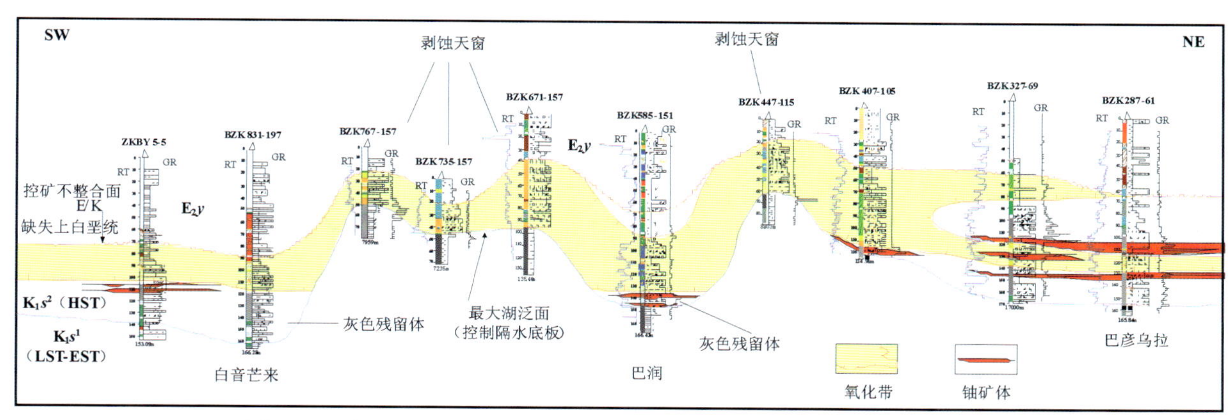

图 6-32　古河谷巴彦乌拉地区剥蚀作用形成的剥蚀天窗与铀成矿关系图

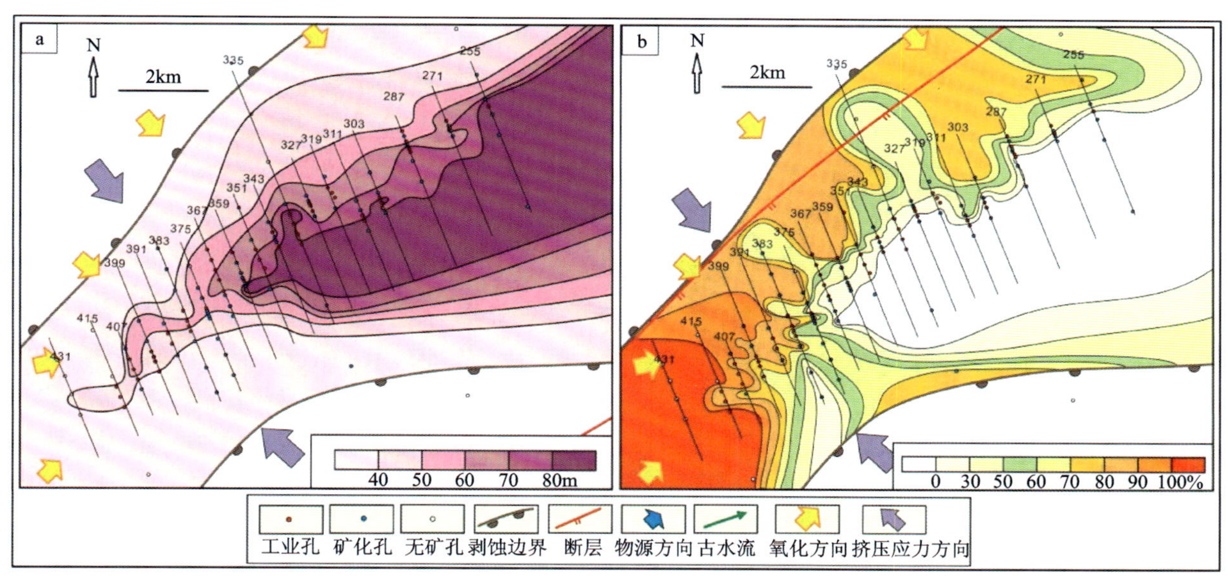

图 6-33　巴彦乌拉地区赛汉组上段沉积后构造演化与铀成矿的关系

a. 赛汉组上覆古近系＋新近系厚度；b. 赛汉组上段氧化砂体百分比

二连盆地磷灰石裂变径迹样品的测试结果见表 6-5（刘武生等，2011）。由表观年龄特征得出：①所有样品的表观年龄值分散于 83.4～46.7Ma，均比样品所处地层真实年龄（300～120Ma）要小，说明均经历了 60～70℃以上的退火作用，反映现今处于地表低温环境的这些样品的上部层位均遭受了不同程度的地层剥蚀；②地层从 K_1—C 的表观年龄总体呈现逐渐减小的趋势，与其地层的真实年龄从小到大逆向变化，反映了下部地层经历的退火作用相对较高、时间较长，隆升剥蚀相对较晚；③不同岩体的表观年龄呈现一定的差异，表明其相应的沉降-隆升史具不一致性。

表 6-5　二连盆地中部磷灰石裂变径迹分析数据表（测试数据据刘武生，2011）

样品号	所在位置	时代	颗粒数/个	$\rho_s/10^5 cm^{-2}$	$\rho_i/10^6 cm^{-2}$	T/Ma	$L/\mu m(n)$
EN1002	二连盐池	C	8	1.333(80)	0.5083(305)	46.7±9.0	13.7±0.3(28)
EN1011	齐哈日格图	K_1s	15	1.537(189)	0.431(530)	49.3±4.5	14.0±0.2(83)
EN1012	齐哈日格图	K_1s	12	2.97(267)	0.789(710)	51.3±4.1	13.8±0.1(91)
EN1021	伊和乌素	γ_4^2	27	2.763(688)	0.541(1346)	75.6±4.4	14.1±0.1(101)

续表 6-5

样品号	所在位置	时代	颗粒数/个	$\rho_s/10^5 cm^{-2}$	$\rho_i/10^5 cm^{-2}$	T/Ma	$L/\mu m(n)$
EN1026	腾格尔西北	K_1s	11	0.851(80)	0.257(242)	48.4±6.5	13.1±0.4(10)
EN1041	卫境岩体	γ_4^2	27	0.619(1157)	0.997(1865)	83.4±4.3	14.1±0.1(102)
EN10161	腾格尔西北	K_1s	24	2.769(576)	0.776(1613)	51.7±3.1	14.3±0.1(104)
EM1026	赛汉图门	K_1s	25	2.670(486)	0.751(1366)	50.9±3.2	14.4±0.1(101)
EM1036	苏左旗岩体	γ_4^2	27	4.278(909)	1.081(2298)	59.5±3.0	14.3±0.1(102)

哈达图地区 EZK800-2031 样品(EN1011)模拟的 t-T 曲线图 6-34 反映了该地区的埋藏-抬升史：赛汉期(125～100Ma)主要为断坳沉降期；二连期(100～70Ma)发育一次热事件，基本未接受沉积；晚白垩世末—古近世(70～55Ma)，凹陷处于缓慢整体抬升期；始新世(55～30Ma)，凹陷处于较快速抬升期；渐新世—中新世早期(30～18Ma)，差异沉降期；中新世早期后(18Ma—现今)，盆地整体缓慢抬升，准平原化，形成现今的蒙古高原。因此，哈达图铀矿床的形成在抬升阶段，主要成矿时间段应在缓慢整体抬升期和较快速抬升阶段，即晚白垩世末—始新世(70～30Ma)(刘武生等，2011)。

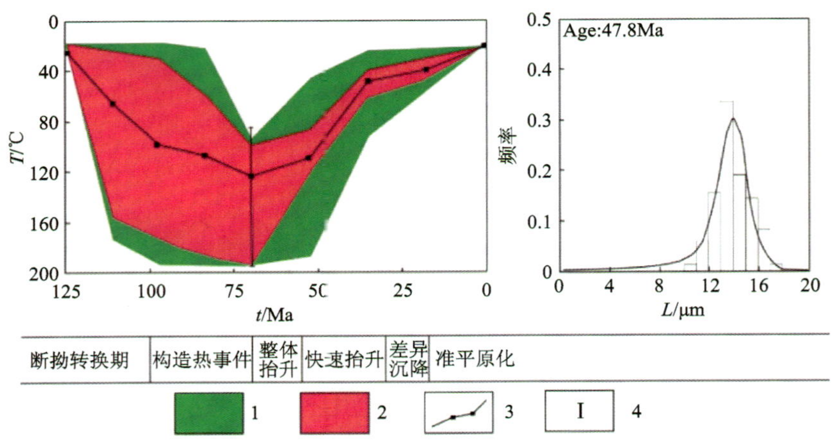

图 6-34　哈达图地区 EZK800-2031 样品模拟的 t-T 曲线图(据刘武生等，2011)

1. 可接受的模拟结果；2. 符合良好的模拟结果；3. 符合较好的 t-T 曲线；4. 限制条件

铀成矿事件与幕式裂陷演化具有耦合关系。砂岩型铀矿形成时产铀盆地多处于一种弱挤压的构造体制下，而容矿主砂岩的形成则多处于盆地演化阶段的一种伸展的构造活动体制，两者恰好是相反的(陈祖伊，2002；黄世杰，2012)。而幕式裂陷正是由早期的伸展作用演化为晚期的弱挤压作用，铀成矿与幕式裂陷演化有着耦合关系。晚白垩世到古新世，晚白垩世(100Ma)以来为蒙古-鄂霍茨克带发生的俯冲、碰撞事件造成的南北向挤压以及印度板块的远程效应导致东北亚地区的古构造应力场重新转化为左旋压-剪(李思田等，1987)，造成二连盆地及古河谷的构造反转较为普遍，仅在小部分具备微弱的裂后热沉降作用的地区发育二连组沉积，大部分地区构造反转造成晚白垩世和古新世的沉积缺失，并造成赛汉组沿反转断裂一侧抬升，为铀成矿作用提供了条件。裂陷期与裂后期之间的剥蚀作用造成古河谷赛汉组剥蚀残留地层分布范围局限，剖面上倾向上呈“锅底状”，平面上走向上呈“带状”，在大型骨架砂体(高位体系域)发育氧化作用及铀成矿作用(图 6-33)。裂陷幕阶段之间的不整合面是古河谷的重要控矿因素，铀成矿作用与裂陷Ⅱ幕和裂后期的不整合面有关。古河谷在早白垩世与古近纪之间的沉积间断长达 33.4Ma，长时间的沉积间断导致不整合面以下的赛汉组上段铀成矿作用具有长期性(图 6-35)。

铀成矿事件造成了二连盆地古河谷不同地区铀成矿作用的差异性。东部马尼特坳陷古河谷在晚白垩世至中新世末长期处于隆升剥蚀状态，上白垩统(K_2)及古近系(E)主要分布在中西部的乌兰察布坳陷古河谷，而新近系(N)则主要分布在马尼特坳陷古河谷，表明古近纪—新近纪沉降中心的转移，受喜

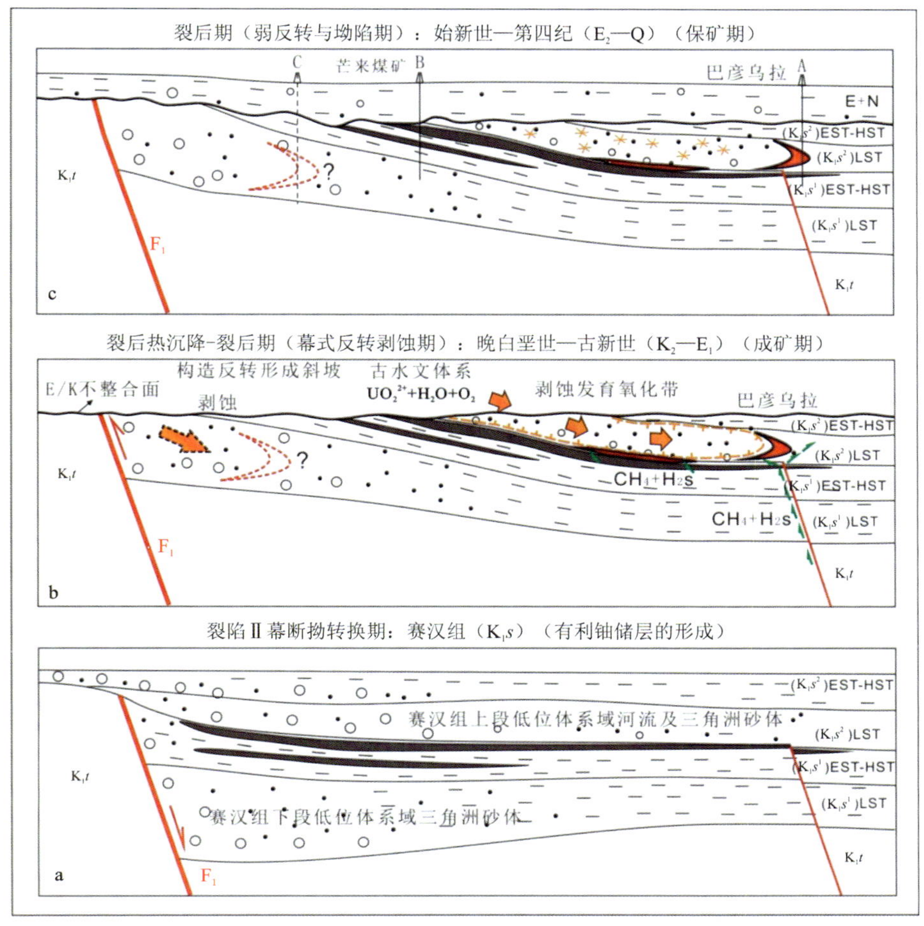

图 6-35　古河谷巴彦乌拉地区幕式构造演化与成矿事件模式图

马拉雅运动差异升降的影响而呈“跷跷板”式变化(图 6-36)。这样一种地层分布格局实际上控制了沉积间断和剥蚀作用,主要铀成矿作用发育在上覆地层缺失期,进而控制了不同地区铀成矿作用。如二连盆地腾格尔坳陷赛汉组之上缺失晚白垩世、古近纪和新近纪早期地层,长期的沉积间断使得赛汉组遭受剥蚀和强烈氧化,赛汉组上段基本被氧化,而川井坳陷则相反,赛汉组氧化带发育程度相对较弱。古河谷赛汉高毕—巴彦乌拉地区缺失 K_2 和 E_1 地层,为主要成矿时期。同时,由于古河谷抬升剥蚀程度和含氧含铀水渗入条件的差异性,及赛汉组上段低位体系域发育大规模辫状河道及辫状河三角洲砂体,为相对独立的含氧含铀水流动单元,造成赛汉组上段低位体系域是最主要的含矿层,湖泊扩展体系域和高位体系域基本上无矿化(图 6-37)。

因此,在勘探过程中,铀成矿构造事件和层序发育特征控制了整个的铀成矿系统,有利含矿建造的形成为铀聚集奠定了较好的容矿空间,而最终能否富集成矿,关键在于建造后的构造事件对铀成矿是否有利,不均衡性抬升作用及构造反转对铀成矿作用尤为重要。

二、成矿作用时期的气候条件

古气候是控制砂岩型铀矿床形成的基础条件之一。首先,在含矿建造形成期需要一个温湿或半温湿的古气候条件,形成以灰色为主的富含有机质和黄铁矿等还原介质并具有一定还原容量的有利含矿建造。其次,在成矿期需要一个干旱—半干旱的古气候期,地表植被不发育,腐殖质层薄,有利于含氧含铀水的渗入,促使铀成矿作用的进行。在干旱、半干旱条件下也能够形成灰色砂体并保存下来,其主要

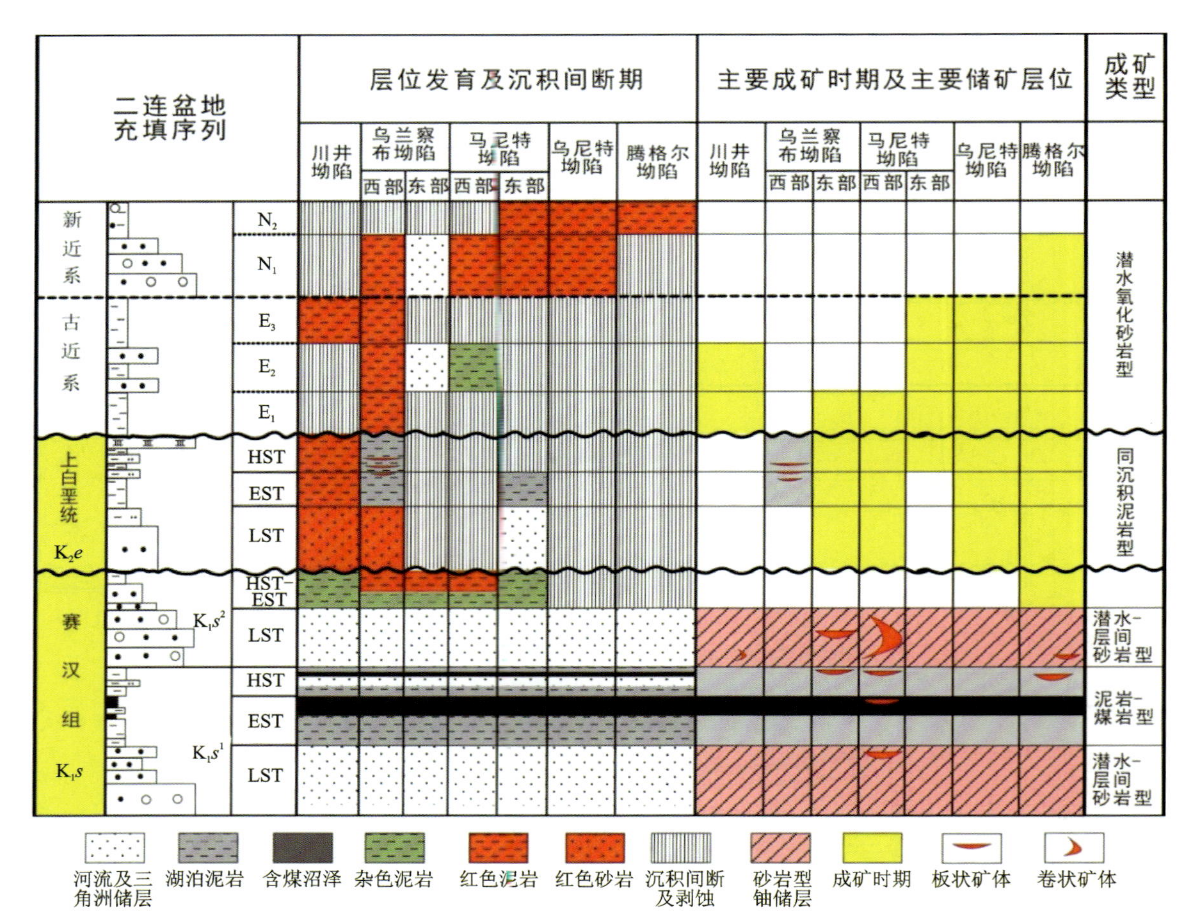

图 6-36　二连盆地及古河谷铀成矿时期与储矿层关系图

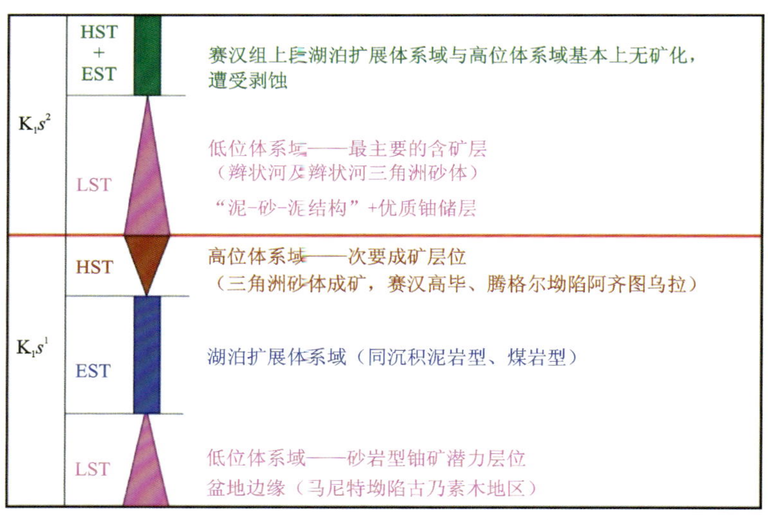

图 6-37　二连盆地及古河谷赛汉组体系域与铀成矿关系图

位于河流的汇水地带或者河流的入湖处。这些地段水流较大，沉积物供应充足，沉积后快速埋藏，同时潜水位较高，氧化作用较弱，沉积时含有较多的植物残骸，含碳质较高的部位在成岩过程中可释放出大量还原性物质，使地层保存原有的还原性，并可能将砂岩中存在的杂色部分还原成灰色，具有使铀沉淀富集的还原能力。

赵锡文(1988)在研究我国白垩纪古气候时，将别里阿斯期—巴列姆期的古气候划分为 6 个大区，将包括二连盆地在内的古阴山、古燕山以北的广大地区划属温暖带潮湿区，二连盆地巴列姆期的孢粉组合（松科、罗汉松科的两气囊花粉占优势，其他如南美杉科花粉以及海金沙科和桫椤科孢子，它们都是温暖湿润气候条件下的产物）正好反映了这一气候特征。赵锡文认为，从阿普第期开始，二连盆地所在的气候区已从典型的温暖潮湿气候向半潮湿的亚热带气候转化。在二连盆地阿普第期的孢粉组合中，克拉梭粉属花粉的含量明显增加，一般在10%～30%之间，最高可达40%以上，同时，蕨类中的海金沙科孢子的含量也明显上升，反映古气候的明显转变。

据聂逢君(2005)对研究区所做孢粉研究，腾格尔期孢粉组合中，桫椤孢、海金沙孢、南洋杉以及罗汉松等植物花粉丰富，桫椤属多生于阴湿谷和湖河沿岸的低海拔地区，海金沙科植物多分布在热带—亚热带地区；松柏类多属温暖气候类型，云杉属—松属产于亚热带山地，罗汉松科现存分子主要分布在南半球亚热带热带地区，指示了腾格尔期温暖潮湿的亚热带气候，非常适宜各种植物的生长，少量苏铁粉的存在反映了微弱干旱气候条件的波动出现。而在赛汉期，这些孢粉的含量均有所变化，说明气候条件有所改变，但干旱分子（克拉梭粉和麻黄粉）含量远高于腾格尔期，说明赛汉期气候较腾格尔期干旱。

综上所述，赛汉晚期古气候为温暖潮湿向干旱—半干旱转变时期，即赛汉组上段下部沉积了一套灰（暗）色粗碎屑岩建造，顶部为红色、褐色泥岩所覆盖；晚白垩世及以后，该区气候持续以干旱—半干旱为主，赛汉组上段长时期出露地表充分遭受氧化淋滤，且地下水中的溶解氧在径流过程中不易被消耗，可以在赛汉组上段砂体中运移较远或到达较深部位，有利于氧化作用的发育及铀的沉淀富集。

三、岩石地球化学指标特征

根据野外岩芯地质编录、综合研究及样品分析测试结果，巴-赛-齐古河谷赛汉组上段砂体岩石地球化学类型分为：氧化亚带、氧化-还原过渡亚带、还原亚带3种类型，氧化亚带又可以细分为原生红色氧化岩石地球化学类型，后生黄色、绿色氧化岩石地球化学类型以及灰白色、灰绿色弱氧化岩石地球化学类型3种。不同地球化学类型的岩石具有不同的环境指标特征，通过对常见的几种环境类型，如黄色、白色、绿色、灰白色、灰色、深灰色类等岩石取样分析其环境指标（Fe^{2+}、Fe^{3+}、CO_2、$C_{有}$、S^{2-}、ΔEh），对巴彦乌拉、赛汉高毕和哈达图3个铀矿床的岩石地球化学特征进行对比总结，结果见表6-6和图6-38。

低价硫在绿色、黄色、白色岩石中含量较低，而在过渡亚带灰绿色、灰白色岩石与还原亚带灰色、深灰色岩石中含量较高。哈达图铀矿床在氧化亚带矿石中低价硫S^{2-}的平均值为0.02%。这与氧化亚带砂岩、砂质砾岩中不发育黄铁矿，而在氧化-还原过渡亚带灰绿色、灰白色，及还原亚带灰色、深灰色砂岩

表6-6　典型铀矿床赛汉组上段岩石S^{2-}、$C_{有}$、CO_2、ΔEh值对比表

地区	项目(均值)	砂岩			
		绿色	黄色、白色	灰绿色、灰白色	灰色、深灰色
赛汉高毕矿床	$C_{有}$/%	0.10	0.12	0.18	0.41
	S^{2-}/%	0.20	0.26	0.19	0.38
	ΔEh/mV	25.27	25.77	36.28	49.03
巴彦乌拉矿床	$C_{有}$/%	0.10	0.10	0.30	0.35
	S^{2-}/%	0.22	0.15	0.28	0.35
	ΔEh/mV	24.56	26.5	43.86	47.04
哈达图矿床	$C_{有}$/%	0	0.057	0.245	0.11
	S^{2-}/%	0	0.02	1.32	0.33
	ΔEh/mV	0	14.73	57.5	30.67

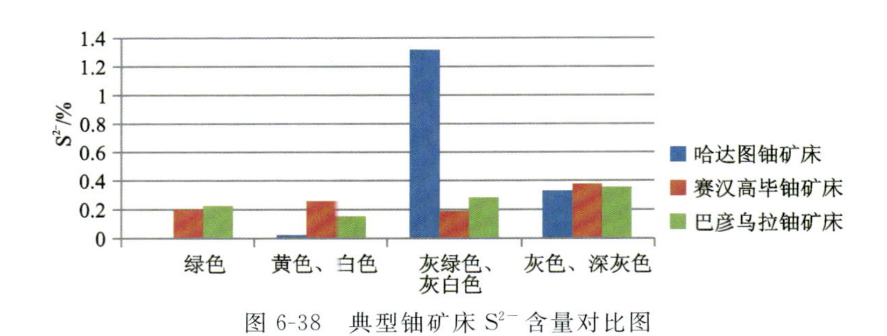

图 6-38　典型铀矿床 S^{2-} 含量对比图

中多含黄铁矿是相符的，也说明铀成矿与黄铁矿的关系密切。赛汉高毕铀矿床和巴彦乌拉铀矿床从氧化亚带绿色、黄色、白色岩石地球化学类型—氧化-还原过渡亚带灰绿色、灰白色岩石地球化学类型—还原亚带灰色、深灰色岩石中低价硫的含量呈逐渐增高的趋势，在还原亚带灰色、深灰色岩石中达到最高。

有机碳在哈达图铀矿床灰绿色、灰白色岩石中含量最高(图 6-39)，其次是灰色、深灰色岩石，在黄色、白色岩石中较低，哈达图铀矿床中无绿色岩石，因此未做对比。赛汉高毕铀矿床和巴彦乌拉铀矿床一样，在灰色、深灰色岩石中有机碳含量最高，灰绿色、灰白色次之，在黄色、白色和绿色岩石中则是最低的。这与宏观上灰色砂岩中含较多碳屑、绿色砂岩中少见碳屑是相符合的，说明绿色砂岩曾遭受氧化，有机质碎屑大量被消耗。有机碳含量在岩石中占的百分比越高，说明为 U^{6+} 还原成 U^{4+} 提供了更多的还原剂。

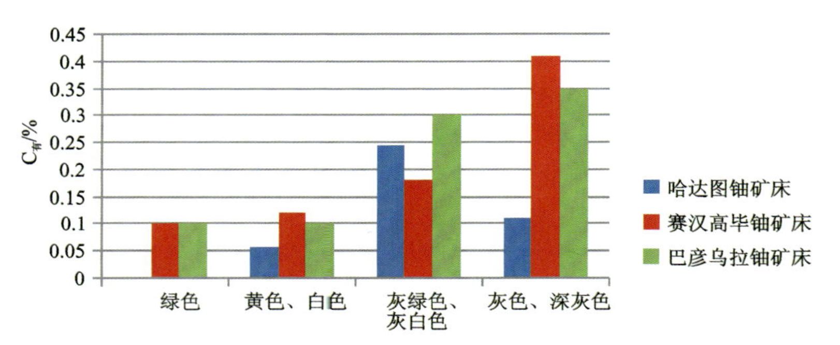

图 6-39　典型铀矿床有机碳含量对比图

岩石比电位值能较好地反映岩石的氧化-还原能力，从表 6-6、图 6-40 中可以看出，其分带性较明显：哈达图铀矿床从氧化亚带黄色、白色岩石地球化学类型—氧化-还原过渡亚带灰绿色、灰白色岩石地球化学类型—还原亚带灰色、深灰色岩石地球化学类型，岩石比电位值逐渐增高，但由于哈达图铀矿床数据统计时多为含矿岩石，得出了氧化-还原过渡亚带灰色、灰白色岩石具有最强还原性。赛汉高毕铀矿床和巴彦乌拉铀矿床岩石比电位值从氧化亚带绿色、黄色、白色岩石地球化学类型—氧化-还原过渡亚带灰绿色、灰白色岩石地球化学类型—还原亚带灰色、深灰色岩石地球化学类型逐渐增高，在灰色、深灰色岩石中还原性达到最强。

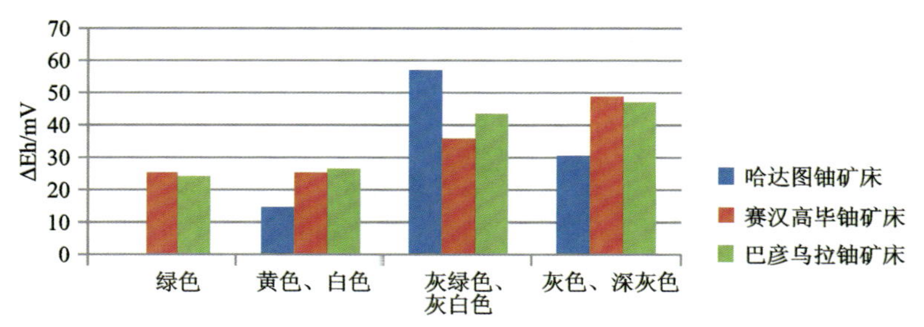

图 6-40　巴—赛—齐地区典型铀矿床岩石比电位值对比图

单广宁等(2015)对巴彦乌拉、赛汉高毕、哈达图典型古河谷铀矿床铀成矿环境地球化学参数特征进行研究,发现各矿床从氧化亚带到氧化-还原过渡亚带到还原亚带,古河谷砂体中的还原容量、氧化-还原能力、黏土含量呈现由低—高—略低规律变化,以氧化-还原过渡亚带最高;砂体中的酸碱度呈现出氧化亚带为弱碱性、氧化-还原过渡亚带呈现中性—弱酸性、还原亚带回返呈弱碱性规律性变化,并据此评价了各矿床环境地球化学参数有利程度,详见表6-7。

表6-7 典型铀矿床环境地球化学参数特征表

环境地球化学参数		典型矿床	氧化亚带	氧化-还原过渡亚带	还原亚带	成矿作用
还原容量	有机质含量/%	巴彦乌拉	0.10(31)	1.21(8)	0.36(38)	有利于还原、吸附成矿作用
		赛汉高毕	0.09(8)	1.78(20)	0.38(8)	
		哈达图	0.12(12)	0.17(3)	0.15(3)	有机质含量少,需存在后生还原作用提供还原物质才具成矿潜力
氧化还原能力	氧化还原电位ΔEh/mV	巴彦乌拉	55(21)	147(34)	104(9)	ΔEh差值较大,有利于氧化还原成矿作用
		赛汉高毕	65(11)	138(28)	60(12)	
		哈达图	47(7)	188(4)	98(8)	
	铁氧化物含量/%	巴彦乌拉	0.31(101)	0.98(14)	0.58(76)	氧化带分带明显,有利于氧化还原成矿作用
		赛汉高毕	0.42(14)	1.07(16)	0.76(23)	
		哈达图	0.32(49)	0.59(11)	0.48(29)	
酸碱度	pH值	巴彦乌拉	9.80(31)	7.29(28)	9.40(38)	碱—中(弱酸)—弱碱分带明显,有利于铀成矿
		赛汉高毕	8.98(14)	7.59(5)	8.0(7)	
		哈达图	9.8(2)	5.8(3)	—	
黏土含量/%	Al_2O_3+CaO	巴彦乌拉	10.07(101)	13.24(14)	10.79(76)	黏土含量氧化还原过渡带最高,有利于吸附成矿
		赛汉高毕	10.29(31)	10.84(14)	9.98(16)	
		哈达图	10.75(89)	13.83(49)	11.41(29)	

注:①样品由核工业北京地质研究院分析测试研究所分析;②表中括号内数字为样品数。

四、铀沉淀机制

铀的沉淀富集与赛汉组上段有机质、黄铁矿等还原介质有关(图6-41),在岩芯中表现为碳屑、分散有机质和不同形态的黄铁矿,分析测试其有机质含量0.69%~1.21%,硫化物含量0.42%~1.29%(Bonnetti,2013)。

铀主要载体为砂体粒度孔隙以及还原介质的吸附。统计巴彦乌拉地区各类还原性岩石有机碳等参数及其铀含量发现(表6-8、表6-9),浅灰色、灰色、绿灰色、灰绿色、灰黑色、黑色细砂岩中以及灰色粉砂质细砂岩中的S^{2-}和$C_{有}$含量普遍偏高,其他岩性如浅灰色—灰色—深灰色(含砾)中细砂岩、灰色—深灰色—灰绿色—灰黑色(含砾)中砂岩、灰色—浅灰色—深灰色中粗砂岩、灰色—深灰色含砾中粗砂岩、灰色—深灰色—灰黑色粗砂岩、灰色—浅灰色含砾(砾质)粗砂岩、灰色—灰绿色—深灰色(含卵石)砂质砾岩—砾岩同样也具有较高的S^{2-}和$C_{有}$含量,S^{2-}平均值一般高于0.5%,$C_{有}$含量平均值一般高于0.1%。在黑色细砂岩中,S^{2-}含量达到7.3%,$C_{有}$含量达到24.76%。由此可以发现,巴彦乌拉地区的粗粒岩性中,岩石的还原性较强,这是铀成矿的有利因素。

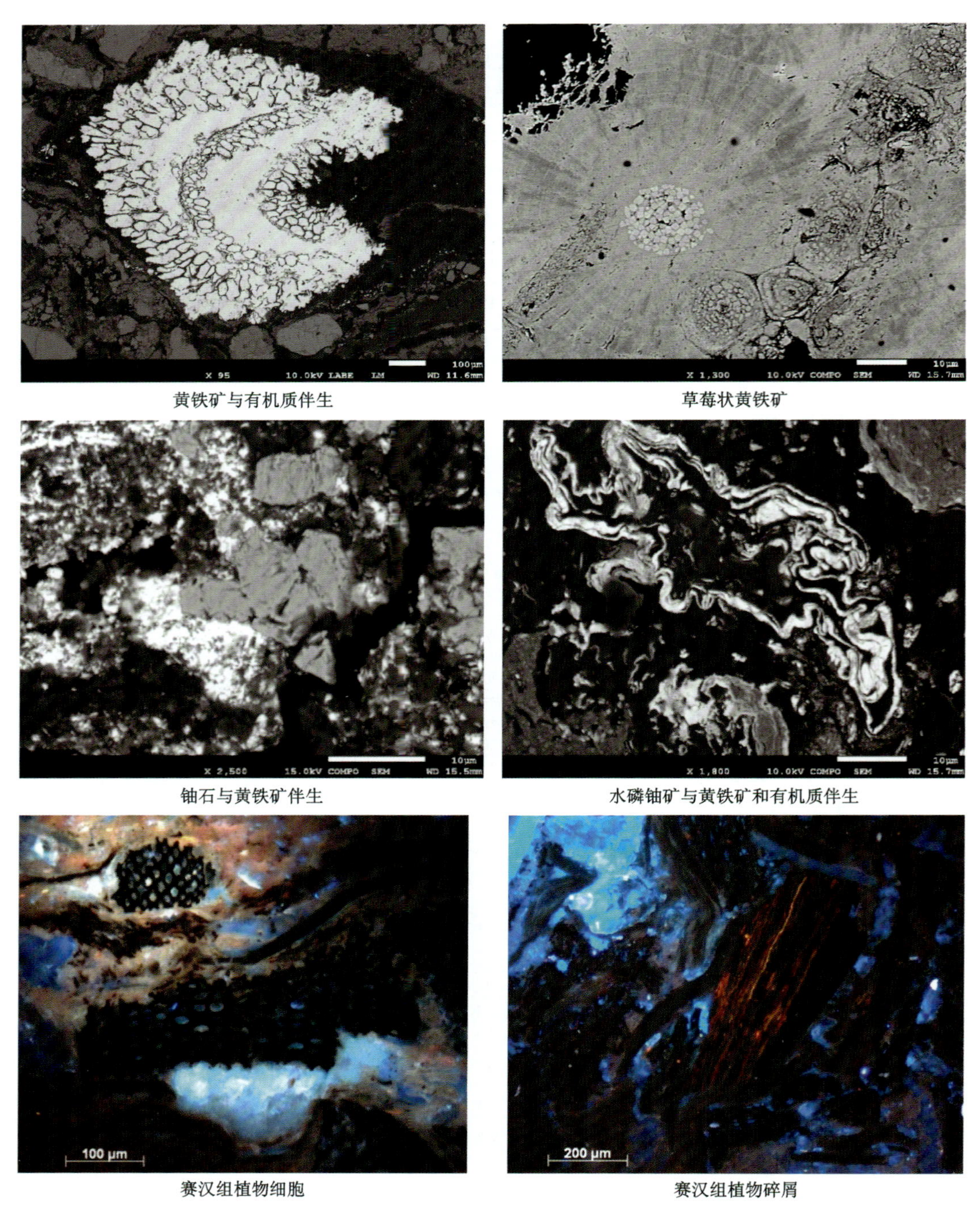

黄铁矿与有机质伴生　　草莓状黄铁矿

铀石与黄铁矿伴生　　水磷铀矿与黄铁矿和有机质伴生

赛汉组植物细胞　　赛汉组植物碎屑

图 6-41　巴彦乌拉地区还原介质与铀矿化关系(据 Bonnetti,2013)

表 6-8　巴彦乌拉地区富有机质细粒岩石类型有机碳等参数及其铀含量统计表

岩性	S^{2-}/%	$C_{有}$/%	CO_2/%	ΔEh/mV	Fe^{2+}/%	Fe^{3+}/%	U/%	样品个数
褐煤	3.42	14.96		104.8	0.90	3.00	0.012	7
黑色碳质泥岩	4.25	10.35		94.7	1.36	3.53	0.061	11
灰黑色泥岩	1.02	0.74	0.57		0.59	2.50	0.074	1
灰色泥岩	1.55	0.53	0.33	68.2	0.95	2.70	0.040	9

续表 6-8

岩性	S^{2-}/%	$C_{有}$/%	CO_2/%	ΔEh/mV	Fe^{2+}/%	Fe^{3+}/%	U/%	样品个数
绿色泥岩	0.49	0.42	0.37	64			0.050	5
灰色含粉砂泥岩	0.44	0.41	0.43	56			0.013	7
绿灰色粉砂质泥岩	0.30	0.16	0.20	38			0.007	1
灰色泥质粉砂岩	1.00	0.26	0.39	51.5	0.61	2.23	0.014	8
深灰色粉砂岩	0.19	0.22		36	0.66	1.98	0.025	1
灰色粉砂岩	0.54	0.25	0.30	45			0.019	16
灰绿色粉砂岩	0.29	0.15	0.20	40			0.009	1
绿色粉砂岩	0.62	0.22	0.20	45			0.014	1

表 6-9 巴彦乌拉地区粗粒岩石类型有机炭等参数及其铀含量统计表

岩性		S^{2-}/%	$C_{有}$/%	CO_2/%	ΔEh/mV	Fe^{2+}/%	Fe^{3+}/%	U/%	样品个数
灰色粉砂质细砂岩	最小值	1.25	0.14		60	0.37	1.97	0.007	5
	平均值	2.01	0.48		77	0.50	2.79	0.009	
	最大值	3.21	1.11		97	0.55	4.47	0.011	
浅灰色、灰色、绿灰色、灰绿色、灰黑色、黑色细砂岩	最小值	0.01	0.03	0.10	9	0.24	0.31	0.003	67
	平均值	0.86	1.52	0.27	60	0.93	2.12	0.063	
	最大值	7.30	24.76	0.61	102	2.47	6.85	0.882	
浅灰色、灰色、深灰色(含砾)中细砂岩	最小值	0.01	0.03	0.10	20	0.30	0.39	0.001	38
	平均值	0.48	0.18	0.23	46	0.66	0.89	0.012	
	最大值	1.32	1.89	0.65	112	0.99	1.51	0.068	
灰色、深灰色、灰绿色、灰黑色(含砾)中砂岩	最小值	0.07	0.02	0.10	11	0.34	0.24	0.003	64
	平均值	0.38	0.16	0.24	43	0.73	0.76	0.019	
	最大值	1.28	1.14	0.39	80	1.36	2.09	0.127	
灰色、浅灰色、深灰色中粗砂岩	最小值	0.01	0.02	0.10	16	0.30	0.29	0.004	16
	平均值	0.52	0.23	0.22	42	0.59	0.78	0.014	
	最大值	1.81	2.21	0.29	106	1.20	1.56	0.046	
灰色、深灰色含砾中粗砂岩	最小值	0.02	0.02		8	0.38	0.45	0.004	25
	平均值	0.35	0.14	0.20	37	0.79	0.75	0.013	
	最大值	0.91	1.64		92	1.24	1.63	0.056	
灰色、深灰色、灰黑色粗砂岩	最小值	0.01	0.05	0.10	15	0.26	0.09	0.004	16
	平均值	0.64	0.18	0.25	39	0.75	0.53	0.046	
	最大值	3.48	0.73	0.59	93	1.01	1.53	0.402	

续表 6-9

岩性		S^{2-}/%	$C_{有}$/%	CO_2/%	ΔEh/mV	Fe^{2+}/%	Fe^{3+}/%	U/%	样品个数
灰色、浅灰色含砾(砾质)粗砂岩	最小值	0.02	0.03	0.10	26	0.34	0.50	0.007	19
	平均值	0.53	0.18	0.22	44	0.89	1.86	0.010	
	最大值	3.35	1.01	0.39	81	1.18	4.26	0.025	
灰色、灰绿色、深灰色(含卵石)砂质砾岩、砾岩	最小值	0.01	0.02	0.10	8	0.21	0.31	0.001	197
	平均值	0.50	0.19	0.22	42	0.76	1.09	0.018	
	最大值	4.68	6.53	0.63	108	1.93	5.75	0.452	

细粒沉积物的高还原性对铀成矿有特殊的贡献。巴彦乌拉地区赛汉组上段铀含量大于 0.02%的细粒岩性主要为黑色碳质泥岩、灰黑色泥岩、灰色泥岩、深灰色粉砂岩和细砂岩(图 6-42)。细粒岩性中含有大量的还原物质,包括碳质、碳屑和黄铁矿。绝大部分泥岩具有较高的有机碳含量(>0.2%),有机碳含量在 0.5%～1%之间的主要为灰色泥岩和灰黑色泥岩,有机碳含量最高的岩性是黑色碳质泥岩和褐煤,分别达到 10.35%和 14.96%。暗色泥岩或粉砂岩不仅具有较高的有机碳含量,而且也具有较高的 S^{2-} 含量(表 6-17),在有机碳和 S^{2-} 含量高的岩性中,ΔEh 值也高,Fe^{2+} 的含量相对也高。

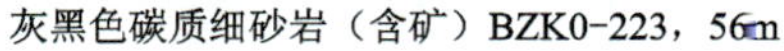

灰黑色碳质细砂岩（含矿）BZK0-223，56m

含矿碳质泥岩

图 6-42　马尼特坳陷西部赛汉组还原性岩石典型照片

赛汉组本身是含煤岩系,赛汉组下段是二连盆地主力产煤层位,赛汉组上段也有微弱聚煤作用。首先赛汉组上段河道的下切作用使得赛汉组下段煤层被带进赛汉组上段砂体中,使得赛汉组上段砂体富含大量碳屑、煤屑和分散有机质,砂体还原性增强,对铀的吸附能力增强;其次赛汉组上段微弱的聚煤作用,砂体上下均沉积有碳质泥岩或者薄层煤层,这也为砂体提供了还原剂;最后上下富含有机质的泥岩或者煤层中释放的大量还原气体对铀成矿具有贡献。

铀成矿与赛汉组下段的煤层有一定的关联,工业矿孔的分布区域与赛汉组下段的煤层有很好的对应关系。推测原因有 3:①赛汉组下段煤层在铀成矿时期能提供还原剂;②沉积时期,赛汉组上段的辫状分流河道和水下分流河道切割冲刷赛汉组下段高位体系域的煤层,使得一部分还原性物质带进了赛汉组上段低位砂体中,使赛汉组上段低位砂体还原性增强;③赛汉组下段的煤层一般为滨浅湖淤浅后的沉积,由于古地貌控制,赛汉组上段沉积时,这些地区仍为坳陷中心发育区域,还原介质丰富。

测试巴彦乌拉地区有机质中干酪根的类型,分析得出,巴彦乌拉矿床主要干酪根类型为Ⅲ型和Ⅳ型(图 6-43),应为陆生植物成因,具有较低的 S 含量,没有油气上溢带来有机质参与成矿的特征,因此巴彦乌拉矿床主要的还原介质应来自地层本身。

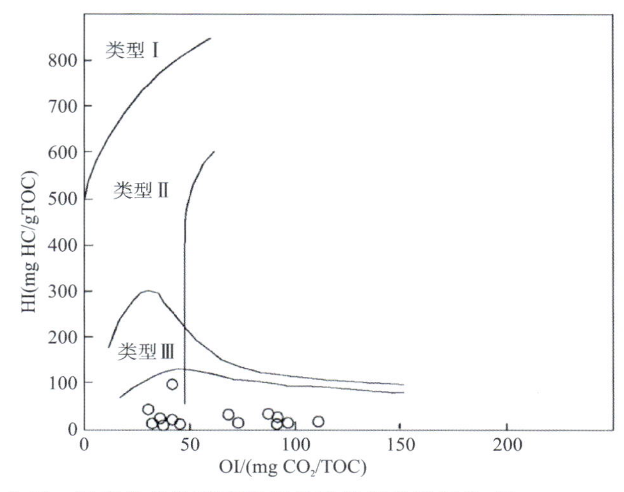

图 6-43　巴彦乌拉铀矿床有机质干酪根类型划分(据 Bonnetti,2013)

宏观而言,使铀沉淀富集的还原介质分布与沉积环境存在必然的联系,因此,与沉积环境在空间上存在必然的位置关系。如巴彦乌拉矿床主要受控于古湖泊边界、三角洲平原与三角洲前缘交界处。赛汉组上段砂岩型铀矿的成矿作用主要与辫状河三角洲平原辫状河分流河道关系密切,即矿体分布于主要辫状分流河道与次要分流河道交界处。水下分流河道位于湖盆中心,浅水湖泊中富有机质-黄铁矿含量丰富,且由辫状分流河道向水下分流河道过渡处砂体是分岔的。同时,从沉积学的角度看,赛汉组上段大规模的河道砂体具备沟通蚀源区和泄水区的能力,它能为成矿流体的运移和储矿提供充分的空间。比较而言,辫状河体系和辫状河三角洲平原分流河道中的砂体最为发育,铀运移和沉淀富集能力强,成矿规模大,辫状河三角洲体系中的水下分流河道及河口坝砂体规模变小,成矿规模相对较小。铀沉淀富集能力与砂体孔渗性有关,赛汉组上段砂体整体较疏松,孔隙度和渗透率较好,辫状河体系内部辫状河道砂体和辫状河三角洲前缘水下分流河道砂体的孔隙度和渗透率最好,铀沉淀富集于主要辫状分流河道和次要辫状分流河道交汇处的氧化带前锋线位置。

五、砂体非均质性与铀成矿关系

砂体非均质性最早是由石油地质学家提出的,应用于揭示由砂体非均质性导致的油气成藏和油气开发的复杂性(Miall,1988;裘亦楠,1987),这一概念同样可以应用于砂岩型铀矿的成矿过程分析与铀矿的空间定位预测中(焦养泉等,2005,2018,2021)。氧化带发育与赛汉组上段砂体的非均质性关系密切(图 6-44),具体表现在:一方面砂体的平面非均质性通过对含氧含铀流体运移状态的影响控制了氧化带的形态和展布,进而实现了对铀成矿的控制;另一方面沉积环境相变导致砂体的还原容量、酸碱度、黏土含量等成矿环境特征参数差异,进而影响流经砂体的含铀含氧流体的物质成分,从而影响氧化作用的发育和铀的沉淀。砂体的非均质性以及由沉积环境相变导致的还原介质变化是形成铀矿化的最根本因素。

图 6-44　BZK143-0,85m,砂岩非均质性与氧化岩石

砂体的平面非均质性是指砂体的几何形态、规模、连续性以及砂体内孔隙度、渗透率的平面变化所引起的非均质性。砂体平面非均质性是砂体走向改变和横向相变的结果,可以通过砂分散体系图和沉

积体系域图来表征。对砂分散体系进行分析,砂体厚度、含砂率的变化部位,砂体的形态和走向的变异部位,砂体的性质和成因的变化部位是有利成矿部位。巴-赛-齐古河谷砂体在平面上表现多为多个北东-南西向展布的朵状砂体,主要为脑木根、乔尔古、哈达图、赛汉高毕、古托勒、巴彦乌拉、那仁砂岩朵体。砂岩朵体的形态和展布整体受沉积微相、构造控制,具有厚度变化较大的特征,单个朵体内砂体厚度具有边部薄、中心厚的特点,厚度高值带是主干河道的具体表现。氧化带在砂岩朵体内的展布特征和发育样式主要受构造、朵体内砂体非均质性影响,单个朵体相当于一个氧化成矿作用的子系统。

辫状河道或曲流河道沉积砂体内部通常具有较好的连通性和均质性,是成矿流体快速运移和疏导的通道,构成了氧化带的大规模发育空间。但是,当砂体开始频繁分岔、隔档层增多,以及沉积物粒度变细时,含矿流体运移阻力增加,流体的状态发生变化——分流和减速,它们都会抑制氧化带的发育,进而控制铀成矿。因此,铀矿化一般发育于河道为水动力条件变异部位,即铀矿体主要就位于古河谷长轴部位,与河道的非均质性变化(如砂体厚度、埋深、岩性-岩相)有关,或处于河道的交汇、变宽、拐弯部位,平面上含矿部位主要为河床滞留、心滩和边滩砂体。剖面上,铀矿体趋向于河道亚相内沉积微相变换部位。

下面以巴彦乌拉铀成矿为例,对矿床赛汉组上段古河谷砂体非均质性进行研究。赛汉组上段辫状分流河道沉积具有相对较厚的砂体,而在分流间湾中砂体相对变薄。辫状河道砂体或主干辫状分流河道砂体是成矿流体快速运移和疏导的通道,氧化带主要在辫状河道和辫状分流河道中往前舌状发育,当砂体开始频繁分岔、隔档层增多,以及沉积物粒度变细时,加上沉积环境的相变使还原物质增加,这些都会抑制层间氧化带的发育,所以在分流间湾和次要分流河道两侧受到抑制,工业铀矿体主要位于辫状河道和辫状分流河道砂体的边缘而不是河道中央,辫状分流河道与分流间湾及次要分流河道过渡部位最易成矿。

砂体中的隔档层是描述垂向非均质性的关键。内部存在多个隔档层,导致发育多个层间氧化带以及铀矿卷头的发育。其对铀成矿的控制机理有二:一方面是砂体非均质性通过对铀成矿流体运移状态的影响进而实现了对铀成矿的控制;另一方面可能与沉积环境相变导致还原物质的增加有关,辫状分流河道与分流间湾分界处还原物质的丰度发生明显变化。

隔档层的层数及厚度不仅控制了氧化砂体的厚度,还与铀矿化的分布相关,沉积环境的相变不仅导致隔档层的发育,还导致还原物质的增加,抑制氧化带的发育,进而控制铀成矿。统计发现研究区隔档层的数量与累积厚度具有线性正相关($y=1.961\ 8x+4.348$,$R^2=0.372\ 5$)(图6-45a)。隔档层厚度与铀成矿几率具有一定的规律性,隔档层总厚度位于10～20m时成矿几率最大,隔档层厚度过大和过小都不利于成矿(图6-45b)。隔档层的数量也具有同样的规律,2～4个隔档层最有利于成矿,而隔档层的数量过大和过小也不利于成矿,当没有隔档层时,几乎不成矿(图6-45c)。从铀矿化品质与隔档层厚度的关系上来看,15m左右的隔档层厚度最有利于成矿,隔档层的厚度增加或减小,矿化品质都降低(图6-45d)。

铀成矿最佳的砂体厚度都是在30m左右,含砂率为50%～80%,其中65%～75%区间成矿概率最高。铀矿化与砾岩厚度、砾岩层数、氧化砂体厚度和氧化砂体百分率都有一定的联系。工业铀矿孔和矿化孔的砾岩厚度为30～35m,无矿孔砾岩厚度为20～25m;工业铀矿孔和矿化孔砾岩层数为9～10层,无矿孔的砾岩层数为5～6层;工业铀矿孔和矿化孔氧化砂体厚度为20～25m,氧化砂体百分率为40%。

第五节　成矿期后的保存与改造过程——"保"

砂岩型铀矿床的成矿和保矿作用是可以在同一地质时期同时存在的两种地质作用,也可以在不同的地质时期各自独立存在。

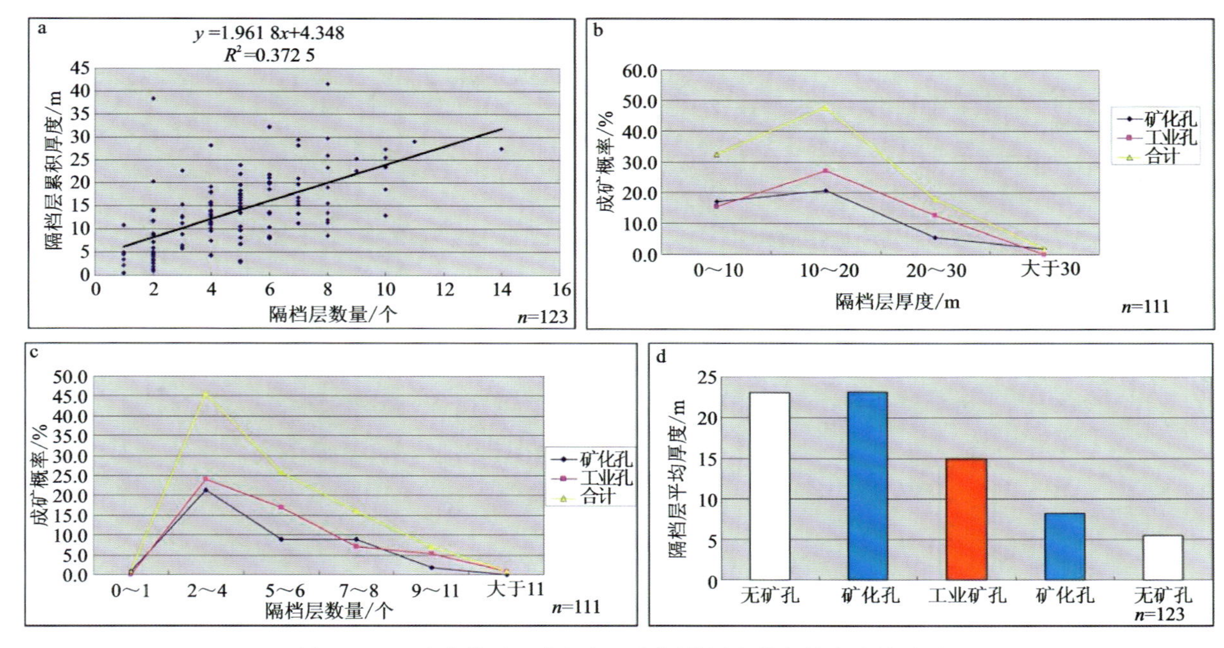

图 6-45　巴彦乌拉地区赛汉组上段隔档层参数与铀成矿关系图

a.隔档层数量与累积厚度相关图；b.隔档层厚度与铀成矿概率图；
c.隔档层数量与铀成矿概率图；d.隔档层平均厚度与铀成矿品质关系图

二连盆地古河谷保矿作用主要从古近纪沉积开始，因为二连组在古河谷中分布局限。

古近纪，二连盆地在地壳差异抬升运动下不均衡构造抬升作用表现更加明显，盆地南部温都尔庙隆起、北西侧的巴音宝力格隆起及乌尼特坳陷北侧隆起区都有一定的抬升，抬升率为0.023～0.130mm/a，抬升量251～782m，具有中、低山的地貌特点。古近系主要分布在乌兰察布坳陷及古河谷、马尼特坳陷南西部及古河谷和赛汉塔拉凹陷，组成了相对统一的湖盆，跨越了二连盆地坳陷及古河谷的限制，发育了较完整的古近纪地层，与赛汉组上段对比沉积范围大大萎缩。根据古近系分布和岩性、岩相特点，以赛汉高毕—苏左旗一线为界，可以划分为南北两个沉积单元。古近纪古新世中晚期到始新世早期只在乌兰察布坳陷及古河谷沉积。到了始新世中晚期，随着坳陷作用的加强，湖水不断扩大，向北扩大到马尼特坳陷及古河谷，沉积了始新统伊尔丁曼哈组。

新近纪，随着印度板块和欧亚板块相互作用的逐渐加强及西太平洋板块俯冲带向东迁移，中国大陆及邻区构造-地貌演化进入到一个新阶段。盆地西部处于隆升剥蚀阶段，而东部则因太平洋板块弧后拉张而大面积沉降。二连盆地居于过渡区，表现为弱挤压的差异抬升，盆地周边的隆起区都发生了快速抬升，抬升速率为0.023～0.097mm/a，抬升量为230～877m，对应于中、低山地貌特征。在上述的构造-地貌环境下，新近系中新统主要分布在乌兰察布坳陷东南部及古河谷、腾格尔坳陷的西部，为统一湖盆，沉积范围不受二连盆地坳陷及古河谷的限制(图6-46)。根据钻孔资料分析，中新统可以划分为两个沉积单元：一个是苏尼特左旗和苏尼特右旗一带，《内蒙古地质志》称之为通古尔盆地，其沉积范围大约宽40km、长300km，呈北东向展布，沉积厚度西薄东厚，沉积、沉降中心在塔木钦塔拉—赛汉塔拉一带；另一个是腾格尔坳陷西部地区，在巴音高毕一带见有350m厚的通古尔组地层，很可能属沉积、沉降中心。上新世盆地的沉积作用向东、向北推移(图6-46)，在腾格尔坳陷、乌尼特坳陷和马尼特坳陷北部及苏尼特隆起带上的次级凹陷(锡林郭勒地区的宝格达乌拉凹陷、查干诺尔凹陷、乌拉盖凹陷)发生广泛的沉积，形成一套以砖红色泥岩为主夹杂色砂砾岩、含钙质结核的上新统陆相碎屑岩建造，称之为宝格达乌拉组(N_2b)。

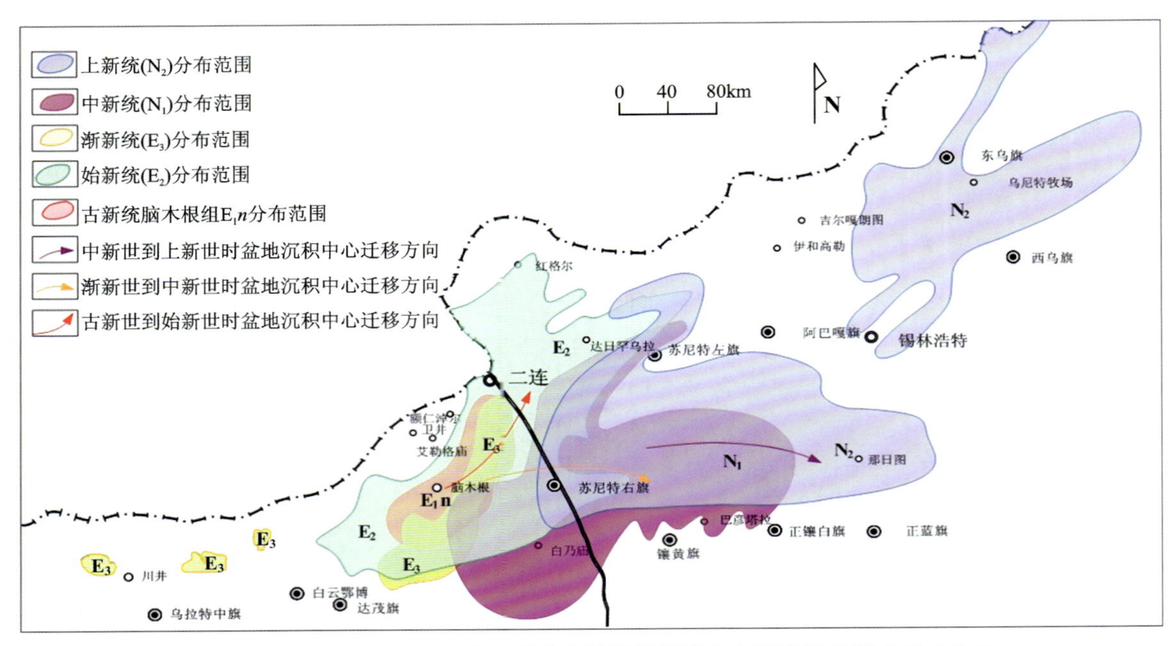

图 6-46　二连盆地古近纪—新近纪地层分布及沉积沉降中心迁移示意图(据秦明宽等,2005)

二连盆地古河谷型砂岩铀矿床铀成矿作用在古近系、新近系沉积之前,在上部古近系、新近系泥岩沉积之后,进入保矿作用阶段。但是在二连盆地整体抬升构造背景下古近系和新近系分布局限,沿古河谷周边赛汉组上段出露区、古河谷边缘断裂发育区以及反转构造部位等,仍具有含氧含铀水的渗入条件,而且渗入水动力条件进一步加强,运移更远或到达更深部位,并且在古近系、新近系沉积区转以层间氧化作用为主。在古近系、新近系保矿作用的同时,也是主要成矿作用时期,巴彦乌拉、芒来、赛汉高毕和哈达图 4 个铀矿床分别具有(44±5)Ma、(48.3±5.1)Ma、(63±11)Ma 和(16～8)Ma 成矿年龄。

国内部分学者对二连盆地铀与煤、石油天然气时空分布进行了研究(图 6-47、图 6-48)(张如良等,1994;陈功等,1992;李月湘,2009),推测有大规模的油气上升活动,其成因可能与构造导通深部腾格尔组油气有关,成矿后油气逸散大大增强了地层的还原能力,阻碍了氧化作用的进一步发展,可能在一定程度上对铀矿起到保护作用。特别是赛汉高毕矿床氧化带砂体呈现绿色,与鄂尔多斯盆地北缘直罗组氧化带中绿色砂体类似,可能是油气二次还原作用的产物。

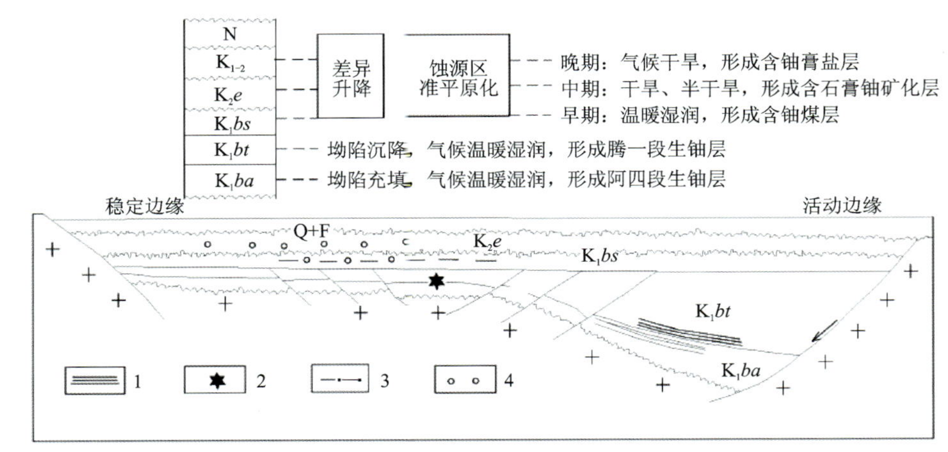

图 6-47　二连盆地铀与煤、石油天然气时空分布示意图(据陈功等,1992)

1. 生油层;2. 油气藏;3. 煤层;4. 铀矿化

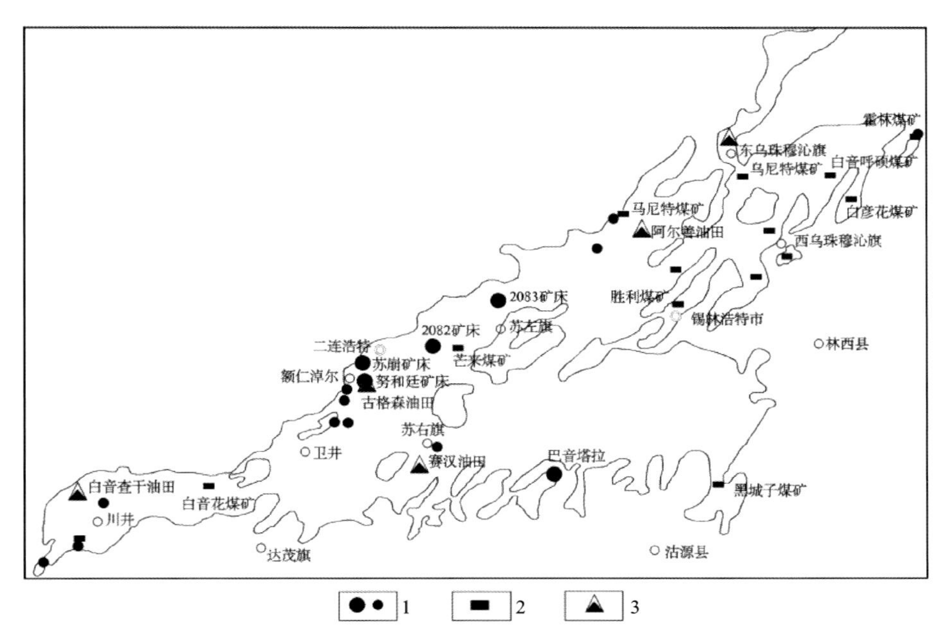

图 6-48　二连盆地油田、煤矿和铀矿床(点)分布图(据李月湘,2009)

1.铀矿床、矿点;2.煤矿;3.油田

第六节　古河谷铀矿成矿模式

二连盆地砂岩铀矿以赛汉晚期古河谷为成矿场所,沿古河谷侧向、顺向和垂向的含氧含铀水渗入补给,与容矿砂岩发生水-岩作用,造成在古河谷不同部位的氧化作用类型、成矿类型、矿化特征及规模具有差异性,同时又具有铀成矿地质特征的相似性。

一、铀成矿地质特征

(1)古河谷中发育处于断拗转换期的赛汉组上段大规模骨架砂体,即古河谷冲积扇-辫状河-辫状河三角洲沉积体系,沉积后构造反转及不整合面作用导致赛汉组上段在古河谷两侧剥蚀严重,大规模氧化作用向河谷中心发育并形成铀的沉淀富集。

(2)古河谷砂体为多物源性,既有垂直河谷展布方向的侧向物源,也有沿河谷展布方向的顺向物源。马尼特坳陷西部古河谷芒来、巴润、巴彦乌拉、白音塔拉和那仁宝力格等地区主要是来自北西蚀源区的侧向物源,侧向物源发育到河谷中心时沿河谷中心纵向发育,铀矿化沿侧向多个物源体系呈串珠状北东向展布(图 6-49)。在乌兰察布坳陷古河谷哈达图地区,主要为沿古河谷由南向北的顺向物源,铀矿化沿物源体系南北向展布。

(3)哈达图、巴彦乌拉、赛汉高毕及乔尔古古河谷均受断裂构造明显控制,表现为形成双断型地堑式凹陷,古河谷沿着凹陷长轴由南西向北东发育。同时,断裂构造沟通了古河谷赛汉组上段与地表之间的水力联系,使上部含氧含铀水通过断裂构造向砂体运移,从而发生氧化作用及铀沉淀富集。

(4)古河谷砂体为冲积扇沉积体系、辫状河沉积体系和辫状河三角洲沉积体系等多成因组成的带状砂体,铀矿化主要受侧向充填河流砂体和三角洲砂体的控制,并不是普遍认为的单一的河流沉积体系(图 4-12)。

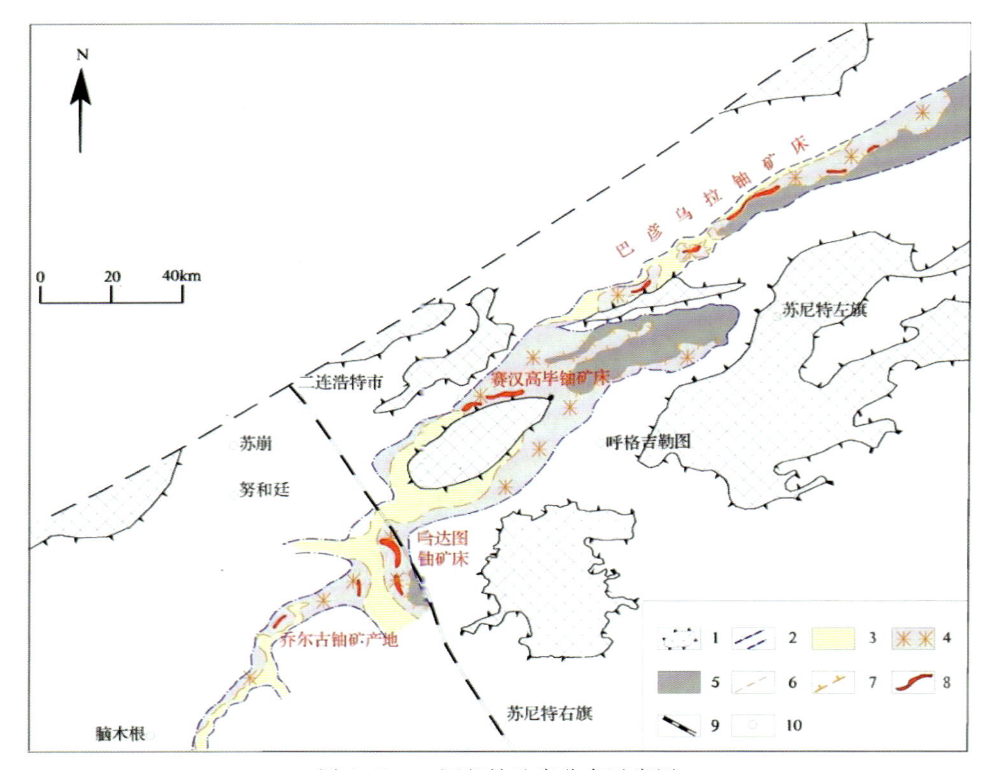

图 6-49　古河谷铀矿床分布示意图

1.蚀源区及其边界;2.古河谷边界线;3.氧化砂岩;4.氧化-还原过渡亚带砂岩;5.还原砂岩;6.完全氧化亚带界线;7.氧化带前锋线;8.工业铀矿体;9.铁路;10.地名

(5)古河谷总体上不断叠加来自北西部蚀源区物源补给,次为来自南东部物源,物质成分复杂,但以富铀花岗质碎屑岩为主,铀源丰富,具有近铀源特点,增加了砂体中铀的预富集能力,造成古河谷的灰色砂体中铀含量普遍增高,甚至达到工业品级,铀的预富集作用也是铀成矿的关键因素之一。紧邻蚀源区发育大面积伽马和钍异常晕,古河谷发育各类铀异常晕,铀、钍异常晕分离,铀从蚀源区向古河谷迁移明显。

(6)铀矿体在古河谷中心厚,向两侧变薄,可能与古河谷中心灰色砂体厚度相对较大和还原容量相对较强有关。

(7)含氧含铀水以沿古河谷北西侧向补给为主的潜水-层间氧化作用形成巴彦乌拉铀矿床(图 6-49),叠加从南西向北东顺河谷的氧化作用和铀成矿作用;以南北两侧双向补给为主的潜水-氧化作用形成赛汉高毕铀矿床;以由南向北顺向补给为主的层间-氧化作用形成哈达图铀矿床。

二、巴彦乌拉铀矿床成矿模式

(一)控矿因素

1. 构造

早白垩世,塔北凹陷始终为马尼特坳陷古河谷的沉积沉降中心,南北紧邻巴音宝力格隆起及苏尼特隆起,物源充足,古河谷负地形构造格架控制着赛汉组上段砂体的发育。晚白垩世,古河谷北西侧断裂发生逆冲,造成北西部的抬升明显加大,古含氧水主要从北向南渗入,形成由北西向南东发育的氧化带和铀矿体,形成巴彦乌拉铀矿床。

2. 铀源

巴彦乌拉铀矿床南北两侧蚀源区分布大面积的中酸性侵入岩与火山-沉积岩，规模较大的岩体有苏左旗岩体、红格尔岩体等，伽马照射量率为9.55～10.06nc/kg·h，铀含量高，有大面积铀的异常场及迁移高场，铀浸出明显，可提供丰富的铀源；另外，含矿砂体物质成分分析表明，砂体碎屑物主要来自周边的花岗岩，为岩石中铀的预富集提供有利条件，为后生成矿提供丰富的铀源条件。

3. 地层及沉积体系

巴彦乌拉铀矿床矿化主要产在古河谷赛汉组上段砂体中，其上为同组泥岩，下部为赛汉组下段泥岩夹煤层，内部有多层连通的泥岩夹层，构成有利成矿的地层结构。赋矿岩性以灰色砂质砾岩、含砾粗砂岩、中细砂岩及少量含粉砂细砂岩为主，为多粒级组合体，成分成熟度及结构成熟度低，均质性差；矿石中普遍含有机碳和黄铁矿，其中细脉状碳屑及呈胶结物产出的黄铁矿是吸附态铀的重要载体。

辫状河沉积体系中的河道充填亚相组成古河谷的骨架砂体，控制着铀矿床的分布。平面上，矿体主要位于古河谷长轴线部位，该处砂体厚度及含砂率均较高；垂向上，矿体靠近下部层序(Ps1)底部或下部与中部小层序(Ps2)过渡部位产出，上部小层序(Ps3)中未见矿体产出。

4. 氧化-还原作用

巴彦乌拉铀矿床赛汉组上段潜水-层间氧化带的形态控制着矿体的分布。平面上，矿体主要处于氧化带前锋线附近，即在氧化-还原过渡亚带分布，在未蚀变带也有分布。垂向上，氧化带为舌状，所形成的矿体为板状、层状。矿体产于层间氧化带前锋线附近的灰色砂体中。

5. 古水动力

古河谷赛汉组上段砂体沉积后，在后期抬升风化剥蚀阶段，来自古河谷北西侧含氧含铀水的渗入起主导作用，并叠加沿河谷展布方向从南西向北东的氧化作用，两种作用在巴彦乌拉铀矿床交会，控制着铀矿床的分布。

6. 保矿作用

上部始新统伊尔丁曼哈组的覆盖使古河谷砂体深埋，对已形成的铀矿体起到保护作用；矿床下部赛汉组下段煤层提供的还原气体，可能使矿体周围岩石发生后生还原作用，也对已形成的铀矿体起保护作用。

(二)成矿模式

该铀矿床产在早白垩世晚期的古河谷中，成矿过程贯穿河谷的形成、发展和变化的全过程。主要是后生成矿作用，即来自补给区的含铀含氧水侧向渗入到河谷中，沿着泥岩隔水层中的透水砂岩径流，与砂岩中的还原物质反应，使铀还原沉淀富集。此过程受古河谷“补—径—排”水动力条件、还原能力及构造抬升活动等控制。成矿过程可分为铀的预富集、成矿作用、后期保矿3个阶段(图6-50)，主要为潜水-层间氧化带型。

1. 早白垩世晚期(K_1)，沉积期

该阶段，古河谷塔北凹陷由断陷转为坳陷，湖沼相沉积被河流体系及辫状河三角洲体系沉积取代，赛汉组上段的辫状分流河道砂体下切在赛汉组下段的煤层和泥岩之上，在河谷中心低凹地带沉积了较

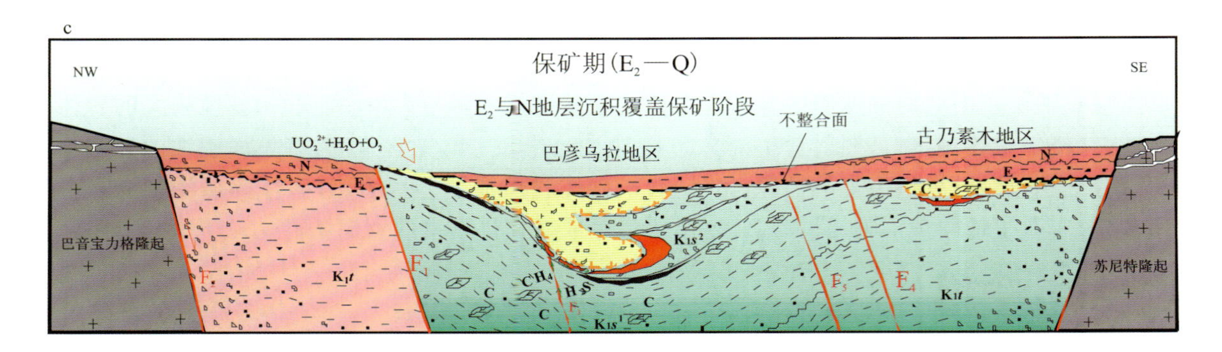

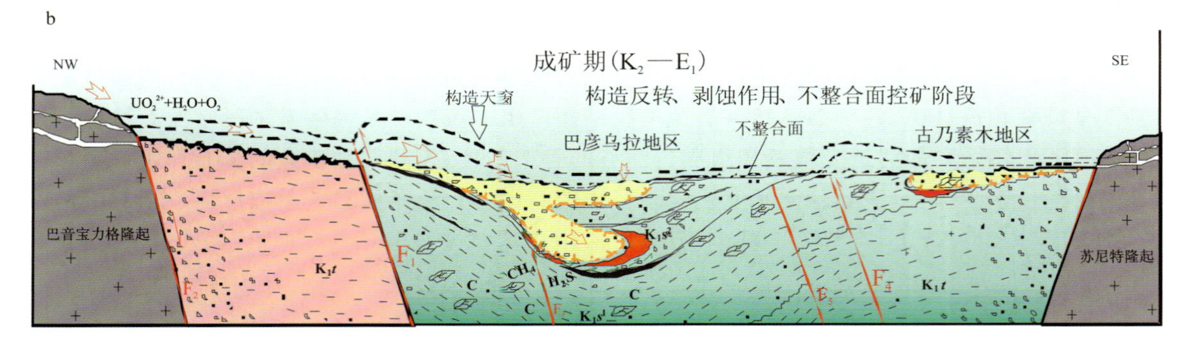

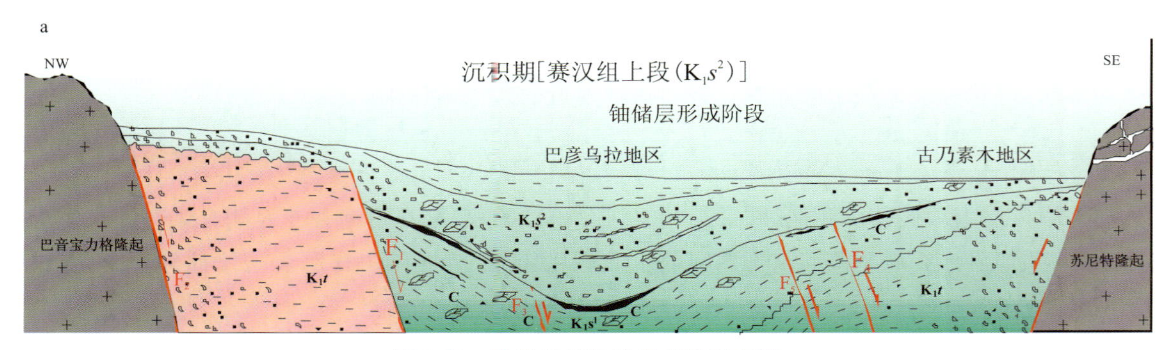

图 6-50　巴彦乌拉铀矿床成矿模式图

好的辫状砂体，构成优质铀储层——古河谷砂体(图 6-51)。其物源主要来自北西部及南部隆起区的富铀花岗岩。因此，碎屑及流体中应携带大量的铀，而沉积的砂体中含一定量的碳屑、黄铁矿等还原介质，使蚀源区搬运的铀得以沉淀，形成铀的预富集。赛汉组上段沉积期，F_1 断裂性质为正断层，控制了赛汉组优质铀储层的发育。

2. 晚白垩世至古近纪古新世(K_2—E_1)，成矿期

晚白垩世到古近纪古新世，古气候变为半干旱—干旱，氧化作用发育，由于太平洋板块的运动方向由原来的北西向转向北西西向，二连盆地马尼特坳陷西部呈现一定的走滑挤压，具有较强的构造反转，尤其是南北两侧隆起的次造山运动造成该区的不均衡抬升，区内缺失晚白垩世到古近纪古新世沉积。赛汉组整体接受剥蚀，F_1 断裂在这个时期是较强的反转断裂，由于 F_1 断裂的反转，造成河谷北侧抬升幅度加大，靠近 F_1 断裂的一侧赛汉组上段大部遭受剥蚀，对成矿有利的是赛汉组上部的泥岩被剥蚀，导致靠近 F_1 断裂一侧发育构造天窗或赛汉组上段大面积的砂体出露地表，有利于含铀含氧流体的渗入，其中从北西向南东沿古河谷侧邦渗入的流体占主导作用，而从南西向北东顺河谷的流体仍在进行，在古河谷砂体内经一定距离的运移渗透，在赛汉组上段还原介质的还原作用下，使铀沉淀富集成矿(图 6-51)。此成矿过程以地下水为搬运介质，古河谷为赋矿场所，经历铀的活化、迁移和还原沉淀 3 个

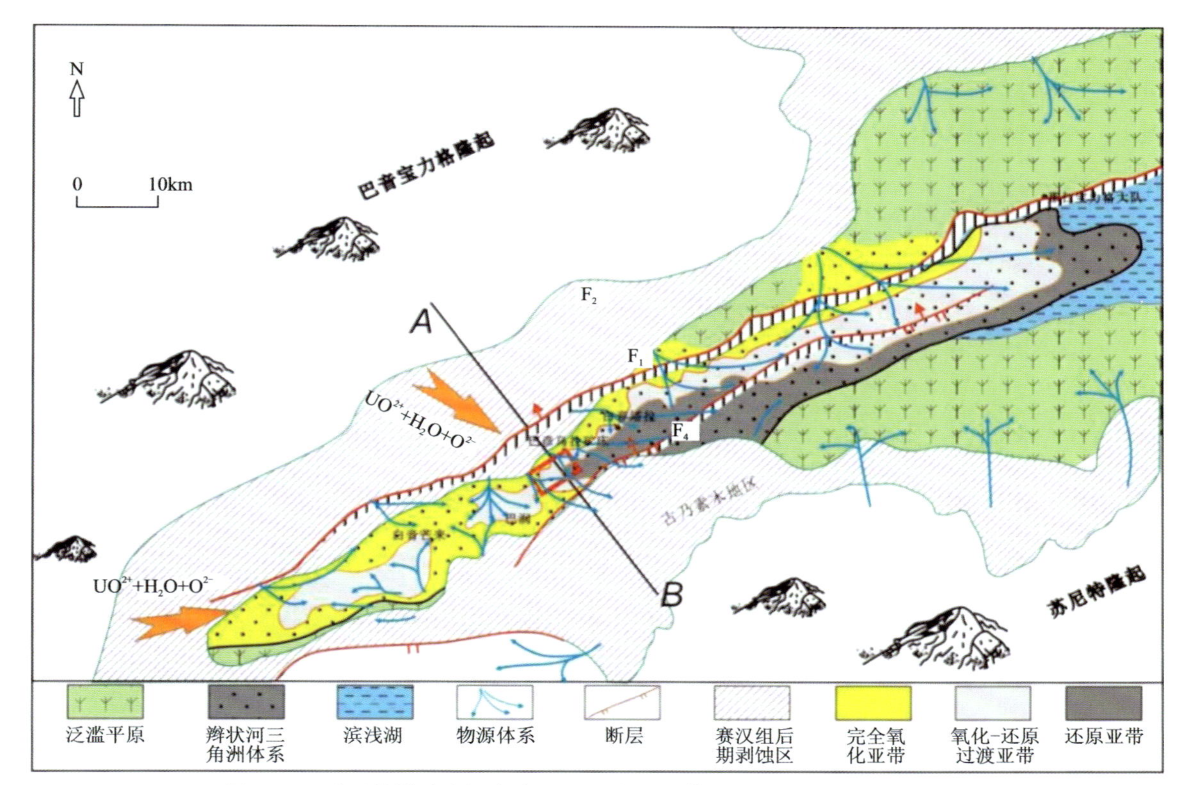

图 6-51 马尼特坳陷古河谷赛汉组上段沉积体系—岩石地球化学模式图

过程。铀源主要来自北部蚀源区长期裸露风化的中酸性花岗岩及火山-沉积岩;其次是地下水渗入到古河谷砂体中时,氧化析出岩石中预富集的铀,进行铀的二次富集。当含铀含氧流体与还原界面,即地球化学障相遇时,存在黏土质、硫化氢(H_2S)、分散状黄铁矿(FeS_2)和碳屑等还原剂,铀被卸载而沉淀成矿。

3. 古近纪始新世至第四纪(E_2—Q),保矿期

始新世伊尔丁曼哈期及中新世通古尔期,巴彦乌拉地区发生两次沉降,沉积物以厚层红色泥岩为主,隔断了古河谷砂体与外界的水力联系,氧化作用基本停止,对已经形成的铀矿体起了保护作用。

经历了 K_2—E_1 较长的沉积间断和剥蚀之后,巴彦乌拉地区接受了一定厚度的古近系始新统伊尔丁曼哈组(E_2y)泥岩沉积,对已经形成的铀矿体起了保护作用。由于进一步的构造抬升和 F_1 断裂的反转,赛汉组上段在构造部位和河谷两侧仍出露地表,伊尔丁曼哈组也接受了一定程度的剥蚀,这一时期含铀含氧水可能顺构造或构造天窗进入赛汉组砂体中,对已有矿体叠加成矿。

对经铀镭平衡系数校正铀含量的样品,应用夏毓亮提出的全岩铀-铅等时线法,计算出巴彦乌拉矿床的成矿年龄为(44±5)Ma(表 6-10,图 6-52),成矿时代为新生代古近纪始新世(E_2)。

表 6-10 巴彦乌拉铀矿床铀-铅同位素组成测定结果

样品编号	取样位置	岩 性	U/10^{-6}	Pb/10^{-6}	Ra/(mg/g)	Kp	U_{Ra}/10^{-6}	铅同位素组成/%			
								^{204}Pb	^{206}Pb	^{207}Pb	^{208}Pb
BY-35	BZK335-83 135m	灰色粉砂岩	71.0	20.61	1.22	1.38	98.0	1.337	27.521	20.864	50.277
BY-36	BZK335-83 133.9m	灰色含砾粗砂岩	60.5	18.51	0.54	0.72	43.6	1.366	26.535	21.223	50.875

续表 6-10

样品编号	取样位置	岩　性	U/ 10^{-6}	Fb/ 10^{-6}	Ra/ (mg/g)	Kp	U_{Ra}/ 10^{-6}	铅同位素组成/%			
								^{204}Pb	^{206}Pb	^{207}Pb	^{208}Pb
BY-40	BZK335-75 119.4m	灰色含砾粗砂岩	116	20.87	1.12	0.78	90.5	1.347	27.558	20.942	50.153
BY-59	BZK335-71 135.2m	灰色细砂岩	314	17.40	11.28	2.89	907	1.226	33.178	19.292	46.304
BY-60	BZK335-71 135.4m	灰色中砂岩	3970	24 94	17.31	0.35	1390	1.081	39.758	18.463	40.698
BY-63	BZK335-71 143.4m	灰色粗砂岩	351	29 64	1.30	2.98	1046	1.063	40.484	18.561	39.892
BY-67	BZK335-75 133.2m	灰色细砂岩	78.5	22 51	4.35	4.46	350	1.267	30.069	19.853	48.812
BY-68	BZK335-75 133.5m	灰色中砂岩	1904	24.62	5.80	0.25	476	1.193	33.331	19.772	45.703

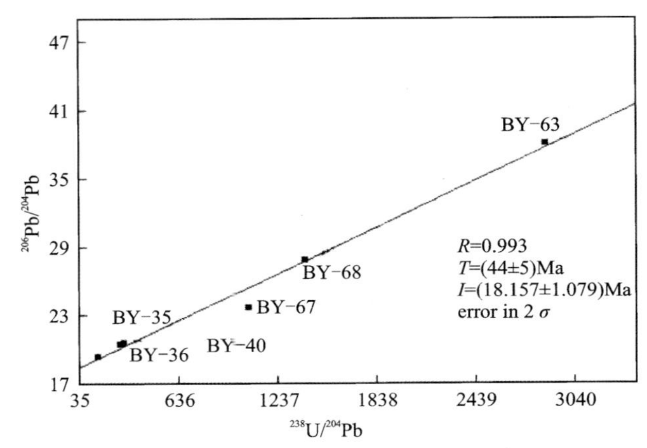

图 6-52　巴彦乌拉铀矿床铀-铅等时线图解

三、芒来铀矿床成矿模式

芒来铀矿床位于马尼特坳陷古河谷巴彦乌拉铀矿床的上游部位，与巴彦乌拉铀矿床在成矿地质特征、矿化特征和控矿因素等方面具有统一性，主要为潜水-层间氧化带型，但是铀成矿模式略显不同。其成矿过程分为 3 个阶段：早白垩世晚期的同沉积富集阶段、晚白垩世—古近纪古新世的潜水-氧化成矿阶段、古近纪始新世—第四纪的潜水-层间氧化阶段成矿保矿阶段（图 6-53）。

1. 早白垩世晚期(K_1)，同沉积富集阶段

早白垩世晚期，马尼特坳陷古河谷由断陷转为坳陷，湖沼相沉积被河流相沉积取代，来自古河谷塔北凹陷北西部及南部隆起区富铀的碎屑及流体顺地势由北西、南部向凹陷低凹部位沉积，并顺古河谷长轴方向向北东发育辫状河；赛汉组上段的辫状河下切在赛汉组下段的泥岩或二叠系板岩之上，在古河谷低凹地带沉积了较好的辫状河砂体，构成优质铀储层——古河谷砂体。被活化迁移的铀元素与碳屑、黄铁矿等还原介质一同在河谷砂体中沉积，形成铀的预富集（图 6-53a）。

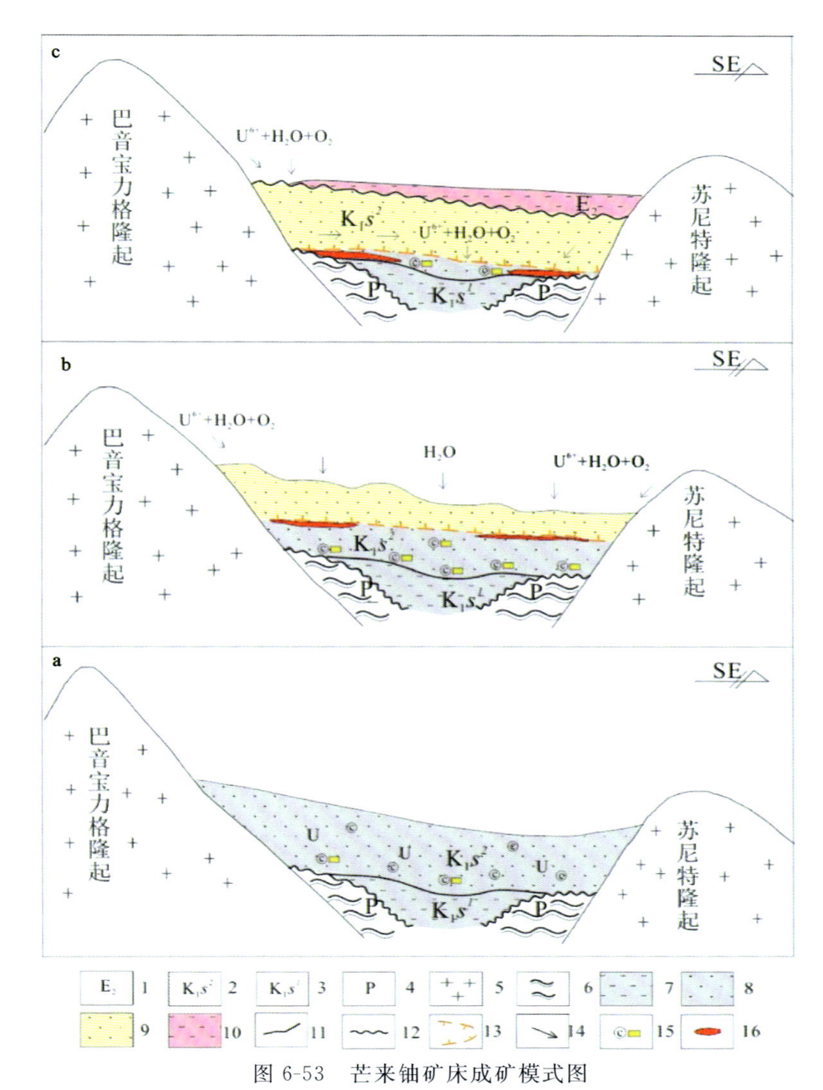

图 6-53　芒来铀矿床成矿模式图

a. 同沉积富集阶段；b. 潜水氧化阶段；c. 潜水-层间氧化阶段；1. 始新统；2. 赛汉组上段；3. 赛汉组下段；4. 二叠系；5. 花岗岩；6. 板岩；7. 灰色泥岩；8. 灰色砂岩；9. 黄色砂岩；10. 紫红色泥岩；11. 地层整合界线；12. 地层不整合界线；13. 潜水-氧化带前锋线；14. 含氧含铀水渗入方向；15. 有机质和黄铁矿；16. 矿体

2. 晚白垩世—古近纪古新世(K_2—E_1)，潜水氧化成矿阶段

晚白垩世到古近纪古新世，古气候变为半干旱—干旱，受太平洋板块运动的影响，马尼特坳陷古河谷呈现一定的走滑挤压，具有较强的构造反转，尤其是南北两侧隆起的次造山运动造成该区的不均衡抬升，古河谷内沉积地层整体被抬升剥蚀，缺失晚白垩世到古近纪古新世沉积。其间，赛汉组上段整体接受剥蚀，古河谷北西部 F_1 断裂产生较强的反转，造成古河谷北侧抬升幅度加大，靠近 F_1 断裂的一侧赛汉组上段大部遭受剥蚀。赛汉组上部的泥岩被剥蚀导致赛汉组上段砂体出露地表或形成构造天窗，含铀含氧流体顺暴露的砂体渗入并顺古河谷长轴方向向北东径流，在赛汉组上段砂体中发生强烈的潜水-氧化作用，且氧化作用贯穿芒来地段整个砂体的上部。当含铀含氧水流经氧化-还原界面，即与地球化学障相遇时，流体中的 U^{6+} 开始被氧化-还原界面下侧还原砂体中的黏土质、硫化氢(H_2S)、分散状黄铁矿(FeS_2)和碳屑等还原剂吸附沉淀，形成铀的富集成矿(图 6-53b)，成矿年龄为(58.5±8.7)Ma。

3. 古近纪始新世—第四纪(E_2—Q)，潜水-层间氧化成矿保矿阶段

古近纪始新世以来，马尼特坳陷古河谷以隆升为主，并持续发生由北西向南东的掀斜作用，芒来地区在古近纪始新世接受了大面积的短暂沉积，将赛汉组上段地层覆盖，隔断了主要古河谷砂体与外界的水力联系，潜水-氧化作用基本停止，对已经形成的铀矿体起了保护作用。但由于掀斜作用使得北西侧存在部分赛汉组上段砂体出露地表，仍有含氧含铀水由古河谷北西侧向渗入，形成了以北西侧潜水-层间氧化作用为主，叠加顺古河谷向北东方向的潜水-层间氧化作用。U^{6+}在潜水-层间氧化作用下被活化迁移，在运移至古河谷中心富含有机质、黄铁矿等的残留灰色、深灰色砂岩时部分被吸附沉淀，部分与磷元素、钙元素等元素结合以U^{4+}矿物形式沉淀，形成铀元素的再次富集(图6-53c)，成矿年龄为(48.3±5.1)Ma。

四、赛汉高毕铀矿床铀成矿模式

赛汉高毕铀矿床与巴彦乌拉铀矿床在成矿地质特征、矿化特征和控矿因素等方面具有相似性，但该矿床以南北两侧双向补给为主的潜水-氧化作用为主，含氧含铀水通过“天窗”垂向渗入，受构造反转断裂控制含氧含铀渗入不明显，存在油气的二次还原作用。

赛汉高毕铀矿床以潜水-氧化作用为主，可将铀成矿作用分为原生沉积预富集阶段、晚白垩世潜水-氧化作用阶段、古近纪绿色还原作用阶段和新近纪至今黄色氧化叠加成矿阶段。

1. 原生沉积预富集阶段

古河谷两侧发育大量的富铀地质(层)体，铀含量最高可达到$n\times10^{-3}$，为赛汉组上段沉积提供了丰富的物源和铀源。赛汉组上段沉积期为温暖潮湿气候，灰色砂岩、砂砾岩中可见有大量的炭化植物根茎和碎片及黄铁矿，为铀的原始富集提供了丰富的还原剂(图6-55a)。

2. 晚白垩世潜水-氧化作用阶段

晚白垩世—古新世(K_2—E_1)，古河谷处于长期隆升状态，钻孔揭露花岗岩风化壳大于2m，且结构松散。赛汉组长期暴露地表，伴随这一地质时期古气候向干旱—半干旱的转变，必然形成含氧含铀水向古河谷内运移和沿地表垂直渗入，发生潜水-氧化作用，形成铀的富集成矿(图6-55b)。全岩铀-铅等时线年龄计算成矿年龄为(63±11)Ma(表6-11，图6-54)，表明赛汉高毕地段铀矿化时代主要为古新世。

表6-11　赛汉高毕地段铀矿石铀-铅同位素组成测定结果

样品编号	取样位置	岩性	U/10^{-6}	Pb/10^{-6}	Ra/(mg/g)	Kp	U_{Ra}/10^{-6}	铅同位素组成/%			
								^{204}Pb	^{206}Pb	^{207}Pb	^{208}Pb
SH-17	SZK15-36，142.5m	灰色砂砾岩	249	16.92	2.4	0.78	194	1.163	35.149	19.465	44.223
SH-59	SZK0-18，153.4m	灰色细砂岩	69.2	17.46	0.92	1.07	74	1.296	28.648	20.314	49.742
SH-73	SZK0-16，146.6m	灰黑色细砂岩	2558	33.42	29.11	0.92	2353	0.641	63.320	12.243	23.796
SH-81	SZK63-32，33m	灰黑色碳质粉砂岩	3732	37.69	31.9	0.69	2575	0.461	70.664	11.105	17.770
SH-84	SZK127-48，132.5m	灰黑色粉砂岩	5100	35.35	32.12	0.51	2601	0.893	49.361	16.141	33.606
SH-86	SZK31-32，131.3m	灰黑色含砾粉砂岩	1325	30.71	13.79	0.84	1113	0.836	52.505	14.629	32.031
SH-87	SZK31-32，138m	灰绿色含砾粉砂岩	1110	27.55	14.07	1.02	1132	0.921	47.519	15.660	35.901

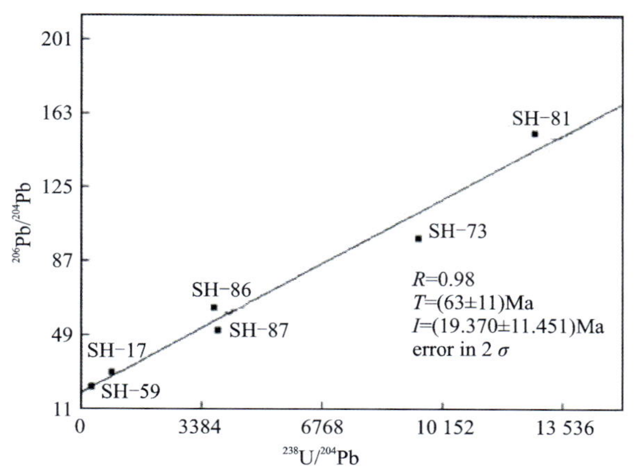

图 6-54 赛汉高毕铀矿床铀-铅等时线图解

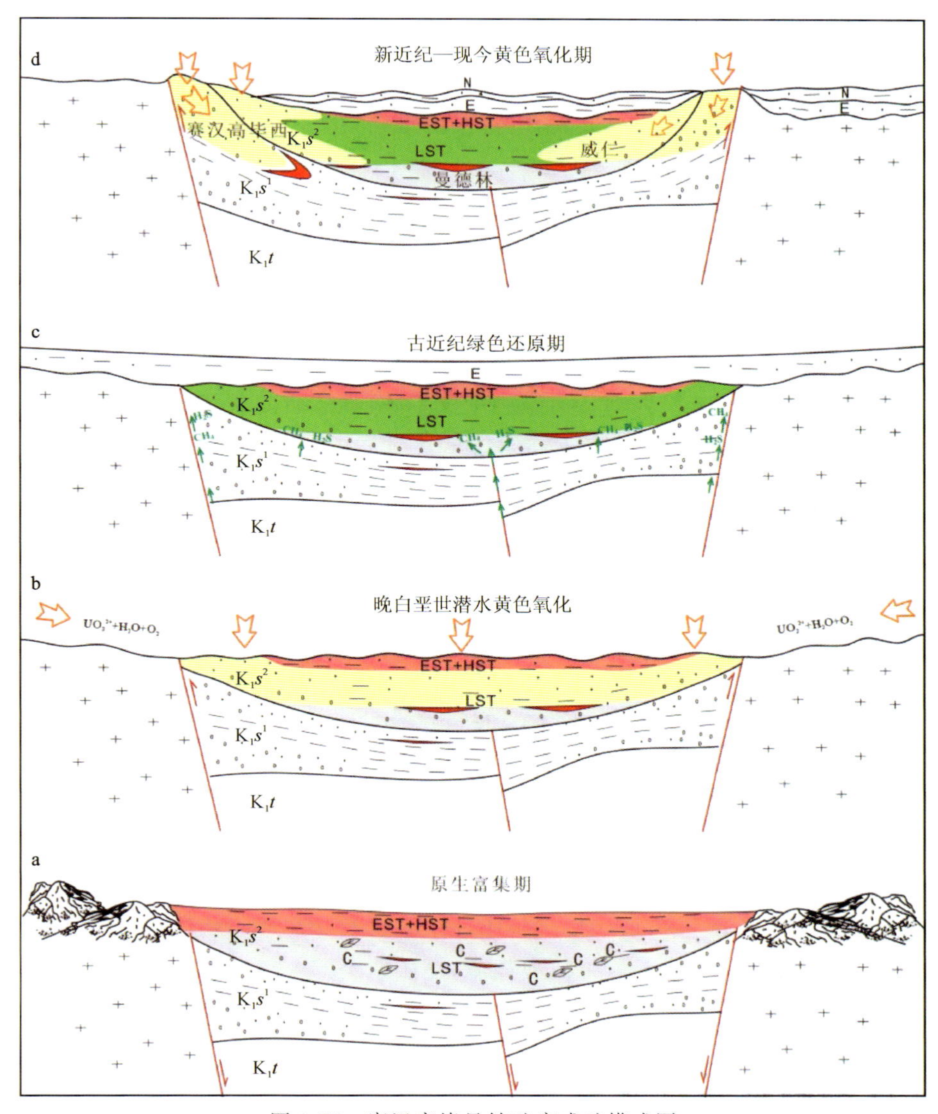

图 6-55 赛汉高毕见铀矿床成矿模式图

3. 古近纪绿色还原作用阶段

含矿砂岩胶结物中可见蓝色荧光现象，显示铀矿化时有油气存在（聂逢君等，2010）。由于矿床断裂构造发育，下部腾格尔组的油气沿断层上升至赛汉组的可能性很大，造成对氧化带进行还原改造作用，黄色氧化砂体还原为绿色，部分矿体完全隐伏于还原环境中，起到保矿作用。伴随断裂的构造活动，油气渗入作用伴随成矿作用的始终，在铀成矿作用过程中也增强了砂岩的还原能力（图 6-55c）。

4. 新近纪至今黄色氧化阶段

新近系为弱挤压的差异抬升，古河谷相对掀斜抬升大部分缺失沉积，使得渐新统发生剥蚀，沿河谷两侧剥蚀天窗发生淋滤作用，赛汉组上段再次发生潜水-氧化作用，局部发生层间-氧化作用，进行二次富集成矿（图 6-55d）。

五、哈达图铀矿床

哈达图铀矿床与上述铀矿床在成矿地质特征、矿化特征和控矿因素等方面同样具有相似性，但在沉积-构造演化、河道砂体发育特征、还原介质发育特征、古水动力条件及氧化作用类型等方面又具有不同的特点。

哈达图铀矿床产于乌兰察布坳陷古河谷中的乔尔古、脑木根和齐哈日格图地区，被北部的巴音宝力格隆起和塔木钦隐伏隆起、西部的东方红凸起及南部的苏尼特隆起所夹持，赛汉组上段沉积早期，在乔尔古地区河道主要受东方红凸起和苏尼特隆起的夹持向北东向展布，在齐哈日格图地区河道并没有沿河谷中央发育，而是沿着河谷西缘发育，沿东方红凸起（赛汉组沉积时东方红凸起与赛乌苏凸起成为一体，均为隆起区）边缘的构造脆弱带向北发育，河谷边缘断裂构造控制了河道的发育，并且有一定的下切作用。赛汉组上段沉积后期，河道受古河谷边缘构造控制减弱，逐渐向东部迁移，河道变得宽缓，持续时间较长，形成规模大。

哈达图铀矿床赛汉组上段砂体是古河谷中多期河道沉积叠加形成的规模较大的复合型砂体，发育三期河道，第一期河道为砾质辫状河沉积，第二期河道为砂质辫状河沉积，第三期河道为曲流河沉积，为铀成矿提供了理想的富集场所，铀成矿与第一、二期河道关系密切。

哈达图铀矿床铀的富集程度远远强于上述铀矿床，最高平米铀量达 63kg/m^2，其中介质相对丰富是其富集程度高的原因之一。发育大量的炭化植物碎屑呈团块状、似层状展布（厚 5～10cm），赋矿岩性颜色较围岩较深或发“黑”，在炭化植物胞腔及表层含有大量的细晶状、胶状黄铁矿，高品位富矿石中也多见结核状、条柱状黄铁矿，其品位最高达 3.72%，炭化植物碎屑和黄铁矿对铀成矿的富集起到了决定性的作用。

哈达图铀矿床赛汉期末—二连组沉积之前，古河谷受二连盆地整体抬升的影响造成赛汉组与二连组之间的沉积间断，赛汉组上段暴露地表，接受含氧含铀水渗入补给，古地形基本上继承了沉积时的古地形特征，表现为南高、北低，含氧含铀地下水总体沿古河谷由南向北径流。晚白垩世由于二连组的沉积，从而造成赛汉组局部封存，大部分地区赛汉组仍处于暴露剥蚀环境，该时期古地形总体表现为南高、北低，含氧含铀地下水总体仍从南向北沿古河谷径流，在矿床北部赛汉组上段局部形成的“天窗”提供了有利的排泄源。古近纪乌兰察布坳陷古河谷构造抬升作用发生改变，具有从北西向南东掀斜的特点，但在哈达图铀矿床仍受南高、北低古地形的影响，总体上没有改变含氧含铀水地下水从南向北顺沿古河谷的径流，并一直继承到现代，铀成矿作用具有继承性和长期性，矿床铀资源规模达到特大型。由于赛汉组上段为多期河道沉积叠加形成的砂体，“泥—砂—泥”结构较为发育，所以层间氧化作用较为发育。

哈达图铀矿床成矿过程也可分为以下 4 个阶段：早白垩世晚期（K_1^2），含矿层的沉积与铀的初始预富集阶段；早白垩世晚期—晚白垩世（K_1^2—K_2），含矿层局部“剥蚀天窗”“排泄源”的形成与铀成矿预富集阶段；晚白垩世—始新世（K_2—E_3），含矿层的成岩与铀的富集成矿阶段；渐新世—第四纪（E_2—Q），保矿阶段（图 6-56）。

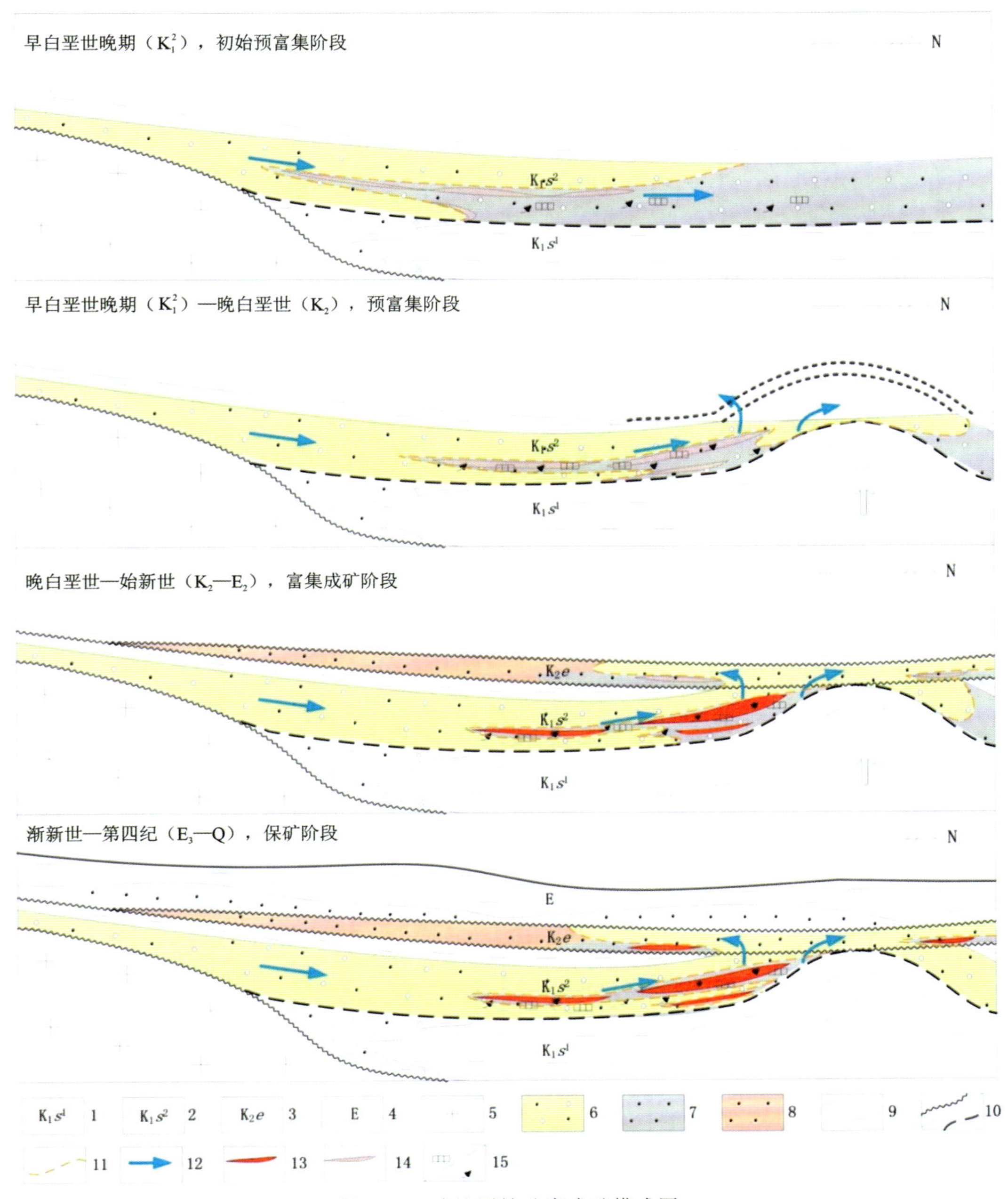

图 6-56　哈达图铀矿床成矿模式图

1. 下白垩统赛汉组上段第一亚段；2. 下白垩统赛汉组上段第二亚段；3. 上白垩统二连组；4. 古近系；5. 基底地层；6. 黄色氧化砂岩；7. 灰色还原砂岩；8. 原生红色砂岩；9. 泥岩；10. 地层角度不整合接触界线/平行不整合界线；11. 氧化带前锋线；12. 水流方向；13. 铀矿体；14. 铀矿化体；15. 黄铁矿/还原性介质

1. 早白垩世晚期（K_1^2），初始预富集阶段

早白垩世晚期赛汉组上段沉积形成大规模的赋矿砂体空间，来自蚀源区铀源随地层沉积过程向古河谷河道砂体中迁移和初始预富集。

2. 早白垩世晚期—晚白垩世(K_1^2—K_2),预富集阶段

赛汉组上段沉积之后至晚白垩世,在挤压应力场的作用下,在哈达图铀矿床北段与塔木钦地段之间形成背斜构造,在背斜的轴部造成长时间的沉积间断,使沉积层发生较为强烈的剥蚀,赛汉组下段直接暴露,使赛汉组上段目的层砂体形成大面积的"天窗",天窗为有利的"排泄源"。此时,含氧含铀水沿古河谷从南向北运移,在氧化-还原界面附近预富集形成铀矿(化)体。

3. 晚白垩世至始新世(K_2—E_2),富集成矿阶段

赛汉组上段目的层砂体中富含有机质和细菌硫酸盐,随着沉积成岩作用的增强,发育了细菌硫酸盐的还原作用和目的层有机质的分解(刘武生等,2015),以及沿构造导通上移的油气、煤成气进入含矿层,大大增强了目的层还原容量,生成了大量的次生黄铁矿,有利于铀的沉淀和富集,在预富集的基础上沿古河谷中心两侧氧化-还原过渡亚带富集成矿,该时期成为哈达图矿床的主成矿期,成矿年龄为66～30Ma(刘武生等,2015)。另外,该期氧化作用强烈,持续时间长,氧化作用贯通古河谷中央,含氧含铀水"越流"进入二连组并形成工业铀矿化。

4. 渐新世—第四纪(E_3—Q),保矿阶段

渐新世—第四纪,虽然乌兰察布坳陷古河谷发生了一次沉降和一次抬升,但沉积物以厚层红色泥岩为主,并大面积覆盖,隔断了古河谷砂体与外界的水力联系,氧化作用减弱,大规模的成矿作用基本停止,在局部存在铀成矿的进一步富集和改造,成矿年龄为16～8Ma。

主要结论和认识

1. 提出了砂岩型铀矿新类型

二连盆地"古河谷"是指沉积盆地中由于构造作用形成的带状洼地，后期又被多相带、多物源沉积物充填，产于其砂岩中的铀矿床称为"古河谷型砂岩铀矿床"。其与传统的建造间古河道型砂岩铀矿和基底古河道型砂岩铀矿不同，应属砂岩型铀矿新类型。

2. 古河谷形成于盆地断拗转换期

研究认为，二连盆地中部中新生代主要经历了早—中侏罗世裂陷期，晚侏罗世阿尔善组Ⅰ幕断陷期、腾格尔组—赛汉组Ⅱ幕断陷期，晚白垩世裂后热沉降期和古近纪—新近纪差异性升降期4大演化阶段。其中赛汉组形成于裂陷Ⅱ幕的断拗转换期，断拗转换期的构造活动背景控制了赛汉组古河谷的形成，古河谷沉积沉降中心均沿盆地中心洼地长轴方向展布。

3. 侧向多物源供给体系构成了古河谷砂体

通过砂分散体系图等系列图件的编制，揭示了古河谷赛汉组的"带状"砂体是多个物源体系的组合，是遭受剥蚀残留下来的砂体，多个"侧向"物源是"带状"砂体的主要物源方向，轴向物源十分局限，而沉积建造间古河道和基底古河道砂体物源来自轴向。

4. 古河谷砂岩有近源快速堆积的岩石学特点

古河谷赛汉组砂体主要类型为长石砂岩、岩屑长石砂岩及岩屑砂岩，重矿物及碳屑含量一般小于1%，磨圆度较差。砂岩的碎屑物成分以石英、长石为主，岩屑次之，云母极少量，而砾岩碎屑物成分以岩屑为主，石英、长石次之。填隙物以杂基为主，胶结物含量较少，分选性较差。上述特征说明古河谷赛汉组砂体具有近源快速堆积的特点，这也是古河谷"侧向"物源短距离运移的结果。而沉积建造间古河道和基底古河道砂体成分成熟度和结构成熟度均偏高，具有沿河道轴向长流程运移的特点。

5. 对古河谷赛汉组进行了层序地层划分

通过岩石地层学特征、区域岩石地层结构特征、生物地层学时代判别、古地磁学综合和层序地层学综合分析识别出腾格尔组与赛汉组之间的角度不整合面以及赛汉组与二连组或古近系之间的角度不整合面，以此将赛汉组划分出来。进一步将赛汉组划分为下段和上段两个三级层序，识别出3个一级标志层和4个二级标志层，可以将赛汉组及赛汉组内部进行划分。古河谷产铀层位主要为赛汉组上段。

6. 古河谷砂体成因主要为侧向发育的一系列辫状河及辫状河三角洲沉积体系

古河谷赛汉组侧向辫状河三角洲平原辫状分流河道极为发育，众多辫状分流河道是辫状河三角洲的骨架，其沉积砂岩"朵体"组成了古河谷"带状"骨架砂体，由于其源于辫状河体系，所以它继承了砂质辫状河的基本特征。辫状河三角洲前缘沉积体系和冲积扇沉积体系砂体分布局限。由于受到湖泊和河流作用的双重影响，辫状河三角洲前缘表现了一种倒粒序结构，而沉积建造间古河道和基底古河道砂体主要为河流沉积体系。

7. 古河谷形成后整体抬升和断裂构造反转为铀活化及渗入创造了极为有利的构造条件

晚白垩世以来为蒙古-鄂霍茨克带发生的俯冲、碰撞事件造成的南北向挤压，以及印度板块的远程效应导致东北亚地区的古构造应力场重新转化为左旋压，因此，推断这种左旋压-剪应力正是二连盆地乃至整个东北亚地区晚白垩世—古新世发生幕式弱构造反转的基本动力学背景。在这种应力背景下，二连盆地及赛汉组古河谷整体抬升和断裂构造反转较为普遍，造成了赛汉组的快速剥蚀并形成剥蚀天窗，同时大部分地区晚白垩世和古新世的沉积缺失。这一时期古氧候向半干旱—干旱气候的转变，代表了铀构造活化及含氧含铀水向古河谷渗入的开始，古河谷边缘断裂构造反转为含氧含铀水侧向渗入创造了极为有利的构造条件。

8. 古河谷形成后断裂构造反转为潜水-层间氧化用造了极为有利的古水动力条件

在晚白垩世—古新世(K_2—E_1)古河谷整体抬升与剥蚀夷平构造背景下，古河谷边缘断裂构造反转表现为正反转，赛汉组沿反转断裂一侧抬升造成了赛汉组适度掀斜，为含氧含铀水的运移及潜水-层间氧化用的侧向发育创造了更为有利的地下水补、径、排古水动力条件。构造反转掀斜作用的方向均为由古河谷边缘向古河谷中心，继承了赛汉组沉积体系由古河谷边缘向古河谷中心发育的主要构造格局，并且在一定程度上加强了赛汉组在这一方向上的倾斜趋势，必然进一步加强含氧含铀水沿砂体发育方向向古河谷中心侧向运移的趋势及氧化带的形成。U-Pb同位素测定最晚的成矿年龄为(44±5)Ma(聂逢君，2008)，说明古河谷赛汉组沉积后构造背景对同沉积构造景的继承性、古地下水补、径、排古水动力条件的稳定性、铀成矿作用的长期性。所以，古河谷构造反转事件对于区域补—径—排含矿流场的形成显得尤为重要，要充分研究构造反转背景下赛汉组砂体与反转构造的空间配置关系，依此预测氧化带及铀矿化的产出空间。

9. 沉积后的不整合面、构造反转和剥蚀作用是重要的控矿因素

赛汉组沉积后，古河谷边缘断裂构造反转作用造成了对古河谷的长期风化剥蚀作用，再加上后期差异性升降作用进一步加强了对古河谷的风化剥蚀，与上覆地层形成明显的角度不整合接触关系，为来自蚀源区的含氧含铀水创造了极为有利的渗入条件，是铀矿床形成的重要控矿因素。与沉积建造间古河道型和基底古河道型砂岩铀矿床形成的构造因素明显不同。

10. 建立了古河谷型砂岩铀成矿系统

铀成矿物质来源——“源”：古河谷蚀源区广泛发育的海西期花岗岩、燕山早期花岗岩、晚侏罗世中酸性火山岩为主要铀源体，赛汉组沉积时赋存的铀也是主要来源之一。

铀成矿物质迁移过程——“运”：晚白垩世—古新世(K_2—E_1)古河谷整体抬升和古河谷边缘断裂构造反转，伴随古氧化向半干旱—干旱气候的转变，形成了铀的构造活化、含氧含铀水向古河谷侧向渗入和运移。

铀成矿定位场所与条件——“储”：断坳转换期背景控制了古河谷赛汉组辫状河及辫状河三角洲沉积体系砂体的发育，铀矿化主要赋存在辫状河道与次要辫状分流河道的交汇部位、分流河道内部河道充填组合与边缘组合的过渡部位以及主河道的边缘部位。

成矿期后的保存与改造过程——“保”：古近纪—新近纪沉积的厚大泥岩对赛汉组铀矿体起到了一定的保护作用，同时在局部地段造成了由潜水氧化转变为层间氧化作用，铀成矿作用持续进行。

11. 建立了古河谷型砂岩铀矿成矿模式

通过对二连盆地古河谷型砂岩铀矿床的地质特征、成矿条件、形成环境及其成因机制的综合研究，建立了二连盆地古河谷铀成矿模式。

(1)预富集过程。古河谷的碎屑物主要来自周边富铀岩体，在古河谷形成过程中，蚀源区大量的铀随稳定矿物被活化搬运到沉积地层当中，据相关统计，部分沉积地层中原始铀含量高于中国沉积地层3～4倍，由于沉积期气候温暖潮湿，含有大量的炭化植物碎屑、煤屑或黄铁矿、黏土矿物，不仅为后期铀成矿提供还原介质，更对铀具有一定的吸附作用，形成了铀的预富集状态。

(2)富集过程。晚白垩世—古近纪，受盆地构造反转和长期隆升构造背景的影响，古河谷成矿砂体被进一步掀斜，形成有力的构造斜坡带，边缘受到不同程度的剥蚀，甚至砂体长期暴露地表，伴随着古气候向干旱、半干旱的转变，周边富铀岩体大面积被风化，大量的铀被活化、迁移，随地表水系向盆地洼地古河谷砂体渗入，由于赛汉组含矿砂体上部泥岩的隔挡作用，形成潜水-层间氧化作用，潜水-层间氧化流体不仅携带了蚀源区的铀，同时对早期预富集的铀造成破坏，进行再迁移，遇到还原介质再富集，形成铀矿体。所以说二连盆地古河谷铀矿体是滚动、叠加富集的结果，成矿持续时间较长，而不同的矿床成矿期时间范围也具有一定的差异性。

(3)保矿作用。古近纪末期，由于古河谷所在区域发生两次沉降作用，形成大面积低洼地区，在这些低洼地区干旱的古气候环境下充填了厚层红色泥岩，部分地区隔断了古河谷砂体与外界的水力联系，氧化作用基本停止，对已经形成的铀矿体起到了保护作用。但在保矿作用的同时，成矿作用仍在进行。

主要参考文献

蔡希源，王根海，迟元林，等，2001. 中国泄气区反转构造[M]. 北京：石油工业出版社.

曹伯勋，1995. 地貌学及第四纪地质学[M]. 武汉：中国地质大学出版社.

陈俊，王鹤年，2004. 地球化学[M]. 北京：科学出版社.

陈祖伊，2002. 亚洲砂岩型铀矿区域分布规律和中国砂岩型铀矿找矿对策[J]. 铀矿地质，18(3)：129-137.

崔新省，1993. 内蒙古二连盆地晚中生代煤盆地的类型与聚煤特征[J]. 现代地质，7(4)：479-484.

邓宏文，2009. 高分辨率层序地层学应用中的问题探讨[J]. 古地理学报，11(5)：471-480.

杜金虎，2003. 二连盆地隐蔽油藏勘探[M]. 北京：石油工业出版社.

杜维良，李先平，肖阳，等，2007. 二连盆地反转构造及其与油气的关系[J]. 科技导报，25(11)：45-47.

费宝生，2002. 隐蔽油气藏的勘探[J]. 油气地质与采收率，9(10)：29-32.

戈利得什金，布洛文，等，1994. 中亚自流水盆地的成矿作用[M]. 狄永强，赵致和，熊福清，等，译. 北京：地质出版社.

郭殿勇，1999. 内蒙古的白垩系分布和恐龙类的发展演变[J]. 内蒙古地质，(3)：21-32.

郭令智，施央申，马瑞士，等，1983. 西太平洋中新生代活动大陆边缘和岛弧构造的形成与演化[J]. 地质学报，(1)：11-21.

胡青华，聂逢君，李满根，饶明辉，2005. 古地磁学在地层划分中的应用[J]. 铀矿地质，22(6)：368-374.

黄净白，黄世杰，2005. 中国铀资源区域成矿特征[J]. 铀矿地质，21(3)：129-138.

黄世杰，2012. 我国4种主要铀矿床类型的特征及其找矿方向[C]//《黄世杰铀金地质论文集》编委会编. 黄世杰铀金地质论文集[M]. 北京：地质出版社.

焦贵浩，王同和，郭绪杰，等，2003. 二连裂谷构造演化与油气[M]. 北京：石油工业出版社.

焦养泉，陈安平，杨琴，等，2005. 砂体非均质性是铀成矿的关键因素之一：鄂尔多斯盆地东北部铀成矿规律探讨[J]. 铀矿地质，21(1)：8-16.

焦养泉，李思田，解习农，等，1997. 多幕裂陷作用的表现形式：以珠江口盆地西部及其外围地区为例[J]. 石油实验地质，19(3)：222-227.

焦养泉，王双明，王华，2020. 含煤岩系矿产资源[M]. 武汉：中国地质大学出版社.

焦养泉，吴立群，彭云彪，等，2015. 中国北方古亚洲构造域中沉积型铀矿形成发育的沉积-构造背景综合分析[J]. 地学前缘，22(1)：189-205.

焦养泉，吴立群，荣辉，2015. 聚煤盆地沉积学[M]. 武汉：中国地质大学出版社.

焦养泉，吴立群，荣辉，等，2018. 铀储层地质建模：揭示成矿机理和应对"剩余铀"的地质基础[J]. 地球科学，43(10)：3568-3583.

焦养泉，吴立群，荣辉，等，2021. 铀储层非均质性地质建模：揭示鄂尔多斯盆地直罗组铀成矿机理和提高采收率的沉积学基础[M]. 武汉：中国地质大学出版社.

焦养泉,吴立群,荣辉,等,2021.中国盆地铀资源概述[J].地球科学,46(8):2675-2696.

焦养泉,吴立群,荣辉.2018.砂岩型铀矿的双重还原介质模型及其联合控矿机理:兼论大营和钱家店铀矿床[J].地球科学,43(2):459-474.

焦养泉,吴立群,杨生科,等,2006.铀储层沉积学:砂岩型铀矿勘查与开发的基础[M].北京:地质出版社.

焦养泉,周海民,刘少峰,等,1996.断陷盆地多层次幕式裂陷作用与沉积充填响应:以南堡老第三纪断陷盆地为例[J].地球科学(中国地质大学学报),21(6):633-636.

解习农,程守田,陆永潮,等,1996.陆相盆地幕式构造旋回与层序构成[J].地球科学(中国地质大学学报),21(1):27-33.

金景福,黄广荣,1991.铀矿地质学[M].北京:地质出版社.

康世虎,杨建新,刘武生,等,2017.二连盆地中部古河谷砂岩型铀矿成矿特征及潜力分析[J].铀矿地质,33(4):206-217.

旷文战,2007.红格尔地区下白垩统沉积体系及砂岩型铀矿成矿前景分析[J].铀矿地质,23(6):324-349.

李洪军,旷文战,2010.二连盆地努和廷铀矿床成矿作用及成矿模式[J].世界核地质科学,27(3):125-129.

李怀渊,张守鹏,李海民,2006.铀-油相伴性探讨[J].地质论评,46(3):355-361.

李胜祥,陈戴生,蔡煜琦,2001.砂岩型铀矿床分类探讨[J].铀矿地质,17(5):285-297.

李思田,1988.断陷盆地分析与聚煤规律:中国东北部晚中生代断陷盆地沉积构造演化和能源预测研究的方法与成果[M].北京:地质出版社.

李思田,解习农,王华,等,2004.沉积盆地分析基础与应用[M].北京:高等教育出版社.

李思田,林畅松,1992.论沉积盆地的等时地层格架和基本建造单元[J].沉积学报,10(4):11-22.

李思田,王华,路凤香,1999.盆地动力学:基本思路与若干研究方法[M].武汉:中国地质大学出版社.

李文厚,1997.吐-哈盆地台北凹陷温吉桑辫状河三角洲与油气聚集[J].石油与天然气地质,18(3):231-235.

李心宁,王同和,1997.二连盆地反转构造与油气[J].中国海上油气(地质),11(2):106-110.

李月湘,2009.内蒙古二连盆地铀与油、煤的时空分布及铀的成矿作用[J].世界核地质科学,26(1):25-30.

林畅松,刘景彦,张英志,等,2004.中国东部中新生代断陷盆地幕式裂陷过程的动力学响应和模拟模型[J].地球科学(中国地质大学学报),29(5):583-588.

林畅松,刘景彦,张英志,等,2005.构造活动盆地的层序地层与构造地层分析:以中国中-新生代构造活动湖盆分析为例[J].地学前缘,12(4):365-375.

刘波,彭云彪,康世虎,等,2018.二连盆地巴赛齐赛汉组含铀古河谷沉积特征及铀成矿流体动力学[J].矿物岩石地球化学通报,27(2):316-325.

刘波,彭云彪,杨建新,等,2017.二连盆地含铀古河谷赛汉组地层划分及沉积特征研究[J].中国核科学技术进展报告(第五卷),铀矿地质分卷(下):475-482.

刘波,杨建新,秦彦伟,等,2016.二连盆地中东部赛汉组古河谷砂岩型铀矿床控矿成因相研究[J].地质与勘探,52(6):1037-1147.

刘池洋,邱欣卫,吴柏林,等,2007.中-东亚能源矿产成矿域基本特征及其形成的动力学环境[J].中国科学(D辑),37(增刊I):1-15.

刘武生,康世虎,贾立城,等,2013.二连盆地中部古河道砂岩型铀矿成矿特征[J].铀矿地质,29(6):328-336.

刘武生,康世虎,赵兴齐,等,2015.二连盆地中部古河道砂岩型铀矿成矿机理及找矿方向[J].铀矿地质,31(s1):164-176.

刘武生,刘金辉,王正邦,等,2005.二连盆地含矿建造后生改造作用过程及其演化[J].铀矿地质,28(1):52-58.

刘武生,赵兴齐,康世虎,等,2018.二连盆地反转构造与砂岩型铀矿成矿作用[J].铀矿地质,34(2):81-89.

刘悟辉,2007.黄沙坪铅锌多金属矿床成矿机理及其预测研究[D].长沙:中南大学.

刘云从,王俊发,朱上庆,等,1987.矿床学参考书[M].北京:地质出版社.

鲁超,2019.二连盆地巴彦乌拉铀矿田构造控矿机制和成矿模式[D].武汉:中国地质大学(武汉).

鲁超,焦养泉,彭云彪,等,2016.二连盆地马尼特坳陷西部幕式裂陷对铀成矿的影响[J].地质学报,90(12):3483-3491.

鲁超,彭云彪,焦养泉,2013.二连盆地巴彦乌拉地区砂岩型铀矿定位预测[J].矿物学报,33(增刊2):233-234.

鲁超,彭云彪,刘鑫扬,等,2013.二连盆地马尼特坳陷西部砂岩型铀矿成矿的沉积学背景[J].铀矿地质,29(6):336-343.

吕永华,刘武生,康世虎,等,2019.乌兰察布坳陷赛汉组下段铀成矿地质条件及找矿方向[J].铀矿地质,35(5):273-281.

罗毅,马汉峰,夏毓亮,等,2007.松辽盆地钱家店铀矿床成矿作用特征及成矿模式[J].铀矿地质,23(4):193-199.

马新华,肖安成,2000.内蒙古二连盆地的构造反转历史[J].西南石油学院学报,22(2):1-4.

孟庆任,胡建民,袁选俊,等,2002.中蒙边界地区晚中生代伸展盆地的结构、演化和成因[J].地质通报,21(4-5):224-231.

内蒙古自治区地质矿产局,1993.内蒙古自治区区域地质志[M].北京:地质出版社.

聂逢君,陈安平,彭云彪,等,2010.二连盆地古河道砂岩型铀矿[M].北京:地质出版社.

聂逢君,李满根,邓居智,等,2015.内蒙古二连盆地“同盆多类型”铀矿床组合与找矿方向[J].矿床地质,34(4):711-726.

聂逢君,李满根,严兆彬,等,2015.内蒙古二连盆地砂岩型铀矿目的层赛汉组分段与铀矿化[J].地质通报,34(10):1952-1963.

聂逢君,严兆彬,张成勇,等,2010.内蒙古二连盆地努和廷泥岩型铀矿微观特征与成矿机理研究[D].南昌:东华理工大学.

彭云彪,陈安平,杨建新,2017.砂岩型铀矿理论创新与找矿新突破[J].中国核工业,(11):42-43.

彭云彪,焦养泉,2015.同沉积泥岩型铀矿床:二连盆地超大型努和廷铀矿床典型分析[M].北京:地质出版社.

彭云彪,焦养泉,陈安平.等,2019.内蒙古中西部中生代产铀盆地理论技术创新与重大找矿突破[M].武汉:中国地质大学出版社.

彭云彪,鲁超,2019.二连盆地乌兰察布坳陷西部赛汉塔拉组下段砂岩型铀矿成矿模式[J].西北地质,52(3):46-57.

蒲荣干,吴洪章,1982.辽宁西部中生代地层古生物[M].北京:地质出版社.

秦明宽,赵凤民,何中,等,2009.二连盆地与蒙古沉积盆地砂岩型铀矿成矿条件对比[J].铀矿地质,25(2):78-84.

任建业,李思田,焦贵浩,1998.二连断陷盆地群伸展构造系统及其发育的深部背景[J].地球科学:中国地质大学学报,23(6):567-572.

任建业,刘文龙,林畅松,等,1996.中国大陆东部晚中生代裂陷作用的表现形式及其幕式扩展[J].

现代地质,10(4):526-531.

任启江,胡志宏,严正富,等,1993.矿床学概论[M].南京:南京大学出版社.

任战利,1998.中国北方沉积盆地构造热演化史恢复及其对比研究[D].西安:西北大学.

宋霁,焦养泉,吴立群,等,2015.湖相泥岩型铀矿有利成矿条件分析[J].地质科技情报,34(5):120-126.

孙国凡,刘景平,柳克琪,等,1985.华北中生代大型沉积盆地的发育及其地球动力学背景[J].石油与天然气地质,6(3):278-287.

涂光炽,高振敏,胡瑞忠,2004.分散元素地球化学及成矿机制[M].北京:地质出版社.

王冰,1990.二连中生代盆地群构造地质特征与油气[J].石油实验地质,12(1):8-20.

王登红,1996.与黑色岩系有关矿床研究进展[J].地质地球化学,2(2):85-88.

王铁冠,1990.试论我国某些原油与生油岩中的沉积环境生物标志物[J].地球化学,3:256-263.

王同和,1986.二连盆地石油地质构造特征初探[J].石油实验地质,8(4):313-324.

王同和,1997.大兴安岭以西含油气盆地的构造迁移[J].中国海上油气(地质),11(2):106-110.

王正邦,2002.国外地浸砂岩型铀矿地质发展现状与展望[J].铀矿地质,18(1):9-21.

王志明,李森,肖丰,等,1997.某砂岩型铀矿床成矿水文地质条件研究[J].中国核科技报告,17:55-56.

卫三元,1997.关于黑色页岩矿床成因的一组论文[J].国外铀金地质,14(3):233-246.

卫三元,秦明宽,李月湘,等,2006.二连盆地晚中生代以来构造沉积演化与铀成矿作用[J].铀矿地质,22(2):76-82.

吴珍汉,吴中海,2001.中国大陆及邻区新生代构造-地貌演化过程与机理[M].北京:地质出版社.

夏毓亮,林锦荣,刘汉彬,等,2003.中国北方主要产铀盆地砂岩型铀矿成矿年代学研究[J].铀矿地质,2003,19(3):129-136.

肖安成,杨树锋,陈汉林,2001.二连盆地形成的地球动力学背景[J].石油与天然气地质,22(2):137-145.

严德天,王华,王清晨,2008.中国东部第三系典型断陷盆地幕式构造旋回及层序地层特征[J].石油学报,29(2):185-190.

姚振凯,马亮,陈为义.2013.萨瑟库里湖水型铀矿床成矿学特征[J].世界核地质科学,30(1):17-21.

姚振凯,向伟东,张子敏,等,2011.中央克兹勒库姆区域构造演化及铀成矿特征[J].世界核地质科学,28(2):84-88,119.

尹金双,向伟东,欧光习,等,2005.微生物、有机质、油气与砂岩型铀矿[J].铀矿地质,21(5):287-295.

于英太,1988.二连盆地火山岩油藏勘探前景[J].石油勘探与开发,(4):9-19.

于英太,1990.二连盆地演化特征及油气分布[J].石油学报,11(3):12-20.

余静贤,1982.青海、甘肃民和盆地晚侏罗世—早白垩世孢粉组合[J].中国地质科学院地质研究所所刊,(5):111-121.

张本筠,1992.海相沉积物中的铀及其成矿[J].世界核地质科学,4(4):13-14.

张金带,简晓飞,郭庆银,等,2013.中国北方中新生代沉积盆地铀矿资源调查评价(2000—2010)[M].北京:地质出版社.

张金带,徐高中,林锦荣,等,2010.中国北方6种新的砂岩型铀矿对铀资源潜力的提示[J].中国地质,37(5):1434-1449.

张如良,丁万烈,1994.努和廷铀矿床地质特征及其油气水与铀成矿作用探讨[J].铀矿地质,10(5):257-265.

赵凤民，2009．中国碳硅泥岩型铀矿地质工作回顾与发展对策[J]．铀矿地质，25(2)：91-97．

赵志刚，李亮，李书民，等，2005．二连盆地赛汉塔拉凹陷构造样式及凹陷成因类型研究[J]．大庆石油地质与开发，24(6)：11-13．

周立君，侯贵卿，2002．深水黑色页岩的沉积过程[J]．海洋石油，1(3)：75-80．

朱夏，1983．试论古全球构造与古生代油气盆地[J]．石油与天然气地质，4(1)：1-31．

朱夏，陈焕疆，1982．中国大陆边缘构造和盆地演化[J]．石油实验地质，4(3)：153-160．

祝玉衡，张文朝，2000．二连盆地下白垩统沉积相及含油性[M]．北京：科学出版社．

ДАНЧЕВ ВИ，СТРЕЛЯНОВ НП，1979．Экзогенные месторождения урана：Условия образования и методы изуч[M]．Атомиздат．

ARTHUR M A，SAGEMAN B B，1994．Marine shales：depositional mechanisms and environments of ancient deposits[J]．Annual Review of Earth and Planetary Sciences(22)：499-551．

BELL K G，GOODMAN C，WHITEHEAD W L．1940．Radioactivity of sedimentary rocks and associated petroleum[J]．AAPG Bulletin，24(9)：1529-1547．

BERRY W B N，WILDE P，1978．Progressive ventilation of the oceans；an explanation for the distribution of the lower Paleozoic black shales[J]．American Journal of Science，278(3)：257-275．

COVENEY R M，LEVENTHAL J S，GLASCOCK M D，et al．，1987．Origins of metals and organic matter in the Mecca Quarry Shale Member and stratigraphically equivalent beds across the Midwest [J]．Economic Geology，82(4)：915-933．

COVENEY R M，MARTIN S P，1983．Molybdenum and other heavy metals of the Mecca Quarry and Logan Quarry shales[J]．Economic Geology，78(1)：132-149．

COVENEY RM，GLASCOCK M D，1989．A review of the origins of metal-rich Pennsylvanian black shales，central USA，with an inferred role for basinal brines[J]．Applied Geochemistry，4(4)：347-367．

DAHLKAMP F J，1993．Uranium Ore Deposits[M]．Berlin Heidelberg：Springer-Verlag．

DAHLKAMP F J，1993．Uranium Ore Deposits[M]．Berlin Heidelberg：Springer-Verlag．

DAHLKAMP F J，2009．Uranium deposits of the world (Asia) [M]．Berlin Heidelberg：Springer-Verlag．

DERRY L A，KAUFMAN A J，JACOBSEN S B，1992．Sedimentary cycling and environmental change in the Late Proterozoic：evidence from stable and radiogenic isotopes[J]．Geochim．Cosmochim．Acta．，56：1317-1329．

DESCOSTES M，SCHLEGEL M L，EGLIZAUD N，et al．，2010．Uptake of uranium and trace elements in pyrite (FeS_2) suspensions[J]．Geochim．Cosmochim．Acta．，74(5)：1551-1562．

DOVETON J H，MERRIAM D F，2004．Borehole petrophysical chemostratigraphy of Pennsylvanian black shales in the Kansas subsurface[J]．Chemical Geology，206(3)：249-258．

FISHER Q J，WIGNALL P B，2001．Palaeoenvironmental controls on the uranium distribution in an Upper Carboniferous black shale (Gastrioceras listeria Marine Band) and associated strata，England [J]．Chemical Geology，175(3)：605-621．

GALINDO C，MOUGIN L，FAKHI S，et al．，2007．Distribution of naturally occurring radionuclides (U，Th) in Timahdit black shale(Morocco) [J]．Journal of environmental Radioactivity，92(1)：41-54．

GALLOWAY W E，HOBDAY D K，1983．陆源碎屑沉积体系在石油、煤和铀勘探中的应用[M]．顾晓忠，等，译．北京：石油工业出版社．

HERRON S L，1987．In-situ determination of total carbon and evaluation of source rock therefrom [P]．U．S．Patent 4686364．

JIN Y G,WANG Y,WANG W,et al. ,2000. Pattern of marine mass extinction near the Permian-Triassic boundary in South China[J]. Science,289(5478):432-436.

KAUFMAN A J,JACOBSEN SB,KNOLL A H,1993. The Vendian record of Sr and C isotopic variations in seawater: implications for tectonics and paleoclimate[J]. Earth Pl. Sci. Lett. ,120: 409-430.

KEEN C E,DEHLER R A,1993. Stretching and subsidence: ring of conjugate margins in the North Atlantic region[J]. Tectonics,12(5):1219-1229.

KOCHENOV A V,ZINEV'YEV V V,LOVALEVA S A,1965. Some features of the accumulation of uranium in peat bogs[J]. Geochemistry International,2(1):65-70.

LAMBIASE J J,1990. A model for tectonic control of lacustrine stratigraphic sequences in continental rift basins[J]. AAPG Memoir,50:265-276.

LEGGETT J K,1980. British Lower Palaeozoic black shales and their palaeo-oceanographic significance[J]. Journal of the Geological Society,137(2):139-156.

MANGINI A,DOMINIK J,1979. Late Quaternary sapropel on the Mediterranean Ridge:U-budget and evidence for low sedimentation rates[J]. Sedimentary Geology,23(1):113-125.

MANGINI A,JUNG M,LAUKENMANN S,2001. What do we learn from peaks of uranium and of manganese in deep sea sediments? [J]. Marine Geology,177(1):63-78.

MANN U,LEYTHAEUSER D,MÜLLER P J,1986. Relation between source rock properties and wireline log parameters:An example from Lower Jurassic Posidonia Shale,NW-Germany[J]. Organic Geochemistry,10(4):1105-1112.

MEUNIER J D,TROUILLER A,BRULHERT J,et al. ,1989. Uranium and organic matter in a paleodeltaic environment; the Coutras Deposit (Gironde,France)[J]. Economic Geology,84(6): 1541-1556.

MEYER B L,NEDERLOF M H,1984. Identification of source rocks on wireline logs by density/resistivity and sonic transit time/resistivity crossplots[J]. AAPG Bulletin,68(2):121-129.

MYERS KJ,WIGNALL P B,1987. Understanding Jurassic organic-rich mudrocks-new concepts using gamma-ray spectrometry and paleoecology:Examples from the Kimmeridge Clay of Dorset and the Jet Rock of Yorkshire[J]. Marine Clastic Sedimentology,Springer Netherlands,172-189.

NASH J T,2010. Volcanogenic uranium deposits:Geology,geochemical processes,and criteria for resource assessment[J]. US Geological Survey Open-File Report,1001:99.

RONG HUI,JIAO YANGQUAN,WU LIQUN,et al. ,2019. Origin of the carbonaceous debris within the urani-um-bearing strata and its implication for mineralization of the Qianjiadian uranium deposit,southernSongliao Basin [J]. Ore Geology Reviews,107:336-352.

SCHMOKER J W,1981. Determination of organic-matter content of Appalachian Devonian shales from gamma-ray logs[J]. AAPG Bulletin,65(7):1285-1298.

SHERBORNE JR. J E,BUCKOVIC W A,DEWITT D B,et al. ,1979. Major uranium discovery in volcaniclastic sediments,Basin and Range Province,Yavapai County,Arizona[J]. AAPG Bulletin,63 (4):621-646.

STOCKS A E,LAWRENCE S R,1990. Identification of source rocks from wireline logs[J]. Geological Society,London,Special Publications,48(1):241-252.

THOMSON J,HIGGS N C,WILSON TRS,et al. ,1995. Redistribution and geochemical behaviour of redox-sensitive elements around SI,the most recent eastern Mediterranean sapropel[J]. Geochim. Cosmochim. Acta. ,59(17):3487-3501.

WIGNALL P B,MYERS K J,1988. Interpreting benthic oxygen levels in mudrocks:a new approach[J]. Geology,16(5):452-455.

WILLIAMS D F,WILLIAMS R L,1983,Implant Materials in Biofunction:Advances in Biomaterials[J]. Amsterdam:Elsevier 8:275-278.

WOOD S A,1996. The role of humic substances in the transport and fixation of metals of economic interest(Au,Pt,Pd,U,V)[J]. Ore Geology Reviews,11(1):1-31.

WU LIQUN,JIAO YANGQUAN,ROGERM,et al. ,2009. Sedimentological setting of sandstone-type uranium deposits in coal measures on the southwest margin of the Turpan-HamiBasin,China[J]. Journal of Asian Earth Sciences,36(2-3):223-237.

内部资料

陈功,邓金贵,张克芳,等,1992. 二连盆地及邻区铀成矿地质条件及成矿远景评价[R]. 核工业北京地质研究院.

陈建昌,1994. 内蒙古努和廷矿床地浸水文地质研究(地浸试验选段研究)[R]. 核工业部西北地质勘探局二〇三研究所.

戈燕忠,杨俊伟,何大兔,等,2019. 内蒙古苏尼特左旗塔木钦地区铀矿预查报告[R]. 核工业二〇八大队.

郝金龙,曹建英,王桂珍,2006. 内蒙古二连盆地努和廷矿床铀矿普查[R]. 核工业二〇八大队.

黄镪俯,康世虎,熊攀,等,2018. 内蒙古苏尼特左旗巴彦乌拉铀矿床外围普查报告[R]. 核工业二〇八大队.

黄镪俯,熊攀,彭瑞强,等,2019. 内蒙古苏尼特左旗巴彦乌拉铀矿床芒来地段勘查报告[R]. 核工业二〇八大队.

焦养泉,旷文战,吴立群,等,2012. 二连盆地腾格尔坳陷构造演化、沉积体系与铀成矿条件研究[R]. 武汉:中国地质大学(武汉).

焦养泉,吴立群,荣辉,等,2009. 二连盆地额仁淖尔凹陷泥岩型铀矿形成发育的沉积学背景研究[R]. 武汉:中国地质大学(武汉).

焦养泉,吴立群,荣辉,等,2019. 二连盆地川井坳陷铀储层沉积学研究[R]. 中国地质大学(武汉).

康世虎,旷文战,范译龙,等,2010. 内蒙古二连盆地乌兰察布坳陷 1:25 万铀矿资源评价报告[R]. 核工业二〇八大队.

康世虎,吕永华,杜鹏飞,等,2015. 内蒙古二连盆地哈达图地区铀矿预查报告[R]. 核工业二〇八大队.

康世虎,吕永华,杨建新,等,2013. 内蒙古二连盆地乌兰察布坳陷及周边铀矿资源评价报告[R]. 核工业二〇八大队.

康世虎,张锋,杜鹏飞,等,2018. 内蒙古二连浩特市哈达图铀矿床 F128—F677 线普查报告[R]. 核工业二〇八大队.

康世虎,张锋,杜鹏飞,等,2018. 内蒙古二连盆地铀矿资源调查评价与勘查报告[R]. 核工业二〇八大队.

旷文战,康世虎,王佩华,等,2009. 内蒙古二连盆地努和廷矿床铀矿详查报告[R]. 核工业二〇八大队.

旷文战,李洪军,郝金龙,等,2008. 内蒙古二连盆地努和廷矿床铀矿普查[R]. 核工业二〇八大队.

旷文战,任全,何大兔,等,2007. 内蒙古二连盆地努和廷矿床铀矿普查 2007 年度成果报告[R]. 核工业二〇八大队.

刘波,秦彦伟,董续舒,等,2017. 内蒙古二连盆地川井坳陷铀矿资源调查评价报告[R]. 核工业二〇八大队.

刘国安,陈浩,任晓平,等,2019. 内蒙古二连盆地马辛—红格尔地区铀矿资源调查评价报告[R]. 核工业二〇八大队.

刘家俊,陈导利,雷文秀,等,1994.努和廷矿床地浸选段地质工艺参数试验研[R].核工业部西北地质勘探局二〇三研究所.

刘世明,冯进珍,刘文军,等,1992.内蒙古苏尼特右旗努和廷矿床阶段性远景储量报告[R].核工业二〇八大队.

刘文军,陈云鹏,李荣林,等,1992.内蒙古苏尼特右旗努和廷矿床阶段性远景储量报告[R].核工业二〇八大队.

刘文军,赵世龙,高俊义,等,1993.内蒙古苏尼特右旗努和廷矿床阶段性远景储量报告[R].核工业二〇八大队.

刘武生,秦明宽,贾立城.等,2015.二连基地铀资源扩大与评价技术研究成果报告[R].核工业北京地质研究院.

鲁超,周晓光,刘璐,等,2016.乌兰察布坳陷西部深部层位找矿预测报告[R].核工业二〇八大队.

吕永华,康世虎,李曙光,等,2020.内蒙古二连盆地马尼特坳陷东部铀矿资源调查评价报告[R].核工业二〇八大队.

吕永华,徐亚雄,康世虎,等,2016.内蒙古二连盆地乌兰察布坳陷西部铀矿资源调查评价报告[R].核工业二〇八大队.

吕永华,徐亚雄,梁齐端,等,2018.内蒙古二连盆地艾勒格庙地区铀矿资源调查评价报告[R].核工业二〇八大队.

内蒙古自治区地质矿产局,1978.区域地质调查报告——二连浩特[R].

内蒙自治区地质矿产局,1978.二连浩特幅区域地质调查报告[R].

牛林,黄树桃,杨贵生,1994.额仁淖尔凹陷努和廷矿床铀矿化特征[R].核工业北京地质研究院.

彭云彪,申科峰,韩晓峰,等,1995.内蒙古苏右旗额仁淖尔地区铀矿普查报告[R].核工业二〇八大队.

彭云彪,于恒旭,王佩华,等,1996.内蒙古二连盆地努和廷矿床及其外围铀矿普查评价报告[R].核工业二〇八大队.

乔鹏,郝鹏,刘国安,等,2018.内蒙古二连盆地苏尼特地区铀矿资源调查评价报告[R].核工业二〇八大队.

乔鹏,康世虎,刘国安,等,2016.内蒙古二连盆地巴—赛—齐地区铀矿资源调查评价报告[R].核工业二〇八大队.

乔鹏,李俊阳,胡国祥,等,2020.内蒙古二连盆地乌兰察布坳陷及邻区铀矿资源调查评价报告[R].核工业二〇八大队.

申科峰,旷文战,李洪军,等,2005.内蒙古二连盆地地浸砂岩型铀资源调查评价报告[R].核工业二〇八大队.

申科峰,李荣林,郝进庭,等,2006.内蒙古二连盆地赛汉高毕—巴彦乌拉地区普查报告[R].核工业二〇八大队.

申科峰,于恒旭,李洪军,等,2002.二连盆地乌兰察布坳陷北东部 1∶25 万铀矿资源评价年度报告[R].核工业二〇八大队.

王俊林,杨丽娟,刘璐,等,2019.二连盆地马尼特-乌兰察布坳陷砂岩型铀矿综合编图及动态评价报告[R].核工业二〇八大队.

王志明,李森,肖丰,等,1994.二连盆地额仁淖尔凹陷砂岩型铀矿床水文地质条件及层间氧化带发育特征[R].核工业北京地质研究院.

吴甲斌,1992.内蒙古二连盆地努和廷矿床地浸选段工艺试验初步研究[R].核工业部西北地质勘探局二〇三研究所.

徐德津,许定远,邹礼规,等,1992.内蒙古二连盆地砂岩型铀矿藏成矿条件及成矿预测[R].核工业航测遥感中心.

徐建章,霍全生,李有民,等,1994.内蒙古二连盆地额仁淖尔一脑木根地区砂岩型铀矿普查阶段性总结报告[R].核工业部西北地质勘探局.

徐建章,李荣林,李仕华,等,1995.内蒙古苏尼特右旗努和廷铀矿床普查阶段品位大于0.1%储量计算依据、方法与结果[R].核工业二〇八大队.

徐建章,薛志恒,陈法正,1993.内蒙古苏尼特右旗努和廷矿床地浸选段1993年总结报告[R].核工业二〇八大队.

徐亚雄,董续舒,王伟,等,2020.内蒙古二连盆地川井坳陷中东部铀矿资源调查评价报告[R].核工业二〇八大队.

徐亚雄,康世虎,董续舒,等,2019.内蒙古二连盆地川井坳陷中西部铀矿资源调查评价报告[R].核工业二〇八大队.

杨建新,何大兔,鲁超,等,2013.内蒙古二连盆地中东部砂岩型铀资源区域评价总结报告[R].核工业二〇八大队.

杨建新,何大兔,童波林,等,2010.内蒙古二连盆地中东部地区地浸砂岩型铀资源调查评价报告[R].核工业二〇八大队.

杨建新,何大兔,王贵,等,2012内蒙古苏尼特左旗巴彦乌拉铀矿床(B415—B319线)详查报告[R].核工业二〇八大队.

杨建新,黄镪俯,梁齐瑞,等,2014内蒙古苏尼特左旗巴彦乌拉铀矿床(B371—B331线)补充勘探[R].核工业二〇八大队.

杨建新,黄镪俯,梁齐瑞,等,2015.内蒙古苏尼特左旗巴彦乌拉铀矿床巴润地段(B511—B463线)详查[R].核工业二〇八大队.

杨建新,黄镪俯,梁齐瑞,等,2015.内蒙古苏尼特左旗巴彦乌拉铀矿床及外围普查[R].核工业二〇八大队.

杨勇,李东鹏,任权,等,2019.内蒙古二连盆地腾格尔坳陷西部铀矿资源调查评价报告[R].核工业二〇八大队.

杨勇,李华明,李东鹏,等,2020.内蒙古二连盆地腾格尔坳陷中西部铀矿资源调查评价报告[R].核工业二〇八大队.

杨勇,王俊林,杨俊伟,等,2017.内蒙古二连盆地腾格尔坳陷西部铀矿资源远景调查报告[R].核工业二〇八大队.

张兰,施志韬,1992.内蒙努和廷矿床地浸水文地质参数实验研究[R].核工业部西北地质勘探局二〇三研究所.

赵凤民,2011.中国铀矿床研究评价(第四卷·碳硅泥岩型铀矿床)[R].中国核工业地质局和核工业北京地质研究院.

赵世勤,田儒,姜晓东,等,1994.额仁淖尔凹陷层间氧化带型砂岩铀矿成矿远景[R].核工业北京地质研究院.

中国核工业地质局,1999.赴乌兹别克斯坦铀矿地质考察培训总结报告[R].

周巧生,牟长林,王林生,等,1990.内蒙古脑木根-马尼特中新生代盆地砂岩性铀成矿条件和成矿远景研究[R].核工业西北地勘局二〇三研究所.

周巧生,章金彪,1993.内蒙古乌兰察右坳陷北部层间氧化带铀矿成矿条件研究[R].核工业西北地勘局二〇三研究所.

周晓光,鲁超,杨丽娟,等,2018.二连盆地卫境—赛汉塔拉地区砂岩型铀矿综合编图与远景预测报告[R].核工业二〇八大队.

ZELT F B,1985. Natural gamma-ray spectrometry, lithofacies, and depositional environments of selected Upper Cretaceous marine mudrocks, western United States, including Tropic Shale and Tununk Member of Mancos Shale[R]. Princeton Univ. ,NJ (USA).